ENGINEERING **MATHEMATICS**

제3판

공학수학

| 김광휘 · 민만식 지음 |

한티미디어

| 저자 약력 |

김광휘

- 강남대학교 교수
- 대한수학회 부회장역임
- 강원 경기수학회 회장역임
- 세계 수학자 대회 조직위원 역임
- 수학 용어 편수위원 역임
- 한국산학연경기협회장 역임

민만식

- 수원대학교 데이터과학부 Adjunct Professor
- 저서 : 미분적분학, 확률과 통계, 이산수학, 선형대수학 등

공학수학 제3판

발행일 2021년 4월 30일 1쇄
지은이 김광휘 · 민만식
펴낸이 김준호
펴낸곳 한티미디어 | 서울시 마포구 동교로 23길 67 3층
등 록 제15-571호 2006년 5월 15일
전 화 02)332-7993~4 | **팩 스** 02)332-7995
ISBN 978-89-6421-423-7 (93410)
가 격 25,000원
마케팅 노호근 박재인 최상욱 김원국
편 집 김은수 유채원 | **본 문** 김은수 | **표 지** 유채원
관 리 김지영 문지희

이 책에 대한 의견이나 잘못된 내용에 대한 수정 정보는 한티미디어 홈페이지나 이메일로 알려주십시오.
독자님의 의견을 충분히 반영하도록 늘 노력하겠습니다.
홈페이지 www.hanteemedia.co.kr | **이메일** hantee@hanteemedia.co.kr

---

PREFACE

현대 과학의 변화 가속도는 매우 빠르고 기술들의 유효기간 또한 매우 짧다. 단 몇 개의 기본이론들의 응용으로부터 수많은 기술들이 창조된다.

현 시대는 4차 산업혁명 시대로 불리고 이것을 선도하는 것이 인공지능(AI)이다.

그런 AI를 실현하는 과정이 알고리즘이요, 그 도구가 바로 수학의 논리적 사고와 기본이론이기에 공학수학의 학습은 무엇보다도 절실하고 필연적이다.

공학수학의 목적은 지렛대를 사용하여 당면하는 여러 가지 문제의 해결점을 스스로 찾을 수 있게 하는 것이다. 그러면 수학은 어떻게 잘 배울 수 있는가? 배움이란 궁극적으로 자기 자신에 의존되는 것이다. 선생님이나 책은 배움의 보조수단일 뿐이다. 자전거를 타기 위해서는 직접 자전거를 타는 연습을 하지 않으면 안 되듯이 수학을 참으로 배우기 위해서는 수학을 직접 하지 않으면 안 된다. 이를 위해서는 정확한 해답에 이르지 못하더라도 연습문제를 스스로 풀어 보아야만 한다. 그 결과로 여러분은 더욱 향상된 수학 실력과, 문제의 정확한 해답을 기억하고 활용하면서 비할 수 없는 즐거움을 얻을 수 있을 것이다.

본서의 내용은 다음과 같이 편성되었다. 이는 1장~5장의 내용으로서 대학 1학년의 교양 과정으로 강의될 때에는 이 내용 중에서 필요한 부분만 발췌하여 단기간에 지나갈 수도 있을 것이다. 제6장에 매개변수방정식과 극좌표의 내용을 포함했으며, 제7장의 수열의 극한과 급수는 고등학교에서 배운 내용이 포함되어 있으나 수렴성검정, 테일러 급수 등의 개념을 학생들의 수월하게 받아들일 수 있도록 많은 예를 들어 설명하였으며, 증명보다는 개념과 응용 이해에 중점을 두었다.

나머지 부분의 다변함수의 미분적분은 이공계열에 다양하게 요구되는 바, 이에 부응하여

PREFACE

자세히 다루었다. 이와 함께 이 책은 각 절마다 많은 연습문제를 포함시켜서 학업내용의 습득에 도움이 되도록 하였으며 이중에는 본문에서 다루지 못한 문제를 포함하여 많은 계산문제와 응용문제가 있다. 또한 각 연습문제의 해설과 답은 포함시켰다.

끝으로 이 책을 제작하는 데 여러 모로 도움을 주신 한티미티어 편집부에도 감사의 말을 드린다.

2021. 3

저 자

CONTENTS

CONTENTS

CHAPTER 2 미분

CHAPTER 3 미분의 응용

CONTENTS

CONTENTS

CONTENTS

CONTENTS

CHAPTER 8 편미분

CONTENTS

CONTENTS

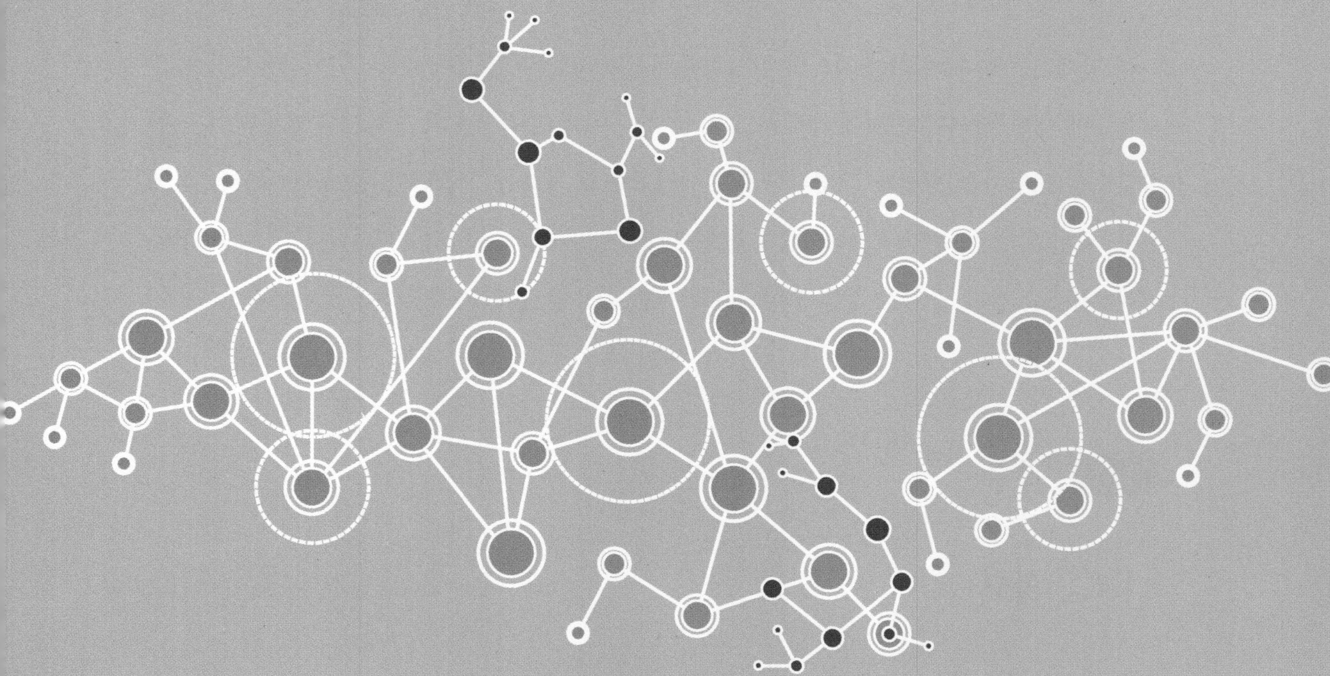

CHAPTER 1

함수의 극한과 연속

이 장에서는 함수에 대한 정의와 합성함수에 대해서 간단히 소개하고, 특히 활용도가 높은 역함수에 대한 정의와 성질에 대해서도 자세히 다루고, 삼각함수의 정의역을 제한하여 역삼각함수를 도입하는 방법과 역삼각함수와 삼각함수의 관계를 학습한다. 함수의 극한을 정의하고, 극한의 수렴·발산과 여러 가지 함수의 극한을 계산하는 방법을 알아본다. 연속함수와 최대·최소값 정리, 중간값 정리를 살펴보고 이를 활용할 수 있는 응용법을 알아본다.

1.1 함수

1.1.1 함수

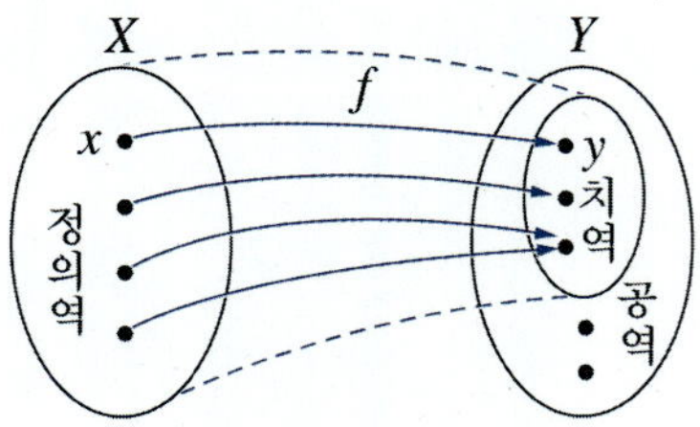

그림 1.1

공집합이 아닌 두 집합 X, Y가 있어서 X의 각 원소에 대하여 Y의 원소가 하나씩 대응될 때 이 대응을 X에서 Y로의 **함수**(function)라 하고, 문자 f를 써서

$f: X \to Y$ 또는 $X \xrightarrow{f} Y$

로 나타낸다.

또 함수 f에 의해 X가 원소 x에 Y의 원소 y에 대응하는 것을

$$f : x \to y,\ \ x \longmapsto f(x),\ \ y = f(x)$$

등으로 나타내고, "y는 x의 함수이다"라고 한다. 이 때 y를 f에 의한 x의 **함수값**(또는 **상**)이라 하고 $f(x)$로 나타낸다. 또, y에 대하여 x를 **원상**이라 한다. 여기에서 x를 **독립변수**, y를 **종속변수**라고도 한다.

함수 $f : X \to Y$가 있을 때 X를 **정의역**($Domain : D$), Y를 f의 **공역**이라 하고, $x(x \in X)$의 상 전체의 집합 $\{f(x) | x \in X\}$를 f의 **치역**($Range : R$)이라 하며 $f(X)$로 나타낸다. 이 때 $\{f(X)\}$는 Y의 부분집합이다.

예제 1-1 $X = \{a, b, c\}$이고 $Y = \{1, 2, 3, 4\}$일 때, 그림 1.2에 화살 도표로 나타낸 X에서 Y로의 함수 f에 대하여 답하여라.

(1) f의 정의역과 공역을 쓰라.
(2) $f(a), f(b), f(c)$는?
(3) f의 치역은?
(4) 2,4,1의 원상은 각각 무엇인가?
(5) 순서쌍의 집합으로 f를 나타내라.

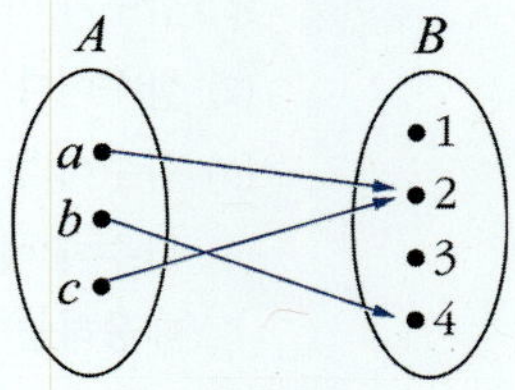

그림 1.2

풀이
(1) f의 정의역은 $\{a, b, c\}$, 공변역은 $\{1, 2, 3, 4\}$이다.
(2) $f(a) = 2, f(b) = 4, f(c) = 2$
(3) f의 치역은 $\{2, 4\}$이다.
(4) 2의 원상은 $\{a, c\}$. 4의 원상은 $\{b\}$, 1의 원상은 $\varnothing$ 이다.
(5) $f = \{(a, 2), (b, 4), (c, 2)\}$

예제 1-2 집합 $A=\{1,2,3\}$, $B=\{a,b,c\}$일 때, 다음과 같은 A에서 B로의 대응 관계가 함수인지를 판별하라.

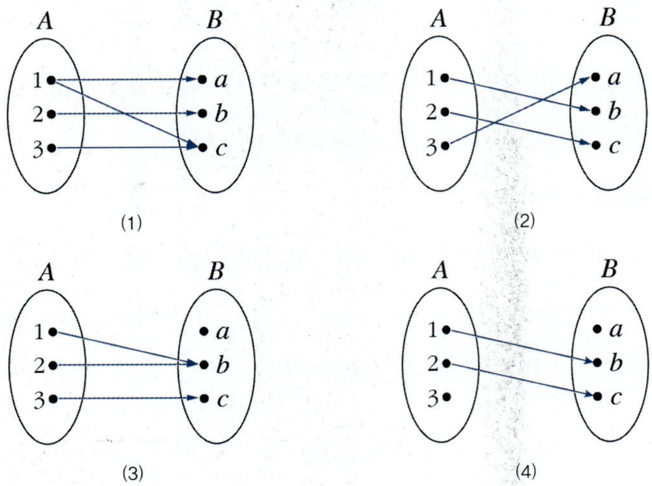

그림 1.3

풀이 (1) 함수가 아니다. 왜냐하면, 1에 대응하는 함수값이 a, c 두 개가 존재하기 때문이다.

(2) 함수이다.

(3) 함수이다.

(4) 함수가 아니다. 왜냐하면 출발 집합과 정의역이 일치하지 않는다. 즉, 정의역 내의 3에 대응하는 함수값이 존재하지 않기 때문이다.

예제 1-3 정의역 $[-1,1]$, 공역 (–4, 4)이고 $f(x)=1-2x$일 때 치역을 구하여라.

풀이 $x=-1$일 때 $y=3$, $x=1$일 때 $y=-1$

$f(x)=1-2x$가 감소함수이므로

$-1 \leqq y \leqq 3$

예제 1-4 다음 함수의 치역을 구하여라.

풀이 (1) $y = x^2 - 2x - 3 \quad (0 \leqq x \leqq 4)$

(2) $y = |x^2 - 4| \quad (-1 \leqq x \leqq 3)$

(3) $y = -x^2 + 2x + 8 \quad (2 \leqq x < 4)$

풀이 (1) $y = x^2 - 2x - 3 = (x-1)^2 - 4$

꼭지점 : $x = 1$일 때 $y = -4$

양끝점 : $\begin{cases} x = 0\text{일 때 } y = -3 \\ x = 4\text{일 때 } y = 5 \end{cases}$

그림 1.4를 보면

$x = 4$에서 최대값 : 5

$x = 1$에서 최소값 : -4 따라서

$-4 \leq y \leq 5$

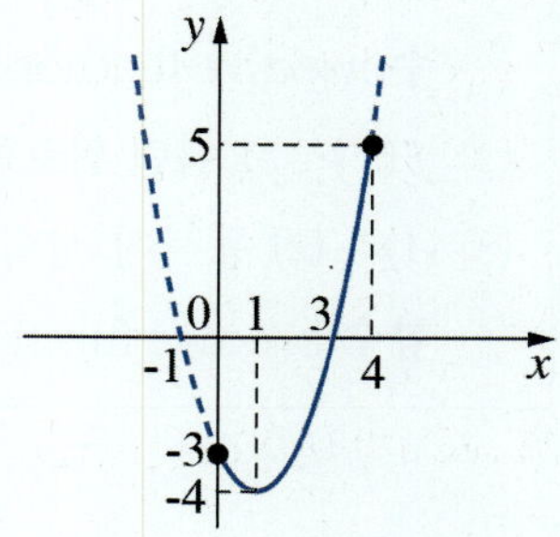

그림 1.4

(2) $y = |x^2 - 4|$의 그래프는 $y = x^2 - 4$의 그래프를 x축의 위쪽은 그대로 두고, x축의 아래쪽만 x축을 대칭축으로 하여 위로 꺾어 올린 것이므로 오른쪽 그림으로 나타내어지고, 이중 $-1 \leqq x \leqq 3$의 부분은 실선으로 나타내어진다. 그림 1.5를 보면

$x = 3$에서 최대값 : 5

$x = 2$에서 최소값 : 0

$0 \leq y \leq 5$

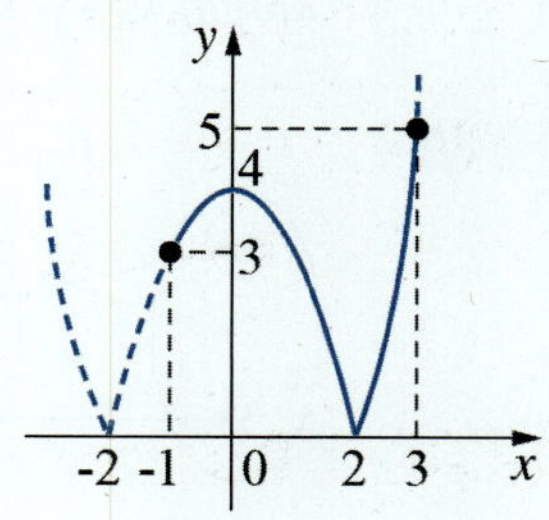

그림 1.5

(3) $y = -x^2 + 2x + 8 = -(x-1)^2 + 9$

꼭지점 : $x = 1$일 때 $y = 9$

양끝점 : $\begin{cases} x = 2\text{일 때 } y = 8 \\ x = 4\text{일 때 } y = 0 \end{cases}$

그림 1.6를 보면

$x = 2$에서 최대값 : 8

최소값은 없다

$0 < y \leq 8$

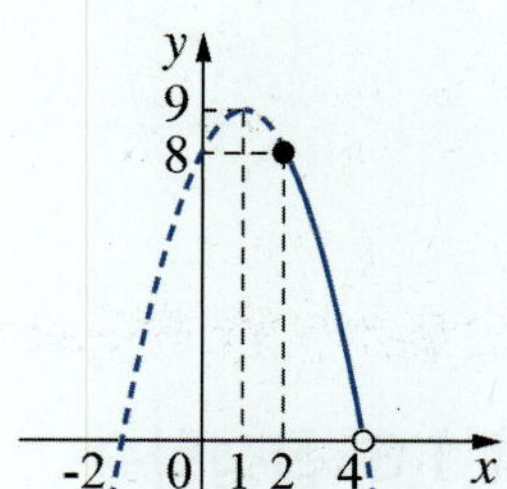

그림 1.6

1.1.2 단사함수 · 전사함수 · 전단사함수

정의 1.1

$f: X \rightarrow Y$이면

(1) $x_1 \neq x_2$일 때 $f(x_1) \neq f(x_2)$이면 **일대일함수**(one to one function) 또는 **단사함수**(injective function)

(2) $f(x) = Y$이면 **위로함수**(onto function) 또는 **전사함수**(surjective function)

(3) (1)과 (2) 동시에 성립하면 **일대일대응**(one to one correspondence) 또는 **전단사함수**(bijective function)라고 한다.

예제 1-5 다음에서 f는 단사함수이지만 전사가 아니고, g는 전사이지만 단사가 아니며, h는 전단사이고, k는 단사도 전사도 아니다.

풀이

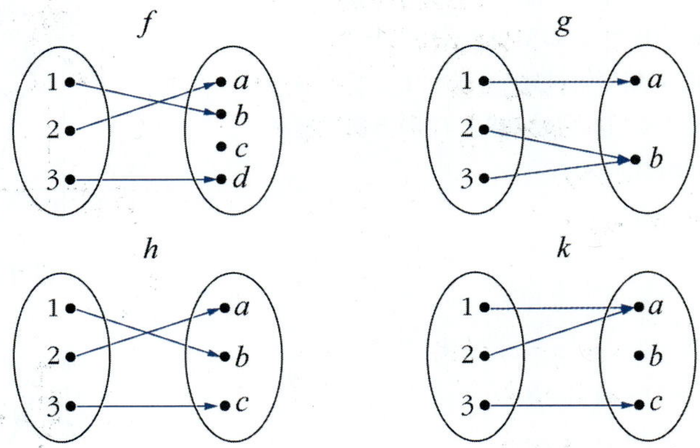

1.1.3 합성함수

함수 $f: X \rightarrow Y$와 $g: Y \rightarrow Z$는 f의 치역이 g의 정의역의 부분집합이 되는 조건을 만족시킨다고 할 때, 새로운 함수 $g \circ f: X \rightarrow Z$를 다음과 같이 정의한다.

모든 $x \in X$에 대해, $(g \circ f)(x) = g(f(x))$이다.

이 때 $g \circ f$를 f와 g의 **합성함수**(composition of f and g)라 부른다(그림 1.8).

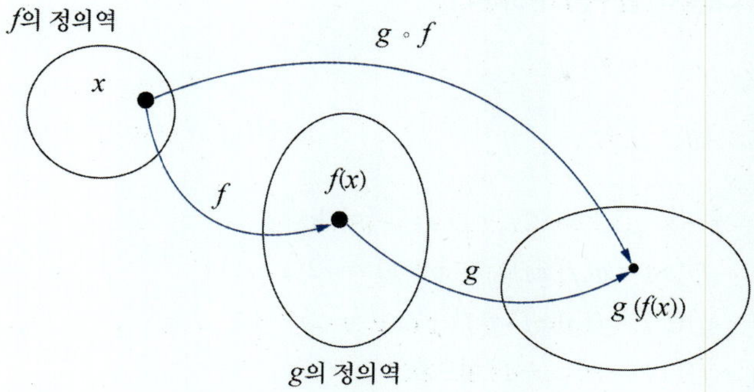

그림 1.8

여기서 합성함수 $g \circ f$에서 원소 x는 함수 f에 의해 먼저 대응하고, 그 후 함수 g에 의해 대응한다. 즉 원소 x가 대응하는 순서는 뒤에서부터 앞으로의 함수 순서라고 생각하면 된다.

예제 1-6 $X = \{1, 2, 3\}$, $Y = \{p, q\}$, $Z = \{a, b\}$이고 $f : X \to Y$, $f = \{(1, p), (2, p),, (3, q)\}$
$g : Y \to Z$, $g = \{(p, b), (q, b)\}$라고 할 때 $g \circ f$를 구하여라.

풀이 $f(1) = f(2) = p$이고 $f(3) = q$이므로
$(g \circ f)(1) = g(f(1)) = b$
$(g \circ f)(2) = g(f(2)) = b$
$(g \circ f)(3) = g(f(3)) = b$
이다. 그러므로
$g \circ f = \{(1, b), (2, b), (3, b)\}$

예제 1-7 실수의 집합에서 실수의 집합으로의 함수 f, g, h가

$$f : x \to x-1,\ \ g : x \to -2x,\ \ h : x \to x^2$$

일 때, 다음 각 함수를 구하여라.

(1) $g \circ f$ (2) $f \circ g$

(3) $h \circ (g \circ f)$ (4) $f \circ f \circ f \circ \cdots f$ (f가 n개)

풀이 $f(x)=x-1$, $g(x)=-2x$, $h(x)=x^2$이다.

(1) $(g \circ f)(x)=g(f(x))=g(x-1)=-2(x-1)$

(2) $(f \circ g)(x)=f(g(x))=f(-2x)=-2x-1$

(3) $(g \circ f)(x)=-2(x-1)$이므로

$(h \circ (g \circ f))(x)=h((g \circ f)(x))=h(-2(x-1))=4(x-1)^2$

(4) (6) $f(x)=x-1$, $(f \circ f)(x)=x-2$, $(f \circ f \circ f)(x)=x-3$, $\cdots$이므로

$(f \circ f \circ f \circ \cdots \circ f)(x)=x-n$

예제 1-8 $-1 \leqq x \leqq 3$에서 다음 각 함수의 그래프를 그려라. 단, $[x]$는 x를 넘지 않는 최대정수를 나타낸다.

(1) $y=[x]$ (2) $y=x-[x]$

풀이 (1) $y=[x]$에서

$-1 \leqq x < 0$일 때, $y=-1$

$0 \leqq x < 1$일 때, $y=0$

$1 \leqq x < 2$일 때, $y=1$

$2 \leqq x < 3$일 때, $y=2$

$x=3$일 때, $y=3$

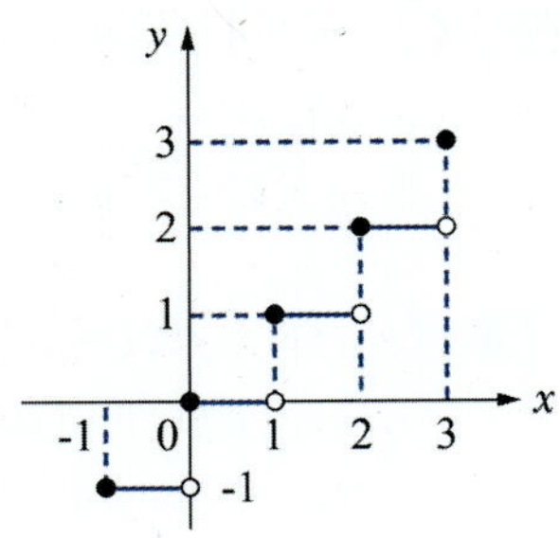

그림 1.9

(2) $y=x-[x]$에서

$-1 \leqq x < 0$일 때, $y=x+1$

$0 \leqq x < 1$일 때, $y=x$

$1 \leqq x < 2$일 때, $y=x-1$

$2 \leqq x < 3$일 때, $y=x-2$

$x=3$일 때, $y=0$

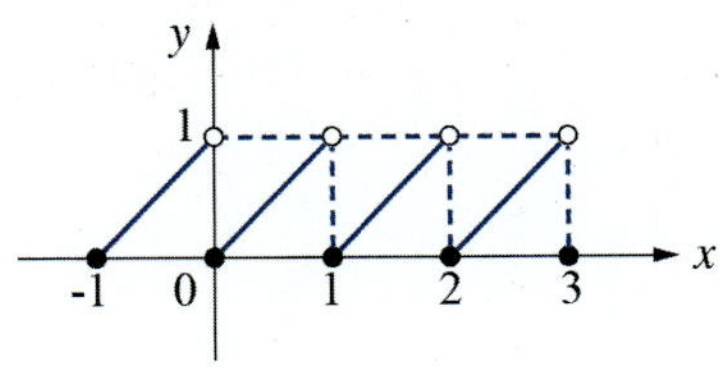

그림 1.10

연습문제 1.1

1. 다음 함수 f가 잘 정의되는가?

(1) $f: Z \to Z^{+},\ f(x) = 2^{x-1}$

(2) $f: [0, \infty) \to [0, \infty),\ f(x) = \pm\sqrt{x}$

(3) $f: Z \to Z,\ f(x) = 2x$

(4) $f: Z \to Q,\ f(x) = \dfrac{3x+1}{2x-1}$

2. 각 함수의 정의역과 치역을 구하여라.

(1) $f: \{-3, -2, \cdots, 3\} \to \{-10, -9, \cdots, 10\}, f(n) = n^2$

(2) $f: R \to R,\ f(x) = x^2 - 1$

(3) $f(x) = \dfrac{1}{x+1}$

3. 다음 두 함수 f, g가 있다. $g \circ f$를 구하여라.

(1) $f(n) = n!\quad g(n) = n^2$

(2) $f(x) = 1 + 3x,\ g(x) = 1 - 3x$

(3) $f(x) = \dfrac{1}{x^2},\qquad g(x) = \sqrt{x}$

연습문제 1.1

4. 다음 함수의 치역을 구하여라.

(1) $y = x^2 - 4x + 3 (1 < x < 5)$

(2) $y = -2x^2 + 8x + 3 (-1 \leqq x \leqq 1)$

5. 함수 $y = \dfrac{2x+4}{x+1}$ 에 대하여 다음에 답하여라.

(1) 정의역이 $\{x | -3 \leqq x < -1$ 또는 $-1 < x \leqq 0\}$일 때, 치역을 구하여라.

(2) 치역이 $\{y | y \leqq 0$ 또는 $y \geqq 3\}$일 때, 정의역을 구하여라.

6. 다음 각 물음에 답하여라.

(1) 함수 $y = \sqrt{2x+4} + 1$의 그래프를 그려라.
또, 정의역이 $\{x | 2 \leqq x \leqq 5\}$일 때, 치역을 구하여라.

(2) 함수 $y = -\sqrt{6-2x}$ 의 그래프를 그려라.
또, 정의역이 $\{x | x \leqq -5$ 또는 $1 \leqq x \leqq 3\}$일 때, 치역을 구하여라.

7. $f(x) = 2x - 1, g(x) = x + 3, h(x) = x^2$일 때, 다음 각 함수를 구하여라.

(1) $f \circ (g \circ h)$

(2) $(f \circ g) \circ h$

1.2 역함수와 역삼각함수

1.2.1 역함수

함수 g의 정의역의 모든 x에 대하여 $f(g(x)) = x$이고 함수 f의 정의역의 모든 x에 대하여 $g(f(x)) = x$이면 함수 g는 함수 f의 역함수이다. 이때 g를 f^{-1}로 나타낸다(f^{-1}는 "f inverse"로 읽는다).

다음은 역함수에 관한 몇 가지 성질이다.

(1) g가 f의 역함수이면 f는 g의 역함수이다.

(2) f^{-1}의 정의역은 f의 치역과 같고, f^{-1}의 치역은 f의 정의역과 같다.

(3) 모든 함수가 역함수를 갖는 것은 아니지만, 갖는다면 역함수는 유일하다.

▪ 역함수 구하는 방법

(1) $y = f(x)$가 역함수를 갖는지 판정한다.

(2) x를 y의 함수로 푼다. $x = g(y) = f^{-1}(y)$

(3) x와 y를 맞바꾸면 $y = f^{-1}(x)$이다.

(4) f의 치역을 f^{-1}의 정의역으로 정한다.

(5) $f(f^{-1}(x)) = x$와 $f^{-1}(f(x)) = x$임을 밝힌다.

예제 1-9 모든 실수 x에 대해, 함수 $f : R \to R$가 $f(x) = 4x - 1$로 정의될 때, 일대일 대응이 된다. 함수 f의 역함수를 구하여라.

풀이 f^{-1}의 정의에 의해, $f^{-1}(y)$는 $f(x) = y$가 되는 실수 x의 값이다.

$$f(x) = y \Leftrightarrow 4x - 1 = y \Leftrightarrow x = \frac{(y+1)}{4}$$

x와 y는 바꾸면 $y = \dfrac{x+1}{4}$, 그러므로 $f^{-1}(x) = \dfrac{(x+1)}{4}$이다.

예제 1-10 다음 각 함수의 역함수를 구하여라.

(1) $y = x^2 + 1 \ (x \geq 0)$ (2) $f(x) = \sqrt{x-1} + 2$

(3) $f : x \rightarrow \dfrac{x-2}{x-3}$

풀이 (1) D :정의역, V :치역이라 하자.

$D = \{x | x \geq 0\}$, $V = \{y | y \geq 1\}$이고, D에서 V로의 일대일 대응이다.

$y = x^2 + 1(x \geq 0,\ y \geq 1)$에서 x에 관하여 풀면

$x^2 = y - 1$ $\quad \therefore\ x = \sqrt{y-1}(y \geq 1,\ x \geq 0)$

x와 y를 바꾸면 $y = \sqrt{x-1}(x \geq 1,\ y \geq 0)$

$f^{-1}(x) = \sqrt{x-1}(x \geq 1)$

(2) $y = \sqrt{x-1} + 2$로 놓으면

$D = \{x | x \geq 1\}$, $V = \{y | y \geq 2\}$이고, D에서 V로의 일대일 대응이다.

$y = \sqrt{x-1} + 2(x \geq 1,\ y \geq 2)$에서 x에 관하여 풀면

$\sqrt{x-1} = y - 2,\ x - 1 = (y-2)^2$

$\therefore\ x = (y-2)^2 + 1(y \geq 2,\ x \geq 1)$

x와 y를 바꾸면 $y = (x-2)^2 + 1(x \geq 2,\ y \geq 1)$

$f^{-1}(x) = (x-2)^2 + 1(x \geq 2)$

(3) $y = \dfrac{x-2}{x-3}$로 놓으면

$D = R - \{3\}$, $V = R - \{1\}$이고, D에서 V로의 일대일 대응이다.

$y = \dfrac{x-2}{x-3}(x \neq 3,\ y \neq 1)$에서 x에 관하여 풀면

$xy - 3y = x - 2,\ (y-1)x = 3y - 2,\ x = \dfrac{3y-2}{y-1}(y \neq 1,\ x \neq 3)$

x와 y를 바꾸면 $y = \dfrac{3x-2}{x-1}(x \neq 1,\ y \neq 3)$

$f^{-1}(x) = \dfrac{3x-2}{x-1}$

1.2.2 역삼각함수

세 가지 기본적인 삼각함수의 그래프를 보면 이 함수들은 역함수를 갖지 않는다는 것을 알 수 있다. 역삼각함수는 사실 정의역을 제한한 삼각함수의 역함수이다.

예를 들면 싸인함수는 구간 $\left[-\frac{\pi}{2},\ \frac{\pi}{2}\right]$ 에서 일대일함수임을 알았다(그림 1.11). 이 구간에서 제한된 싸인함수의 역함수를 다음과 같이 정의할 수 있다.

$$y = \sin^{-1} x \Leftrightarrow \sin y = x$$

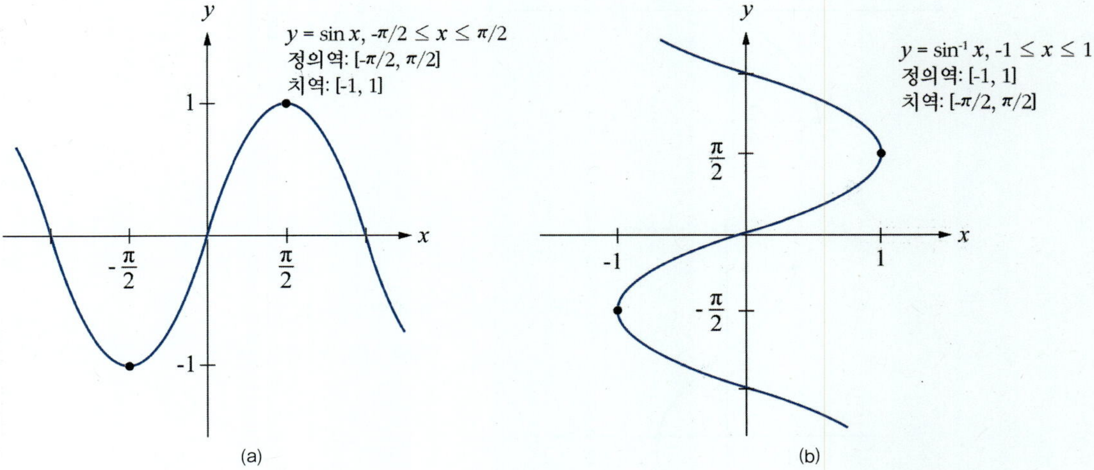

그림 1.11

여기서 $-1 \le x \le 1$ 이고 $-\frac{\pi}{2} \le \sin^{-1} x \le \frac{\pi}{2}$ 이다. 그림 1.11(a)와 (b)에서 $y = \sin^{-1} x$ 의 그래프는 구간 $\left[-\frac{\pi}{2},\ \frac{\pi}{2}\right]$ 에서 $y = \sin x$ 의 그래프를 직선 $y = x$ 에 대칭 이동시켜 얻을 수 있음을 알 수 있다.

다른 삼각함수도 정의역을 적당히 제한하면 일대일함수이고 다음과 같이 역함수를 갖는다.

함수	정의역	치역
$y = \sin^{-1} x \Leftrightarrow \sin y = x$	$-1 \le x \le 1$	$-\frac{\pi}{2} \le y \le \frac{\pi}{2}$
$y = \cos^{-1} x \Leftrightarrow \cos y = x$	$-1 \le x \le 1$	$0 \le y \le \pi$
$y = \tan^{-1} x \Leftrightarrow \tan y = x$	$-\infty < x < \infty$	$-\frac{\pi}{2} < y < \frac{\pi}{2}$

그림 1.12는 세 가지 역삼각함수의 그래프이다.

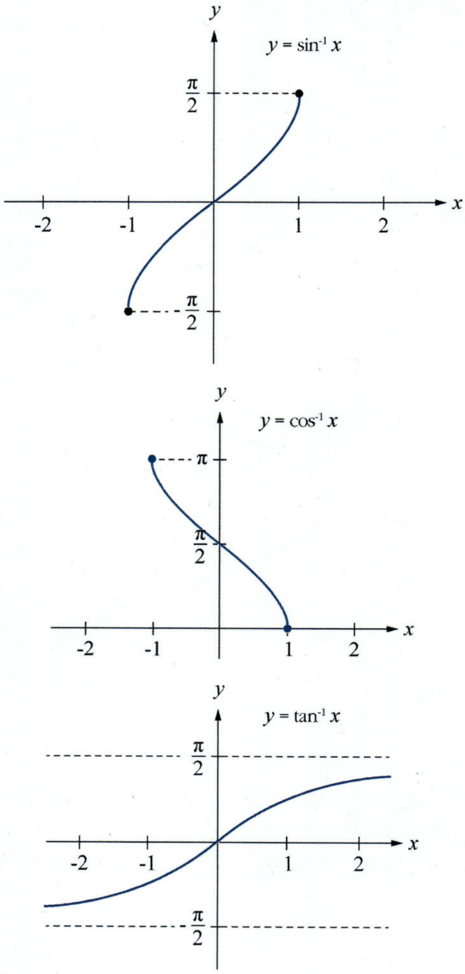

정의역 : $[-1, 1]$
치역 : $\left[-\frac{\pi}{2}, \frac{\pi}{2}\right]$

정의역 : $[-1, 1]$
치역 : $[0, \pi]$

정의역 : $(-\infty, \infty)$
치역 : $\left(-\frac{\pi}{2}, \frac{\pi}{2}\right)$

그림 1.12

예제 1-11 다음 값을 구하여라.

(1) $\sin^{-1}\left(-\frac{1}{2}\right)$ (2) $\sin^{-1}\left(\frac{\sqrt{3}}{2}\right)$

풀이 (1) $\sin^{-1}\left(-\frac{1}{2}\right) = x$라 하면 $-\frac{1}{2} = \sin x$이므로, $x = -\frac{\pi}{6}$이다.

(2) $\sin^{-1}\left(\frac{\sqrt{3}}{2}\right) = x$라 하면 $\frac{\sqrt{3}}{2} = \sin x$이므로, $x = \frac{\pi}{3}$이다.

예제 1-12 다음 값을 구하여라.

(1) $\cos^{-1}\dfrac{1}{2}$ (2) $\cos^{-1}\left(-\dfrac{\sqrt{3}}{2}\right)$

풀이 (1) $\cos^{-1}\dfrac{1}{2}=x$라 하면 $\dfrac{1}{2}=\cos x$이므로, $x=\dfrac{\pi}{3}$이다.

(2) $\cos^{-1}\left(-\dfrac{\sqrt{3}}{2}\right)=x$라 하면 $-\dfrac{\sqrt{3}}{2}=\cos x$이므로, $x=\dfrac{5}{6}\pi$이다.

예제 1-13 다음 값을 구하여라.

(1) $\tan^{-1}1$ (2) $\tan^{-1}(-\sqrt{3})$

풀이 (1) $\tan^{-1}1=x$라 하면 $1=\tan x$ 이므로, $x=\dfrac{\pi}{4}$이다.

(2) $\tan^{-1}(-\sqrt{3})=x$라 하면 $-\sqrt{3}=\tan x$이므로, $x=-\dfrac{\pi}{3}$이다.

이제 삼각함수와 역삼각함수의 정의와 성질을 모두 사용하여 복합적인 삼각함수의 값을 구해보자.

예제 1-14 다음 값을 구하여라.

(1) $\sin\left(\cos^{-1}\dfrac{4}{5}\right)$ (2) $\cos\left(\tan^{-1}\dfrac{2}{3}\right)$

풀이 (1) $\cos^{-1}\dfrac{4}{5}=x$라 하면 $x\in[0,\ \pi]$이므로

$\sin\left(\cos^{-1}\dfrac{4}{5}\right)=\sin x\geq 0$

이다. 따라서 $\dfrac{4}{5}=\cos x$이므로 $\sin x=\dfrac{3}{5}$이다.

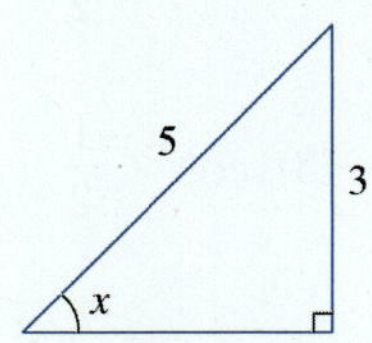

그림 1.13

(2) $\tan^{-1}\dfrac{2}{3}=x$라 하면 $x\in\left(-\dfrac{\pi}{2},\ \dfrac{\pi}{2}\right)$이므로

$\cos\left(\tan^{-1}\dfrac{2}{3}\right)=\cos x\geq 0$

이다. 따라서 $\dfrac{2}{3}=\tan x$이므로 $\cos x=\dfrac{3}{\sqrt{13}}$이다.

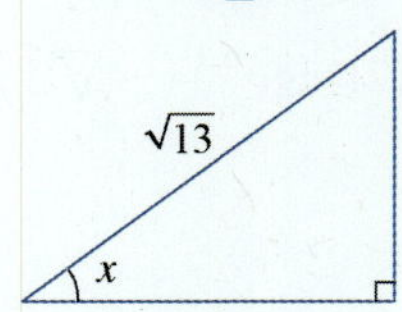

그림 1.14

연습문제 1.2

1. 다음 f의 역함수를 구하여라.

(1) $f(x) = 3x$

(2) $f(x) = x^3 - 1$

(3) $f(x) = x^2 (x \geq 0)$

(4) $f(x) = \sqrt{x^2 - 4},\ x \geq 2$

2. 다음 함수 f와 주어진 값 a에 대하여 $(f^{-1})(a)$를 구하여라.

(1) $f(x) = 2x^5 + x^3 + 1,\ a = -2$

(2) $f(x) = \cos 2x,\ 0 \leq x \leq \frac{\pi}{2},\ a = 1$

(3) $f(x) = \sqrt{x-4},\ a = 2$

3. 다음 값을 구하여라.

(1) $\sin^{-1}\frac{1}{2}$

(2) $\sin^{-1}0$

(3) $\cos^{-1}\frac{1}{2}$

(4) $\cos^{-1}0$

(5) $\tan^{-1}\frac{\sqrt{3}}{3}$

(6) $\cot^{-1}(-\sqrt{3})$

(7) $\csc^{-1}(-\sqrt{2})$

(8) $\cos^{-1}\left(-\frac{\sqrt{3}}{2}\right)$

연습문제 1.2

4. 다음 값을 직각삼각형을 이용하여 구하여라.

(1) $\sin\left(\sin^{-1}\frac{1}{2}\right)$

(2) $\cos\left(\sin^{-1}\frac{1}{2}\right)$

(3) $\tan\left(\cos^{-1}\frac{\sqrt{2}}{2}\right)$

(4) $\cos\left(\sin^{-1}\frac{5}{13}\right)$

(5) $\sin\left(\tan^{-1}\frac{3}{4}\right)$

(6) $\sec\left(\sin^{-1}\frac{4}{5}\right)$

(7) $\tan(\cot^{-1}2)$

(8) $\cos(\sec^{-1}\sqrt{5})$

1.3 함수의 극한

1.3.1 함수의 극한

정의 1.2 함수의 수렴

함수 $f(x)$에서 x가 a와 다른 값을 취하면서 a에 한없이 가까워질 때, $f(x)$의 값이 일정한 값 α에 한없이 가까워지면 함수 $f(x)$는 α에 **수렴**(converge)한다고 한다.

$$\lim_{x \to a} f(x) = \alpha \text{ 또는 } x \to a \text{일 때 } f(x) \to \alpha$$

이 때, α를 $x \to a$일 때의 함수 $f(x)$의 **극한값** 또는 **극한**(limit)이라고 한다.

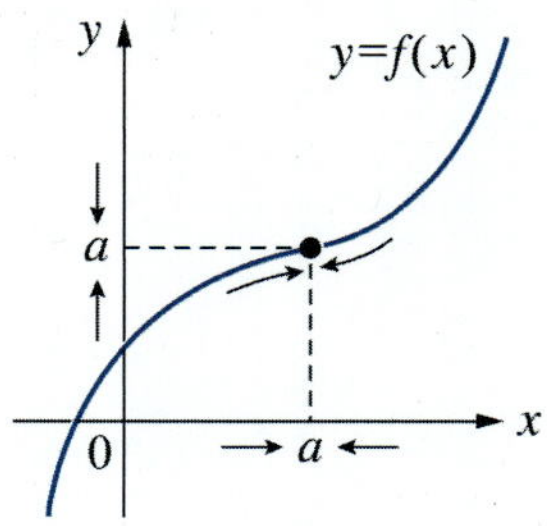

그림 1.15

함수 $f(x) = c$ (c는 상수)일 때에는 임의의 실수 a에 대하여 다음이 성립한다(그림 1.16).

$$\lim_{x \to a} f(x) = \lim_{x \to a} c = c$$

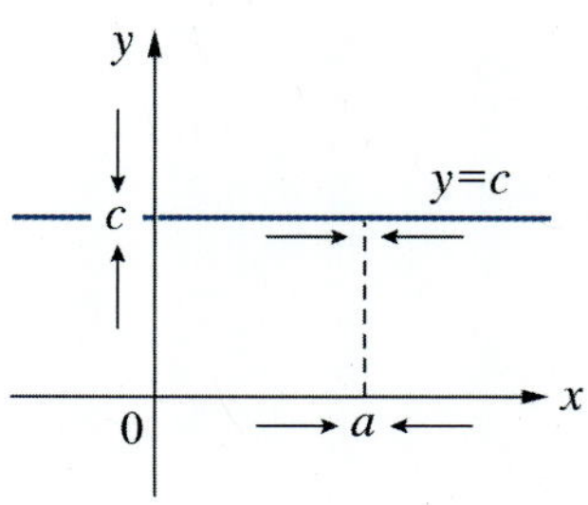

그림 1.16

예제 1-15 다음 함수의 극한을 조사하여라.

(1) $\lim_{x \to 2}(x^3 - 2)$ (2) $\lim_{x \to 0}\frac{x^2 + 2x}{x}$

풀이 (1) $f(x) = x^3 - 2$로 놓으면 $y = f(x)$의 그래프는 그림 1.17과 같으므로 x의 값이 2에 한없이 가까워질 때, $f(x)$의 값은 6에 한없이 가까워진다.

$\lim_{x \to 2}(x^3 - 2) = 6$

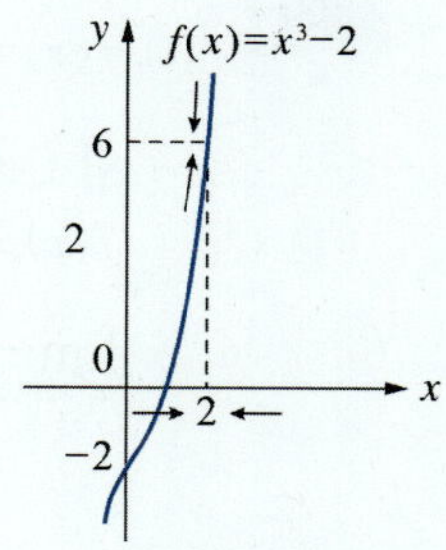

그림 1.17

(2) $f(x) = \frac{x^2 + 2x}{x}$로 놓으면 $x \neq 0$일 때

$f(x) = \frac{x^2 + 2x}{x} = \frac{x(x+2)}{x} = x + 2$라서 $y = f(x)$의 그래프는 그림 1.18과 같으므로 x의 값이 0에 한없이 가까워질 때, $f(x)$의 값은 2에 한없이 가까워진다.

$\lim_{x \to 0}\frac{x^2 + 2x}{x} = 2$

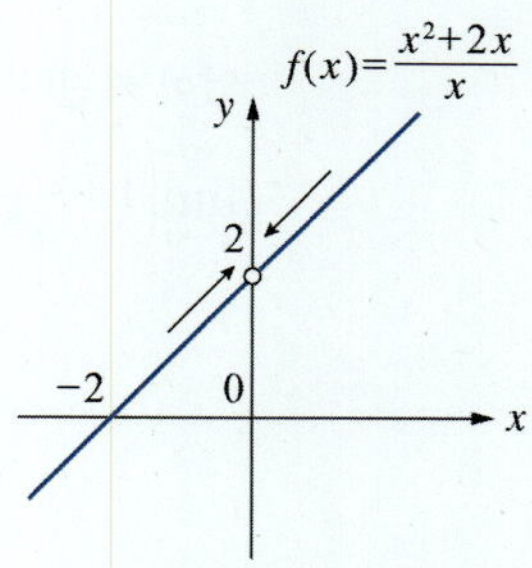

그림 1.18

정의 1.3 함수의 발산

함수 $f(x)$에서 x의 값이 a에 한없이 가까워질 때, $f(x)$의 값이 한없이 커지면 $f(x)$는 양의 무한대로 **발산(divergence)**한다고 하고 기호로 다음과 같이 나타낸다.

$\lim_{x \to a} f(x) = \infty$ 또는 $x \to a$ 일 때, $f(x) \to \infty$

함수 $f(x)$에서 x의 값이 a에 한없이 가까워질 때, $f(x)$의 값이 음수이면서 그 절대값이 한없이 커지면 $f(x)$는 음의 무한대로 발산한다고 하고 기호로 다음과 같이 나타낸다.

$\lim_{x \to a} f(x) = -\infty$ 또는 $x \to a$ 일 때, $f(x) \to -\infty$

예제 1-16 다음 함수의 극한을 조사하여라.

(1) $\lim_{x \to 1} \frac{-1}{(x-1)^2}$ (2) $\lim_{x \to 0}\left(1+\frac{1}{x^2}\right)$

풀이

(1) $f(x)=\frac{-1}{(x-1)^2}$ 로 놓으면 $y=f(x)$의 그래프는 그림 1.19와 같으므로 x의 값이 1에 한없이 가까워질 때 $f(x)$의 값은 음이면서 그 절댓값이 한없이 커진다.

$$\lim_{x \to 1} \frac{-1}{(x-1)^2}=-\infty$$

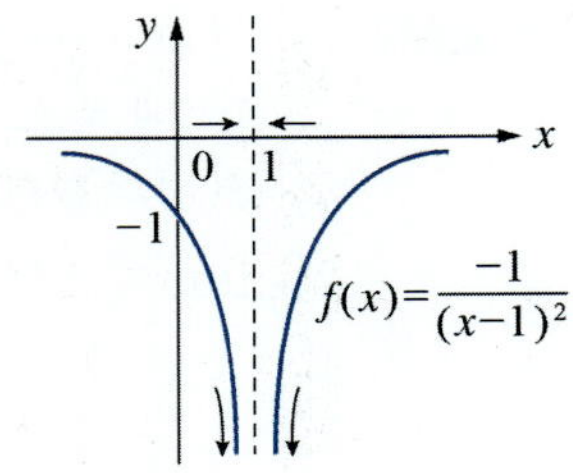

그림 1.19

(2) $f(x)=1+\frac{1}{x^2}$ 의 그림 1.20이므로 x의 값이 0에 한없이 커진다.

$$\lim_{x \to 0}\left(1+\frac{1}{x^2}\right)=\infty$$

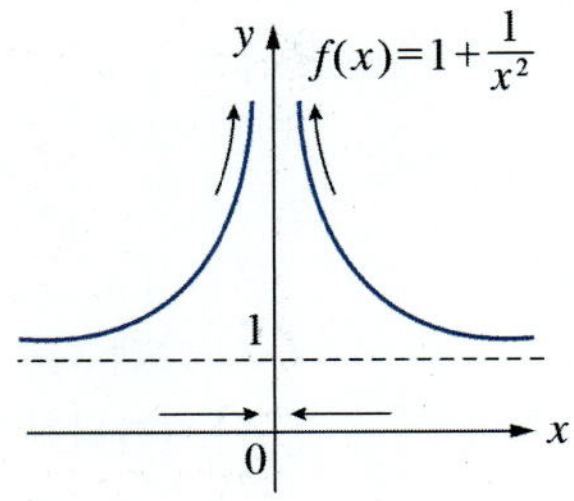

그림 1.20

정의 1.4 **무한대의 극한**

x의 값이 한없이 커질 때 함수 $f(x)$의 값이 일정한 값 α에 한없이 가까워지는 것을 기호로

$$\lim_{x \to \infty} f(x)=\alpha \text{ 또는 } x \to \infty \text{ 일 때 } f(x) \to \alpha$$

와 같이 나타낸다.

x의 값이 음수이면서 그 절대값이 한없이 커질 때 $f(x)$의 값이 일정한 값 β에 한없이 가까워지는 것을 기호로

$$\lim_{x \to -\infty} f(x)=\beta \text{ 또는 } x \to -\infty \text{ 일 때 } f(x) \to \beta$$

함수 $f(x)$의 값이 양의 무한대나 음의 무한대로 발산할 때에도 각각 다음과 같은 기호를 써서 나타낸다.

$$\lim_{x\to\infty} f(x) = \infty, \quad \lim_{x\to\infty} f(x) = -\infty, \quad \lim_{x\to-\infty} f(x) = \infty, \quad \lim_{x\to-\infty} f(x) = -\infty$$

예제 1-17 다음 극한을 구하여라.

(1) $\displaystyle\lim_{x\to\infty}\frac{2x}{x+1}$ (2) $\displaystyle\lim_{x\to-\infty}\left(\frac{1}{2}\right)^x$

풀이 (1) $f(x) = \dfrac{2x}{x+1}$로 놓으면 $f(x) = \dfrac{2(x+1)-2}{x+1}$ $= 2 - \dfrac{2}{x+1}$ 따라서 $y = f(x)$의 그래프는 그림 1.21과 같으므로 x의 값이 한없이 커질 때, $f(x)$의 값은 2에 한없이 가까워진다.

$$\lim_{x\to\infty}\frac{2x}{x+1} = 2$$

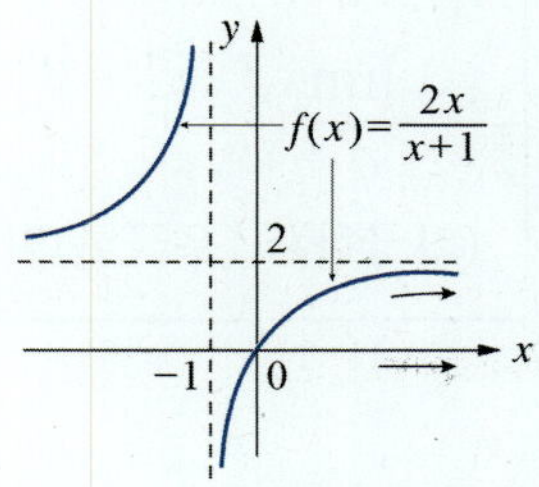

그림 1.21

(2) $f(x) = \left(\dfrac{1}{2}\right)^x$으로 놓으면 $y = f(x)$의 그래프는 그림 1.22와 같으므로 x의 값이 음이면서 그 절대값이 한없이 커질 때, $f(x)$의 값은 한없이 커진다.

$$\lim_{x\to-\infty}\left(\frac{1}{2}\right)^x = \infty$$

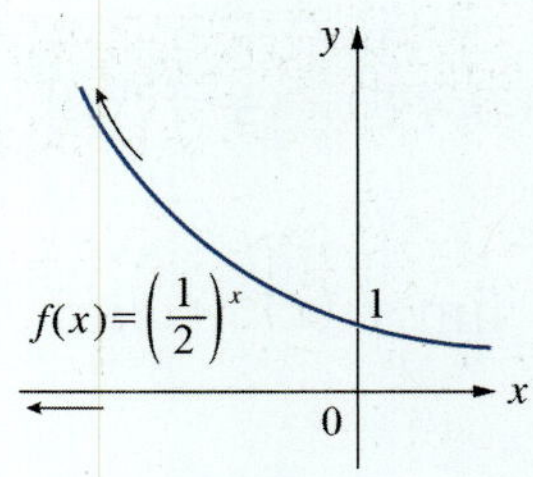

그림 1.22

정의 1.5 좌극한과 우극한

함수 $f(x)$에서 x의 값이 a보다 작으면서 a에 한없이 가까워질 때, $f(x)$의 값이 일정한 값 α에 한없이 가까워지면 α를 $x=a$에서 $f(x)$의 **좌극한**이라 하며 기호로는 다음과 같이 나타낸다.

$$\lim_{x \to a-0} f(x) = \alpha \quad \text{또는} \quad \lim_{x \to a-} f(x) = \alpha$$

함수 $f(x)$에서 x의 값이 a보다 크면서 a에 한없이 가까워질 때, $f(x)$의 값이 일정한 값 β에 한없이 가까워지면 β를 $x=a$에서 $f(x)$의 **우극한**이라 하고 기호로는 다음과 같이 나타낸다.

$$\lim_{x \to a+0} f(x) = \beta \quad \text{또는} \quad \lim_{x \to a+} f(x) = \beta$$

(좌극한)=(우극한)일 때, 극한값이 존재한다.

$$\lim_{x \to a+0} f(x) = \lim_{x \to a-0} f(x) = \alpha \Longleftrightarrow \lim_{x \to a} f(x) = \alpha \text{ (극한값 존재)}$$

(좌극한)$\neq$(우극한)일 때, 극한값이 없다.

$$\lim_{x \to a+0} f(x) \neq \lim_{x \to a-0} f(x) \longrightarrow \lim_{x \to a} f(x)\text{는 극한값이 없다.}$$

예제 1-18 함수 $y=f(x)$의 그래프가 그림 1.23과 같을 때, 다음 극한값을 구하여라.

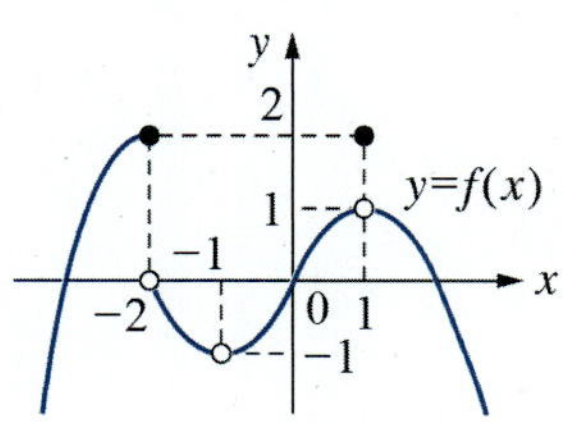

그림 1.23

풀이 (1) $\lim_{x\to-2-0} f(x)=2$

(2) $\lim_{x\to-2+0} f(x)=0$

(3) $\lim_{x\to-1-0} f(x)=-1$

(4) $\lim_{x\to-1+0} f(x)=-1$

(5) $\lim_{x\to1-0} f(x)=1$

(6) $\lim_{x\to1+0} f(x)=1$

(7) $\lim_{x\to-2-0} f(x)\neq\lim_{x\to-2+0} f(x)$이므로 $\lim_{x\to-2} f(x)$의 값은 존재하지 않는다.

(8) $\lim_{x\to-1} f(x)=-1$

(9) $\lim_{x\to1} f(x)=1$

예제 1-19 다음 함수의 극한값을 구하여라.

(1) $\lim_{x\to3-0}\frac{x^2-3x}{|x-3|}$

(2) $\lim_{x\to0}\frac{x^2}{|x|}$

(3) $\lim_{\theta\to3^+}\frac{[\theta]}{\theta}$

(4) $\lim_{t\to4^-}(t-[t])$

풀이 (1) $x\to3-0$일 때, $x<3$이므로 $|x-3|=-(x-3)$이다.

$$\lim_{x\to3-0}\frac{x(x-3)}{-(x-3)}=\lim_{x\to3-0}(-x)=-3$$

(2) $x\to-0$일 때, $x<0$이므로 $|x|=-x$, $\lim_{x\to0-}(-x)=0$이다.

$x>0$일 때 $|x|=x$이므로 $\lim_{x\to0+}x=0$이다.

따라서 $x=0$에서의 좌극한과 우극한이 일치하므로 $\lim_{x\to0}\frac{x^2}{|x|}=0$

(3) $\lim_{\theta\to3^+}\frac{\lfloor\theta\rfloor}{\theta}=\frac{3}{3}=1$

(4) $\lim_{t\to4^-}(t-\lfloor t\rfloor)=4-3=1$

1.3.2 극한값의 계산

- **함수의 극한의 성질**

> 함수의 극한에 관한 기본 성질
>
> $\lim_{x\to a} f(x)=\alpha,\ \lim_{x\to a} g(x)=\beta$ ($\alpha,\ \beta$는 상수)일 때
>
> ① $\lim_{x\to a} kf(x)=k\lim_{x\to a} f(x)=k\alpha$ (k는 상수)
>
> ② $\lim_{x\to a} \{f(x)\pm g(x)\}=\lim_{x\to a}f(x)\pm\lim_{x\to a}g(x)=\alpha\pm\beta$ (복부호동순)
>
> ③ $\lim_{x\to a} f(x)g(x)=\lim_{x\to a} f(x)\cdot\lim_{x\to a} g(x)=\alpha\beta$
>
> ④ $\lim_{x\to a} \dfrac{f(x)}{g(x)}=\dfrac{\lim_{x\to a} f(x)}{\lim_{x\to a} g(x)}=\dfrac{\alpha}{\beta}$ $(g(x)\neq 0,\ \beta\neq 0)$

예제 1-20 $\lim_{x\to c} f(x)=5,\ \lim_{x\to c} g(x)=-2$일 때 다음을 구하여라.

(1) $\lim_{x\to c} f(x)g(x)$　　(2) $\lim_{x\to c} (f(x)+3g(x))$

(3) $\lim_{x\to c} \dfrac{f(x)}{f(x)-g(x)}$

풀이 (1) $\lim_{x\to c}f(x)g(x)=\left[\lim_{x\to c}f(x)\right]\left[\lim_{x\to c}g(x)\right]=(5)(-2)=-10$

(2) $\lim_{x\to c}f(x)+3g(x)=\left[\lim_{x\to c}f(x)\right]+3\left[\lim_{x\to c}g(x)\right]=5+3(-2)=-1$

(3) $\lim_{x\to c}\dfrac{f(x)}{f(x)-g(x)}=\dfrac{\lim_{x\to c}f(x)}{\lim_{x\to c}f(x)-\lim_{x\to c}g(x)}=\dfrac{5}{5-(-2)}=\dfrac{5}{7}$

≫ 정리 1.1 함수의 극한의 대소 관계

a 에 가까운 값 x 에 대하여

① $f(x) \leqq g(x)$이고 $\lim_{x \to a} f(x) = \alpha$, $\lim_{x \to a} g(x) = \beta$ 이면 $\alpha \leqq \beta$

② **샌드위치(sandwich)정리(압축정리)** $f(x) \leqq g(x) \leqq h(x)$이고

$\lim_{x \to a} f(x) = \lim_{x \to a} h(x) = \alpha$ 이면

$\lim_{x \to a} g(x) = \alpha$

예제 1-21 샌드위치정리를 이용하여 다음을 증명하여라.

(1) $\lim_{x \to 0} x^2 \cos \frac{1}{x} = 0$

(2) $\lim_{x \to 0} x \sin\left(\frac{1}{x^2}\right) = 0$

(3) $\lim_{x \to \infty} \frac{\sin x}{x} = 0$

(4) $\lim_{x \to \infty} \frac{\cos 2x}{x^2} = 0$

풀이

(1) $-1 \leq \cos\left(\frac{1}{x}\right) \leq 1$

$-x^2 \leq x^2 \cos\left(\frac{1}{x}\right) \leq x^2$

$\lim_{x \to 0}(-x^2) = \lim_{x \to 0} x^2 = 0$

샌드위치정리에 의하여, $\lim_{x \to 0} x^2 \cos\left(\frac{1}{x}\right) = 0$

(2) $-1 \leq \sin\left(\frac{1}{x^2}\right) \leq 1$

$-x \leq x \sin\left(\frac{1}{x^2}\right) \leq x$

$\lim_{x \to 0}(-x) = \lim_{x \to 0}(x) = 0$

샌드위치정리에 의하여, $\lim_{x \to 0} x \sin\left(\frac{1}{x^2}\right) = 0$

(3) $-1 \leq \sin x \leq 1$

$-\frac{1}{x} \leq \frac{\sin x}{x} \leq \frac{1}{x}$

$$\lim_{x\to\infty}\left(-\frac{1}{x}\right)=\lim_{x\to\infty}\left(\frac{1}{x}\right)=0$$

샌드위치정리에 의하여, $\lim_{x\to\infty}\frac{\sin x}{x}=0$

(4) $-1 \le \cos 2x \le 1$

$$-\frac{1}{x^2}\le\frac{\cos 2x}{x^2}\le\frac{1}{x^2}$$

$$\lim_{x\to\infty}\left(-\frac{1}{x^2}\right)=\lim_{x\to\infty}\left(\frac{1}{x^2}\right)=0$$

샌드위치정리에 의하여, $\lim_{x\to\infty}\frac{\cos 2x}{x^2}=0$

1.3.3 부정형의 극한

> **정의 1.6**
>
> x가 a 또는 $\pm\infty$로 갈 때, 이들을 $\frac{g(x)}{f(x)}$, $f(x)\cdot g(x)$, $f(x)-g(x)$, $\{f(x)\}^{g(x)}$에 대입한 결과, 이들이 $\frac{0}{0}$, $\frac{\infty}{\infty}$, $0\cdot\infty$, $\infty-\infty$, 1^{∞}, 0^0, ∞^0인 꼴이면, 이들 함수는 $x=a$ 또는 $x=\pm\infty$에서 **부정형**(indefinite form)을 갖는다.

(1) $\frac{0}{0}$ 꼴의 극한

① 유리함수의 경우 : 분모, 분자를 인수분해하고 약분하여 부정형이 되는 원인을 없앤다.

② 무리함수의 경우 : 분모 또는 분자 중 $\sqrt{\quad}$ 가 있는 쪽(경우에 따라서는 분모와 분자를 모두)을 유리화하여 부정형이 되는 원인을 없앤다.

예제 1-22 다음 극한값을 구하여라.

(1) $\lim_{x \to -2} \dfrac{3x^3 + 7x^2 - 3x - 10}{2x^2 + 3x - 2}$　　(2) $\lim_{x \to 0} \dfrac{x^2}{1 - \sqrt{1 - x^2}}$

풀이 (1) 분모, 분자에 $x = -2$을 대입하면 $\dfrac{0}{0}$ 꼴이므로 분모, 분자를 인수분해하면

$\lim_{x \to -2} \dfrac{3x^3 + 7x^2 - 3x - 10}{2x^2 + 3x - 2} = \lim_{x \to -2} \dfrac{(x+2)(3x^2 + x - 5)}{(x+2)(2x-1)}$ 분모, 분자를 0으로 하는

공통인수 $x+2$를 약분한 후 $x = -2$를 대입하면

$$\lim_{x \to -2} \frac{(x+2)(3x^2 + x - 5)}{(x+2)(2x-1)} = \lim_{x \to -2} \frac{(3x^2 + x - 5)}{2x-1} = -1$$

(2) 분모, 분자에 $x = 0$를 대입하면 $\dfrac{0}{0}$ 꼴이므로 분모를 유리화하면

$$\lim_{x \to 0} \frac{x^2}{1 - \sqrt{1 - x^2}} = \lim_{x \to 0} \frac{x^2(1 + \sqrt{1 - x^2})}{(1 - \sqrt{1 - x^2})(1 + \sqrt{1 - x^2})}$$

$$\lim_{x \to 0} \frac{x^2(1 + \sqrt{1 - x^2})}{x^2} = \lim_{x \to 0}(1 + \sqrt{1 - x^2}) = 1 + 1 = 2$$

(2) $\dfrac{\infty}{\infty}$ 꼴의 극한

분모, 분자를 각각 분모의 최고차항으로 나누어서 부정형이 되는 원인을 없앤다.

예제 1-23 다음 극한의 수렴 · 발산을 조사하여라.

(1) $\lim_{x \to \infty} \dfrac{2x + 1}{3x^2 - 2x + 1}$　　(2) $\lim_{x \to \infty} \dfrac{4x^2 - 3x + 2}{3x + 2}$

풀이 (1) 준 식의 분모, 분자를 x^2으로 나누면

$$\lim_{x \to \infty} \frac{2x + 1}{3x^2 - 2x + 1} = \lim_{x \to \infty} \frac{\dfrac{2}{x} + \dfrac{1}{x^2}}{3 - \dfrac{2}{x} + \dfrac{1}{x^2}} = 0$$

(2) 준 식의 분모, 분자를 x로 나누면

$$\lim_{x \to \infty} \frac{4x^2 - 3x + 2}{3x + 2} = \lim_{x \to \infty} \frac{4x - 3 + \dfrac{2}{x}}{3 + \dfrac{2}{x}} = \infty$$

(3) $\infty - \infty$ 꼴의 극한

근호가 없는 다항식은 최고차항으로 묶고, 근호가 있을 때는 유리화한다.

예제 1-24 극한값을 구하여라.

(1) $\lim_{x \to \infty}\left(\sqrt{x^2+25}-\sqrt{x^2-1}\right)$ (2) $\lim_{x \to -\infty}\left(\sqrt{4x^2+3x-2}+2x\right)$

풀이

(1) $$\lim_{x\to\infty}(\sqrt{x^2+25}-\sqrt{x^2-1})=\lim_{x\to\infty}\frac{(\sqrt{x^2+25}-\sqrt{x^2-1})(\sqrt{x^2+25}+\sqrt{x^2-1})}{\sqrt{x^2+25}+\sqrt{x^2-1}}$$
$$=\lim_{x\to\infty}\frac{26}{\sqrt{x^2+25}+\sqrt{x^2-1}}=0$$

(2) $-\frac{3}{4}$

(4) $\infty \times 0$ 꼴의 극한

통분 또는 유리화하여 $\frac{\infty}{\infty}$, $\frac{0}{0}$, $\infty \times c$, $\frac{c}{\infty}$(c는 유한확정값)으로 변형할 수 있는지 조사한다.

예제 1-25 다음 극한을 구하여라.

(1) $\lim_{x\to 0}\frac{1}{x}\left\{\frac{1}{(x+2)^2}-\frac{1}{4}\right\}$ (2) $\lim_{x\to 0}\frac{1}{x}\left(\frac{1}{\sqrt{5-x}}-\frac{1}{\sqrt{5}}\right)$

풀이

(1) 주어진 식에 $x=0$을 대입하면 $\infty\times 0$ 꼴이므로
$$\lim_{x\to 0}\frac{1}{x}\left\{\frac{1}{(x+2)^2}-\frac{1}{4}\right\}=\lim_{x\to 0}\frac{1}{x}\cdot\frac{4-(x+2)^2}{4(x+2)^2}=\lim_{x\to 0}\frac{-x(x+4)}{4x(x+2)^2},$$
분모, 분자를 0으로 하는 공통인수 x를 약분한 후 $x=0$을 대입하면
$$\lim_{x\to 0}\frac{-x(x+4)}{4x(x+2)^2}=\lim_{x\to 0}\frac{-x-4}{4(x+2)^2}=-\frac{1}{4}$$

(2) 주어진 식에 $x=0$을 대입하면 $\infty\times 0$ 꼴이므로
$$\lim_{x\to 0}\frac{1}{x}\left(\frac{1}{\sqrt{5-x}}-\frac{1}{\sqrt{5}}\right)=\lim_{x\to 0}\frac{1}{x}\cdot\frac{x}{\sqrt{5}(\sqrt{5}-x)},$$
분모, 분자를 0으로 하는 공통인수 x를 약분한 후 $x=0$ 을 대입하면
$$\lim_{x\to 0}\frac{1}{x}\cdot\frac{x}{\sqrt{5}(\sqrt{5}-x)}=\lim_{x\to 0}\frac{1}{5-\sqrt{5}x}=\frac{1}{5}$$

1.3.4 삼각함수의 극한

≫ 정리 1.2

$$\lim_{x \to 0} \frac{\sin x}{x} = 1$$

증명

i) $0 < x < \frac{\pi}{2}$일 때

중심각의 크기가 x 라디안이고 반지름의 길이가1인 부채꼴 OAB에서 점 A에서의 접선이 직선 OB의 연장선과 만나는 점을 T라고 하면

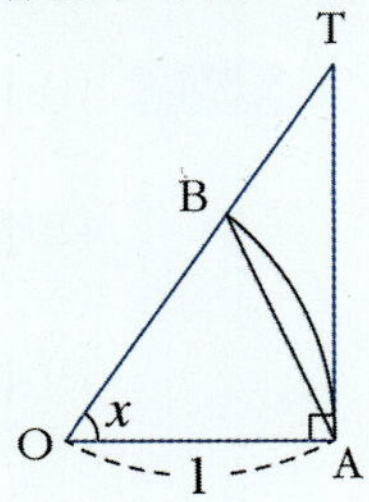

그림 1.24

$$\triangle OAB < \triangledown OAB < \triangle OAT$$

여기서 각 넓이를 구해보면

$$\frac{1}{2}\sin x < \frac{1}{2}x < \frac{1}{2}\tan x \quad \therefore \sin x < x < \tan x$$

그런데 $\sin x > 0$이므로 각 변을 $\sin x$ 로 나누면

$$1 < \frac{x}{\sin x} < \frac{1}{\cos x}$$

각 항의 역수를 취하면

$$\cos x < \frac{\sin x}{x} < 1$$

그런데 $\lim_{x \to 0+} \cos x = 1$이므로

$$\lim_{x \to 0+} \frac{\sin x}{x} = 1 \tag{1}$$

ii) $-\frac{\pi}{2} < x < 0$일 때

$x = -\theta$로 놓으면 $x \to 0-$일 때 $\theta \to 0+$이므로

$$\lim_{x\to 0-}\frac{\sin x}{x}=\lim_{\theta\to 0+}\frac{\sin(-\theta)}{-\theta}=\lim_{\theta\to 0+}\frac{\sin\theta}{\theta}=1 \tag{2}$$

따라서 (1), (2)에 의하여 $\lim_{x\to 0}\frac{\sin x}{x}=1$

예제 1-26 다음 극한값을 구하여라.

(1) $\lim_{x\to 0}\frac{\sin 3x}{\sin 2x}$ (2) $\lim_{x\to 0}\frac{\sin(\sin x)}{x}$

(3) $\lim_{x\to 0}\frac{\tan x}{x}$

풀이 (1) $\lim_{x\to 0}\frac{\sin 3x}{\sin 2x}=\lim_{x\to 0}\frac{\sin 3x}{3x}\cdot\frac{2x}{\sin 2x}\cdot\frac{3}{2}=\frac{3}{2}$

(2) $\lim_{x\to 0}\frac{\sin(\sin x)}{x}=\lim_{x\to 0}\left\{\frac{\sin(\sin x)}{\sin x}\cdot\frac{\sin x}{x}\right\}=1$

(3) $\lim_{x\to 0}\frac{\tan x}{x}=\lim_{x\to 0}\frac{\sin x}{\cos x}\cdot\frac{1}{x}$

$=\lim_{x\to 0}\frac{\sin x}{x}\cdot\frac{1}{\cos x}$

$=1\cdot 1=1$

예제 1-27 다음 극한값을 구하여라.

(1) $\lim_{x\to 0}\frac{\sin 3x}{2x}$ (2) $\lim_{x\to 0} 2x\cot x$

(3) $\lim_{x\to 0}\frac{\tan(\sin\pi x)}{x}$

풀이 (1) $\lim_{x\to 0}\frac{\sin 3x}{2x}=\lim_{x\to 0}\frac{\sin 3x}{3x}\cdot\frac{3}{2}=\frac{3}{2}$

(2) (준식) $=\lim_{x\to 0}\frac{2x}{\tan x}=2$

(3) (준식) $=\lim_{x\to 0}\frac{\tan(\sin\pi x)}{\sin\pi x}\times\frac{\sin\pi x}{x}=\lim_{x\to 0}\frac{\tan(\sin\pi x)}{\sin\pi x}\times\lim_{x\to 0}\frac{\sin\pi x}{x}$

$=\lim_{x\to 0}\frac{\tan(\sin\pi x)}{\sin\pi x}\times\lim_{x\to 0}\frac{\sin\pi x}{\pi x}\times\pi=1\times 1\times\pi=\pi$

1.3.5 *e*와 지수 · 로그함수의 극한

▪ *e*의 정의

함수 $(1+x)^{\frac{1}{x}}$ 에 대하여 x 가 0에 한없이 가까워질 때의 극한값은 x 에

$$\pm 0.1,\ \pm 0.01,\ \pm 0.001,\ \pm 0.0001,\ \pm 0.00001,\ \cdots$$

을 차례로 대입하여 $(1+x)^{\frac{1}{x}}$ 의 값을 계산해 보면 x 가 0에 한없이 가까워짐에 따라 $(1+x)^{\frac{1}{x}}$ 의 값이 어떤 일정한 수에 수렴하고 있음을 알 수 있다.

실제로 $x \to 0$ 일 때, $(1+x)^{\frac{1}{x}}$ 의 극한값이 존재한다는 것이 알려져 있으며, 이 극한 값을 e 로 나타내고 e 를 **자연대수** 혹은 **Euler**수라고 부른다.

이때, e 는 무리수이고 이를 소수로 나타내면

$$e = 2.71828182845\cdots$$

와 같이 순환하지 않는 무한소수임이 알려져 있다.

> **정의 1.7**
>
> 자연대수 e는 아래의 극한값으로 정의한다.
>
> $$\lim_{x\to 0}(1+x)^{\frac{1}{x}} = e,\ \lim_{x\to\infty}\left(1+\frac{1}{x}\right)^{x} = e$$

무리수 e를 밑으로 하는 $\log_e x$ 를 x 의 **자연로그(natural logarithm)**라고 한다.

자연로그 $\log_e x$ 는 밑 e를 생략하고 간단히 $\log x$ 로 나타낸다.

다만 상용로그와 구별하기 위하여 상용로그의 밑을 밝혀 $\log_{10} x$ 로 나타내거나 자연로그 $\log_e x$ 를 $\log x$ 대신 $\ln x$ 로 나타내기도 한다.

자연로그의 성질 ($x>0$, $y>0$일 때)

$e^0=1 \Leftrightarrow 0=\log_e 1$

① $\ln 1=0$, $\ln e=1$

② $\ln xy=\ln x+\ln y$

③ $\ln\frac{x}{y}=\ln x-\ln y$

④ $\ln x^n=n\ln x$ (단, n은 임의의 실수)

예제 1-28 다음 극한을 구하여라.

$$\lim_{x\to\infty}\left(1+\frac{1}{2x}\right)^{3x}$$

풀이 $\lim_{x\to\infty}\left(1+\frac{1}{2x}\right)^{3x}=\lim_{x\to\infty}\left\{\left(1+\frac{1}{2x}\right)^{2x}\right\}^{\frac{3}{2}}=e^{\frac{3}{2}}$

예제 1-29 다음 극한값을 구하여라. (단 e는 자연로그의 밑이다.)

(1) $\lim_{x\to 1}x^{\frac{1}{x-1}}$

(2) $\lim_{x\to 0}(1-2x)^{\frac{1}{x}}$

풀이 (1) $x-1=t$로 놓으면 $x\to 1$일 때 $t\to 0$이므로 $\lim_{x\to 1}x^{\frac{1}{x-1}}=\lim_{t\to 0}(1+t)^{\frac{1}{t}}=e$

(2) $\lim_{x\to 0}(1-2x)^{\frac{1}{x}}=\lim_{x\to 0}\left\{(1-2x)^{\frac{1}{-2x}}\right\}^{-2}=\left\{\lim_{x\to 0}(1-2x)^{\frac{1}{-2x}}\right\}^{-2}=e^{-2}=\frac{1}{e^2}$

▪ e을 이용한 지수 · 로그함수의 극한

(1) $\lim_{x\to0}\frac{\ln(1+x)}{x}=1,\qquad \lim_{x\to0}\frac{\log_a(1+x)}{x}=\frac{1}{\ln a}$ (단, $a>0,\ a\neq1$)

(2) $\lim_{x\to0}\frac{e^x-1}{x}=1,$

설명

(1) $\lim_{x\to0}\frac{1}{x}\ln(1+x)=\lim_{x\to0}\ln(1+x)^{\frac{1}{x}}=\ln\lim_{x\to0}(1+x)^{\frac{1}{x}}=\ln e=1.$

$\lim_{x\to0}\frac{\log_a(1+x)}{x}=\lim_{x\to0}\log_a(1+x)^{\frac{1}{x}}=\log_a e=\frac{1}{\ln a}$ (단, $a>0,\ a\neq1$).

(2) $\lim_{x\to0}\frac{e^x-1}{x}$에서 $e^x-1=t$로 놓으면 $x=\ln(1+t)$이므로

$$\lim_{x\to0}\frac{e^x-1}{x}=\lim_{t\to0}\frac{t}{\ln(1+t)}=\lim_{t\to0}\frac{1}{\ln(1+t)^{\frac{1}{t}}}=\frac{1}{\ln e}=1.$$

예제 1-30 다음 극한값을 구하여라.

(1) $\lim_{x\to0}\frac{\ln(1+x)}{2x}$ (2) $\lim_{x\to0}\frac{a^x-1}{x}=\ln a$ (단, $a>0,\ a\neq1$)

풀이 (1) 준식 $=\lim_{x\to0}\frac{1}{2x}\ln(1+x)=\frac{1}{2}\lim_{x\to0}\ln(1+x)^{\frac{1}{x}}=\frac{1}{2}\ln e=\frac{1}{2}$

(2) $a^x-1=z$라고 하면 $a^x=1+z$

$x=\log_a(1+z)$

또, $x\to0$일 때 $z\to0$이므로

$$\text{준식}=\lim_{z\to0}\frac{z}{\log_a(1+z)}=\lim_{z\to0}\frac{1}{\frac{1}{z}\log_a(1+z)}=\lim_{z\to0}\frac{1}{\log_a(1+z)^{\frac{1}{z}}}=\frac{1}{\log_a e}$$

$$=\frac{1}{\frac{\ln e}{\ln a}}=\ln a$$

연습문제 1.3

1. 함수 f의 그래프가 다음과 같을 때 다음 값이 존재하면 구하고, 존재하지 않으면 그 이유를 설명하여라.

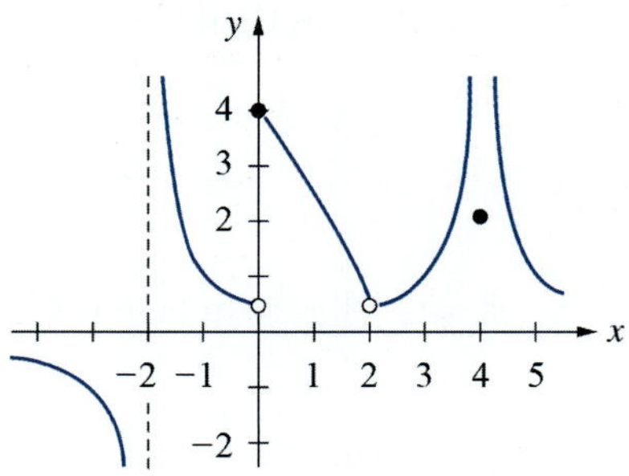

(1) $f(-2)$

(2) $\lim_{x \to -2} f(x)$

(3) $f(0)$

(4) $\lim_{x \to 0} f(x)$

(5) $f(2)$

(6) $\lim_{x \to 2} f(x)$

(7) $f(4)$

(8) $\lim_{x \to 4} f(x)$

2. 함수 f의 그래프가 다음과 같을 때 $\lim_{x \to c} f(x)$가 존재하는 c값을 구하여라.

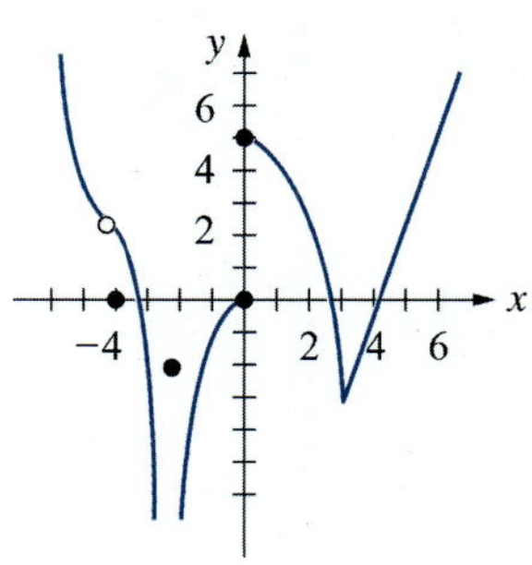

연습문제 1.3

3. 다음을 구하여라.

(1) 모든 x에 의하여 $1-\frac{x^2}{6}<\frac{x\sin x}{2-2\cos x}<1$일 때, $\lim_{x\to 0}\frac{x\sin x}{2-2\cos x}$

(2) 모든 x에 의하여 $-6x-4<f(x)<x^4+x^2$, $\lim_{x\to -1}f(x)$

(3) 모든 x에 의하여 $\sqrt{5-2x}<f(x)<\sqrt{5}$, $\lim_{x\to 0}f(x)$

4. 다음 극한을 구하여라.

(1) $\lim_{x\to 3}\frac{2x-5}{x+3}$

(2) $\lim_{x\to 1}\sin\left(\frac{\pi x}{2}\right)$

(3) $\lim_{x\to 0}e^{-x}\sin\pi x$

(4) $\lim_{x\to 3}\frac{\sqrt{x+1}-2}{x-3}$

(5) $\lim_{x\to 0}\frac{4(e^{2x}-1)}{e^x-1}$

(6) $\lim_{x\to\pi/4}\frac{4x}{\tan x}$

연습문제 1.3

5. 다음 극한의 수렴·발산을 조사하라.

(1) $\lim_{x\to\infty}\frac{3x^3+2}{9x^3-2x^2+7}$

(2) $\lim_{x\to\infty}\left(4+\frac{3}{x}\right)$

(3) $\lim_{x\to-\infty}\left(\frac{1}{2}x-\frac{4}{x^2}\right)$

(4) $\lim_{x\to-\infty}\frac{x}{\sqrt{x^2+1}}$

(5) $\lim_{x\to\infty}\cos\frac{1}{x}$

(6) $\lim_{x\to-\infty}(2+5e^x)$

6. 다음 극한을 구하여라.

(1) $\lim_{x\to-\infty}(x+\sqrt{x^2+3})$

(2) $\lim_{x\to\infty}(2x-\sqrt{4x^2+1})$

(3) $\lim_{x\to\infty}(x-\sqrt{x^2+x})$

(4) $\lim_{x\to-\infty}(3x+\sqrt{9x^2-x})$

1.4 함수의 연속성

1.4.1 함수의 연속과 불연속

(1) $x = a$ 에서 연속의 정의

함수 $f(x)$가 실수 a에 대하여 다음 세 조건을 만족할 때, 함수$f(x)$는 $x=a$ 에서 **연속**(continuous)이다.

① $x=a$ 에서 함수 $f(x)$가 정의되어 있다. ⇨ $f(x)$의 값이 존재한다.

② 극한값 $\lim_{x \to a} f(x)$가 존재한다.

③ $\lim_{x \to a} f(x) = f(a)$

(2) $x = a$ 에서 불연속의 정의

함수 $f(x)$가 위의 세 가지 조건 중 어느 하나라도 만족하지 않으면 함수 $f(x)$는 $x=a$ 에서 **불연속**(discontinuous)이다.

(3) 구간에서의 연속

함수 $f(x)$가 어떤 구간의 모든 점에서 연속이면 $f(x)$는 그 구간에서 연속 또는 그 구간에서 연속인 함수라 한다.

(4) 구간(a, b는 실수, $a<b$)

구간 (a, b)를 개구간, $[a, b]$를 폐구간이라고 한다. 또, 실수 전체의 집합을 $(-\infty, \infty)$로 나타낸다. 또, $(a, b]$, $[a, b)$은 반폐구간, 반개구간이라 한다.

$a \leqq x \leqq b \leftrightarrow [a,\ b]$	$a \leqq x < b \leftrightarrow [a,\ b)$
$a < x < b \leftrightarrow (a,\ b)$	$a < x \leqq b \leftrightarrow (a,\ b]$
$x \leqq a \leftrightarrow (-\infty,\ a]$	$x < a \leftrightarrow (-\infty,\ a)$
$x \geqq a \leftrightarrow [a,\ \infty)$	$x > a \leftrightarrow (a,\ \infty)$

여러 가지 함수의 연속성

① 다항함수 : $f(x)$ ⇨ $(-\infty, \infty)$에서 연속

② 분수함수 : $\dfrac{f(x)}{g(x)}$ ⇨ $f(x)$, $g(x)$가 연속일 때 $g(x) \neq 0$인 x의 범위에서 연속

③ 무리함수 : $\sqrt{f(x)}$ ⇨ $f(x)$가 연속일 때 $f(x) \geqq 0$인 x의 범위에서 연속

④ 합성함수 : $(f \circ g)(x)$ ⇨ $g(x)$의 치역이 $f(x)$의 정의역 범위에서 연속

⑤ 지수함수 : $a^x\,(a>0,\ a \neq 1)$ ⇨ $(-\infty, \infty)$에서 연속

⑥ 로그함수 : $\log_a x\ (a>0, a \neq 1)$ ⇨ $x>0$에서 연속

⑦ 삼각함수 : $\sin x$, $\cos x$ ⇨ $(-\infty, \infty)$에서 연속

$\tan x$ ⇨ $x \neq n\pi + \dfrac{\pi}{2}$ (n : 정수)인 x의 범위에서 연속

⑧ 가우스 함수 : $[x]$ ⇨ x가 정수인 점에서 불연속

예제 1-31 다음 그래프에서 $x = -2, 0, 3$ 그리고 4에서 불연속인 이유를 조사하여라.

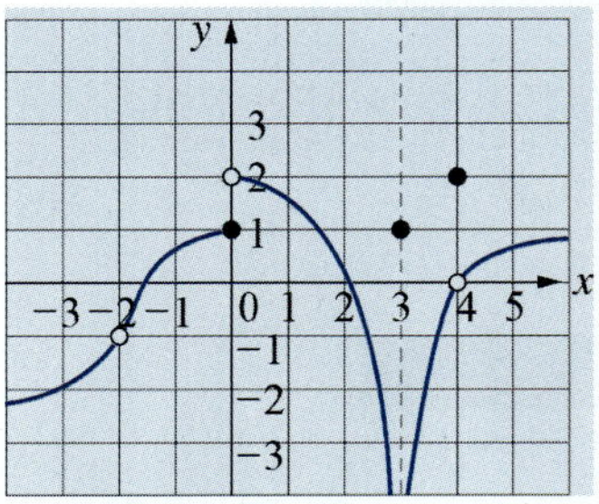

그림 1.25

풀이 $x=-2$, 함수값 $f(-2)$이 존재하지 않는다.

$x=0$, $\lim\limits_{x\to 0} f(x)$이 존재하지 않는다.

$x=3$, $\lim\limits_{x\to 3} f(x) = -\infty$.

$x=4$, $0 = \lim\limits_{x\to 4} f(x) \neq f(4) = 2$.

예제 1-32 다음 함수의 주어진 점에서 연속성을 조사하여라.
(단, $[x]$는 x보다 크지 않은 최대의 정수이다.)

(1) $f(x)=\dfrac{x^2-4}{|x-2|}\quad(x=2)$

(2) $f(x)=x-[x]\quad(x=0)$

(3) $f(x)=\begin{cases}\dfrac{x^2+x-2}{x-1} & (x\neq 1)\\ 2 & (x=1)\end{cases}\quad(x=1)$

(4) $f(x)=\begin{cases}\dfrac{x^3-1}{x-1} & (x\neq 1)\\ 3 & (x=1)\end{cases}\quad(x=1)$

풀이 (1) $x>2$일 때, $x-2>0$이므로 $f(x)=\dfrac{x^2-4}{|x-2|}$
$=\dfrac{x^2-4}{x-2}=x+2$, $x<2$일 때, $x-2<0$이므로
$f(x)=\dfrac{x^2-4}{|x-2|}=\dfrac{x^2-4}{-(x-2)}-(x+2)$, $f(x)$
의 분모가 0이 되므로 함수 $f(x)$는 $x=2$에서 정의되지 않는다. 따라서 함수 $f(x)$는 $x=2$에서 불연속이다.

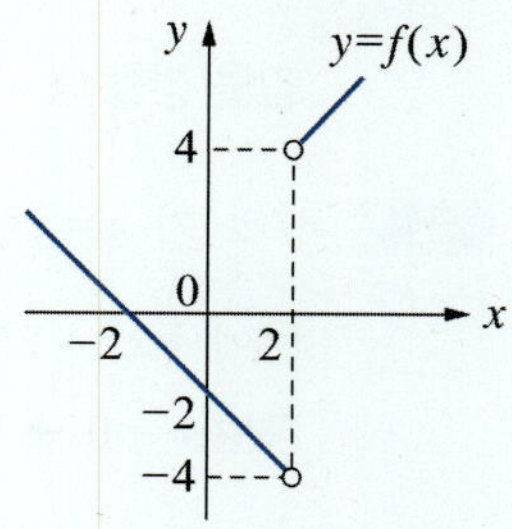

그림 1.25

(2) $x=0$에서의 함수값을 구하면 $f(0)=0-[0]=0$일 때, $[x]=-1$이므로 $f(x)=x+1$일 때, $[x]=0$이므로 $f(x)=x$일 때, 좌극한과 우극한을 각각 구하면 $\lim\limits_{x\to-0}(x-[x])=\lim\limits_{x\to-0}(x+1)=1$이므로 극한값 $\lim\limits_{x\to0}f(x)$가 존재하지 않는다. 따라서 함수 $f(x)$는 $x=0$에서 불연속이다.

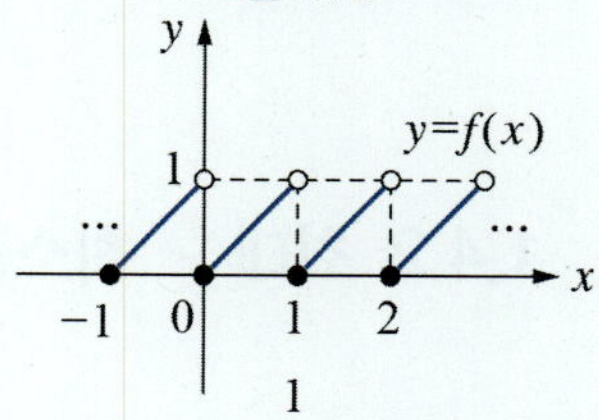

그림 1.26

(3) $x\neq1$일 때, 함수 $f(x)$는 $f(x)=\dfrac{x^2+x-2}{x-1}$
$=\dfrac{(x+2)(x-1)}{x-1}$에서의 함수값을 구하면
$f(1)=2$ ……㉠ $x\to1$일 때, 극한값을 구하면
$\lim\limits_{x\to1}f(x)=\lim\limits_{x\to1}(x+2)=3$ ……㉡ ㉠, ㉡에서
$f(1)$과 $\lim\limits_{x\to1}f(x)$가 존재하지만 $\lim\limits_{x\to1}f(x)\neq f(1)$
이므로 함수 $f(x)$는 $x=1$에서 불연속이다.

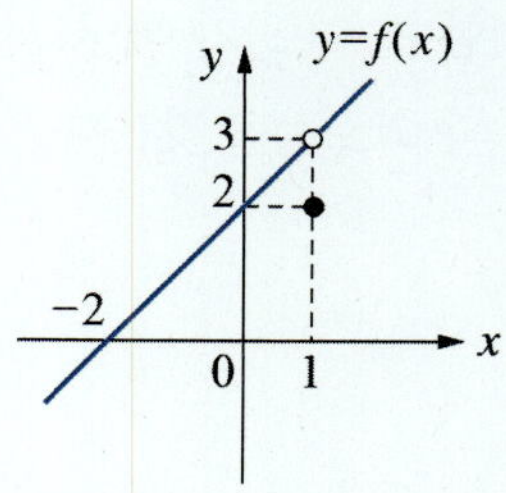

그림 1.27

(4) $x \neq 1$일 때, 함수 $f(x)$는 $f(x) = \dfrac{x^3-1}{x-1}$ $= \dfrac{(x-1)(x^2+x+1)}{x-1}$ 에서의 함수값을 구하면 $f(1)=3$ ……㉠ $x \to 1$일 때, 극한값을 구하면 $\lim_{x\to 1} f(x) = \lim_{x\to 1}(x^2+x+1) = 3$ ……㉡ ㉠, ㉡에서 $\lim_{x\to 1} f(x) = f(1)$라서 함수 $f(x)$는 $x=1$에서 연속이다.

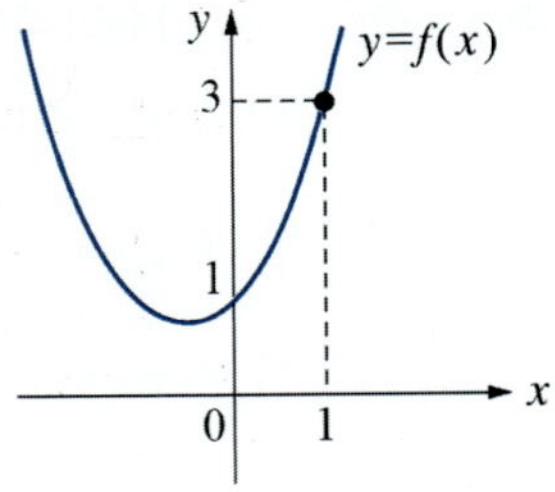

그림 1.28

예제 1-33

함수 $f(x) = \begin{cases} \dfrac{x^2+ax-4}{x-2}, & (x \neq 2) \\ b, & (x=2) \end{cases}$ 가 $x=2$에서 연속이 되도록 상수 a, b의 값을 정할 때, $a+b$의 값을 구하여라.

풀이 $f(x)$가 $x=2$에서 연속이려면 $\lim_{x\to 2} f(x) = f(2)$ ㉠

㉠에서 $x \to 2$일 때, (분모) $\to 0$이므로

(분자)$\to 0$ ➔ $\lim_{x\to 2}(x^2+ax-4)=0$ $\therefore a=0$ ㉡

㉡을 ㉠에 대입하면 $\lim_{x\to 2}\dfrac{x^2-4}{x-2} = b$ 따라서 $a+b$의 값은 $a+b=0+4=4$

1.4.2 최대 · 최소값 정리 및 중간값 정리

(1) 최대 · 최소값 정리

함수 $f(x)$가 폐구간$[a, b]$에서 연속이면 함수 $f(x)$는 이 구간에서 반드시 최대값과 최소값을 갖는다.

예제 1-34 다음 함수의 최대값 및 최소값을 각각 구하여라.

(1) $y = x^2 - 2x - 3\,(0 \leq x \leq 4)$

(2) $y = |x^2 - 4|\ (-1 \leq x \leq 3)$

풀이 (1) $y = x^2 - 2x - 3 = (x-1)^2 - 4$

꼭지점 : $x = 1$일 때 $y = -4$

양끝점 : $\begin{cases} x = 0\text{일 때 } y = -3 \\ x = 4\text{일 때 } y = 5 \end{cases}$

그림 1.30을 보면

$x = 4$에서 최대값 : 5

$x = 1$에서 최소값 : -4

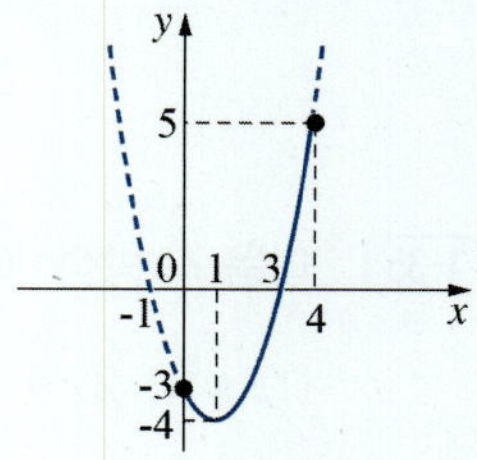

그림 1.30

(2) $y = |x^2 - 4|$의 그래프는 $y = x^2 - 4$의 그래프를 x축의 위쪽은 그대로 두고, x축의 아래쪽만 x축을 대칭축으로 하여 위로 꺾어 올린 것이므로 그림 1.31으로 나타내어지고, 이 중 $-1 \leq x \leq 3$의 부분은 실선으로 나타내어진다. 오른쪽 그래프를 보면

$x - 3$에서 최대값 : 5

$x = 2$에서 최소값 : 0

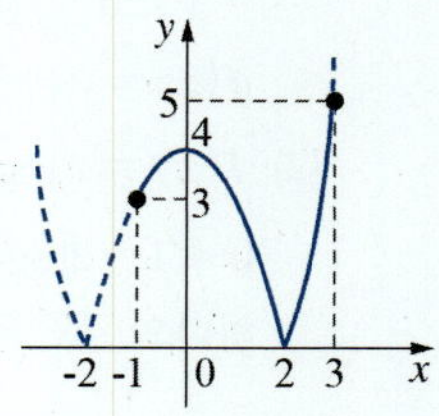

그림 1.31

(2) 중간값 정리

$f(x)$가 폐구간$[a, b]$에서 연속이고 $f(a) < k < f(b)$라고 하면, 개구간 (a,b)에 적어도 하나의 c가 존재하여 $f(c) = k$를 만족한다.

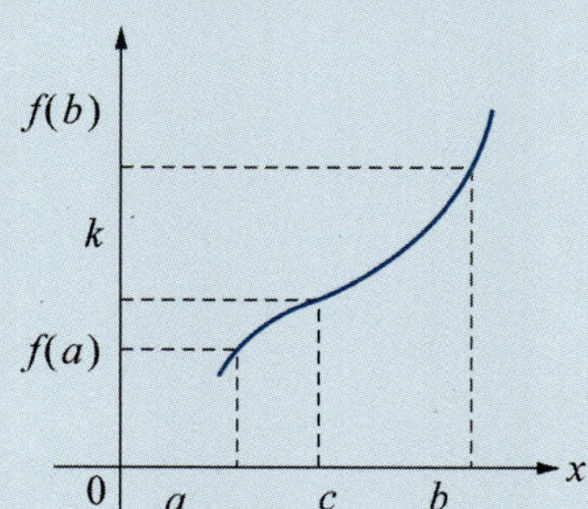

그림 1.32

(3) 중간값 정리 활용

함수 $f(x)$가 폐구간 $[a, b]$에서 연속이고 $f(a)$와 $f(b)$의 부호가 다르면 즉, $f(a)f(b) < 0$이면, 방정식 $f(x) = 0$은 a와 b 사이에 적어도 하나의 실근을 가진다.

예제 1-35 다음 각 방정식이 지정된 구간에서 적어도 하나의 실근을 가짐을 보여라.

(1) $x^3 + 2x + 2 = 0,\ (-1, 0)$　　(2) $x\log_2 x = 1,\ (1,2)$

풀이 (1) $f(x) = x^3 + 2x + 2$로 놓으면 $f(x)$는 모든 실수 x에 대하여 연속이고 $f(-1) = -1 < 0,\ f(0) = 2 > 0,\ f(-1) = -1 < 0 < 2 = f(0)$이므로 중간값 정리에 의하여 $f(x) = 0$은 구간 $(-1,0)$에서 적어도 하나의 실근을 갖는다.

(2) $f(x) = x\log_2 x - 1$로 놓으면 $f(x)$는 구간 $(1,2)$에서 연속이고, $f(1) = \log_2 1 - 1 < 0 < 1 = 2\log_2 2 - 1 = f(2)$, 중간값 정리에 의하여 $f(x) = 0$은 구간 $(1,2)$에서 적어도 하나의 실근을 갖는다.

연습문제 1.4

1. 다음 f가 연속이 아닌 x값이 있으면 구하여라.

(1) $f(x)=\dfrac{1}{x^2+1}$

(2) $f(x)=\dfrac{x}{x^2-1}$

(3) $f(x)=\dfrac{x-1}{x^2+x-2}$

(4) $f(x)=\begin{cases}-2x+3, & x<1\\ x^2, & x\ge 1\end{cases}$

2. 다음 함수가 실수 전체에서 연속이 되도록 a, b를 구하여라.

(1) $f(x)=\begin{cases}x^3, & x\le 2\\ ax^2, & x>2\end{cases}$

(2) $f(x)=\begin{cases}2, & x<-1\\ ax+b, & -1\le x<3\\ -2, & x\ge 3\end{cases}$

(3) $g(x)=\begin{cases}\dfrac{x^2-a^2}{x-a}, & x\ne a\\ 8, & x=a\end{cases}$

(4) $g(x)=\begin{cases}\dfrac{4\sin x}{x}, & x<0\\ a-2x, & x\ge 0\end{cases}$

3. 다음 함수가 연속인 구간을 구하여라.

(1) $f(x)=\dfrac{3x^2-x-2}{x-1}$

(2) $f(x)=\begin{cases}5-2x, & x\le 2\\ 2x-3, & x>2\end{cases}$

(3) $f(x)=\sqrt{\dfrac{x+1}{x}}$

(4) $f(x)=\tan 2x$

연습문제 1.4

4. 다음 함수가 실수 전체에서 연속이 되도록 c의 값을 구하여라.

$$f(x)=\begin{cases} x+1, & 1<x<3 \\ x^2+bx+c, & |x-2|\geq 1 \end{cases}$$

5. 다음 각 함수가 $x=0$에서 연속일 때, 실수 a의 값을 구하여라.

(1) $f(x)=\begin{cases} \dfrac{\ln(1+ax)}{x}, & x\neq 0 \\ 3, & x=0 \end{cases}$ (2) $f(x)=\begin{cases} \dfrac{\sin x}{e^x-1}, & x\neq 0 \\ a, & x=0 \end{cases}$

6. 다음 한쪽 극한을 구하여라.

(1) $\displaystyle\lim_{x\to(1/2)^+}\frac{x}{2x-1}$ (2) $\displaystyle\lim_{x\to-1^-}\frac{x+1}{x^4-1}$

(3) $\displaystyle\lim_{x\to-1^+}\frac{x^2-2x+1}{x+1}$ (4) $\displaystyle\lim_{x\to0^+}\frac{\sec x}{x}$

7. 다음 방정식은 주어진 구간에서 적어도 하나의 실근을 가짐을 보여라.

(1) $x^4+x^3-9x+1=0,\ (1,3)$ (2) $x-\cos x=0,\ \left(0,\dfrac{\pi}{2}\right)$

(3) $(x-1)\sin x+\sqrt{2}\cos x=1,\ \left(0,\dfrac{\pi}{2}\right)$

CHAPTER 2

미분

미분의 정의를 알아보고 미분을 계산할 때 가장 많이 사용되는 연쇄법칙을 적용하는 방법을 설명하고, 양함수, 음함수, 역함수, 삼각함수, 지수, 로그함수 등의 미분방법을 살펴보도록 한다. 하나의 함수를 두 번 이상 미분하는 고계도함수와 로피탈정리 등을 익히도록 한다.

2.1 미분계수와 도함수

2.1.1 미분계수와 도함수의 정의

정의 2.1

주어진 함수 $y=f(x)$에 대해서 정의역 안의 점 x가 a에서 $a+h$로 변하면 y값은 $f(a)$에서 $f(a+h)$까지 움직인다. 이 때 x의 증가분 h를 Δx라 두면 y의 증가분 Δy는

$$\Delta y = f(a+\Delta x) - f(a)$$

로 표시되는데, 그 몫

$$\frac{\Delta y}{\Delta x} = \frac{f(a+\Delta x)-f(a)}{\Delta x} \tag{1}$$

를 $[a,\ a+\Delta x]$에서 **평균변화율**(average rate of change)이라 한다. 이 평균변화율의 극한값

$$\lim_{\Delta x \to 0} \frac{\Delta y}{\Delta x} = \lim_{\Delta x \to 0} \frac{f(a+\Delta x)-f(a)}{\Delta x}$$

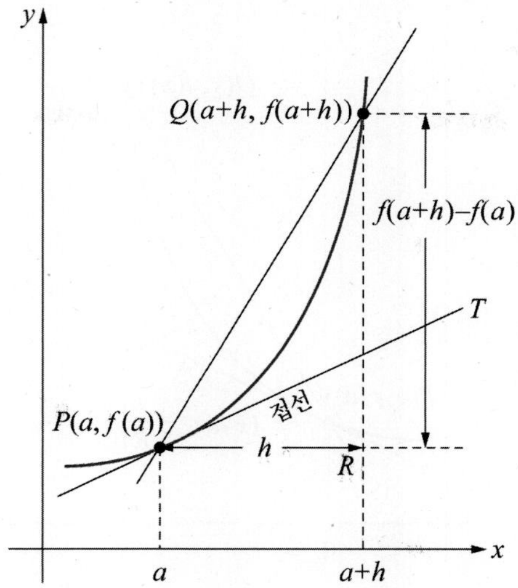

그림 2-1a

이 존재하면, 이 값을 a에서 함수 f의 **미분계수**(differential coefficient)라 하고 $f'(a)$로 나타낸다. $f'(a)$가 존재할 때 $f(x)$는 $x=a$에서 **미분가능**(differentiable)하다라고 말한다.

즉 $x=a$에서 $y=f(x)$의 미분계수 $f'(a)$는

$$f'(a)=\lim_{h\to 0}\frac{f(a+h)-f(a)}{h} \tag{2}$$

점 a에서의 f가 변하는 **순간변화율**이다.

위 (2)에서 $(a+h)$를 x로 대체하면, $h=x-a$가 되고 아래와 같이 동일하게 표현된다. (그림 2-1b)

$$f'(a)=\lim_{x\to a}\frac{f(x)-f(a)}{x-a} \tag{3}$$

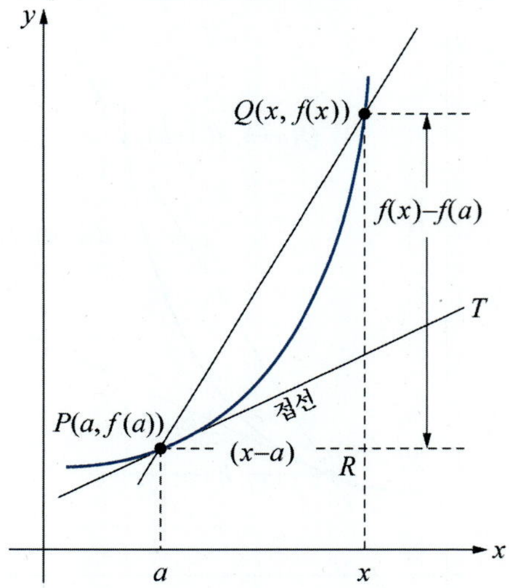

그림 2-1b

예제 2-1 주어진 구간에서 다음 함수의 평균변화율을 구하여라.

(1) $f(x) = x^2 + 2x \; [2,\, 4]$ (2) $f(x) = \sqrt{2x-1} \; [1,\, 5]$

(3) $f(x) = \sin x + \cos x \left[-\dfrac{\pi}{6},\, \dfrac{\pi}{3}\right]$

풀이 (1) $\dfrac{f(4)-f(2)}{4-2} = \dfrac{24-8}{2} = 8$

(2) $\dfrac{f(5)-f(1)}{5-1} = \dfrac{3-1}{4} = \dfrac{1}{2}$

(3) $\dfrac{f\left(\dfrac{\pi}{3}\right)-f\left(-\dfrac{\pi}{6}\right)}{\dfrac{\pi}{3}-\left(-\dfrac{\pi}{6}\right)} = \dfrac{\left(\dfrac{\sqrt{3}}{2}+\dfrac{1}{2}\right)-\left(-\dfrac{1}{2}+\dfrac{\sqrt{3}}{2}\right)}{\dfrac{\pi}{2}} = \dfrac{1}{\dfrac{\pi}{2}} = \dfrac{2}{\pi}$

정의 2.2

함수 $f(x)$가 정의된 구간의 모든 점에서 미분가능일 때 이 구간의 각 점에 그 점에서의 미분계수를 결합시키는 대응 관계는 다시 함수이다.
이를 처음 함수 $f(x)$에 관한 **도함수**(derivative)라 한다.
즉

$$f'(x) = \lim_{\Delta x \to 0} \frac{f(x+\Delta x) - f(x)}{\Delta x}$$

이고, y', $\frac{dy}{dx}$, $\frac{d}{dx}f(x)$와 같이 표현하기도 한다. 함수 $f(x)$의 도함수를 구하는 것을 **미분한다**라고 하며, 그 미분하는 과정을 **미분법**(differentiation)이라 한다.

예제 2-2 다음 두 가지 방법으로 순간변화율과 접선의 방정식을 구하여라.

(방법 1) $f'(a) = \lim_{x \to a} \frac{f(x) - f(a)}{x - a}$

(방법 2) $f'(a) = \lim_{h \to 0} \frac{f(a+h) - f(a)}{h}$

(1) $f(x) = x^2 - 6x$, $(2, -8)$ (2) $f(x) = \frac{1}{x+1}$, $x = 1$

풀이 (1) (방법 1)

(a) $f'(2) = \lim_{x \to 2} \frac{f(x) - f(2)}{x - 2}$

$= \lim_{x \to 2} \frac{x^2 - 6x + 8}{x - 2}$

$= \lim_{x \to 2} \frac{(x-2)(x-4)}{(x-2)} = -2$

(b) $y + 8 = -2(x - 2)$

(방법 2)

$f'(2) = \lim_{h \to 0} \frac{f(2+h) - f(2)}{h}$

$= \lim_{h \to 0} \frac{(2+h)^2 - 6(2+h) - (-8)}{h}$

$= \lim_{h \to 0} \frac{4 + 4h + h^2 - 12 - 6h + 8}{h}$

$= \lim_{h \to 0} \frac{h^2 - 2h}{h} = \lim_{h \to 0}(h - 2) = -2$

(2) (방법 1)

(a) $f'(1)=\lim_{x\to1}\frac{f(x)-f(1)}{x-1}$

$$=\lim_{x\to1}\frac{\left(\frac{1}{x+1}-\frac{1}{2}\right)\cdot 2(x+1)}{(x-1)\cdot 2(x+1)}$$

$$=\lim_{x\to1}\frac{2-(x+1)}{(x-1)\cdot 2(x+1)}$$

$$=\lim_{x\to1}\frac{1-x}{(x-1)\cdot 2(x+1)}$$

$$=\lim_{x\to1}\frac{-1}{2(x+1)}=-\frac{1}{4}$$

(b) $y-\frac{1}{2}=-\frac{1}{4}(x-1)$

(방법 2)

$$f'(1)=\lim_{h\to0}\frac{f(1+h)-f(1)}{h}$$

$$=\lim_{h\to0}\frac{\left(\frac{1}{h+2}-\frac{1}{2}\right)\cdot 2(h+2)}{h\cdot 2(h+2)}$$

$$=\lim_{h\to0}\frac{2-(h+2)}{h\cdot 2(h+2)}$$

$$=\lim_{h\to0}\frac{-h}{h\cdot 2(h+2)}=-\frac{1}{4}$$

예제 2-3 다음 함수를 미분의 정의를 이용하여 미분하여라.

(1) $f(x)=x^3-2x$

(2) $f(x)=\frac{1}{x^2}$

(3) $f(x)=\sqrt{x^2+1}$

풀이 (1) $f'(x)=\lim_{h\to0}\frac{f(x+h)-f(x)}{h}$

$$=\lim_{h\to0}\frac{(x+h)^3-2(x+h)-(x^3-2x)}{h}$$

$$=\lim_{h\to0}\frac{x^3+3x^2h+3xh^2+h^3-2x-2h-x^3+2x}{h}$$

$$=\lim_{h\to0}(3x^2+3xh+h^2-2)$$

$$=3x^2-2$$

(2) $f'(x)=\lim_{h\to0}\frac{f(x+h)-f(x)}{h}$

$$=\lim_{h\to0}\frac{\left\{\frac{1}{(x+h)^2}-\frac{1}{x^2}\right\}\cdot x^2(x+h)^2}{h\cdot x^2(x+h)^2}$$

$$=\lim_{h\to0}\frac{x^2-(x+h)^2}{h\cdot x^2(x+h)^2}$$

$$= \lim_{h \to 0} \frac{-2xh - h^2}{h \cdot x^2(x+h)^2}$$

$$= \lim_{h \to} \frac{-2x - h}{x^2(x+h)^2}$$

$$= \frac{-2x}{x^2(x^2)} = \frac{-2}{x^3}$$

(3) $$f'(x) = \lim_{h \to 0} \frac{f(x+h) - f(x)}{h}$$

$$= \lim_{h \to 0} \frac{(\sqrt{(x+h)^2+1} - \sqrt{x^2+1}) \cdot (\sqrt{(x+h)^2+1} + \sqrt{x^2+1})}{h \cdot (\sqrt{(x+h)^2+1} + \sqrt{x^2+1})}$$

$$= \lim_{h \to 0} \frac{(x+h)^2 + 1 - (x^2+1)}{h \cdot (\sqrt{(x+h)^2+1} + \sqrt{x^2+1})}$$

$$= \lim_{h \to 0} \frac{2x+h}{2\sqrt{x^2+1}}$$

$$= \frac{2x}{2\sqrt{x^2+1}} = \frac{x}{\sqrt{x^2+1}}.$$

$f''(x)$ 또는 $\dfrac{d^2y}{dx^2}$ 또는 y''으로 표기하는 2계 미분은 $f'(x)$의 미분이다. 또한, $f''(a)$는 $x = a$에서 $f(x)$의 2계 미분계수이다.

2.1.2 도함수의 공식

미분공식들은 매우 중요해서 이 공식들에 익숙해져야 한다. a와 n은 상수들이다.

기본미분

$$\frac{d}{dx}(x^n) = nx^{n-1},$$

$$\frac{d}{dx}(f(x) \cdot g(x)) = f'(x)g(x) + f(x)g'(x),$$

$$\frac{d}{dx}\left(\frac{f(x)}{g(x)}\right) = \frac{f'(x)g(x) - f(x)g'(x)}{g^2(x)}$$

$$\frac{d}{dx}f(g(x)) = f'(g(x)) \cdot g'(x),$$

$$\frac{d}{dx}f(g(h(x))) = f'(g(h(x))) \cdot g'(h(x)) \cdot h'(x)$$

$$\frac{d}{dx}(\sqrt{f(x)}) = \frac{1}{2\sqrt{f(x)}} \cdot f'(x)$$

삼각함수미분

$$\frac{d}{dx}(\sin x) = \cos x \qquad \frac{d}{dx}(\cos x) = -\sin x$$

$$\frac{d}{dx}(\tan x) = \sec^2 x \qquad \frac{d}{dx}(\cot x) = -\csc^2 x$$

$$\frac{d}{dx}(\sec x) = \sec x \tan x \qquad \frac{d}{dx}(\csc x) = -\csc x \cot x$$

역삼각함수미분

$$\frac{d}{dx}(\sin^{-1}x) = \frac{1}{\sqrt{1-x^2}} \qquad \frac{d}{dx}(\cos^{-1}x) = -\frac{1}{\sqrt{1-x^2}}$$

$$\frac{d}{dx}(\tan^{-1}x) = \frac{1}{1+x^2} \qquad \frac{d}{dx}(\cot^{-1}x) = -\frac{1}{1+x^2}$$

$$\frac{d}{dx}(\sec^{-1}x) = \frac{1}{|x|\sqrt{x^2-1}} \qquad \frac{d}{dx}(\csc^{-1}x) = -\frac{1}{|x|\sqrt{x^2-1}}$$

지수로그함수미분

$$\frac{d}{dx}(e^x) = e^x \qquad \frac{d}{dx}(a^x) = a^x \ln a \quad (a \neq 1,\ a > 0)$$

$$\frac{d}{dx}(e^{f(x)}) = e^{f(x)} \cdot f'(x) \qquad \frac{d}{dx}(a^{f(x)}) = a^{f(x)} \cdot f'(x) \cdot \ln a$$

$$\frac{d}{dx}(\ln x) = \frac{1}{x} \qquad \frac{d}{dx}(\log_a x) = \frac{1}{x} \cdot \frac{1}{\ln a}$$

$$\frac{d}{dx}(\ln f(x)) = \frac{1}{f(x)} \cdot f'(x) \qquad \frac{d}{dx}(\log_a f(x)) = \frac{1}{f(x)} \cdot f'(x) \cdot \frac{1}{\ln a}$$

역함수미분

$$(f^{-1})'(x) = \frac{1}{f'(f^{-1}(x))}$$

증명

중요 공식만을 증명한다.

(1) $\frac{d}{dx}(x^n) = nx^{n-1}$

n이 자연수일 때

$$\begin{aligned}\Delta y &= (x+\Delta x)^n - x^n \\ &= x^n + {}_nC_1 x^{n-1}(\Delta x) + {}_nC_2 x^{n-2}(\Delta x)^2 + \cdots + {}_nC_{n-1} x(\Delta x)^{n-1} + (\Delta x)^n - x^n \\ &= {}_nC_1 x^{n-1}(\Delta x) + {}_nC_2 x^{n-2}(\Delta x)^2 + \cdots + {}_nC_{n-1} x(\Delta x)^{n-1} + (\Delta x)^n\end{aligned}$$

$$\therefore y' = \lim_{\Delta x \to 0}\frac{\Delta y}{\Delta x} = {}_nC_1 x^{n-1} = nx^{n-1}$$

(2) $\frac{d}{dx}(\sin x) = \cos x$

$y = \sin x$일 때

$$\begin{aligned}y' &= \lim_{h\to 0}\frac{\sin(x+h) - \sin x}{h} = \lim_{h\to 0}\frac{2\cos\left(x+\frac{h}{2}\right)\sin\frac{h}{2}}{h} \\ &= \lim_{h\to 0}\cos\left(x+\frac{h}{2}\right)\cdot\frac{\sin\frac{h}{2}}{\frac{h}{2}} = \cos x\end{aligned}$$

(3) $\frac{d}{dx}(\sin^{-1}x) = \frac{1}{\sqrt{1-x^2}}$

$y = \sin^{-1}x$ 　 단, $-\frac{\pi}{2} \le y \le \frac{\pi}{2}$ 에서

$\sin y = x$

$\frac{d}{dx}(\sin y) = \frac{d}{dx}(x)$

$\cos y \cdot y' = 1$

$y' = \frac{1}{\cos y} = \frac{1}{\sqrt{1-x^2}}$ 　 ←

$\sin^2 y + \cos^2 y = 1$

$\cos y = \pm\sqrt{1-\sin^2 y} = \pm\sqrt{1-x^2}$

$-\frac{\pi}{2} \le y \le \frac{\pi}{2}$, $\cos y > 0$

$\therefore \cos y = \sqrt{1-x^2}$

(4) $\frac{d}{dx}(e^x) = e^x$

$y = e^x$일 때

$$y' = \lim_{h \to 0} \frac{e^{x+h} - e^x}{h} = \lim_{h \to 0} e^x \cdot \frac{e^h - 1}{h} = e^x$$

(5) $\frac{d}{dx}(\log_a x) = \frac{1}{x} \cdot \frac{1}{\ln a}$

$y = \log_a x$일 때

$$y' = \lim_{h \to 0} \frac{\log_a(x+h) - \log_a x}{h} = \lim_{h \to 0} \frac{1}{h} \log_a \frac{x+h}{x} = \lim_{h \to 0} \log_a \left(1 + \frac{h}{x}\right)^{\frac{1}{h}}$$

$$= \lim_{h \to 0} \log_a \left(1 + \frac{h}{x}\right)^{\frac{x}{h} \cdot \frac{1}{x}} = \log_a e^{\frac{1}{x}} = \frac{1}{x} \cdot \log_a e = \frac{1}{x} \cdot \frac{1}{\ln a}$$

2.1.3 연쇄법칙(chain rule)

≫ 정리 2.1

y를 $y = f(u)$이고 $u = g(x)$인 합성함수 $f(g(x))$라고 가정하자.

$$(f(g(x)))' = f'(g(x)) \cdot g'(x) = f'(u) \cdot g'(x) = \frac{dy}{du} \frac{du}{dx}$$

연쇄법칙은 합성함수를 어떻게 미분하는지를 말해준다. 먼저 '바깥' 함수의 미분을 찾고 다음에 '안의' 함수의 미분을 곱하여라.

예를 들어, $(x^2 - x + 2)^4$의 미분을 구하기 위하여 공식을 활용하면 다음과 같다.

$$\frac{d}{dx}(x^2 - x + 2)^4 = 4(x^2 - x + 2)^3 (2x - 1)$$

$y = (x^2 - x + 2)^4$ 그리고 $u = x^2 - x + 2$라고 한다면, $y = u^4$이다. 연쇄법칙을 적용하면 바깥 함수 $y = u^4$의 미분과 안쪽 함수 u의 미분 $2x - 1$을 곱한다.

따라서

$$\frac{dy}{dx} = \frac{dy}{du}\frac{du}{dx} = 4u^3\frac{du}{dx} = 4(x^2-x+2)^3(2x-1)$$

임을 알 수 있다.

예제 2-4 다음을 미분하여라.

(1) $f(x) = (3x+2)^5$

(2) $y = \sqrt{3-x-x^2}$

(3) $y = \dfrac{5}{\sqrt{(1-x^2)^3}}$

(4) $s(t) = (t^2+1)(1-t)^2$

(5) $f(x) = \dfrac{\sin x}{x^2}$

(6) $y = \tan(2x^2+1)$

(7) $x = \cos^3(1-3\theta)$

(8) $y = e^{(\sin x)+1}$

(9) $y = (x+1)\ln^2(x+1)$

(10) $y = \sin^{-1}x + x\sqrt{1-x^2}$

풀이 (1) $f(x) = (3x+2)^5$, $f'(x) = 5(3x+2)^4 \cdot 3 = 15(3x+2)^4$

(2) $y = \sqrt{3-x-x^2}$, $y = (3-x-x^2)^{1/2}$

$$\frac{dy}{dx} = \frac{1}{2}(3-x-x^2)^{-1/2}(-1-2x) = -\frac{1+2x}{2\sqrt{3-x-x^2}}$$

(3) $y = \dfrac{5}{\sqrt{(1-x^2)^3}}$, $y = 5(1-x^2)^{-3/2}$

$$\frac{dy}{dx} = \frac{-15}{2}(1-x^2)^{-5/2}(-2x) = \frac{15x}{(1-x^2)^{5/2}}$$

(4) $s(t) = (t^2+1)(1-t)^2$

$s'(t) = (t^2+1)2(1-t)(-1)+(1-t)^2 2t = 2(1-t)(-1+t-2t^2)$

(5) $f(x) = \dfrac{\sin x}{x^2}, x \neq 0$

$$f'(x) = \frac{x^2\cos x - \sin x \cdot 2x}{x^4} = \frac{x\cos x - 2\sin x}{x^3}$$

(6) $y = \tan(2x^2+1)$

$y' = 4x\sec^2(2x^2+1)$

(7) $x = \cos^3(1-3\theta)$

$$\frac{dx}{d\theta} = -3\cos^2(1-3\theta)\sin(1-3\theta)(-3) = 9\cos^2(1-3\theta)\sin(1-3\theta)$$

(8) $y = e^{(\sin x)+1}$

$$\frac{dy}{dx} = \cos x e^{(\sin x)+1}$$

(9) $y = (x+1)\ln^2(x+1)$

$$\frac{dy}{dx} = (x+1)\frac{2\ln(x+1)}{x+1} + \ln^2(x+1) = 2\ln(x+1) + \ln^2(x+1)$$

(10) $y = \sin^{-1}x + x\sqrt{1-x^2}$

$$y' = \frac{1}{\sqrt{1-x^2}} + \frac{x(-2x)}{2\sqrt{1-x^2}} + \sqrt{1-x^2} = \frac{1-x^2+1-x^2}{\sqrt{1-x^2}} = 2\sqrt{1-x^2}$$

예제 2-5 다음을 구하여라.

(1) $y = 4x^3 - 5x + 7$일 때, $y'(1)$

(2) $f(t) = e^{2t}\sin 3t$일 때, $f'(0)$

(3) $g(x) = (1+\sin^2 3x)^4$일 때, $g'\left(\frac{\pi}{2}\right)$

(4) $f(x) = ae^{kx}$ (a와 k는 상수)일 때, $f'(0)$

풀이

(1) $y' = \frac{dy}{dx} = 12x^2 - 5,\ y'(1) = 7$

(2) $f'(t) = e^{2t}(\cos 3t \cdot 3) + \sin 3t(e^{2t} \cdot 2) = e^{2t}(3\cos 3t + 2\sin 3t)$

$f'(0) = 3$

(3) $g'(x) = 4(1+\sin^2 3x)^3(2\sin 3x\cos 3x)(3) = 24(1+\sin^2 3x)^3(\sin 3x\cos 3x)$

$g'\left(\frac{\pi}{2}\right) = 24(1+(-1)^2)^3(-1 \cdot 0) = 24 \cdot 8 \cdot 0 = 0$

(4) $f(x) = ae^{kx}$ (a와 k는 상수)

$f'(x) = kae^{kx},\ f'(0) = ka$

예제 2-6 용수철에 매달려 있는 물체를 잡아 당겼다가 놓은 t초 후의 물체의 변위(단위는 인치) $u(t)$가 $u(t) = 4\cos t$로 주어진다고 하자. 시각 t에서의 속도와 최고속도를 구하여라.

풀이 $u(t)$가 위치(변위)를 나타내므로 속도는 $u'(t)$로 주어진다.

$u'(t) = 4(-\sin t) = -4\sin t$이고 $u'(t)$의 단위는 인치/초이다.

$u'(t)$의 최대값은 $-4(-1) = 4$인치/초이다. 이것은 $\sin t = -1$일 때,

즉 $t = \dfrac{3\pi}{2}$에서 최대이다.

예제 2-7 시각 t일 때, 전기용량이 1이고, 유도상수가 1이며 가해진 전압이 $2t^2$라 하면, 시각 t일 때, 회로의 전체 전하 $Q(t)$는 $Q(t) = 2\sin t + 2t^2$이다. 전류는 시간에 대한 전하의 변화율이므로 $I(t) = \dfrac{dQ}{dt}$이다. $t = 0$와 $t = 1$에서의 전류를 구하여라.

풀이 전류는 $I(t) = \dfrac{dQ}{dt} = 2\cos t + 4t$이다. $t = 0$일 때 $I(0) = 2$이고, $t = 1$일 때 $I(1) = 2\cos 1 + 4 \approx 5.08$이다.

따라서 증가량은 $\dfrac{I(1) - I(0)}{I(0)}(100)\% \approx \dfrac{3.08}{2}(100)\% = 154\%$이다.

연습문제 2.1

1. 주어진 구간에서 각 함수의 평균변화율을 구하여라.

$$f(x) = \frac{1}{x} \quad [a,\ a+h]$$

2. 다음 두 가지 방법을 이용하여 주어진 점에서 접선의 기울기와 접선을 구하여라.

(방법 1) $f'(a) = \lim_{x \to a} \frac{f(x) - f(a)}{x - a}$	**(방법 2)** $f'(a) = \lim_{h \to 0} \frac{f(a+h) - f(a)}{h}$

(1) $f(x) = x^2 + 2x,\ (1,\ 3)$

(2) $f(x) = x^3,\ (-1,\ -1)$

3. 다음 각 함수를 정의를 사용하여 미분하여라.

(1) $f(x) = \dfrac{1}{\sqrt{3x-2}}$

(2) $f(x) = x - \dfrac{1}{x}$

4. 다음 함수를 미분하여라.

(1) $y = -x^2 + 3$

(2) $y = 6x^2 - 10x - 5x^{-2}$

(3) $y = \dfrac{2x+5}{3x-2}$

(4) $v = \dfrac{1 + x - 4\sqrt{x}}{x}$

(5) $y = x^{\frac{9}{4}} + e^{-2x}$

(6) $y = \dfrac{x^4}{2} - \dfrac{3}{2}x^2 - x$

(7) $w = \left(\dfrac{1+3z}{3z}\right)(3-z)$

연습문제 2.1

5. u와 v가 $x=0$에서 미분 가능하고 $u(0)=5$, $u'(0)=-3$인 x의 함수 $v(0)=-1$, $v'(0)=2$라는 것을 가정하자. $x=0$에서 도함수의 값을 구하여라.

(1) $\dfrac{d}{dx}(uv)$ (2) $\dfrac{d}{dx}\left(\dfrac{u}{v}\right)$

(3) $\dfrac{d}{dx}\left(\dfrac{v}{u}\right)$ (4) $\dfrac{d}{dx}(7v-2u)$

6. 다음 함수의 도함수를 구하여라.

(1) $y=(2x+1)^5$ (2) $y=\sin^3 x$

(3) $s=\dfrac{4}{3\pi}\sin 3x+\dfrac{4}{5\pi}\cos 5x$ (4) $y=xe^{-x}+e^{3x}$

(5) $y=\dfrac{4}{\cos x}+\dfrac{1}{\tan x}$

7. 다음을 미분하여라.

(1) $f(x)=\sqrt{7+x\sec x}$ (2) $y=\cos\left(e^{-\theta^2}\right)$

(3) $y=e^{\cos^2(\pi t-1)}$ (4) $y=\sin(\cos(2t-5))$

8. 다음 초월함수를 미분하여라.

(1) $y=\ln(\theta+1)$ (2) $y=\dfrac{\ln t}{t}$

(3) $y=\dfrac{1+\ln t}{1-\ln t}$ (4) $y=\ln(\cos^2\theta)$

연습문제 2.1

(5) $y = 2^x$

(6) $y = \log_4 x + \log_4 x^2$

(7) $y = \log_5 e^x$

(8) $y = (x+1)^x$

(9) $y = x^{\ln x}$

(10) $y = \sec^{-1}(2s+1)$

(11) $y = \cot^{-1}\sqrt{t}$

(12) $y = \csc^{-1}(e^t)$

(13) $y = x\sin^{-1}x + \sqrt{1-x^2}$

9. 함수 $y = \begin{cases} \sin x, & x < \pi \\ mx+b, & x \geq \pi \end{cases}$가

(1) $x = \pi$에서 연속할 때 연속인 m과 b의 값의 관계는?

(2) $x = \pi$에서 미분 가능할 때, 연속인 m과 b의 값을 구하여라.

10. 함수 $f(x) = \begin{cases} \dfrac{1-\cos x}{x}, & x \neq 0 \\ 0, & x = 0 \end{cases}$가 $x = 0$에서 도함수를 갖는가?

11. $f(x) = \begin{cases} ax, & x < 2 \\ ax^2 - bx + 3, & x \geq 2 \end{cases}$에서 모든 x 값에서 미분 가능할 때 a, b는?

2.2 여러 가지 함수의 도함수

2.2.1 음함수 미분

x와 y사이의 함수적 관계가 $f(x, y) = 0$의 형태인 방정식으로 정의될 때, 방정식은 y를 x의 음함수로 정의한다고 말할 수 있다. 예로 $x^2 + y^2 - 9 = 0$, $y^2 - 4x = 0$, $\cos(xy) = y^2 - 5$(또한, $\cos(xy) - y^2 + 5 = 0$)로 나타낼 수도 있다. 두 개의 (또는 그 이상) 양함수들이 $F(x, y) = 0$으로 정의된다. 예를 들어, $x^2 + y^2 - 9 = 0$은 반지름이 3인 원의 중심 원점에서 각각 위의 반, 아래의 반인 두 함수 $y_1 = \sqrt{9 - x^2}$ 와 $y_2 = -\sqrt{9 - x^2}$ 를 정의한다. 각 함수는 $x = 3$과 $x = -3$에서만 제외하고 미분 가능하다.

음함수 미분법은 y가 x의 양함수 형태로 정의되지 않지만 미분 가능할 때 미분계수를 찾으려고 사용하는 방법이다. 다음 예에서, 공식을 사용하여 양쪽을 x로 미분한 다음, $\dfrac{dy}{dx}$ 를 푼다.

예제 2-8 $x^2 + y^2 = 9$에서 $\dfrac{dy}{dx}$을 구하여라.

풀이 $2x + 2y\dfrac{dy}{dx} = 0$ 그리고 $\dfrac{dy}{dx} = -\dfrac{x}{y}$

예제 2-9 $x^2 - 2xy + 3y^2 = 2$에서 $\dfrac{dy}{dx}$을 구하여라.

풀이 $x^2 - 2xy + 3y^2 = 2$

$2x - 2\left(x\dfrac{dy}{dx} + y\right) + 6y\dfrac{dy}{dx} = 0$ 그리고 $\dfrac{dy}{dx}(6y - 2x) = 2y - 2x$

$$\frac{dy}{dx} = \frac{y - x}{3y - x}$$

예제 2-10 함수 $x\sin y = \cos(x+y)$의 도함수를 구하여라.

풀이 $x\cos y\dfrac{dy}{dx}+\sin y = -\sin(x+y)\left(1+\dfrac{dy}{dx}\right)$

$$\frac{dy}{dx} = -\frac{\sin y+\sin(x+y)}{x\cos y+\sin(x+y)}$$

2.2.2 고계도함수

- 1계도함수 : $y' = \dfrac{dy}{dx}$
- 2계도함수 : $y'' = \dfrac{dy'}{dx} = \dfrac{d}{dx}\left(\dfrac{dy}{dx}\right) = \dfrac{d^2y}{dx^2}$
- 3계도함수 : $y''' = \dfrac{dy''}{dx} = \dfrac{d}{dx}\left(\dfrac{d^2y}{dx^2}\right) = \dfrac{d^3y}{dx^3}$
- 4계도함수 : $y^{(4)} = \dfrac{dy'''}{dx} = \dfrac{d}{dx}\left(\dfrac{d^3y}{dx^3}\right) = \dfrac{d^4y}{dx^4}$
- 5계도함수 : $y^{(5)} = \dfrac{dy^{(4)}}{dx} = \dfrac{d}{dx}\left(\dfrac{d^4y}{dx^4}\right) = \dfrac{d^5y}{dx^5}$

$\vdots \qquad\qquad\qquad \vdots$

- n계도함수 : $y^{(n)} = \dfrac{dy^{(n-1)}}{dx} = \dfrac{d}{dx}\left(\dfrac{d^{n-1}y}{dx^{n-1}}\right) = \dfrac{d^ny}{dx^n}$

예제 2-11 함수 $y = \dfrac{1}{4}x^4 - \dfrac{2}{3}x^3 + x^2 - 6x + 2$의 6계 도함수를 구하여라.

풀이 $y' = x^3 - 2x^2 - 2x - 6$

$y'' = 3x^2 - 4x - 2$

$y''' = 6x - 4$

$y^{(4)} = 6$

$y^{(5)} = 0$

$y^{(6)} = 0$

예제 2-12 다음을 구하여라.

(1) $f(x)=\dfrac{3x-2}{2x+3}$, $f''(-2)$ (2) $y=\dfrac{1}{\sqrt{1-2x}}$, $\left.\dfrac{d^2y}{dx^2}\right|_{x=0}$

풀이 (1) $y'=\dfrac{3(2x+3)-(3x-2)\cdot 2}{(2x+3)^2}=\dfrac{13}{(2x+3)^2}=13(2x+3)^{-2}$

$$y''=-26(2x+3)^{-3}\cdot 2=\frac{-52}{(2x+3)^3}$$

$$f''(-2)=\frac{-52}{(-1)^3}=52$$

(2) $y=(1-2x)^{-\frac{1}{2}}$

$$y'=-\frac{1}{2}(1-2x)^{-\frac{3}{2}}\cdot(-2)=(1-2x)^{-\frac{3}{2}}$$

$$y''=-\frac{3}{2}(1-2x)^{-\frac{5}{2}}\cdot(-2)=\frac{3}{(1-2x)^{5/2}}$$

$$f''(0)=3$$

예제 2-13 $y^2+xy=2$에서 $\left.\dfrac{d^2y}{dx^2}\right|_{(1,1)}$을 구하여라.

풀이 $2yy'+y+xy'=0$

$$y'(2y+x)=-y$$

$$y'=\frac{-y}{x+2y},\quad \therefore \left.\frac{dy}{dx}\right|_{(1,1)}=\frac{-1}{1+2}=-\frac{1}{3}$$

$$y''=\frac{-y'(x+2y)-(-y)(1+2y')}{(x+2y)^2}$$

$$\therefore \left.\frac{d^2y}{dx^2}\right|_{(1,1)}=\frac{-\left(-\frac{1}{3}\right)(3)-(-1)\left(1-\frac{2}{3}\right)}{(1+2)^2}=\frac{1+\frac{1}{3}}{9}=\frac{4}{27}$$

예제 2-14 $x^2+y^2=1$에서 음함수 미분법을 사용하여 $\dfrac{dy}{dx}$, $\dfrac{d^2y}{dx^2}$를 구하여라.

풀이 $2x+2y\dfrac{dy}{dx}=0$, $\dfrac{dy}{dx}=-\dfrac{x}{y}$

$$\frac{d^2y}{dx^2}=-\frac{y\cdot 1-x\left(\frac{dy}{dx}\right)}{y^2}=-\frac{y-x\left(-\frac{x}{y}\right)}{y^2}=-\frac{y^2+x^2}{y^3}=-\frac{1}{y^3}$$

2.2.3 역함수의 미분계수

f와 g가 역함수들이라고 가정해보자. 그들의 미분계수들의 관계는 무엇인가?

역함수들의 그래프들은 $y=x$에서 서로의 대칭이라는 것과 대응하는 점들에서 그들의 $x-$와 $y-$좌표들은 서로 바꿀 수 있다. 그림 2.3은 점 (a, b)를 지나는 함수 f와 그 점에서 접선을 나타낸다. 곡선의 기울기 $f'(a)$는 삼각형의 두 길이 비율 $\dfrac{dy}{dx}$로 나타난다. 이 도형이 $y=x$에서 대칭되며, 점 (b, a)를 지나고 기울기의 가로와 세로 방향을 서로 바꿀 수 있는 f^{-1}의 그래프를 갖는다.

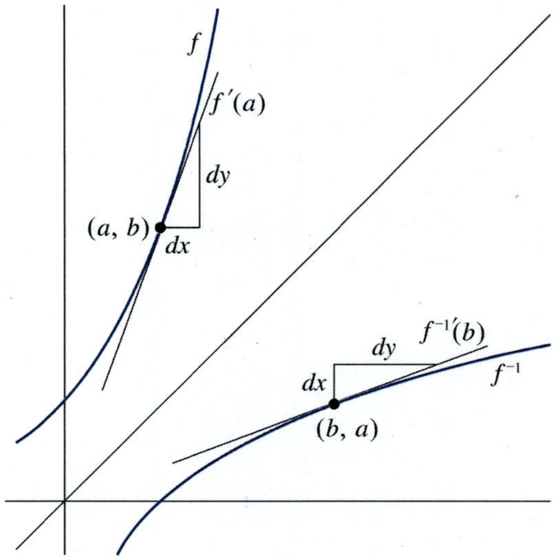

그림 2.3

$x=b$에서 f^{-1}의 그래프에서 기울기는 $x=a$에서의 f의 기울기의 역수인 $\dfrac{dx}{dy}$로 나타낸다. 따라서

$$(f^{-1})'(b) = \frac{1}{f'(a)} \text{ 또는 } (f^{-1})'(x) = \frac{1}{f'(f^{-1}(x))}$$

한 점에서의 역함수의 미분계수는 대응하는 점에서 그 함수의 미분계수의 역수이다.

예제 2-15 $f(3) = 8$, $f'(3) = 5$, $(f^{-1})'$에 대해 무엇을 알 수 있는가?

풀이 f가 점 $(3,8)$을 지나기 때문에, f^{-1}는 반드시 점 $(8,3)$을 지나야 한다. f의 그래프가 $(3,8)$에서 기울기가 5이기 때문에, f^{-1}의 그래프는 $(8,3)$에서 기울기가 $\frac{1}{5}$이다.

예제 2-16 함수 f와 이것의 미분계수가 테이블에 나온 값들을 가진다. g가 f의 역함수라면 $g'(6)$은 얼마인가?

x	$f(x)$	$f'(x)$
2	6	$\frac{1}{3}$
6	8	$\frac{3}{2}$

풀이 $x = 6$에서 g의 기울기를 찾으려면, f에서 $y = 6$인 점을 봐야 한다. $(2,6)$, $f'(2) = \frac{1}{3}$이기 때문에, $g'(6) = 3$이다.

예제 2-17 $y = f(x) = x^3 + x - 2$이라고 하고, g가 역함수라고 하자. $g'(0)$을 구하여라.

풀이 $f'(x) = 3x^2 + 1$이기 때문에 $g'(y) = \dfrac{1}{3x^2+1}$이다.

$y = 0$에서의 x를 찾기 위해, 방정식 $x^3 + x - 2 = 0$을 풀어야 한다.

$x = 1$ 이므로 $g'(0) = \dfrac{1}{3(1)^2+1} = \dfrac{1}{4}$

2.2.4 부정형과 로피탈의 법칙

다음 형식의 극한을 부정형이라고 불린다.

$\frac{0}{0}$ 또는 $\frac{\infty}{\infty}$, $0 \cdot \infty$, $\infty - \infty$, 0^0, 1^∞, ∞^0

■ 로피탈(L'Hospital) 법칙

(a) $\lim_{x\to a} f(x) = \lim_{x\to a} g(x) = 0$, $\lim_{x\to a} g'(x) \neq 0$ 이고 $\lim_{x\to a} \dfrac{f'(x)}{g'(x)}$가 존재한다면,

$\lim_{x\to a} \dfrac{f(x)}{g(x)} = \lim_{x\to a} \dfrac{f'(x)}{g'(x)}$가 성립한다.

(b) $\lim_{x\to a} f(x) = \lim_{x\to a} g(x) = \infty$ 이고, (a)의 경우와 똑같은 결과가 따른다.

(c) $\lim_{x\to\infty} f(x) = \lim_{x\to\infty} g(x) = 0$, $\lim_{x\to\infty} g'(x) \neq 0$이고 $\lim_{x\to\infty} \dfrac{f'(x)}{g'(x)}$가 존재한다면,

$\lim_{x\to\infty} \dfrac{f(x)}{g(x)} = \lim_{x\to\infty} \dfrac{f'(x)}{g'(x)}$가 성립한다.

(d) $\lim_{x\to\infty} f(x) = \lim_{x\to\infty} g(x) = \infty$ 이고, (c)의 경우와 똑같은 결과가 따른다.

위의 어떤 법칙이든 적용했을 때, $\dfrac{0}{0}$ 또는 $\dfrac{\infty}{\infty}$이 나왔다면, 더 이상 부정형이 나오지 않을 때까지 절차를 반복하며, 법칙을 한 번 더 적용해볼 수 있다.

$0 \cdot \infty$형과 $\infty - \infty$형은 $\dfrac{0}{0}$형이나 $\dfrac{\infty}{\infty}$형으로 변형하여 계산하고 0^0, 1^∞, ∞^0형은 자연로그를 취하여 로피탈 법칙을 적용한다.

예제 2-18 다음 극한을 구하여라.

(1) $\lim_{x\to 3} \dfrac{x^2-9}{x-3}$

(2) $\lim_{x\to 0} \dfrac{\tan x}{x}$

(3) $\lim_{x\to -2} \dfrac{x^3+8}{x^2-4}$

(4) $\lim_{h\to 0} \dfrac{e^h-1}{h}$

(5) $\lim_{x\to\infty} \dfrac{x^3-4x^2+7}{3-6x-2x^3}$

(6) $\lim_{x\to\infty} \dfrac{\ln x}{x}$

(7) $\lim_{x\to\infty} x \sin \dfrac{1}{x}$

(8) $\lim_{x\to 0} (1+x)^{1/x}$

(9) $\lim_{x\to\infty} x^{1/x}$

풀이

(1) $\lim_{x\to3}\frac{x^2-9}{x-3}$가 $\frac{0}{0}$의 형식이고, 따라서 $\lim_{x\to3}\frac{2x}{1}=6$

(2) $\lim_{x\to0}\frac{\tan x}{x}$가 $\frac{0}{0}$의 형식이고, 따라서 $\lim_{x\to0}\frac{\sec^2 x}{1}=1$

(3) $\lim_{x\to-2}\frac{x^3+8}{x^2-4}$가 $\frac{0}{0}$의 형식이고, 따라서 $\lim_{x\to-2}\frac{3x^2}{2x}=-3$

$\lim_{x\to-2}\frac{3x^2}{2x}$는 부정형의 극한치가 아니라는 점을 유의하자.

(4) $\lim_{h\to0}\frac{e^h-1}{h}$가 $\frac{0}{0}$의 형식이고, 따라서 $\lim_{h\to0}\frac{e^h}{1}=1$

(5) $\lim_{x\to\infty}\frac{x^3-4x^2+7}{3-6x-2x^3}$가 $\frac{\infty}{\infty}$의 형식이고, 따라서 $\lim_{x\to\infty}\frac{3x^2-8x}{-6-6x^2}$와 같다.

로피탈의 법칙을 두 번 더 적용해 보아라.

$\lim_{x\to\infty}\frac{6x-8}{-12x}=\lim_{x\to\infty}\frac{6}{-12}=\frac{-1}{2}$

(6) $\lim_{x\to\infty}\frac{\ln x}{x}$가 $\frac{\infty}{\infty}$의 형식이고, 따라서 $\lim_{x\to\infty}\frac{1/x}{1}=0$과 같다.

(7) $\lim_{x\to\infty}x\sin\frac{1}{x}$은 $\infty\cdot0$의 형식이다. $x\sin\frac{1}{x}=\frac{\sin 1/x}{1/x}$이기 때문에, 두 번째 형식은 $\frac{0}{0}$의 부정형이다.

$$\lim_{x\to\infty}x\sin\frac{1}{x}=\lim_{x\to\infty}\frac{-\frac{1}{x^2}\cos\frac{1}{x}}{-\frac{1}{x^2}}=\lim_{x\to\infty}\cos\frac{1}{x}=1$$

(더 간단한 답은 $\lim_{x\to\infty}x\sin\frac{1}{x}=\lim_{x\to\infty}\frac{\sin\frac{1}{x}}{\frac{1}{x}}=1$)

(8) $\lim_{x\to0}(1+x)^{1/x}$은 1^∞의 형식이다.

$\frac{0}{0}$의 형식인 $\lim_{x\to0}\ln y=\lim_{x\to0}\frac{\ln(1+x)}{x}$이다.

$\lim_{x\to0}\ln y=1,\ y=e^1=e$

(9) $\lim_{x\to\infty}x^{1/x}$은 ∞^0의 형식이다. $y=x^{1/x}$이면 $\ln y=\frac{1}{x}\ln x$ ($x\to\infty$일 때 $\frac{\infty}{\infty}$ 형식이므로)

따라서 $\lim_{x\to\infty}\ln y=\frac{1/x}{1}=0$이고, $\lim_{x\to\infty}y=e^0=1$

연습문제 2.2

1. y'를 구하여라.

(1) $x^2y + xy^2 = 6$

(2) $x^2(x-y)^2 = x^2 - y^2$

(3) $x = \tan y$

(4) $y\sin\left(\dfrac{1}{y}\right) = 1 - xy$

(5) $e^{2x} = \sin(x+3y)$

2. 다음 함수에서 2계도함수를 구하여라.

(1) $y = \dfrac{1}{2x-1}$

(2) $y = (x^2 - 2x)^6$

(3) $y = \sqrt{x^2+2}$

(4) $x^2 - y^2 = 4$

3. 다음을 구하여라.

(1) $g(x) = (3-2x^2)^5,\ g''(1)$

(2) $\left.\dfrac{d^3}{dx^3}(x^n - 1)\right|_{x=1}$

4. $x^2 - xy + y^2 = 3$에서 $\left.\dfrac{d^2y}{dx^2}\right|_{(1,-1)}$을 구하여라.

연습문제 2.2

5. $\dfrac{dy}{dx}$ 와 $\dfrac{d^2y}{dx^2}$ 를 구하여라.

(1) $x^2 + y^2 = 1$

(2) $2\sqrt{y} = x - y$

(3) $x^3 + y^3 = 16$ 일 때, $(2, 2)$ 에서 $\dfrac{d^2y}{dx^2}$ 의 값을 구하여라.

6. 주어진 점 a 에서 역함수의 미분계수를 구하여라.

(1) $f(x) = x^3 + 4x - 1,\ \ a = -1$

(2) $f(x) = x^3 + 2x + 1,\ \ a = 1$

(3) $f(x) = x^5 + 4x - 2,\ \ a = 3$

(4) $f(x) = \sqrt{x^3 + 2x + 1},\ \ a = 2$

7. 다음 문제들을 로피탈 법칙을 사용하여 풀이하여라.

(1) $\displaystyle\lim_{t \to -3} \frac{t^3 - 4t + 15}{t^2 - t - 12}$

(2) $\displaystyle\lim_{\theta \to \frac{\pi}{2}} \frac{2\theta - \pi}{\cos(2\pi - \theta)}$

(3) $\displaystyle\lim_{x \to \left(\frac{\pi}{2}\right)^-} \left(x - \frac{\pi}{2}\right)\sec x$

(4) $\displaystyle\lim_{x \to 0^+} \frac{\ln(x^2 + 2x)}{\ln x}$

(5) $\displaystyle\lim_{x \to 1^+} \left(\frac{1}{x-1} - \frac{1}{\ln x}\right)$

(6) $\displaystyle\lim_{x \to 0} \frac{x - \sin x}{x \tan x}$

(7) $\displaystyle\lim_{x \to \infty} x^{-\frac{1}{\ln x}}$

(8) $\displaystyle\lim_{x \to 0^+} x^2 \ln x$

CHAPTER 3

미분의 응용

함수가 증가하는 구간과 감소하는 구간을 알아보고 극대값, 극소값을 구하는 방법을 알아본다. 또한 함수가 증가 또는 감소할 때 위로 볼록하거나 아래로 볼록한 그래프가 그려지는데, 이를 위한 이계도함수 판정법도 학습한다. 마지막으로, 생활 속에서의 최적화 문제를 극대값, 극소값의 활용하여 해결하는 방법도 알아본다.

3.1 곡선의 접선과 미분

3.1.1 접선과 법선

정의 3.1

$P(x_1,\ y_1)$에서 $y = f(x)$의 미분계수가 존재한다면, P에서의 곡선의 기울기는 $x = x_1$에서의 $f(x)$의 미분계수인 $f'(x_1)$이다. f의 정의역 안에서 $f'(x_1) = 0$일 때 점 $(x_1,\ f(x_1))$을 **정점**이라 하고, $f'(x_1)$이 존재하지 않을 때 점 $(x_1, f(x_1))$를 **첨점**이라 한다. 특히, 정점, 첨점, 끝점을 **임계점**(critical point)이라 한다.

예제 3-1 다음 함수의 임계점을 구하여라.

(1) $f(x) = 4x^3 - 6x^2 - 8$ (2) $f(x) = 3x^3 + 2x$

(3) $f(x) = (x-1)^{1/3}$

풀이 (1) $f(x) = 4x^3 - 6x^2 - 8$에서
$f'(x) = 12x^2 - 12x = 12x(x-1)$이다.
이것은 x가 0이거나 1이면 0과 같다. 따라서, 0과 1은 임계점들이다.

(2) $f(x) = 3x^3 + 2x$에서 $f'(x) = 9x^2 + 2$이다.
$f'(x)$가 절대 0이 되지 않기 때문에, (항상 양수이다) f는 임계점들이 없다.

(3) $f(x) = (x-1)^{1/3}$에서 $f'(x) = \dfrac{1}{3(x-1)^{2/3}}$

$f'(x)$가 절대 0이 아님에도 불구하고, $x = 1$는 f의 임계점이다, 왜냐하면, f'는 $x = 1$에서 존재하지 않기 때문이다.

접선과 법선의 방정식

점 $P(x_1,\ y_1)$에서 곡선 $y = f(x)$에 접선의 방정식은

$$y - y_1 = f'(x_1)(x - x_1)$$

이다. 접선에 수직이고 P를 지나는 선을 P에서의 **법선**이라고 하고,

기울기를 $-\dfrac{1}{f'(x_1)}$로 가지는 법선의 방정식은

$$y - y_1 = -\frac{1}{f'(x_1)}(x - x_1)$$

이다.

예제 3-2 점 (1, −2)에서 $f(x) = x^3 - 3x^2$의 곡선에 접선과 법선의 방정식을 찾아라.

풀이 $f'(x) = 3x^2 - 6x$이고 $f'(1) = -3$이기 때문에, 접선의 방정식은

$$y+2 = -3(x-1) \text{ 또는 } y+3x = 1$$

법선의 방정식은

$$y+2 = \frac{1}{3}(x-1) \text{ 또는 } x-3y = 7$$

예제 3-3 $x = 0$일 때의 점에서 곡선 $x^2y - x = y^3 - 8$의 접선의 방정식을 찾아라.

풀이 $\dfrac{dy}{dx} = \dfrac{1-2xy}{x^2-3y^2}$이고, $x = 0$일 때 $y = 2$이기 때문에, 이 점에서의 기울기는

$\dfrac{1-0}{0-12} = -\dfrac{1}{12}$이다. 접선의 방정식은

$$y-2 = -\frac{1}{12}x \text{ 또는 } 12y+x = 24$$

예제 3-4 곡선 $y^2 - 4xy = x^2 + 5$에서 접선이 수평이 되는 점의 좌표를 찾아라.

풀이 $\dfrac{dy}{dx} = \dfrac{x+2y}{y-2x}$이고 $\dfrac{dy}{dx} = 0$일 때, 접선은 수평이기 때문에, $x = -2y$이다.

곡선의 방정식에 이것을 대입하면, 다음의 값을 갖는다.

$$y^2 - 4y(-2y) = 4y^2 + 5,\ 5y^2 = 5$$

따라서 $y = \pm 1$이고 $x = \mp 2$이다. 점들은(2, -1), (-2, 1)이다.

3.1.2 평균값 정리

정리 1.1 Rolle의 정리

함수 $f(x)$가 개구간 (a, b)에서 미분 가능하고, 폐구간 $[a, b]$에서 연속이고 $f(a) = f(b)$이면

$f'(c) = 0$ (단, $a < c < b$)

이 되는 c가 a와 b 사이에 적어도 하나 존재한다.

증명

$f(a) = f(b) = 0$인 경우를 증명하자.

(1) $f(x)$가 폐구간 $[a, b]$에서 0이면 $f(x)$가 개구간 (a, b)에서 상수함수이므로 그 구간의 모든 점에서 $f'(x) = 0$이다.

(2) $f(x)$가 폐구간 $[a, b]$에서 0이 아니면, $f(x) > 0$ 혹은 $f(x) < 0$인 한 점 x가 a와 b 사이에 반드시 존재한다.

(i) $f(x) > 0$인 경우:

$f(x)$가 폐구간 $[a, b]$에서 연속이므로 $f(x)$는 폐구간 $[a, b]$의 한 점 c에서 최대값을 갖는다. 또한 $f(a) = f(b)$이고 (a,b)에서 $f(x) > 0$이므로 c는 끝점이 아니다. 가정에서 $f(x)$가 (a, b)에서 미분 가능이므로 $f(x)$는 c에서 미분 가능하고 $f'(c) = 0$이다.

(ii) $f(x) < 0$인 경우:

같은 방법으로 증명하면 된다.

기하학적 의미는 곡선 $f(x)$에 접하고 x축과 평행인 직선을 개구간 (a,b)에서 적어도 하나 그을 수 있음을 나타낸다.

예제 3-5 폐구간 $[-4,\ 4]$에서 정의된 함수 $f(x)=x^3-16x$가 Rolle의 정리를 만족하는 점을 구하여라.

풀이 $f(x)=x^3-16x$는 폐구간 $[-4,4]$에서 연속이고 미분 $f'(x)=3x^2-16$은 개구간 $(-4,4)$의 모든 점에서 존재한다. 그리고 $f(4)=f(-4)=0$이므로 Rolle의 정리를 만족한다. 따라서

$$f'(x)=3x^2-16=0 \quad \Leftrightarrow \quad x=\pm\frac{4}{\sqrt{3}}$$

이고

$-4<-\dfrac{4}{\sqrt{3}}<4,\ -4<\dfrac{4}{\sqrt{3}}<4$이므로 구하는 점은

$$c=-\frac{4}{\sqrt{3}},\ \frac{4}{\sqrt{3}}$$

정리 3.2 평균값 정리

함수 $f(x)$가 개구간 $(a,\ b)$에서 미분 가능하고 폐구간 $[a,\ b]$에서 연속이면

$$\frac{f(b)-f(a)}{b-a}=f'(c), \quad (\text{단}, a<c<a)$$

을 만족하는 c가 적어도 하나 존재한다.

증명

$\dfrac{f(b)-f(a)}{b-a}=k$라 두고 $F(x)=f(x)-f(a)-k(x-a)$를 생각하면 $F(x)$는 $[a,\ b]$에서 연속이고, $(a,\ b)$에서 미분 가능이며, $F(a)=F(b)=0$이므로 Rolle의 정리에 의하여 $F'(c)=0$인 c가 a와 b 사이에 적어도 하나 존재한다.

$F'(c)=f'(c)-k$이므로 $f'(c)=\dfrac{f(b)-f(a)}{b-a}$인 c와 a와 b 사이에 적어도 하나 존재한다.

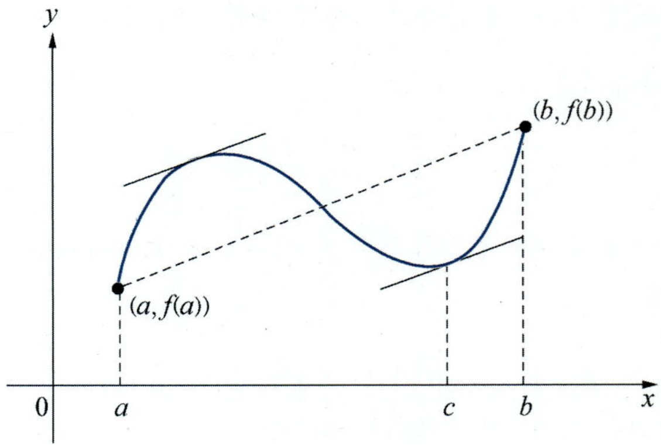

그림 3.1

예제 3-6 다음 각 함수에 대하여 주어진 구간에서 평균값 정리를 만족시키는 c의 값을 구하여라.

(1) $f(x) = x^2 \ [0, 2]$ (2) $f(x) = \sqrt{x-1} \ [1, 3]$

(3) $f(x) = \ln x \ [1, e]$

풀이 (1) $f(x) = x^2$에서 $f'(x) = 2x$이므로 구하는 c는

$\dfrac{f(2)-f(0)}{2-0} = 2c \, (0 < c < 2)$에서 $\dfrac{2^2-0^2}{2} = 2c$ $\therefore \ c = 1$

(2) $f(x) = \sqrt{x-1}$에서 $f'(x) = \dfrac{1}{2\sqrt{x-1}}$이므로 구하는 c는

$\dfrac{f(3)-f(1)}{3-1} = \dfrac{1}{2\sqrt{c-1}} \, (1 < c < 3)$에서 $\dfrac{\sqrt{2}-\sqrt{0}}{2} = \dfrac{1}{2\sqrt{c-1}}$ $\therefore \ c = \dfrac{3}{2}$

(3) $f(x) = \ln x$에서 $f'(x) = \dfrac{1}{x}$이므로 구하는 c는

$\dfrac{f(e)-f(1)}{e-1} = \dfrac{1}{c} \, (1 < c < e)$에서 $\dfrac{\ln e - \ln 1}{e-1} = \dfrac{1}{c}$ $\therefore \ c = e-1$

예제 3-7 함수 $f(x) = x^3 - 3x^2 + 2x$에 대하여 $[0, 2]$에서 $f'(c) = 0$을 만족시키는 모든 상수 c의 값은?

풀이 $f(0) = f(2) = 0$이므로 롤의 정리에 의하여 $f'(c) = 0$인 c가 $(0, 2)$에 적어도 하나 존재한다.

$f'(x) = 3x^2 - 6x + 2$에서 $f'(c) = 3c^2 - 6c + 2 = 0$

$\therefore \ c = \dfrac{3-\sqrt{3}}{3}$ 또는 $c = \dfrac{3+\sqrt{3}}{3}$

연습문제 3.1

1. 임계치를 구하여라.

(1) $f(x) = x(4-x)^3$

(2) $y = x^2 + \dfrac{2}{x}$

(3) $y = x^2 - 32\sqrt{x}$

2. $f(x) = (x-2)^{\frac{2}{3}}$에서 다음을 구하여라.

(1) $f'(2)$가 존재하는가?

(2) $x = 2$일 때 f의 극값이 존재하는가?

3. 다음을 구하여라.

(1) 곡선 $y = \left(\dfrac{x}{2}\right) + \dfrac{1}{(2x-4)}$에서 기울기가 $-\dfrac{3}{2}$인 곳에 점이 존재하는가?

(2) 곡선 $y = 2x^3 - 3x^2 - 12x + 20$에서 접선이 x축에 평행하는 점을 구하여라.

4. 곡선 $y = 2x^3 - 3x^2 - 12x + 20$에서 (1), (2)를 구하여라.

(1) 접선이 $y = 1 - \left(\dfrac{x}{24}\right)$에 수직인 점은?

(2) 접선이 $y = \sqrt{2} - 12x$에 평행하는 점은?

연습문제 3.1

5. $y = \dfrac{c}{(x+1)}$이 $(0, 3)$과 $(5, -2)$을 지나는 직선에 접하는 c의 값은?

6. 다음을 구하여라.

(1) 점 $(2, 1)$에서 곡선 $y = x^3 - 4x + 1$에 접하는 수선의 방정식을 구하여라.

(2) 곡선 $y = x^3 - 4x + 1$에서 가장 작은 기울기의 값은?

(3) 곡선 $y = x^3 - 4x + 1$의 기울기가 8인 점에서 곡선에 접하는 방정식을 구하여라.

7. 원점과 점 $(1, 2)$에서 $y = \dfrac{4x}{x^2+1}$에의 접선을 찾아라.

8. 다음 문제에서 미지수를 찾아라.

(1) 곡선 $y = ax^2 + bx + c$이 $(1, 2)$를 지나고 원점에서 $y = x$에 접한다. a, b 그리고 c를 구하여라.

(2) 곡선 $y = x^2 + ax + b$와 $y = cx - x^2$가 $(1, 0)$에서 접선을 가진다. a, b 그리고 c를 구하여라.

(3) 아래 함수를 모든 x 값에서 미분 가능하게 하는 a, b의 값을 구하여라.

$$f(x) = \begin{cases} ax + b, & x > -1 \\ bx^2 - 3, & x \le -1 \end{cases}$$

연습문제 3.1

9. 평균값 정리의 결과에서 방정식 $\dfrac{f(b)-f(a)}{b-a}=f'(c)$를 만족하는 c의 값을 찾아라.

(1) $f(x)=x^2+2x-1$, $[0,1]$

(2) $f(x)=x+\dfrac{1}{x}$, $\left[\dfrac{1}{2},2\right]$

(3) $f(x)=\sin^{-1}x$, $[-1,1]$

(4) $f(x)=x^3-x^2$, $[-1,2]$

10. 주어진 점에서의 (1) 접선과 (2) 법선을 구하여라.

(1) $x^2+xy-y^2=1$, $(2,3)$

(2) $6x^2+3xy+2y^2+17y-6=0$, $(-1,0)$

(3) $2xy+\pi\sin y=2\pi$, $\left(1,\dfrac{\pi}{2}\right)$

(4) $y=2\sin(\pi x-y)$, $(1,0)$

11. 주어진 점에서 주어진 식에 접하는 방정식과 법선을 찾아라.

(1) $x^2+2y^2=9$, $(1,2)$

(2) $xy+2x-5y=2$, $(3,2)$

(3) $x+\sqrt{xy}=6$, $(4,1)$

(4) 점 $(1,1)$과 $(1,-1)$에서 $x^3y^3+y^2=x+y$의 기울기를 구하여라.

3.2 극대 · 극소와 미분

3.2.1 극대 · 극소

정의 3.2

함수 $f(x)$가 $x = a$에서 연속이고 x의 값이 증가하면서 $x = a$의 좌우에서 $f(x)$가 증가 상태에서 감소 상태로 바뀌면 $f(x)$는 $x = a$에서 극대라 하며 $f(a)$를 **극대값**이라 한다.
함수 $f(x)$가 $x = b$에서 연속이고 x의 값이 증가하면서 $x = b$의 좌우에서 $f(x)$가 감소 상태에서 증가 상태로 바뀌면 $f(x)$는 $x = b$에서 극소라 하며 $f(b)$를 **극소값**이라 한다(그림 3.3).

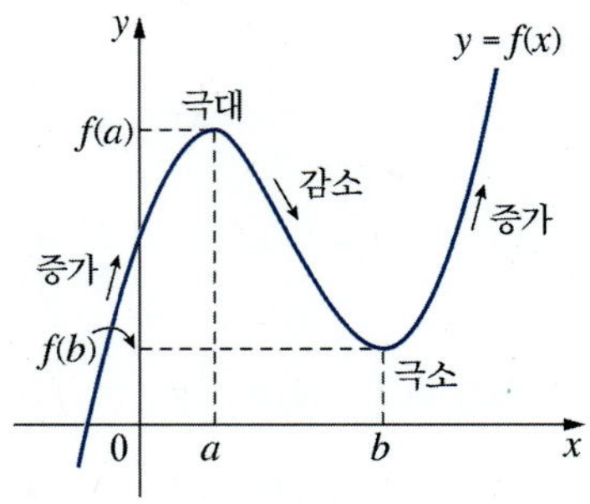

그림 3.3

$y'' > 0$이면 그래프가 아래로 볼록하고, $y'' < 0$이면 그 그래프는 위로 볼록하다. 또한 위로 볼록하다가 아래로 볼록하거나 아래로 볼록하다가 위로 볼록하는 순간점을 **변곡점**이라 한다.

정리 3.1 함수의 극대, 극소의 판정 I

미분 가능한 함수 $f(x)$에 대하여 $f'(a) = 0$이고 $x = a$의 좌우에서 $f'(x)$의 부호가

① 양에서 음으로 변하면 함수 $f(x)$는 $x = a$에서 극대값을 가진다.
② 음에서 양으로 변하면 함수 $f(x)$는 $x = a$에서 극소값을 가진다.

참고 : 극값의 존재성

$f'(a) = 0$이라고 해서 함수 $f(x)$가 반드시 $x = a$에서 극값을 가지는 것은 아니다. 예를 들면 $f(x) = x^3$은 $f'(0) = 0$이지만 $x = 0$의 좌우에서 $f'(x)$의 부호는 변하지 않고 항상 $f'(x) = 3x^2 > 0\ (x \neq 0)$이다. 따라서 함수 $f(x) = x^3$은 $x = 0$에서 극값을 가지지 않는다. 또한 $f(x)$가 $x = a$에서 극값을 가져도 $f'(a)$가 존재하지 않을 수 있다. 예를 들면 $f(x) = |x|$는 $x = 0$에서 극소이지만 $f'(0)$은 존재하지 않는다.

정리 3.2 함수의 극대, 극소의 판정 II

이계도함수를 가지는 함수 $f(x)$에서 $f'(a) = 0$일 때

① $f''(a) < 0$이면 함수 $f(x)$는 $x = a$에서 극대값을 가진다.
② $f''(a) > 0$이면 함수 $f(x)$는 $x = a$에서 극소값을 가진다.

증명

함수 $f(x)$의 이계도함수 $f''(x)$가 존재하고 $f'(a) = 0$일 때 $f''(a) < 0$이면 $f'(x)$는 $x = a$에서 감소 상태에 있으므로 $f'(x)$의 부호는 양에서 음으로 바뀐다. 따라서 함수 $f(x)$는 $x = a$에서 극대이고 극대값 $f(a)$를 가진다.

예제 3-8 함수 $f(x) = 2x^3 - 3x^2 - 12x + 12$의 극대값과 극소값의 합은?

풀이 함수 $f(x) = 2x^3 - 3x^2 - 12x + 12$에서

$$\begin{aligned} f'(x) &= 6x^2 - 6x - 12 \\ &= 6(x^2 - x - 2) \\ &= 6(x+1)(x-2) \end{aligned}$$

$f'(x) = 0$에서 $x = -1$ 또는 $x = 2$

$f(x)$의 증가와 감소를 표로 나타내면 다음과 같다.

x	$\cdots$	-1	$\cdots$	2	$\cdots$
$f'(x)$	$+$	0	$-$	0	$+$
$f(x)$	↗	극대	↘	극소	↗

따라서 $f(x)$는 $x=-1$에서 극대값 $f(-1)=-2-3+12+12=19$
$x=2$에서 극소값 $f(2)=16-12-24+12=-8$을 가지므로 극대값과 극소값의 합은
$19+(-8)=11$

예제 3-9 함수 $f(x)=x\ln x^2$이 $x=\alpha$에서 극대이고 $x=\beta$에서 극소일 때, $\alpha-\beta$의 값은? (단, e는 자연로그의 밑이다.)

풀이 $f(x)=x\ln x^2$에서

$$f'(x)=\ln x^2+x\cdot\frac{2x}{x^2}=\ln x^2+2$$

$f'(x)=0$에서 $\ln x^2+2=0$, $\ln x^2=-2$, $x^2=e^{-2}$

$\therefore\ x=-e^{-1}$ 또는 $x=e^{-1}$

$$f''(x)=\frac{2x}{x^2}=\frac{2}{x}$$

$f''(-e^{-1})=-\dfrac{2}{e^{-1}}=-2e<0$이므로 $f(x)$는 $x=-e^{-1}$에서 극대이다.

$f''(e^{-1})=\dfrac{2}{e^{-1}}=2e>0$이므로 $f(x)$는 $x=e^{-1}$에서 극소이다.

따라서 $\alpha=-e^{-1}$, $\beta=e^{-1}$이므로

$$\alpha-\beta=-e^{-1}-e^{-1}=-\frac{2}{e}$$

예제 3-10 그래프 $f(x)=x^3-5x^2+3x+6$에서 극대값, 극소값, 그리고 변곡점들을 찾고, 곡선을 그려라.

풀이 $f'(x)=3x^2-10x+3$이고 $f''(x)=6x-10$

$x=\dfrac{1}{3}$ 또는 3일 때, $f'(x)=(3x-1)(x-3)$은 0이다.

$f''\left(\dfrac{1}{3}\right)<0$이기 때문에, 점 $\left(\dfrac{1}{3}, f\left(\dfrac{1}{3}\right)\right)$이 $f(x)$의 극대값이다.

$f''(3)>0$이기 때문에, 점 $(3, f(3))$은 극소값이다. 따라서, $\left(\dfrac{1}{3}, \dfrac{175}{27}\right)$은 극대값이고 $(3, -3)$은 $f(x)$의 극소값이다.

$x=\dfrac{5}{3}$일 때, $f''(x)=0$이고 f''는 x가 $\dfrac{5}{3}$를 따라 증가함에 따라, 부호를 바꾼다. f의 그래프는 변곡점을 가진다. 그림 3.4를 보자.

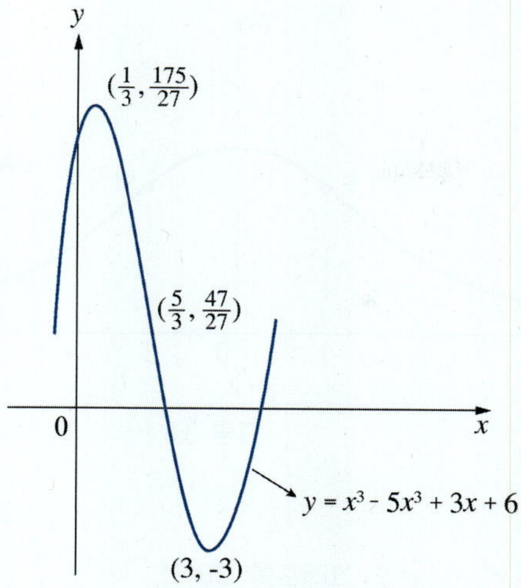

그림 3.4

예제 3-11

표준정규밀도함수 $f(x) = \dfrac{1}{\sqrt{2\pi}} \exp\left(-\dfrac{x^2}{2}\right)$의 변곡점을 구하고, 곡선의 개형을 그려라.

풀이 $f'(x) = \dfrac{-x}{\sqrt{2\pi}} \exp\left(-\dfrac{x^2}{2}\right)$이므로 $f'(x) = 0$을 만족하는 점을 $x = 0$이고, 주어진 함수 $x = 0$에서 임계값 $f(0) = \dfrac{1}{\sqrt{2\pi}}$을 갖는다. $f''(x) = \dfrac{1}{\sqrt{2\pi}}(x^2 - 1)\exp\left(-\dfrac{x^2}{2}\right)$ 이므로 $f''(x) = 0$을 만족하는 점은 $x = \pm 1$이다.

$x < -1$ 이면 $\quad f''(x) > 0$

$-1 < x < 1$ 이면 $\quad f''(x) < 0$

$x > 1$ 이면 $\quad f''(x) > 0$

이므로 변곡점은 $x = \pm 1$이다. $f''(0) = \dfrac{-1}{\sqrt{2\pi}} < 0$이므로 $f(x)$는 $x = 0$에서 극대이고,

또한

$$\lim_{x \to \pm\infty} \frac{1}{\sqrt{2\pi}} \exp\left(-\frac{x^2}{2}\right) = 0$$

이므로 수평점근선 $y = 0$(또는 x축)을 갖는다. 또한 $x = 0$을 중심으로 좌우 대칭이므로 그림 3.5와 같은 곡선의 개형을 얻을 수 있다. 이러한 곡선은 통계학에서 매우 널리 사용하는 표준정규분포 곡선이다.

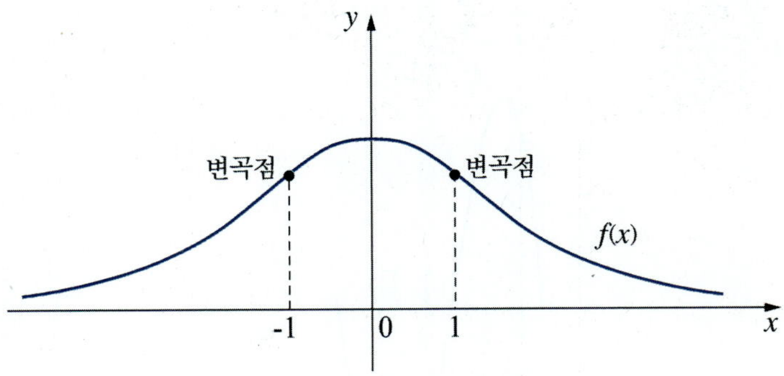

그림 3.5

예제 3-12 $f(x) = x^4 - 4x^3$의 그래프를 그려라.

풀이

(1) $f'(x) = 4x^3 - 12x^2$이고, $f''(x) = 12x^2 - 24x$

(2) $x = 0$ 또는 $x = 3$일 때, $f'(x) = 4x^2(x-3)$은 0이다.

(3) $f'(x) = 12x(x-2)$이고 $f''(3) > 0$이기 때문에, 점 $(3, -27)$은 극소값이다. $f''(0) = 0$이기 때문에, 이계도함수판정법은 0이 극대값 또는 극소값을 나타내는지 알 수 없다.

(4) $f'(x)$가 x가 0을 따라 증가할 때, 부호를 바꾸지 않기 때문에, 점 $(0, 0)$은 극대값도 극소값도 나타내지 않는다.

(5) x이 0 또는 2일 때, $f''(x) = 0$이다 f''는 x가 0을 따라 증가함에 따라 $(+0-)$ 그리고 또한 x가 2를 따라 증가할 때 $(+0-)$ 부호를 바꾼다. 따라서 $(0, 0)$과 $(2, -16)$ 모두는 곡선의 변곡점들이다. 이 곡선은 그림 3.6에 그려져 있다.

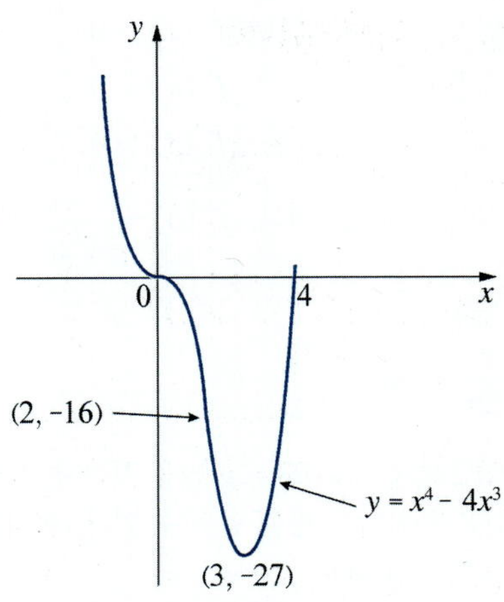

그림 3.6

3.2.2 최대값 또는 최소값

함수 f가 폐구간 $a \le x \le b$에서 미분 가능하다면, f는 폐구간 $[a, b]$에서 또한 연속적이고 최대·최소값 정리로부터 f는 폐구간 $[a, b]$에서 최대값과 최소값 모두를 가진다는 것을 알고 있다. 이들을 찾기 위해, 구간 $[a, b]$의 임계점을 위한 방정식 $f'(x) = 0$을 풀고, 각 점들과 $x = a$, $x = b$에서의 $f(x)$를 계산한다. $f(x)$의 가장 큰 값은 최대값이고 가장 작은 값은 최소값이다.

예제 3-13 $f(x) = 2x^3 - 3x^2 - 12x$라면, (1) $-2 \le x \le 3$, (2) $0 \le x \le 3$에서 $f(x)$의 최대값과 최소값을 찾아라.

풀이 (1) $f'(x) = 6x^2 - 6x - 12 = 6(x+1)(x-2) = 0$, $x = -1$ 또는 $x = 2$
$f(-2) = -4$, $f(-1) = 7$, $f(2) = -20$, 그리고 $f(3) = -9$, $f(x)$의 최대값은 7이고, $f(x)$의 최소값은 -20이다.

(2) 오직 임계값 2만 $[0, 3]$ 안에 포함된다. 0, 2, 3에서의 $f(x)$를 계산한다.
$f(0) = 0$, $f(2) = -20$, $f(3) = -9$이기 때문에, $f(x)$의 최대값은 0이고, 최소값은 -20이다.

예제 3-14 다음 함수의 최대값 또는 최소값을 구하여라.

(1) $y = \dfrac{x^2 - 3x + 1}{x - 3}\ (-2 \le x < 3)$ (2) $y = \dfrac{x^2 + x - 1}{x^2 - x + 1}$

풀이

(1) $y = \dfrac{x^2 - 3x + 1}{x - 3}$

$$y' = \frac{(2x-3)(x-3) - (x^2 - 3x + 1)\cdot 1}{(x-3)^2} = \frac{(x-2)(x-4)}{(x-3)^2}$$

$y' = 0$에서 $x = 2, 4$
최대값 1, 최소값은 없다.

(2) $y = \dfrac{x^2+x-1}{x^2-x+1}$

$$y' = \frac{(2x+1)(x^2-x+1)-(x^2+x-1)(2x-1)}{(x^2-x+1)^2}$$

$$= \frac{-2x(x-2)}{(x^2-x+1)^2}$$

$y' = 0$에서 $x = 0, 2$

최대값 $\dfrac{5}{3}$, 최소값 -1

3.2.3 그리기

함수가 방정식의 그래프를 그리기 전에 다음 항목 중 하나 또는 그 이상을 검토하는 것이 아주 중요하다.

(1) 정의역을 구한다.

(2) x축 절편과 y축 절편을 구한다.

(3) 대칭성이 있는지 살펴본다.

$f(-x, y) = f(x, y)$이면 y축에 관하여 대칭이다.

$f(x, -y) = f(x, y)$이면 x축에 관하여 대칭이다.

$f(-x, -y) = f(x, y)$이면 원점에 관하여 대칭이다.

$f(y, x) = f(x, y)$이면 직선 $y = x$에 관하여 대칭이다.

(4) 점근선을 조사한다.

수평점근선 : $\lim_{x\to\infty} f(x) = L_1$, $\lim_{x\to-\infty} f(x) = L_2$이면 $y = L_1$, $y = L_2$는 수평점근선이다.

수직점근선 : $\lim_{x\to a+} f(x) = \pm\infty$, $\lim_{x\to a-} f(x) = \pm\infty$이면, $x = a$는 수직점근선이다.

사선점근선 : $y = f(x)$를 $y = ax+b+h(x)$ 형태로 변경할 수 있으며, 이 때

$\lim_{x\to\infty} h(x) = 0$ 또는 $\lim_{x\to-\infty} h(x) = 0$이면, $y = ax+b$는 사선점근선이다.

(5) 임계점, 변곡점, 극값 및 곡선의 볼록성을 조사한다.

예제 3-15 함수 $f(x) = \dfrac{x}{(1+x)^2}$ 의 그래프를 구하여라.

풀이 (1) 정의역 : 분모 $\neq 0$ 이어야 하므로 $x \neq -1$인 모든 실수에서 함수 $f(x)$는 정의된다.

(2) 절편점 : $f(0) = 0$ 이므로 원점이 x축, y축 절편점이다.

(3) 대칭성은 없다.

(4) 점근선 : $\lim\limits_{x\to\infty} \dfrac{x}{(1+x)^2} = \lim\limits_{x\to-\infty} \dfrac{x}{(1+x)^2} = 0$이므로 수평점근선은 $y = 0$이다.

(5) 임계점, 변곡점, 극값, 볼록성

$$f'(x) = \frac{1-x}{(1+x)^3},\ f''(x) = \frac{2(x-2)}{(1+x)^4}$$

이므로 임계점은 $x = 1$이다. 그리고 $f''(1) = -\dfrac{1}{8} < 0$이므로 $x = 1$에서 극대값 $f(1) = \dfrac{1}{4}$을 갖는다. 또한 $f''(x) = 0$이면 $x = 2$이므로 $x = 2$에서 변곡점을 갖는다.

위 사실을 종합하여 그림 3.7을 얻을 수 있다.

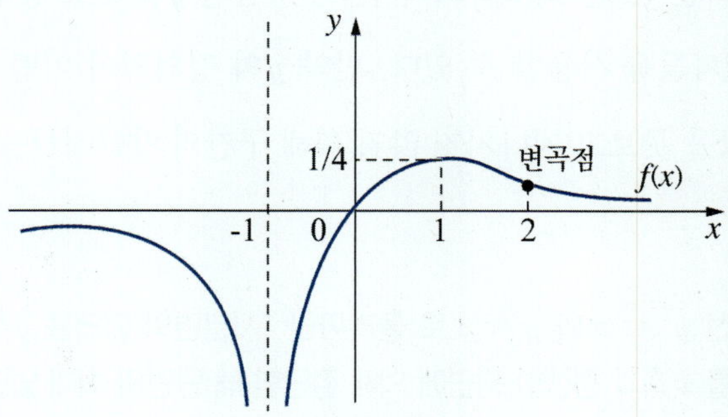

그림 3.7

예제 3-16 다음 각 곡선의 개형을 그려라.

(1) $y = \ln(x^2+1)$　　　(2) $y = xe^{-x}$

풀이 (1) $y = \ln(x^2+1)$에서 $y' = \dfrac{2x}{x^2+1}$, $y'' = \dfrac{2(x^2+1)-2x2x}{(x^2+1)^2} = \dfrac{-2(x+1)(x-1)}{(x^2+1)^2}$

x	…	−1	…	0	…	1	…
y'	−	−	−	0	+	+	+
y''	−	0	+	+	+	0	−
y	↘	변곡	↘	극소	↗	변곡	↗

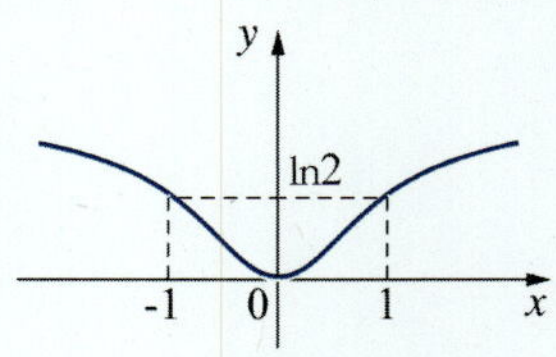

그림 3.8

(2) $y = xe^{-x}$ 에서 $y' = e^{-x} - xe^{-x} = -(x-1)e^{-x}$,
$y'' = -e^{-x} + (x-1)e^{-x} = (x-2)e^{-x}$

x	$\cdots$	1	$\cdots$	2	$\cdots$
y'	+	0	−	−	−
y''	−	−	−	0	+
y	↗	극대	↘	변곡	↘

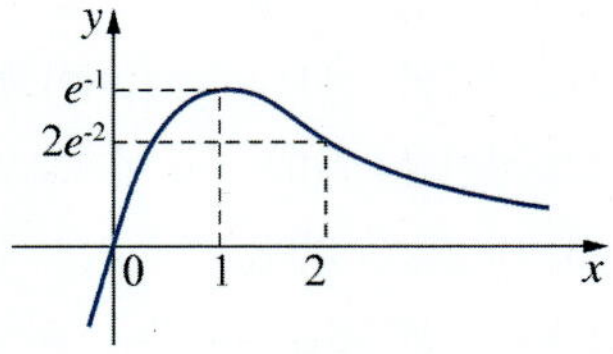

그림 3.9

따라서 극대점은 $(1, e^{-1})$, 변곡점은 $(2, 2e^{-2})$ 이다.

3.2.4 최적화 : 최대값과 최소값을 포함하는 문제들

최대화되어야 하는 (또는 최소화되어야 하는) 함수들이 있는 문제들에 적용할 수 있다. 최대화되어야 하는 (또는 최소화되어야 하는) 양인 y를 x로 양수적으로 표현할 수 있다면, 위에 약술한 절차들을 사용할 수 있다. 만약 y의 정의역이 어떤 폐구간으로 제한되어 있다면, 가능한 극값을 못보고 지나치지 않기 위해 구간의 양끝점들을 반드시 확인해야 한다.

예제 3-17 곡선 $y^2 = x$와 $y = x$로 둘러싸인 1사분면의 영역을 y축을 회전축으로 하여 이 회전체를 x축과 평행한 평면에 의해 절단할 때 단면의 최대 넓이를 구하여라.

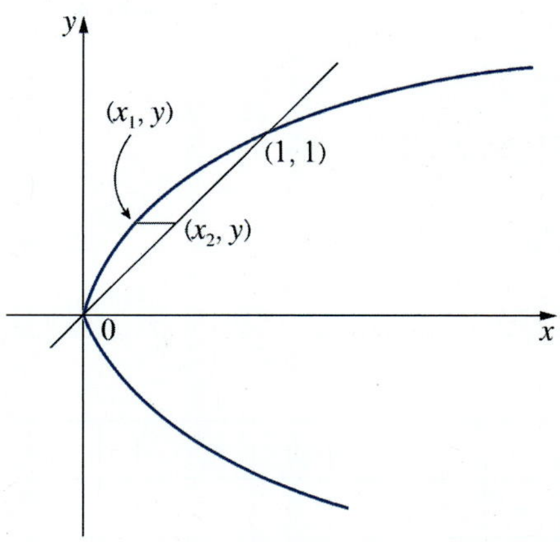

그림 3.10

풀이 그림 3.10을 보라. 곡선들은 원점과 $(1, 1)$에서 교차한다, 따라서 $0 < y < 1$. 입체의 단면은 하나는 반지름이 x_2이고 다른 하나는 반지름이 x_1인 두 원들의 넓이 사이에서 넓이 A가 다른 고리이다. 따라서

$$A = \pi x_2^2 - \pi x_1^2 = \pi(y^2 - y^4);\ \frac{dA}{dy} = \pi(2y - 4y^3) = 2\pi y(1 - 2y^2)$$

첫 번째 미분계수 중 0에 상응하는 유일한 값은 $y = \dfrac{1}{\sqrt{2}}$이다. 또 $\dfrac{d^2A}{dy^2} = \pi(2 - 12y^2)$이고 $y = \dfrac{1}{\sqrt{2}}$일 때, $\dfrac{d^2A}{dy^2}$가 음수이므로 극대값이다. 따라서 최대 넓이A를 갖는다.

$A = \pi(\dfrac{1}{2} - \dfrac{1}{4}) = \dfrac{\pi}{4}$는 A는 구간 $[0, 1]$에서 최대넓이는 $\dfrac{\pi}{4}$이다.

예제 3-18 원기둥의 부피가 k일 때, 전체 겉넓이를 최소화하는 원기둥의 반지름과 높이의 비율을 구하여라.

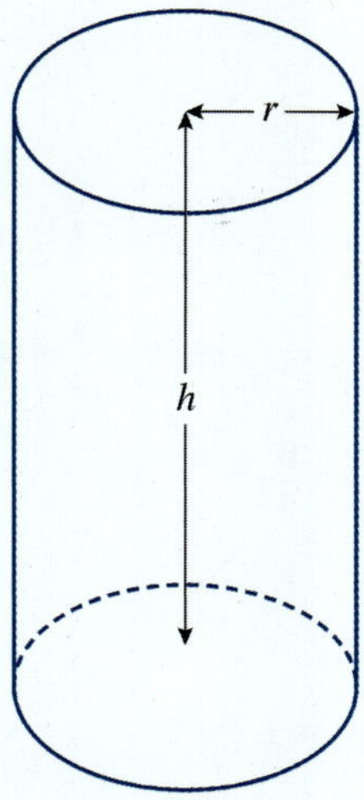

그림 3.11

풀이 그림 3.11을 보라. 부피는 다음과 같다.

$$V = \pi r^2 h = k \tag{1}$$

r은 반지름이고, h는 높이이다. 전체겉넓이인 S를 최소화하려고 한다.

$$S = 2\pi r^2 + 2\pi rh \tag{2}$$

(1)에서 $h = \dfrac{k}{\pi r^2}$을 (2)에 대입하면

$$S = 2\pi r^2 + 2\pi r\frac{k}{\pi r^2} = 2\pi r^2 + \frac{2k}{r} \tag{3}$$

(3)을 r로 미분을 하면

$$\frac{dS}{dr} = 4\pi r - \frac{2k}{r^2}$$

이제 S를 최소로 만드는 상황을 확인하기 위해 $\frac{dS}{dr}$을 0으로 둔다.

$$4\pi r - \frac{2k}{r^2} = 0,\ 4\pi r = \frac{2k}{r^2},\ 4\pi r = \frac{2(\pi r^2 h)}{r^2},\ 2r = h.$$

따라서 정해진 부피의 원기둥의 전체 겉넓이는 원기둥의 높이가 이것의 지름과 같을 때 최소이다.

예제 3-19 반지름이 r인 공에 내접하는 직원뿔 중에서 부피가 최대가 되는 밑면의 반지름과 높이의 비를 구하여라.

풀이

$$V = \frac{1}{3}\pi a^2 h$$

$$V = \frac{1}{3}\pi(2rh - h^2)h = \frac{1}{3}\pi(2rh^2 - h^3)\ (0 < h < 2r)\ (\because\ a^2 = r^2 - (h-r)^2)$$

$$V' = \frac{1}{3}\pi(4rh - 3h^2) = -\pi h\left(h - \frac{4}{3}r\right) \text{에서 } h = \frac{4}{3}r$$

$$a^2 = 2r\frac{4}{3}r - \left(\frac{4}{3}r\right)^2 = \frac{8}{9}r^2$$

$$a = \frac{2\sqrt{2}}{3}r$$

$$a : h = \frac{2\sqrt{2}}{3}r : \frac{4}{3}r = 1 : \sqrt{2}$$

$1 : \sqrt{2}$

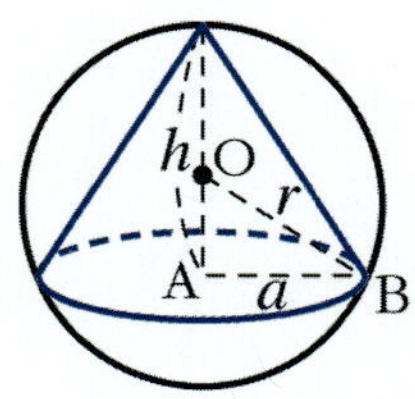

그림 3.12

예제 3-20 기존의 다리에서 동쪽으로 3km, 남쪽으로 5km 떨어져 있는 교차로와 연결하여 고속도로를 건설하려고 한다. 강을 건너는 고속도로를 건설하는 데 km당 1,000억 원이 들고 육지에서의 건설비는 km당 500억 원이 든다.

(1) 고속도로를 건설하는 총 비용을 u의 함수로 나타내어라.

(2) 고속도로를 건설하는 데 최소비용이 되는 u를 구하여라.

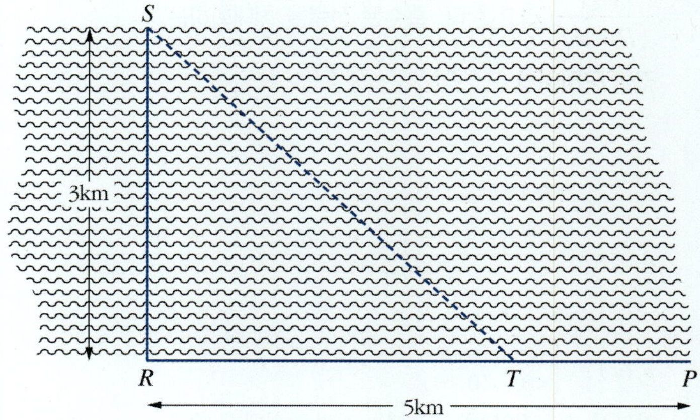

그림 3.13

풀이

(1) $C(u) = 1000\sqrt{9+u^2} + 500(5-u)$
$= 500(2\sqrt{9+u^2} + 5 - u)$

(2) $C'(u) = 500\left(2\left(\frac{1}{2}\right)\frac{2u}{\sqrt{9+u^2}} - 1\right) = 500\left(\frac{2u}{\sqrt{9+u^2}} - 1\right)$

$$\frac{2u}{\sqrt{9+u^2}} - 1 = 0 \to \frac{2u}{\sqrt{9+u^2}} = 1 \to \frac{4u^2}{9+u^2} = 1$$

$4u^2 = 9+u^2,\ 3u^2 = 9,\ u^2 = 3,\ u = \sqrt{3}$

$C(0) = 500(2\sqrt{9+0} + 5) = 5{,}500$억 원

$C(5) = 500(2\sqrt{9+25}) = 5{,}800$억 원

$C(\sqrt{3}) = 500(2\sqrt{9+3} + 5 - \sqrt{3}) = 5{,}050$억 원

그러므로 최소비용이 되는 u는 $\sqrt{3}$ 이다.

예제 3-21 전기로 작동하는 기계에서 각 회로는 다양한 기능을 한다. 어떤 회로는 전력을 증폭하는 것 대신에 줄임으로써 전기의 흐름을 조절한다. 아래 그림에 주어진 회로에서 전압은 V(볼트)이며 저항이 R(옴Ω)이라고 한다. 이 회로에서 흡수되는 전력은 $p(x) = \dfrac{V^2 x}{(R+x)^2}$ 라고 한다. 흡수된 전력을 최대화하는 x 값을 구하여라.

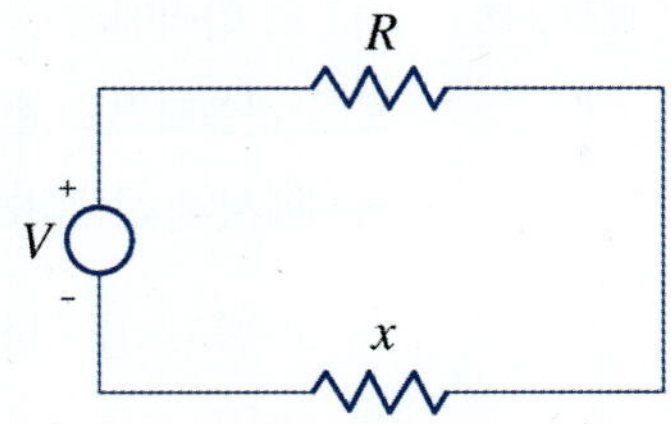

그림 3.14

풀이

$$p(x) = \frac{V^2 x}{(R+x)^2}$$

$$p'(x) = \frac{V^2(R+x)^2 - V^2 x \cdot 2(R+x)}{(R+x)^4} = \frac{V^2R^2 - V^2x^2}{(R+x)^4} = 0$$

$p'(x) = 0$일 때, $x = R$

$$p'(x) = \begin{cases} > 0, & (0, R) \\ < 0, & (0, \infty) \end{cases}$$

따라서 $x = R$일 때, 흡수되는 전력은 최대가 된다.

연습문제 3.2

1. 극소값 또는 극대값을 구하여라.

(1) $y = x^3 + x^2 - 8x + 5$

(2) $y = \dfrac{x}{x^2 + 1}$

(3) $y = x^{\frac{2}{3}}(x + 2)$

(4) $h(x) = -x^3 + 2x^2$

(5) $h(t) = \dfrac{3}{2}t^4 - t^6$

(6) $f(x) = \dfrac{x^2 - 3}{x - 2},\ x \neq 2$

(7) $f(t) = 12t - t^3,\ -3 \leq t < \infty$

(8) $f(x) = \sqrt{25 - x^2},\ -5 \leq x < 5$

(9) $f(x) = \sin 2x,\ 0 \leq x \leq \pi$

(10) $f(x) = \dfrac{x}{2} - 2\sin\dfrac{x}{2},\ 0 \leq x \leq 2\pi$

2. $(1, 2)$에서 $f(x) = ax^2 + bx$가 최대값을 가지기 위한 정수 a와 b값을 결정하여라.

3. 극값과 변곡점을 구하여라.

(1) $y = x^3 - 3x + 3$

(2) $y = x^4 - 2x^2 = x^2(x^2 - 2)$

(3) $y = \sin x \cos x,\ 0 \leq x \leq \pi$

(4) $y = \dfrac{8x}{x^2 + 4}$

연습문제 3.2

4. 다음 함수들의 극값과 요철을 구하고 그래프의 개형을 그려라.

(1) $y = 3x^4 - 4x^3 + 1$

(2) $y = \dfrac{1}{\pi}\dfrac{1}{x^2+1}$

(3) $y = \dfrac{\ln x}{x}$

(4) $y = x^{-1}e^x$

(5) $y = \dfrac{1}{\sqrt{2\pi}\,\sigma}\exp\left[-\dfrac{(x-\mu)^2}{2\sigma^2}\right]$

5. 둘레의 최소화 넓이가 16inch^{2}인 직사각형의 둘레는 최소 얼마인가? 이 때 각 변의 길이는 얼마인가?

6. 직사각형의 밑변은 x축에 있고, 위의 두 꼭지점은 포물선 $y = 12 - x^2$에 있다. 직사각형의 넓이는 최대 얼마인가? 이 때 각 변의 길이는 얼마인가?

7. 반지름이 3인 구에 내접하는 가장 큰 직원뿔의 부피를 구하여라.

8. 반지름이 10인 구에 내접하는 부피가 가장 큰 직원기둥의 규격을 구하여라. 최대 부피는 얼마인가?

3.3 속도 가속도와 미분

3.3.1 직선상의 운동

s는 t의 시간에 선 위의 물체 P의 위치를 나타내는 $s = f(t)$의 법칙에 따라 어떤 물체가 선을 따라 움직인다면, t시간에 P의 속도 v는 $\dfrac{ds}{dt}$에 의해 주어지고, 이것의 가속도 a는 $\dfrac{dv}{dt}$ 또는 $\dfrac{d^2s}{dt^2}$에 의해 주어진다. 이 물체의 속력은 v 의 크기인 $|v|$ 이다.

(1) $v > 0$이면, P는 오른쪽으로 움직이고 이것의 거리 s는 증가한다. $v < 0$이면, P는 왼쪽으로 움직이고 이것의 거리 s는 감소한다.

(2) $a > 0$이면, v는 증가한다. $a < 0$이면, v는 감소한다.

(3) a와 v가 모두 양수 또는 모두 음수일 경우, P속도가 증가하거나 가속도가 붙은 것을 의미한다.

(4) s가 t의 연속적 함수라면, P는 v가 0일 때 방향을 바꾼다. 속도 0은 방향이 바뀌는 것을 꼭 의미하는 것이 아니라는 것을 알아두자.

예제 3-22 거리 S는 시간 t에 대하여 $s = 2t^3 - 9t^2 + 12t - 4(t \geq 0)$을 만족한다.

(1) 거리 s가 증가하는 모든 t를 구하여라.

(2) 속도가 증가하는 모든 t를 찾아라.

(3) 속력이 증가하는 모든 t를 구하여라.

(4) $t = \dfrac{3}{2}$일 때 속력을 구하여라.

(5) $t = 0$과 $t = 4$사이에서 움직인 총 거리를 구하여라.

풀이 $v = \dfrac{ds}{dt} = 6t^2 - 18t + 12 = 6(t^2 - 3t + 2) = 6(t-2)(t-1)$ 그리고

$a = \dfrac{dv}{dt} = \dfrac{d^2s}{dt^2} = 12t - 18 = 12\left(t - \dfrac{3}{2}\right)$

v의 부호는 다음과 같이 바뀐다.

$t < 1$,		$v > 0$,
$1 < t < 2$,	그렇다면	$v < 0$,
$t > 2$,		$v > 0$.

a는

$t < \dfrac{3}{2}$	그렇다면	$a < 0$,
$t > \dfrac{3}{2}$		$a > 0$.

(1) $0 \le t < 1$ 또는 $t > 2$일 때, s는 증가한다.

(2) $t > \dfrac{3}{2}$일 때, v는 증가한다.

(3) 속력 $|v|$는 v와 a 둘 다 양수일 때 증가한다, 이는 $t > 2$ 이고, v와 a가 모두 음수일 때는 $1 < t < \dfrac{3}{2}$이다.

(4) $t = \dfrac{3}{2}$일 때 속력은 $|v| = \left|-\dfrac{3}{2}\right| = \dfrac{3}{2}$와 같다.

(5) P의 움직임은 그림 3.15와 같이 나타낼 수 있다. $t < 1$일 때, P는 오른쪽으로 움직이고, $t = 1$에서는 방향을 바꾸고, $1 < t < 2$일 때는 왼쪽으로 움직이고, $t = 2$에서 다시 방향을 바꾸고, 모든 $t > 2$에서는 오른쪽으로 움직인다. 어떤 특정한 t시간의 P의 위치는 다음 표에서 나타난다.

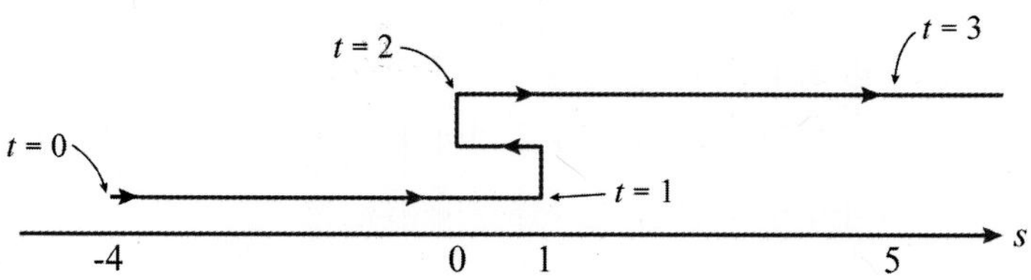

그림 3.15

t:	0	1	2	4
s:	−4	1	0	28

따라서 P는 시간 $t = 0$과 $t = 4$ 사이에서 총 34를 움직인다.

3.3.2 곡선상의 운동 : 속도 · 가속도 벡터

점 P가 t는 시간을 나타내는 $P(x(t), y(t))$에 의해 매개적으로 정의되는 곡선을 따라 움직인다면, 원점에서 P까지의 벡터는 x가 벡터의 가로 성분이고 y를 벡터의 세로 성분인 위치 벡터라고 한다, $x(t)$와 $y(t)$의 일반적인 정의역 안의 모든 t의 값들의 위치 벡터의 집단을 벡터 함수라고 부른다. 벡터는 볼드체 문자 (***R***)또는 이탤릭체 위에 화살표가 써져 있는 $(\vec{R})$로 나타낼 것이다. 그러면 위치 벡터는 $\vec{R}(t) = (x,\ y)$또는 $\mathbf{i}$가 $(0, 0)$에서 $(1, 0)$까지의 수평 단위이고, $\mathbf{j}$가 $(0, 0)$에서 $(0, 1)$가지의 수직 단위를 이용한 $\boldsymbol{R} = x\mathbf{i} + y\mathbf{j}$ 또는 $x\vec{i} + y\vec{j}$로도 표기한다. 속도 벡터는 벡터 함수의 미분계수이다(위치 벡터).

$$\mathbf{v} = \frac{dR}{dt} = \frac{dx}{dt}\mathbf{i} + \frac{dy}{dt}\mathbf{j} \text{ 또는 } \overrightarrow{\mathrm{v}}(t) = \left(\frac{dx}{dt}, \frac{dy}{dt}\right)$$

$\frac{dx}{dt}$와 $\frac{dy}{dt}$을 각각 v_x와 v_y로 표기한다.

$\mathbf{v}$의 기울기는

$$\frac{\frac{dy}{dt}}{\frac{dx}{dt}} = \frac{dy}{dx}$$

곡선의 기울기와 같다. $\mathbf{v}$의 크기는 벡터의 길이이다:

$$|\mathbf{v}| = \sqrt{\left(\frac{dx}{dt}\right)^2 + \left(\frac{dy}{dt}\right)^2} = \sqrt{v_x^2 + v_y^2}$$

따라서, 벡터 $\mathbf{v}$가 P에서 시작해서 그려진다면, 이것은 P에서 곡선에 접선이 될 것이며 이것의 크기는 P에서 그 물체의 속력이 될 것이다.

가속도 벡터 $\boldsymbol{a}$는 $\dfrac{d\mathbf{v}}{dt}$ 또는 $\dfrac{d^2R}{dt^2}$이고, R의 성분들의 2계 미분을 통해 구할 수 있다. 따라서

$$\boldsymbol{a} = \frac{d^2x}{dt^2}\mathbf{i} + \frac{d^2y}{dt^2}\mathbf{j} \text{ 또는 } \vec{a}(t) = \left(\frac{d^2x}{dt^2}, \frac{d^2y}{dt^2}\right)$$

그리고 이것의 크기는 벡터의 길이이다.

$$|\boldsymbol{a}| = \sqrt{\left(\frac{d^2x}{dt^2}\right)^2 + \left(\frac{d^2y}{dt^2}\right)^2} = \sqrt{(a_x^2 + a_y^2)}$$

여기서 $a_x = \dfrac{d^2x}{dt^2}$, $a_y = \dfrac{d^2y}{dt^2}$이다.

예제 3-23 한 물체는 방정식 $x = 3\cos t$, $y = 2\sin t$에 따라 움직인다.

(1) 물체의 궤도를 구하는 x와 y로 나타낸 방정식을 찾고 곡선을 그려라.

(2) 시간 t에서의 속도와 가속도 벡터를 구하고 항상 $\boldsymbol{a} = -\mathbf{R}$이라는 것을 보여라.

(3) (a) $t_1 = \dfrac{\pi}{6}$ (b) $t_2 = \pi$일 때의 $\mathbf{R}$, $\mathbf{v}$, $\boldsymbol{a}$를 찾고 그것들을 그려라.

(4) (a) $t_1 = \dfrac{\pi}{6}$ (b) $t_2 = \pi$에서 물체의 속력과 가속도 크기를 구하여라.

(5) 시간 t에서의 속도의 크기를 찾아라. 속력은 언제 최대인가? 언제 최소인가?

풀이

(1) $\dfrac{x^2}{9} = \cos^2 t$이고 $\dfrac{y^2}{4} = \sin^2 t$이기 때문에, 따라서

$$\frac{x^2}{9} + \frac{y^2}{4} = 1$$

그리고 물체는 $t = 0$일 때, $(3, 0)$에서 출발하여 타원을 따라 시계 반대 방향으로 움직이고 $t = 2\pi$일 때 이 점으로 돌아온다.

(2) $R = 3\cos t\mathbf{i} + 2\sin t\mathbf{j}$, $v = -3\sin t\mathbf{i} + 2\cos t\mathbf{j}$, $a = -3\cos t\mathbf{i} - 2\sin t\mathbf{j} = -R$
그러면 가속도는 항상 타원의 중심을 향한다.

(3) (a) $t_1 = \dfrac{\pi}{6}$ 에서,

$$\boldsymbol{R}_1 = \frac{3\sqrt{3}}{2}\mathbf{i} + \mathbf{j} \qquad \mathbf{v}_1 = -\frac{3}{2}\mathbf{i} + \sqrt{3}\mathbf{j} \quad \boldsymbol{a}_1 = -\frac{3\sqrt{3}}{2}\mathbf{i} - \mathbf{j}$$

(b) $t_2 = \pi$ 에서,

$$\boldsymbol{R}_2 = -3\mathbf{i} \qquad \mathbf{v}_2 = -2\mathbf{j} \qquad \boldsymbol{a}_2 = 3\mathbf{i}$$

(4)

(a) $t_1 = \dfrac{\pi}{6}$ 에서	(b) $t_2 = \pi$ 에서
$\lvert\mathbf{v}_2\rvert = \sqrt{\dfrac{9}{4}+3} = \dfrac{\sqrt{21}}{2}$	$\lvert\mathbf{v}_2\rvert = \sqrt{0+4} = 2$
$\lvert\boldsymbol{a}_1\rvert = \sqrt{\dfrac{27}{4}+1} = \dfrac{\sqrt{31}}{2}$	$\lvert\boldsymbol{a}_2\rvert = \sqrt{9+0} = 3$

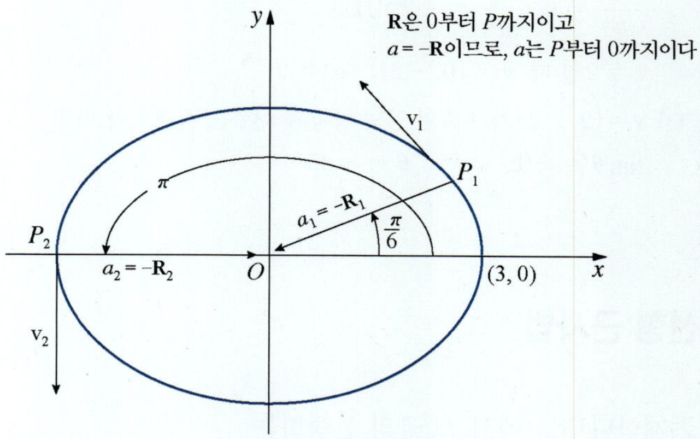

그림 3.16

(5) 시간 t에서의 속력 $|\mathbf{v}|$는

$$\begin{aligned}|\mathbf{v}| &= \sqrt{9\sin^2 t + 4\cos^2 t}\\ &= \sqrt{4\sin^2 t + 4\cos^2 t + 5\sin^2 t}\\ &= \sqrt{4 + 5\sin^2 t}\end{aligned}$$

$t = \dfrac{\pi}{2}$ 또는 $\dfrac{3\pi}{2}$ 일 때 속력은 최대이고, $t = 0$ 또는 π일 때, 최소이다.

예제 3-24 동점 P의 좌표 x, y가 시각 $t(t \geq 0)$의 함수로써 다음과 같이 주어진다고 한다.

$$x = 2t+1,\ y = 2t - t^2$$

(1) 점 P의 자취를 그림으로 나타내어라.

(2) $t = 2$일 때 점 P의 속도벡터 $\mathbf{v}$, 가속도벡터 $\boldsymbol{a}$ 및 그 크기를 각각 구하여라.

(3) $t = 2$일 때 점 P의 속도벡터의 방향을 구하여라.

풀이 (1) t를 소거하면 $y = 2\left(\frac{x-1}{2}\right) - \left(\frac{x-1}{2}\right)^2 = -\frac{1}{4}(x^2 - 6x + 5) = -\frac{1}{4}(x-3)^2 + 1$

그런데 $t \geq 0$이므로 $x \geq 1$

(2) $\frac{dx}{dt} = 2$, $\frac{dy}{dt} = 2 - 2t$이므로

$t = 2$일 때 $\mathbf{v} = (2, -2)$, $|\mathbf{v}| = 2\sqrt{2}$

$\frac{d^2x}{dt^2} = 0$, $\frac{d^2y}{dt^2} = -2$이므로

$t = 2$일 때 $\boldsymbol{a} = (0, -2)$, $|\boldsymbol{a}| = 2$

(3) $\mathbf{v} = (2, -2)$가 x축의 양의 방향과 이루는 각을 θ라 하면

$\tan\theta = -1$, $\quad \therefore\ \theta = -45^\circ$

3.3.3 선형 근사법

$f'(a)$가 존재한다면, a에서 $f(x)$의 선형화는

$f(a) + f'(a)(x-a)$

$x = a$에서 $y = f(x)$에 접선인 방정식은

$y - f(a) = f'(a)(x-a)$

이기 때문에, 접선 위의 y의 값은 f의 실제 값의 근사값이다. 따라서 선형화를 선형 또는 접선 근사법이라고도 불린다. a에 가까운 x의 값들로,

$$f(x) \approx f(a) + f'(a)(x-a)$$

를 가진다.

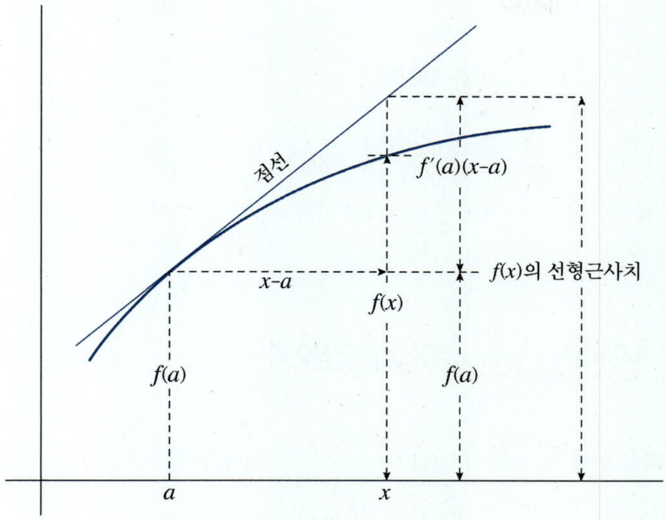

그림 3.17

$f(a)+f'(a)(x-a)$가 $f(x)$의 선형 또는 접선의 근사치이고, 곡선을 x에서 a로 움직일 때, $f'(a)(x-a)$가 f의 근사치의 변화량이다. 그림 3.17을 보라. x가 a에 가까울수록, $f(x)$에 더 근사하다.

예제 3-25 주어진 값들에서 다음 각각의 함수들의 선형 근사치들을 구하여라.

(1) $\sin x$, $a = 0$

(2) $\cos x$, $a = \dfrac{\pi}{2}$

(3) $2x^3 - 3x$, $a = 1$

(4) $\sqrt{1+x}$, $a = 8$

풀이 (1) $a = 0$에서, $\sin x \cong \sin(0) + \cos(0)(x-0) \cong 0 + 1 \cdot x \cong x$

(2) $a = \dfrac{\pi}{2}$에서, $\cos x \cong \cos\dfrac{\pi}{2} - \sin\left(\dfrac{\pi}{2}\right)\left(x - \dfrac{\pi}{2}\right) \cong -x + \dfrac{\pi}{2}$

(3) $a = 1$에서, $2x^3 - 3x \cong -1 + 3(x-1) \cong 3x - 4$

(4) $a = 8$에서, $\sqrt{1+x} \cong \sqrt{1+8} + \dfrac{1}{2\sqrt{1+8}}(x-8) = 3 + \dfrac{1}{6}(x-8)$

예제 3-26 $(1+x)^k \cong 1 + kx$ 임을 보여라.

풀이 $(1+x)^k \cong (1+0)^k + k(1+x)^{k-1}\big|_{x=0}(x-0) = 1 + kx$

예를 들어, $\sqrt{1+x} \cong 1 + \dfrac{1}{2}x$ 그리고 $(1+x)^3 \cong 1 + 3x$

예제 3-27 $x = 0.05$에서 $\dfrac{3}{(1-x)^2}$의 값을 구하여라.

풀이 선형화를 위해, $x = 0$에서 $f(x) = \dfrac{3}{(1-x)^2}$의 접선을 사용한다.

$f(0) = 3$, $f'(x) = \dfrac{6}{(1-x)^3}$이다. 따라서 $f'(0) = 6$이다. $y = 6x + 3$이다.

따라서 선형 근사치는 $\dfrac{3}{(1-x)^2} \approx 6x + 3$이다.

$x = 0.05$에서, $f(0.05) \approx 6(0.05) + 3 = 3.3$을 가진다.

$x = 0.05$일 때 $\dfrac{3}{(1-x)^2}$의 세 자리 숫자의 실제값은 3.324이다 선형 근사법은 3.3을 가진다. 이것은 곡선이 위로 오목하지 않고, $x = 0$ 가까이의 곡선에 접선 위에 있다는 것을 말해준다.

3.3.4 관련된 변화율

t시간의 함수들인 몇몇의 변수들이 방정식과 관련되어 있다면, t로 미분을 하여 그들의 변화율의 관계를 알아낼 수 있다.

예제 3-28 건물벽 8m 높이에 그림과 같이 10m 길이의 철기둥이 걸쳐 있다. 기둥 위쪽 C 지점에서 벽을 따라 초당 3m의 속도로 미끄러진다면 B점에서 초당 몇 m의 속도로 뒤쪽으로 가게 되는지 구하여라.

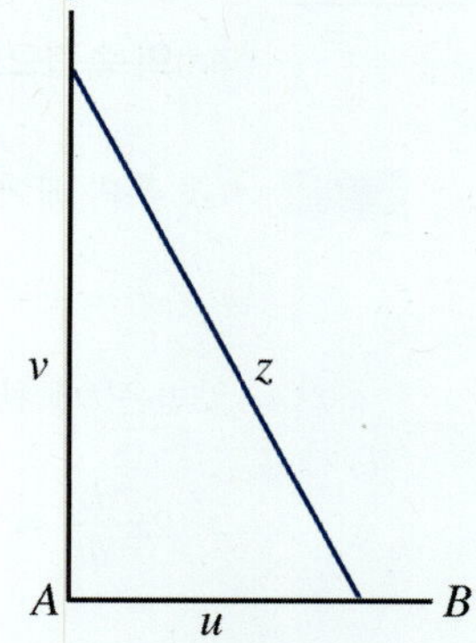

그림 3.18

풀이 $u^2+v^2=z^2$ 에서 $u^2+8^2=10^2$이므로 $u=6$이다.

조건은 $\frac{dv}{dt}=-3(m/s)$이다.

$$2u\frac{du}{dt}+2v\frac{dv}{dt}=0 \text{이므로}$$

$$\frac{du}{dt}=-\frac{v\cdot\frac{dv}{dt}}{u}=-\frac{8\cdot(-3)}{6}=4(m/s) \text{로 물러난다.}$$

예제 3-29 원뿔 형태의 종이컵의 지름과 높이는 모두 4인치이다. 그리고 물은 초당 $\frac{1}{2}$세제곱 인치의 속도로 새고 있다. 표면의 지름이 2인치일 때 물의 높이가 떨어지는 변화율을 구하여라.

풀이 그림 3.19를 보라. $\frac{dV}{dt}=-\frac{1}{2}$이고 $h=2r$이다.

$V=\frac{1}{3}\pi r^2h=\frac{\pi h^3}{12}$에서 $\frac{dV}{dt}=\frac{\pi h^2}{4}\frac{dh}{dt}$ 그리고

$\frac{dh}{dt}=-\frac{1}{2}\frac{4}{\pi h^2}=-\frac{2}{\pi h^2}$

지름이 2인치 일 때, 높이도 2인치이고 $\frac{dh}{dt}=-\frac{1}{2\pi}$이다.

따라서 물의 높이는 $\frac{1}{2\pi}$인치/초의 속도로 떨어진다.

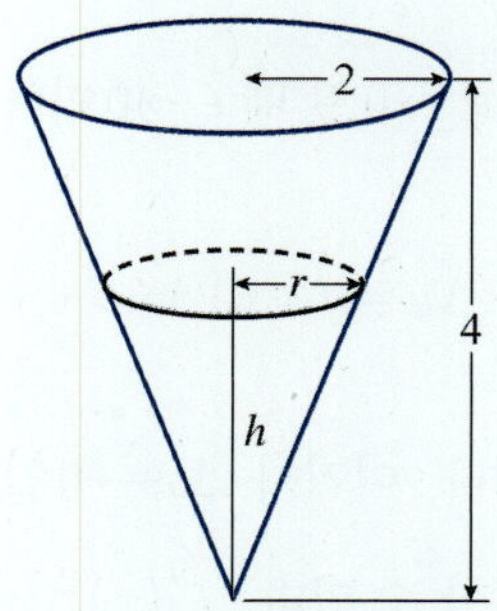

그림 3.19

예제 3-30 수면 위 30m 높이의 암벽 위에서 길이 58m의 로프에 묶여서 끌려오는 배가 있다. 매초 4m의 속력으로 끌면 2초 후에 배의 속력은 얼마인가?

풀이 t초 후의 배에서 암벽 위까지의 거리를 x라 하고 배에서 암벽 밑까지의 거리를 y라 하면

$$x^2 = y^2 + 30^2 \tag{1}$$

양변은 t에 관하여 미분하면

$$2x\frac{dx}{dt} = 2y\frac{dy}{dt} \qquad \therefore \frac{dy}{dt} = \frac{x}{y}\frac{dx}{dt} \tag{2}$$

문제의 조건에서 $\frac{dx}{dt} = -4$이고 2초 후의 x는 $x = 58 - 4 \times 2 = 50$이므로 이 값을 (1)에 대입하면 $y = 40$

그러므로 (2)에서 $\frac{dy}{dt} = \frac{50}{40}(-4) = -5(m/\text{sec})$

3.3.5 미분과 근사값

함수 $y = f(x)$가 미분가능하면 $f'(x) = \lim_{\Delta \to 0}\frac{\Delta y}{\Delta x}$이므로 $\frac{\Delta y}{\Delta x} = f'(x) + \epsilon$로 두면 $\Delta x \to 0$일 때 $\epsilon \to 0$이다. 따라서

$$\Delta y = f'(x)\Delta x + \epsilon \cdot \Delta x$$

이다. 여기서 $\Delta x \to 0$일 때 $f'(x)$는 일정하나 $\epsilon \to 0$이므로 $f'(x)\Delta x$를 Δy의 근사값으로 취할 수 있다. $f'(x)\Delta x$를 $f(x)$의 **미분(differential)**이라 하고 dy, $df(x)$로 표시한다. 즉

$$dy = df(x) = f'(x)\Delta x$$

$f(x) = x$일 때 $f'(x) = 1$이므로 $dx = \Delta x$이다. 즉 x의 미분은 증분 Δx로 정의한다.

따라서 $\boxed{dy = f'(x)dx}$로 표시된다.

예제 3-31 다음 함수들의 미분을 구하여라.

(1) $y = \sqrt{x}$

(2) $y = \tan^{-1}x$

풀이 (1) $dy = \dfrac{1}{2\sqrt{x}}dx$

(2) $dy = \dfrac{1}{1+x^2}dx$

y의 미분과 증분의 기하학적 의미를 고찰하여 보자.

그림 3.20에서 $P(x,\ y)$, $Q(x+\Delta x,\ \ y+\Delta y)$라 두면

$$\Delta y = \overline{MQ}$$

$$dy = f'(x)\Delta x = \overline{PM}\tan\alpha = \overline{MR}$$

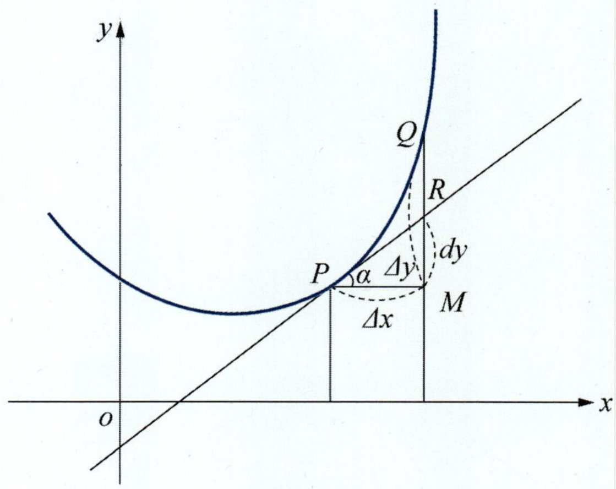

그림 3.20

이다. 즉 Δy는 x의 증분 Δx에 대응하는 곡선 $y = f(x)$의 증분이고 y의 미분 dy는 x의 증분 Δx에 대응하는 곡선 $f(x)$상의 점 $P(x,\ y)$에서 이 곡선에 그은 접선의 증분이다.

예제 3-32 x가 2에서 2.01로 변하면 $x = 2.01$일 때 $y = x^2 + x + 1$의 근사값을 구하여라.

풀이 $dy = (2x+1)dx$, $\Delta x = dx = 0.01$이므로 $dy = 0.05$
$x = 2$일 때 $y = 7$이므로 $x = 2.01$에서의 y의 근사값은

$$y + dy = 7 + 0.05 = 7.05$$

예제 3-33 미분을 이용해서 $\sqrt{98}$의 근사값을 구하여라.

풀이 $y = \sqrt{x}$라 놓으면 $dy = \dfrac{1}{2\sqrt{x}}dx$이다. $x = 100$을 택하면 $dx = -2$이므로

$$dy = \frac{-2}{2\sqrt{100}} = -0.1$$

따라서

$$\sqrt{98} = y + dy = \sqrt{100} - 0.1 = 9.9$$

이다.

연습문제 3.3

1. $x=a$에서 $f(x)$의 접선 $L(x)$를 찾아라.

(1) $f(x)=x^3-2x+3$, $a=2$

(2) $f(x)=x+\dfrac{1}{x}$, $a=1$

(3) $f(x)=\tan x$, $a=\pi$

(4) $\sin x$, $a=0$

(5) $\cos x$, $a=\dfrac{\pi}{2}$

(6) e^x, $a=0$

(7) $\ln(1+x)$, $a=0$

2. 반지름이 r이고, 높이가 h인 원기둥의 부피는 $V=\pi r^2 h$이다.

(1) r이 상수일 때, 두 변화율 $\dfrac{dV}{dt}$의 관계식을 구하여라.

(2) h가 상수일 때, 부피 변화율 $\dfrac{dV}{dt}$와 $\dfrac{dr}{dt}$의 관계식을 구하여라.

(3) r과 h가 모두 상수가 아닐 때, 변화율 $\dfrac{dV}{dt}$를 두 변화율 $\dfrac{dh}{dt}$와 $\dfrac{dr}{dt}$의 식으로 표현하여라.

3. 길이가 13ft인 사다리가 벽에 기대어 있다가 미끄러지기 시작하였다. 사다리의 아랫부분이 벽으로부터 12ft가 되었을 때의 변화율이 5ft/sec이었다.

(1) 벽에 기대어 있는 부분이 내려오는 변화율을 구하여라.

(2) 사다리와 벽, 그리고 지면이 이루는 삼각형의 넓이의 변화율을 구하여라.

(3) 사다리와 지면이 이루는 각의 크기 θ의 변화율을 구하여라.

연습문제 3.3

4. 원뿔 모양의 수조에서 1분에 $50m^3$의 물이 흘러나오고 있다. 수조의 윗면의 반지름은 45m이고, 높이는 6m이다.

   (1) 물의 높이가 5m일 때 물의 높이가 줄어들고 있는 비율(m/min)을 구하여라.

   (2) 이 때 수면의 반지름의 변화율(m/min)을 구하여라.

5. 열기구가 일정한 속력 1ft/sec으로 수직으로 상승하고 있고, 자전거는 일정한 속력 17ft/sec로 달리고 있다. 열기구가 65ft 높이에 이르렀을 때, 자전거가 열기구의 바로 밑을 통과하고 있었다. 그로부터 3초 후에 열기구와 자전거 사이의 거리 $s(t)$의 변화율을 구하여라.

6. 키가 6ft인 사람이 5ft/sec의 속력으로 길이가 16ft인 가로등을 향해 걷고 있다. 이 사람의 그림자의 끝이 움직이는 변화율을 구하여라. 이 사람과 가로등과의 거리가 10ft일 때, 그림자의 길이의 변화율을 구하여라.

7. 두 사람 A와 B가 수직으로 교차하는 길을 걷고 있다. A는 2m/sec의 속력으로 교차로를 향해 걷고 있고, B는 1m/sec의 속력으로 교차로로부터 멀어지고 있다. 교차로에서 A까지의 거리가 10m, 교차로에서 B까지의 거리가 20m일 때, 그림에서 보는 바와 같이 B각 θ의 변화율을 구하여라. (단, 단위는 도/sec를 사용한다.)

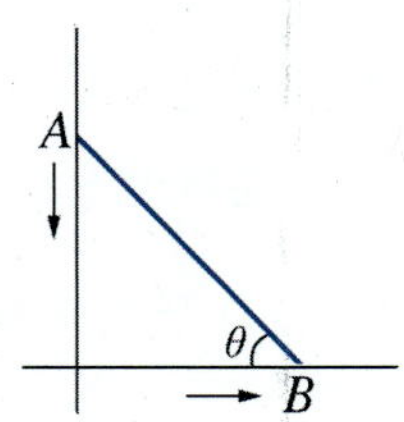

연습문제 3.3

8. 처음 속도 20m/sec로 곧장 위로 던진 돌의 t초 후의 높이를 $f(t)$m라 하면 $f(t) = 20t - 5t^2$으로 주어진다고 한다.

(1) 돌을 던진 후, 2초 동안의 평균속도를 구하여라.

(2) 돌을 던진 1초, 2초, 3초 후의 속도를 구하여라.

(3) 시간 t에서의 가속도 a를 구하여라.

9. x축 위를 움직이는 점 P의 시각 t에서의 위치 x는 $x = 3\sin\pi t + 4\cos\pi t$로 주어진다고 한다. $t = 2$일 때, 점 P의 속도와 가속도는?

10. 동점 P의 좌표 x, y가 시각 $t(t \geq 0)$의 함수로서 다음과 같이 주어진다고 한다.

$$x = 2t + 1,\ y = 2t - t^2$$

(1) 점 P의 자취를 나타내어라.

(2) $t = 2$일 때 점 P의 속도벡터 $\vec{v}$, 가속도벡터 $\vec{a}$ 및 그 크기를 각각 구하여라.

(3) $t = 2$일 때 점 P의 속도벡터의 방향을 구하여라.

CHAPTER 4

적분

적분, 부정적분을 정의하고 여러 가지 부정적분의 계산방법을 알아보기로 한다.

복잡한 피적분함수를 갖는 부정적분을 계산하기 위해 치환적분과 분수함수를 부분분수로 바꾼 다음 적분, 부분적분법, 또한 삼각함수의 부정적분을 살펴보고자 한다. 또는 정적분의 정의를 직사각형의 넓이의 합과 이 합에 대한 극한으로 정의하는 방법을 학습한다. 정적분은 어떤 구간에서 계산해야 하는데, 이 계산을 위해 정적분의 기본정리를 알아보고 치환정적분과 부분정적분을 알아본다. 정적분의 근사값을 구하는 여러 가지 방법에 대해 학습한다.

4.1 부정적분

4.1.1 부정적분의 정의

함수 $f(x)$에 대하여 $F'(x) = f(x)$를 만족시키는 함수 $F(x)$를 $f(x)$의 **부정적분** 또는 **원시함수**라 하고, $f(x)$의 부정적분을 구하는 것을 $f(x)$를 적분한다고 한다. 함수 $f(x)$의 부정적분 중의 하나를 $F(x)$라고 하면 $f(x)$의 임의의 부정적분은

$F(x) + C$ (단, C는 상수)

의 꼴로 나타낼 수 있다. 이것을 기호로

$$\int f(x)\,dx = F(x) + C$$

로 나타낸다. 이 때, $f(x)$를 피적분함수, C를 적분상수라고 한다.

예제 4-1 다음에서 다항함수 $f(x)$, $g(x)$를 구하여라. 단, C는 상수이다.

(1) $\int f(x)\,dx = x^3 + 4x^2 - 5x + C$

(2) $\int (3-x)g(x)\,dx = 6x - x^2 + 4x^3 - x^4 + C$

풀이 (1) $\int f(x)\,dx = x^3 + 4x^2 - 5x + C$에서

$f(x) = (x^3 + 4x^2 - 5x + C)' = 3x^2 + 8x - 5$

(2) $\int (3-x)g(x)\,dx = 6x - x^2 + 4x^3 - x^4 + C$에서

$(3-x)g(x) = (6x - x^2 + 4x^3 - x^4 + C)' = 6 - 2x + 12x^2 - 4x^3 = (3-x)(4x^2+2)$

$\therefore\ g(x) = 4x^2 + 2$

예제 4-2 함수 $f(x)$에 대하여 등식 $\int f(x)\,dx = x^3 + 4x + C$가 성립할 때, $f(1)$의 값은? (단, C는 적분상수)

풀이 $\int f(x)\,dx = x^3 + 4x + C$에서 양변을 x에 대하여 미분하면 $f(x) = 3x^2 + 4$

$\therefore\ f(1) = 3 + 4 = 7$

예제 4-3 함수 $f(x)$에 대하여 등식 $\int (3x^2 - 2)\,dx = f(x) + C$가 성립할 때, $f'(1)$의 값은?(단, C는 적분상수)

풀이 $\int (3x^2 - 2)\,dx = f(x) + C$에서 양변을 x에 대하여 미분하면 $3x^2 - 2 = f'(x)$

$\therefore\ f'(1) = 3 - 2 = 1$

4.1.2 부정적분의 기본공식

함수 $y = x^n$의 부정적분(단, n은 실수이고 C는 적분상수)

(1) $n \neq -1$일 때, $\int x^n\,dx = \frac{1}{n+1}x^{n+1} + C$

(2) $n = -1$일 때, $\int x^{-1}dx = \int \frac{1}{x}\,dx = \ln|x| + C$

설명

(1) $n \neq -1$일 때, $\left(\frac{1}{n+1}x^{n+1}\right)' = \frac{1}{n+1}\cdot(n+1)x^{(n+1)-1} = x^n$

$\therefore \int x^n\,dx = \frac{1}{n+1}x^{n+1} + C$

(2) $n = -1$일 때, 로그함수의 미분법으로부터 $(\ln|x|)' = \frac{1}{x} = x^{-1}$

$\therefore \int x^{-1}dx = \int \frac{1}{x}\,dx = \ln|x| + C$

예제 4-4 다음 부정적분을 구하여라.

(1) $\int x\,dx$ (2) $\int x^2\,dx$

(3) $\int \frac{1}{x^2}\,dx$ (4) $\int 3x^2\sqrt{x}\,dx$

풀이

(1) $\int x\,dx = \frac{1}{1+1}x^{1+1} + C = \frac{1}{2}x^2 + C$

(2) $\int x^2\,dx = \frac{1}{2+1}x^{2+1} + C = \frac{1}{3}x^3 + C$

(3) $\int x^{-2}dx = \frac{1}{-2+1}x^{-2+1} + C = -x^{-1} + C$

(4) $\int 3x^2\sqrt{x}\,dx = \int 3x^{\frac{5}{2}}\,dx = 3\times\frac{1}{\frac{5}{2}+1}x^{\frac{5}{2}+1} + C = \frac{6}{7}x^3\sqrt{x} + C$

4.1.3 부정적분의 기본 성질

두 함수 $f(x)$, $g(x)$가 연속일 때,

(1) $\int kf(x)\,dx = k\int f(x)\,dx$ (단, k는 상수)

(2) $\int \{f(x) \pm g(x)\}\,dx = \int f(x)\,dx \pm \int g(x)\,dx$ (단, 복부호 동순)

설명

두 함수 $f(x)$, $g(x)$의 부정적분을 각각 $F(x)$, $G(x)$라고 하면

$F(x) = \int f(x)\,dx$, $G(x) = \int g(x)\,dx$, 즉 $F'(x) = f(x)$, $G'(x) = g(x)$이므로

(1) $\{kF(x)\}' = kF'(x) = kf(x)$

$$\therefore \int kf(x)\,dx = \int kF'(x)dx = k\int f(x)\,dx$$

(2) $\{F(x) \pm G(x)\}' = F'(x) \pm G'(x) = f(x) \pm g(x)$

$$\therefore \int \{f(x) \pm g(x)\}\,dx = F(x) \pm G(x) = \int f(x)\,dx \pm \int g(x)\,dx$$

(단, 복부호 동순)

예제 4-5 다음 부정적분을 구하여라.

(1) $\int (4x^3 - 6x^2 - 1)\,dx$ (2) $\int \dfrac{3+x}{x^2}\,dx$

풀이 (1) $\int 4x^3\,dx - \int 6x^2\,dx - \int dx = (x^4 + C_1) - (2x^3 + C_2) - (x + C_3)$

$= x^4 - 2x^3 - x + C$

$\int 4x^3\,dx - \int 6x^2\,dx - \int dx = (x^4 + C_1) - (2x^3 + C_2) - (x + C_3)$

$= x^4 - 2x^3 - x + C$

(2) $\int \left(3x^{-2} + \dfrac{1}{x}\right)dx = -\dfrac{3}{x} + \ln|x| + C$

예제 4-6 다음 부정적분을 구하여라.

(1) $\int (x^2+\sqrt{2}x+1)(x^2-\sqrt{2}x+1)\,dx$

(2) $\int \frac{x^4+x^2+1}{x^2+x+1}\,dx$

(3) $\int \left(\frac{1}{1+\tan^2\theta}+\frac{1}{1+\cot^2\theta}\right)d\theta$

(4) $\int \frac{x^3}{x+1}\,dx+\int \frac{1}{x+1}\,dx$

풀이

(1) $\int (x^4+1)\,dx=\frac{1}{5}x^5+x+C$

(2) $\int \frac{(x^2+x+1)(x^2-x+1)}{x^2+x+1}\,dx=\int (x^2-x+1)\,dx=\frac{1}{3}x^3-\frac{1}{2}x^2+x+C$

(3) $\int \left(\frac{1}{\sec^2\theta}+\frac{1}{\csc^2\theta}\right)d\theta=\int (\cos^2\theta+\sin^2\theta)\,d\theta=\int d\theta=\theta+C$

(4) $\int \frac{x^3+1}{x+1}\,dx=\int \frac{(x+1)(x^2-x+1)}{x+1}\,dx=\int (x^2-x+1)\,dx$

$=\frac{1}{3}x^3-\frac{1}{2}x^2+x+C$

4.1.4 삼각함수의 부정적분 (단, C는 적분상수)

정리 4.1

(1) $\int \sin x\,dx=-\cos x+C$

(2) $\int \cos x\,dx=\sin x+C$

(3) $\int \sec^2 x\,dx=\tan x+C$

(4) $\int \mathrm{cosec}^2 x\,dx=-\cot x+C$

(5) $\int \sec x\tan x\,dx=\sec x+C$

(6) $\int \mathrm{cosec}\,x\cot x\,dx=-\mathrm{cosec}\,x+C$

증명

삼각함수의 미분법으로부터

(1) $(\cos x)'=-\sin x$이므로 $\int \sin x\,dx=-\cos x+C$

(2) $(\sin x)' = \cos x$ 이므로 $\int \cos x\,dx = \sin x + C$

(3) $(\tan x)' = \sec^2 x$ 이므로 $\int \sec^2 x\,dx = \tan x + C$

(4) $(\cot x)' = -\operatorname{cosec}^2 x$ 이므로 $\int \operatorname{cosec}^2 x\,dx = -\cot x + C$

(5) $(\sec x)' = \sec x \tan x$ 이므로 $\int \sec x \tan x\,dx = \sec x + C$

(6) $(\operatorname{cosec} x)' = -\operatorname{cosec} x \cot x$ 이므로 $\int \operatorname{cosec} x \cot x\,dx = -\operatorname{cosec} x + C$

4.1.5 지수함수의 부정적분 (단, C는 적분상수)

≫ 정리 4.2

(1) $\int e^x\,dx = e^x + C$ (단, e는 자연로그의 밑이다.)

(2) $\int a^x\,dx = \dfrac{a^x}{\ln a} + C$ (단, $a > 0,\ a \neq 1$)

증명

지수함수의 미분법으로부터

(1) $(e^x)' = e^x$ 이므로 $\int e^x\,dx = e^x + C$

(2) $(a^x)' = a^x \ln a$ 에서 $a^x = \dfrac{(a^x)'}{\ln a} = \left(\dfrac{a^x}{\ln a}\right)'$ 이므로 $\int a^x\,dx = \dfrac{a^x}{\ln a} + C$

예제 4-7 다음 부정적분을 구하여라.

(1) $\int \cos^2 \dfrac{x}{2}\,dx$

(2) $\int \left(\sin \dfrac{x}{2} - \cos \dfrac{x}{2}\right)^2 dx$

(3) $\int \dfrac{4e^x \cos^2 x - 3}{\cos^2 x}\,dx$

(4) $\int \dfrac{e^{2x} - 4^x}{e^x + 2^x}\,dx$

풀이 (1) $\cos^2\frac{x}{2}=\frac{1+\cos x}{2}$이므로 $\int\frac{1}{2}(1+\cos x)\,dx=\frac{x}{2}+\frac{\sin x}{2}+C$

(2) $\left(\sin\frac{x}{2}-\cos\frac{x}{2}\right)^2=\sin^2\frac{x}{2}-2\sin\frac{x}{2}\cos\frac{x}{2}+\cos^2\frac{x}{2}=-\sin x+1$이므로

$\int -\sin x+1\,dx=\cos x+x+C$

(3) $\int(4e^x-3\sec^2 x)\,dx=4e^x-3\tan x+C$

(4) $\frac{e^{2x}-4^x}{e^x+2^x}=\frac{(e^x+2^x)(e^x-2^x)}{e^x+2^x}=e^x-2^x$이므로 $\int(e^x-2^x)\,dx=e^x-\frac{2^x}{\ln 2}+C$

4.1.6 치환적분법

≫ 정리 4.3

미분 가능한 함수 $g(t)$에 대하여 $x=g(t)$로 놓으면

$$\int f(x)\,dx=\int f(g(t))g'(t)\,dt$$

증명

부정적분

$$F(x)=\int f(x)\,dx \tag{1}$$

에서 x를 다른 변수 t의 함수 $x=g(t)$로 놓으면

$$F(x)=F(g(t))$$

이 등식의 양변을 t에 대하여 미분하면 합성함수의 미분법에 의하여

$$\frac{d}{dt}F(x)=\frac{d}{dx}F(x)\cdot\frac{dx}{dt}=f(x)g'(t)=f(g(t))g'(t)$$

이므로 양변을 t에 대하여 적분하면

$$F(x)=\int f(g(t))g'(t)\,dt \quad (2)$$

따라서 (1)과 (2)에서 다음 등식을 얻는다.

$$\int f(x)\,dx = \int f(g(t))g'(t)\,dt$$

이와 같이 변수 x를 다른 변수로 바꾸어 적분하는 방법을 치환적분법이라고 한다.

참고 : 치환적분

$\int f(g(x))g'(x)\,dx$를 구할 경우에 $g(x)=t$로 놓으면 $\dfrac{dt}{dx}=g'(x)$이므로

$$\int f(g(x))g'(x)\,dx = \int f(t)\,dt$$

$\int f(t)\,dt$를 구한 후에는 t대신에 $g(x)$를 대입하여 원래 변수인 x에 대하여 나타낸다.

예제 4-8 다음 부정적분을 구하여라.

(1) $\int (x^2+x+1)^3(2x+1)\,dx$ (2) $\int x\sqrt{3x^2+2}\,dx$

(3) $\int e^x\sqrt{e^x+2}\,dx$ (4) $\int (1+\cos x)^3 \sin x\,dx$

풀이 (1) $x^2+x+1=t$라고 하면 $(2x+1)\dfrac{dx}{dt}=1 \quad \therefore dx=\dfrac{1}{2x+1}dt$

$$\int t^3\,dt = \frac{1}{4}t^4+C=\frac{1}{4}(x^2+x+1)^4+C$$

(2) $3x^2+2=t$라고 하면 $6x\dfrac{dx}{dt}=1 \quad \therefore dx=\dfrac{1}{6x}dt$

$$\int \sqrt{t}\cdot\frac{1}{6}\,dt=\frac{1}{9}t^{\frac{3}{2}}+C=\frac{1}{9}\sqrt{(3x^2+2)^3}+C$$

(3) $e^x+2=t$라고 하면 $e^x\,dx=dt$

$$\int \sqrt{t}\,dt=\frac{2}{3}t^{\frac{3}{2}}+C=\frac{2}{3}\sqrt{(e^x+2)^3}+C$$

(4) $1+\cos x=t$라고 하면 $-\sin x\,dx=dt$

$$\int t^3\cdot(-dt)=-\frac{1}{4}t^4+C=-\frac{1}{4}(1+\cos x)^4+C$$

■ 삼각치환법

$\sqrt{a^2-x^2}$, $x=a\sin\theta$로 치환, $\sqrt{a^2-a^2\sin^2\theta}=a|\cos\theta|=a\cos\theta$, $\left(0<\theta<\frac{\pi}{2}\right)$

$\sqrt{a^2+x^2}$, $x=a\tan\theta$로 치환, $\sqrt{a^2+a^2\tan^2\theta}=a\sec\theta$

$\sqrt{x^2-a^2}$, $x=a\sec\theta$로 치환, $\sqrt{a^2\sec^2\theta-a^2}=a\tan\theta$

예제 4-9 $x=a\sin\theta$로 두면, 미분 $dx=a\cos\theta\, d\theta$이다.

$$\int\sqrt{a^2-x^2}\,dx=\int a\cos\theta,\ a\cos\theta\, d\theta=a^2\int\cos^2\theta\, d\theta$$

$$=\frac{a^2}{2}\left(\theta+\frac{1}{2}\sin 2\theta\right)+c=\frac{a^2}{2}\left(\sin^{-1}\frac{x}{a}+\frac{x\sqrt{a^2-x^2}}{a^2}\right)+c$$

예제 4-10 다음 부정적분을 구하여라.

(1) $\int\cot x\, dx$

(2) $\int\frac{\cos x}{3-2\sin x}dx$

(3) $\int\frac{dx}{(\cos^2 x)(1+\tan x)}$

(4) $\int\frac{3^x\ln 3}{3^x+1}dx$

풀이 (1) $\cot x=\frac{\cos x}{\sin x}$에서 $\sin x=t$라 하면 $\cos x\, dx=dt$

$$\int\frac{1}{t}dt=\ln|t|+C=\ln|\sin x|+C$$

(2) $3-2\sin x=t$라고 하면 $-2\cos x\, dx=dt$

$$\int\frac{1}{t}\cdot\left(-\frac{1}{2}dt\right)=-\frac{1}{2}\ln|t|+C=-\frac{1}{2}\ln(3-2\sin x)+C$$

(3) $1+\tan x=t$라고 하면 $\sec^2 x\, dx=dt$

$$\int\frac{\sec^2 x}{1+\tan x}dx=\int\frac{1}{t}dt=\ln|t|+C=\ln|1+\tan x|+C$$

(4) $3^x+1=t$라고 하면 $3^x\ln 3\, dx=dt$

$$\int\frac{1}{t}dt=\ln|t|+C=\ln(3^x+1)+C$$

4.1.7 분수함수의 부정적분

분수함수의 부정적분은 다음과 같이 구한다.

(1) 분자의 차수가 분모의 차수보다 낮은 경우

① 분모를 인수분해하여 주어진 분수식을 부분분수로 분해한다.

② $\int \frac{f'(x)}{f(x)}dx = \ln|f(x)| + C$ (단, C는 적분상수)임을 이용하여 부정적분을 구한다.

(2) 분자의 차수가 분모의 차수보다 높거나 같은 경우 분자를 분모로 나누어 몫과 나머지를 분리한 후 (1)의 과정을 반복한다.

예 : $\int \frac{x^2}{x+1}dx = \int\left(x-1+\frac{1}{x+1}\right)dx = \frac{1}{2}x^2 - x + \ln|x+1| + C$ (단, C는 적분상수)

예제 4-11 다음 부정적분을 구하시오.

(1) $\int \frac{1}{x(x+1)}dx$　　(2) $\int \frac{x+3}{x^2-1}dx$

(3) $\int \frac{x^2+1}{x+1}dx$　　(4) $\int \frac{2x+1}{(x-1)(x+2)^2}dx$

풀이 (1) $\frac{1}{x(x+1)} = \frac{1}{x} - \frac{1}{x+1}$

$\int \frac{1}{x(x+1)}dx = \int\left(\frac{1}{x} - \frac{1}{x+1}\right)dx = \ln|x| - \ln|x+1| + C$ (단, C는 적분상수)

(2) $\frac{x+3}{x^2-1} = \frac{x+3}{(x-1)(x+1)} = \frac{A}{x-1} + \frac{B}{x+1}$로 놓으면

$\frac{x+3}{(x-1)(x+1)} = \frac{(A+B)x+(A-B)}{(x-1)(x+1)}$

이 등식은 x에 대한 항등식이므로 $A+B=1$, $A-B=3$

이 두 식을 연립하여 풀면 $A=2$, $B=-1$

따라서 $\frac{x+3}{x^2-1} = \frac{2}{x-1} - \frac{1}{x+1}$이므로

$$\int \frac{x+3}{x^2-1}dx = \int \left(\frac{2}{x-1}-\frac{1}{x+1}\right)dx = \int \frac{2}{x-1}dx - \int \frac{1}{x+1}dx$$

$$= 2\ln|x-1| - \ln|x+1| + C \text{ (단, } C\text{는 적분상수)}$$

(3) $\int \frac{x^2+1}{x+1}dx = \int \left(x-1+\frac{2}{x+1}\right)dx = \frac{1}{2}x^2 - x + 2\ln|x+1| + C$

(4) $\frac{2x+1}{(x-1)(x+2)^2} = \frac{a}{x-1}+\frac{b}{x+2}+\frac{c}{(x+2)^2}$라고 하면

$$\frac{2x+1}{(x-1)(x+2)^2} = \frac{a(x+2)^2+b(x-1)(x+2)+c(x-1)}{(x-1)(x+2)^2}$$

$\therefore 2x+1 = (a+b)x^2 + (4a+b+c)x + 4a-2b-c$

x에 관한 항등식이므로 $a+b=0$, $4a+b+c=2$, $4a-2b-c=1$

연립하여 풀면 $a=\frac{1}{3}$, $b=-\frac{1}{3}$, $c=1$

$$\therefore \frac{2x+1}{(x-1)(x+2)^2} = \frac{1}{3}\cdot\frac{1}{x-1} - \frac{1}{3}\cdot\frac{1}{x+2} + \frac{1}{(x+2)^2}$$

$$\therefore \int \frac{2x+1}{(x-1)(x+2)^2}dx = \frac{1}{3}\int \frac{1}{x-1}dx - \frac{1}{3}\int\frac{1}{x+2}dx + \int\frac{1}{(x+2)^2}dx$$

$$= \frac{1}{3}\ln|x-1| - \frac{1}{3}\ln|x+2| - \frac{1}{x+2} + C$$

예제 4-12 다음 부정적분을 구하여라.

(1) $\int \frac{2x^2}{x+1}dx$

(2) $\int \frac{x+1}{2x^2-3x-2}dx$

(3) $\int \frac{x+1}{(2x-1)^2}dx$

(4) $\int \frac{1}{x(x+1)(x+2)}dx$

풀이

(1) $\int \left(2x-2+\frac{2}{x+1}\right)dx = x^2-2x+2\ln|x+1|+C$

(2) $\frac{1}{5}\int\left(\frac{-1}{2x+1}+\frac{3}{x-2}\right)dx = -\frac{1}{10}\ln|2x+1| + \frac{3}{5}\ln|x-2| + C$

(3) $\frac{1}{2}\int\left\{\frac{1}{2x-1}+\frac{3}{(2x-1)^2}\right\}dx = \frac{1}{4}\ln|2x-1| - \frac{3}{4(2x-1)} + C$

(4) $\frac{1}{2}\int\left(\frac{1}{x}+\frac{1}{x+2}-\frac{2}{x+1}\right)dx = \frac{1}{2}(\ln|x|+\ln|x+2|-2\ln|x+1|)+C$

$$= \frac{1}{2}\ln\frac{|x(x+2)|}{(x+1)^2} + C$$

4.1.8 부분적분법

»» 정리 4.4

미분 가능한 두 함수 $f(x)$, $g(x)$에 대하여

$$\int f(x)g'(x)\,dx = f(x)g(x) - \int f'(x)g(x)\,dx$$

증명

두 함수 $f(x)$, $g(x)$가 미분 가능할 때,

$\{f(x)g(x)\}' = f'(x)g(x) + f(x)g'(x)$

이 등식의 양변을 x에 대하여 적분하면

$$f(x)g(x) = \int \{f'(x)g(x) + f(x)g'(x)\}\,dx = \int f'(x)g(x)\,dx + \int f(x)g'(x)\,dx$$

$\therefore \int f'(x)g(x)\,dx = f(x)g(x) - \int f(x)g'(x)\,dx$ 또는 $f(x) = \mu$, $g(x) = u$

이라고 하면 $\int u'v\,dx = uv - \int uv'\,dx$이다.

예제 4-13 다음 부정적분을 구하여라.

(1) $\int xe^{3x}\,dx$ (2) $\int x\cos 2x\,dx$

(3) $\int \ln(x+1)\,dx$ (4) $\int x\ln x\,dx$

풀이 (1) $u' = e^{3x}$, $v = x$라고 하면 $u = \frac{1}{3}e^{3x}$, $v' = 1$이므로

준식 $= \frac{1}{3}xe^{3x} - \int \frac{1}{3}e^{3x}\,dx = \frac{1}{3}xe^{3x} - \frac{1}{9}e^{3x} + C$

(2) $u' = \cos 2x$, $v = x$라고 하면 $u = \frac{1}{2}\sin 2x$, $v' = 1$이므로

준식 $= \frac{1}{2}x\sin 2x - \int \frac{1}{2}\sin 2x\,dx = \frac{1}{2}x\sin 2x + \frac{1}{4}\cos 2x + C$

$= \frac{1}{4}(2x\sin 2x + \cos 2x) + C$

(3) $u' = 1,\ v = \ln(x+1)$이라고 하면 $u = x,\ v' = \dfrac{1}{x+1}$이므로

$$\text{준식} = x\ln(x+1) - \int \frac{x}{x+1}\,dx = x\ln(x+1) - \int\left(1 - \frac{1}{x+1}\right)dx$$
$$= x\ln(x+1) - x + \ln(x+1) + C = (x+1)\ln(x+1) - x + C$$

(4) $u' = x,\ v = \ln x$라고 하면 $u = \dfrac{1}{2}x^2,\ v' = \dfrac{1}{x}$

$$\text{준식} = \frac{1}{2}x^2\ln x - \int \frac{1}{2}x^2\frac{1}{x}\,dx = \frac{1}{2}x^2\ln x - \frac{1}{2}\int x\,dx$$
$$= \frac{1}{2}x^2\ln x - \frac{1}{4}x^2 + C$$

예제 4-14 다음 부정적분을 구하여라.

(1) $\int x^2 e^{-x}\,dx$ (2) $\int x^2\cos x\,dx$

(3) $\int x(\ln x)^2\,dx$ (4) $\int e^x\cos x\,dx$

풀이 (1) $u' = e^{-x},\ v = x^2$이라고 하면 $u = -e^{-x},\ v' = 2x$이므로

$$\text{준 식} = -x^2e^{-x} - \int(-e^{-x})2x\,dx = -x^2e^{-x} + 2\int xe^{-x}\,dx$$

$\int xe^{-x}\,dx$에서 다시 $u' = e^{-x},\ v = x$라고 하면 $u = -e^{-x},\ v' = 1$이므로

$$\int xe^{-x}\,dx = -xe^{-x} - \int(-e^{-x})\,dx = -xe^{-x} - e^{-x} + C_1$$
$$\text{준 식} = -x^2e^{-x} + 2(-xe^{-x} - e^{-x}) + 2C_1 = -(x^2+2x+2)e^{-x} + C$$

(2) $u' = \cos x,\ v = x^2$이라고 하면 $u = \sin x,\ v' = 2x$

$$\text{준 식} = x^2\sin x - 2\int x\sin x\,dx$$

$\int x\sin x\,dx$에서 다시 $u' = \sin x,\ v = x$라고 하면 $u = -\cos x,\ v' = 1$이므로

$$\int x\sin x\,dx = -x\cos x - \int(-\cos x)\,dx = -x\cos x + \sin x + C_1$$
$$\text{준 식} = x^2\sin x - 2(-x\cos x + \sin x + C_1) = (x^2-2)\sin x + 2x\cos x + C$$

(3) $u' = x,\ v = (\ln x)^2$이라고 하면 $u = \dfrac{1}{2}x^2,\ v' = (2\ln x)\dfrac{1}{x}$

$$\text{준 식} = \frac{1}{2}x^2(\ln x)^2 - \int x\ln x\,dx$$

$\int x\ln x\,dx$에서 다시 $u' = x,\ v = \ln x$라고 하면 $u = \dfrac{1}{2}x^2,\ v' = \dfrac{1}{x}$이므로

$$\int x\ln x\,dx = \frac{1}{2}x^2\ln x - \int \frac{1}{2}x^2\frac{1}{x}\,dx = \frac{1}{2}x^2\ln x - \frac{1}{4}x^2 + C_1$$

$$\text{준 식} = \frac{1}{2}x^2(\ln x)^2 - \left(\frac{1}{2}x^2\ln x - \frac{1}{4}x^2 + C_1\right) = \frac{1}{2}x^2\left\{(\ln x)^2 - \ln x + \frac{1}{2}\right\} + C$$

(4) $u' = e^x$, $v = \cos x$라고 하면 $u = e^x$, $v' = -\sin x$이므로

$$I = \int e^x\cos x\,dx = e^x\cos x + \int e^x\sin x\,dx \qquad ①$$

$\int e^x\sin x\,dx$에서 $u' = e^x$, $v = \sin x$라고 하면 $u = e^x$, $v' = \cos x$이므로

$$\int e^x\sin x\,dx = e^x\sin x - \int e^x\cos x\,dx = e^x\sin x - I$$

①에 대입하면 $I = e^x\cos x + e^x\sin x - I$ $\qquad \therefore 2I = e^x(\cos x + \sin x)$

$$\therefore \int e^x\cos x\,dx = \frac{1}{2}e^x(\sin x + \cos x) + C$$

4.1.9 유용한 적분공식

Integration Formulas (적분 공식)

■ 기본 적분

$$\int k\,dx = kx + C \ (k : \text{상수})$$

$$\int x^n\,dx = \frac{1}{n+1}x^{n+1} + C, \ n \neq -1$$

$$\int \frac{1}{x}\,dx = \ln|x| + C$$

■ 지수함수 적분

$$\int e^x dx = e^x + C$$

$$\int a^x dx = \frac{a^x}{\ln a} + C \quad (a > 0,\ a \neq 1)$$

■ 삼각함수 적분

$$\int \cos x\,dx = \sin x + C$$

$$\int \sin x\,dx = -\cos x + C$$

$$\int \sec^2 x\,dx = \tan x + C$$

$$\int \csc^2 x\,dx = -\cot x + C$$

$$\int \sec x\tan x\,dx = \sec x + C$$

$$\int \csc x\cot x\,dx = -\csc x + C$$

Integration Formulas (적분 공식)

$$\int \tan x\,dx = \ln|\sec x| + C = -\ln|\cos x| + C$$

$$\int \sec x\,dx = \ln|\sec x + \tan x| + C$$

$$\int \sin^2 x\,dx = \int \left(\frac{1}{2} - \frac{1}{2}\cos 2x\right)dx = \frac{1}{2}x - \frac{1}{4}\sin 2x + C$$

$$\int \cot x\,dx = \ln|\sin x| + C = -\ln|\csc x| + C$$

$$\int \csc x\,dx = \ln|\csc x - \cot x| + C$$

$$\int \cos^2 x\,dx = \int \left(\frac{1}{2} + \frac{1}{2}\cos 2x\right)dx = \frac{1}{2}x + \frac{1}{4}\sin 2x + C$$

■ 역 연쇄법칙을 사용한 적분

$$\int e^{kx}dx = \frac{1}{k}e^{kx} + C \qquad \int \sin kx\,dx = -\frac{1}{k}\cos kx + C \qquad \int \cos kx\,dx = \frac{1}{k}\sin kx + C$$

$$\int a^{kx}dx = \frac{1}{k}\frac{a^{kx}}{\ln a} + C \qquad \int (kx+b)^n dx = \frac{1}{n+1}\frac{1}{k}(kx+b)^{n+1} + C$$

$(k,\ a,\ b$: 상수$)$

■ 특별한 분수 적분

$$\int \frac{f'(x)}{f(x)}dx = \ln|f(x)| + C$$

■ 역 삼각함수 적분

$$\int \frac{dx}{\sqrt{1-x^2}} = \sin^{-1}x + C$$

$$\int \frac{dx}{x^2+1} = \tan^{-1}x + C$$

$$\int \frac{dx}{x\sqrt{x^2-1}} = \sec^{-1}|x| + C$$

$$\int \frac{dx}{\sqrt{a^2-x^2}} = \sin^{-1}\left(\frac{x}{a}\right) + C$$

$$\int \frac{dx}{x^2+a^2} = \frac{1}{a}\tan^{-1}\left(\frac{x}{a}\right) + C$$

역삼각함수의 도함수에 대응되는 적분 공식을 얻어 보자.

$$\frac{d}{dx}\sin^{-1}x = \frac{1}{\sqrt{1-x^2}}$$

이므로

$$\int \frac{1}{\sqrt{1-x^2}}\,dx = \sin^{-1}x + C$$

이다. 마찬가지로 나머지 공식도 동일한 방법으로 얻어진다.

예제 4-15 $\displaystyle\int \frac{1}{9+x^2}\,dx$를 구하여라.

풀이 피적분 함수는 $\tan^{-1}x$의 미분과 유사하다. 적분식을 다시 쓰면

$$\int \frac{1}{9+x^2}\,dx = \frac{1}{9}\int \frac{1}{1+\left(\frac{x}{3}\right)^2}\,dx$$

이다. $u = \frac{x}{3}$라 놓으면 $du = \frac{1}{3}\,dx$이므로

$$\int \frac{1}{9+x^2}\,dx = \frac{1}{9}\int \frac{1}{1+\left(\frac{x}{3}\right)^2}\,dx = \frac{1}{3}\int \frac{1}{1+\left(\frac{x}{3}\right)^2}\,\frac{1}{3}\,dx$$

$$= \frac{1}{3}\int \frac{1}{1+u^2}\,du = \frac{1}{3}\tan^{-1}u + C = \frac{1}{3}\tan^{-1}\left(\frac{x}{3}\right) + C$$

예제 4-16 $\displaystyle\int \frac{e^x}{1+e^{2x}}\,dx$를 구하여라.

풀이 부정적분을 직접 구할 수 없으므로 $e^{2x} = (e^x)^2$임에 착안하자.
$u = e^x$라 놓으면 $du = e^x\,dx$이므로

$$\int \frac{e^x}{1+e^{2x}}\,dx = \int \frac{1}{1+(e^x)^2}e^x\,dx = \int \frac{1}{1+u^2}\,du = \tan^{-1}u + C = \tan^{-1}(e^x) + C$$

예제 4-17 $\displaystyle\int \frac{x}{\sqrt{1-x^4}}\,dx$를 구하여라.

풀이 적분을 다음과 같이 변형하자.

$$\int \frac{x}{\sqrt{1-x^4}}\,dx = \int \frac{x}{\sqrt{1-(x^2)^2}}\,dx$$

$u = x^2$이라 놓으면 $du = 2x\,dx$이므로

$$\begin{aligned}\int \frac{x}{\sqrt{1-x^4}}\,dx &= \frac{1}{2}\int \frac{2x}{\sqrt{1-(x^2)^2}}\,dx = \frac{1}{2}\int \frac{1}{\sqrt{1-u^2}}\,du \\ &= \frac{1}{2}\sin^{-1}u + C = \frac{1}{2}\sin^{-1}(x^2) + C\end{aligned}$$

연습문제 4.1

1. 부정적분을 구하여라.

(1) $\int\left(3t^2+\frac{t}{2}\right)dt$

(2) $\int(\sqrt{x}+\sqrt[3]{x})\,dx$

(3) $\int 7\sin\frac{\theta}{3}\,d\theta$

(4) $\int\frac{\csc\theta\cot\theta}{2}\,d\theta$

(5) $\int(4\sec x\tan x-2\sec^2 x)\,dx$

(6) $\int\left(\frac{1}{x}-\frac{5}{x^2+1}\right)dx$

(7) $\int\sin^2\frac{x}{4}\,dx$

(8) $\int x^3(1+x^4)^{-\frac{1}{4}}\,dx$

2. 치환을 이용하여 다음 부정적분을 구하여라.

(1) $\int\theta\sqrt[4]{1-\theta^2}\,d\theta$

(2) $\int\tan x\,dx$

(3) $\int\frac{\sin(2t+1)}{\cos^2(2t+1)}\,dt$

(4) $\int(\sin 2\theta)e^{\sin^2\theta}\,d\theta$

(5) $\int e^{\tan u}\sec^2 u\,du$

(6) $\int\frac{5}{9+4r^2}\,dr$

(7) $\int\frac{(\sin^{-1}x)^2\,dx}{\sqrt{1-x^2}}$

(8) $\int 2(\cos x)^{-\frac{1}{2}}\sin x\,dx$

(9) $\int\sqrt{t}\sin(2t^{\frac{3}{2}})\,dt$

(10) $\int\sec^2(x)e^{\tan x}\,dx$

연습문제 4.1

3. 다음을 완전제곱으로 변경한 후 치환하여 적분하여라.

(1) $\displaystyle\int \frac{dt}{\sqrt{-t^2+4t-3}}$　　(2) $\displaystyle\int \frac{dx}{(x+1)\sqrt{x^2+2x}}$

4. 가분수함수를 변형하여 차수를 줄이고 치환하여 적분하여라.

(1) $\displaystyle\int \frac{x}{x+1}\,dx$　　(2) $\displaystyle\int \frac{4t^3-t^2+16t}{t^2+4}\,dt$

(3) $\displaystyle\int \frac{1-x}{\sqrt{1-x^2}}\,dx$　　(4) $\displaystyle\int \frac{x^3+x}{x-1}dx$

5. 부분적분법을 이용하여 적분을 구하여라.

(1) $\displaystyle\int x\sin\frac{x}{2}\,dx$　　(2) $\displaystyle\int x\ln x\,dx$

(3) $\displaystyle\int \theta^2\sin 2\theta\,d\theta$　　(4) $\displaystyle\int e^{2x}\cos 3x\,dx$

6. 피적분함수를 부분분수의 합으로 나타내고 적분을 구하여라.

(1) $\displaystyle\int \frac{1}{1-x^2}\,dx$　　(2) $\displaystyle\int \frac{1}{x^2+2x}\,dx$

(3) $\displaystyle\int \frac{x+4}{x^2+5x-6}\,dx$　　(4) $\displaystyle\int \frac{1}{t^3+t^2-2t}\,dt$

4.2 정적분의 정의와 계산

4.2.1 정적분의 정의

함수 $f(x)$가 닫힌 구간 $[a, b]$에서 연속일 때, 닫힌 구간 $[a, b]$를 n등분하여 양끝점을 포함한 각 등분점의 x좌표를 차례로

$$x_0(=a),\ x_1,\ x_2\ ,\ x_3,\ \dots,\ x_n(=b)$$

이라 할 때,

$$\lim_{n\to\infty}\sum_{k=1}^{n} f(x_k)\Delta x \ (\text{단, } \Delta x = \frac{b-a}{n},\ x_k = a + k\Delta x)$$

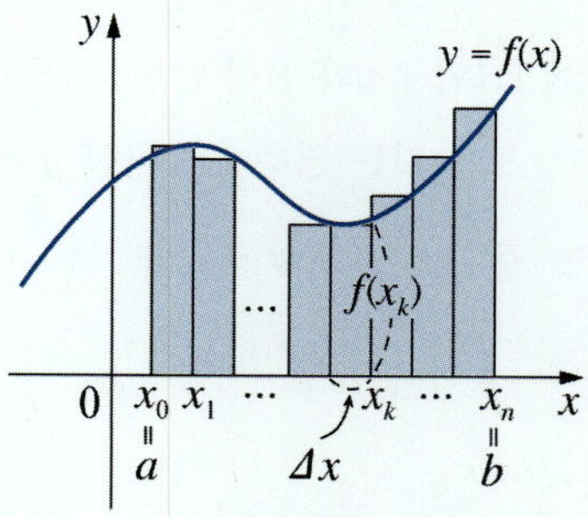

그림 4.1

의 값이 존재한다.(그림 4.1)

이 값을 함수 $f(x)$의 a에서 b까지의 정적분이라 하고, 기호로 $\int_a^b f(x)\,dx$로 나타낸다.

정의 4.1

$f(x)$의 a에서 b까지의 정적분은 아래의 극한이 존재할 때

$$\int_a^b f(x)\,dx = \lim_{n\to\infty}\sum_{k=1}^{n} f(x_k)\Delta x, \quad \Delta x = \frac{b-a}{n}$$

로 정의한다.
이 때, a를 하한, b를 상한이라 한다.

참고 : 넓이의 유형

(1) 곡선 $y = f(x)$와 x축 및 두 직선 $x = a$, $x = b$ (단, $a < b$)로 둘러싸인 부분의 넓이를 S라 하면

(i) [그림 4.2]와 같이 닫힌 구간 $[a, b]$에서 $f(x) > 0$인 경우에는 $\int_a^b f(x)\,dx = S$

(ii) [그림 4.3]과 같이 닫힌 구간 $[a, b]$에서 $f(x) < 0$인 경우에는 $\int_a^b f(x)\,dx = -S$

(2) [그림 4.4]와 같이 닫힌 구간 $[a, b]$에서 $f(x) \geq 0$ $(a \leq x \leq c)$과 $f(x) \leq 0$ $(c \leq x \leq b)$을 모두 갖는 경우에는 곡선 $y = f(x)$와 x축 및 직선 $x = a$로 둘러싸인 부분의 넓이를 S_1이라 하고 곡선 $y = f(x)$와 x축 및 직선 $x = b$로 둘러싸인 부분의 넓이를 S_2라 하면 $\int_a^b f(x)\,dx = S_1 - S_2$

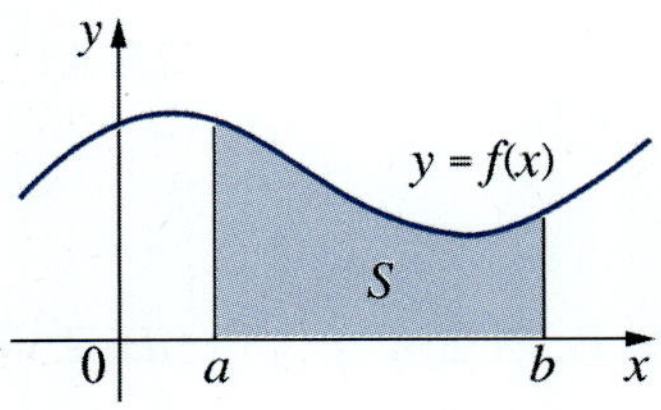

그림 4.2

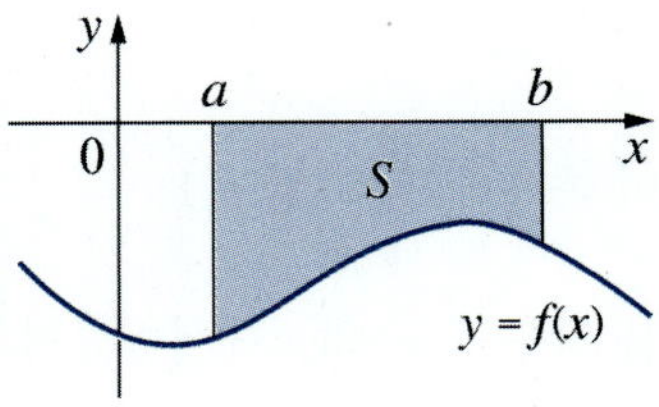

그림 4.3

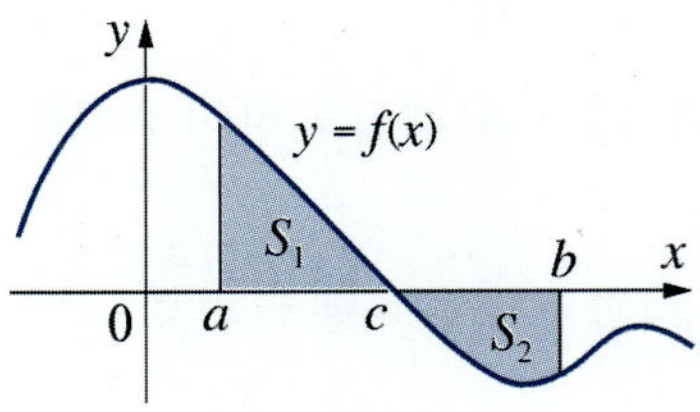

그림 4.4

4.2.2 정적분의 기본 정리

>>> 정리 4.5　미적분학의 기본 정리

함수 $f(x)$가 닫힌 구간 $[a, b]$에서 연속이고, $F(x)$가 $f(x)$의 한 부정적분이면

$$\int_a^b f(x)\,dx = [F(x)]_a^b = F(b) - F(a)$$

증명

(i) $f(t) \geq 0$이고 곡선 $y = f(t)$와 두 직선 $t = a$, $t = x$ $(a \leq x \leq b)$ 및 t축으로 둘러싸인 부분의 넓이를 $S(x)$라 하면

$$S(x) = \int_a^x f(t)\,dt$$

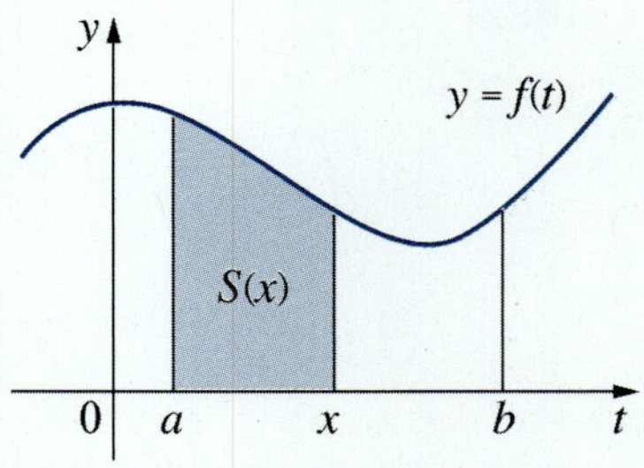

그림 4.5

이 때, $\Delta x > 0$이라 하면 함수 $f(t)$는 닫힌 구간 $[x, x + \Delta x]$에서 연속이므로 최대값 M, 최소값 m을 갖는다.

그러므로 $\Delta S = S(x + \Delta x) - S(x)$라 하면

$$m \cdot \Delta x \leq \Delta S \leq M \cdot \Delta x,\ m \leq \frac{\Delta S}{\Delta x} \leq M$$

$$\therefore \lim_{\Delta x \to 0} m \leq \lim_{\Delta x \to 0} \frac{\Delta S}{\Delta x} \leq \lim_{\Delta x \to 0} M$$

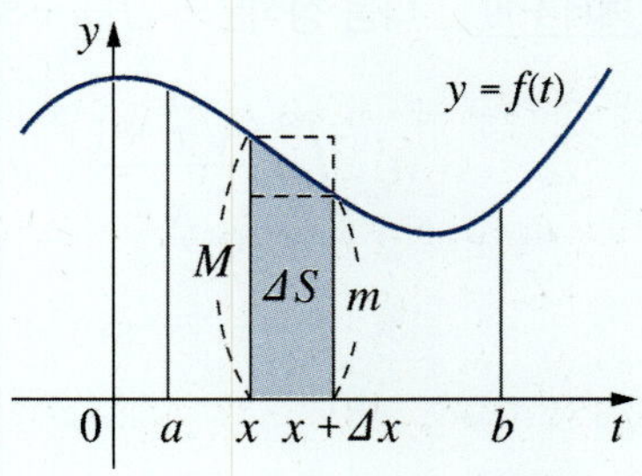

그림 4.6

여기에서 $\Delta x \to 0$이면 $m \to f(x)$, $M \to f(x)$ 이므로 $S'(x) = f(x)$,

즉 $\dfrac{d}{dx}\displaystyle\int_a^x f(t)\,dt = f(x)$

$S(x)$가 $f(x)$의 한 부정적분이므로 $f(x)$의 또 다른 부정적분을 $F(x)$라 하면

$$S(x) = \int_a^x f(t)\,dt = F(x) + C \text{ (단, } C\text{는 적분상수)} \qquad (1)$$

$S(a) = 0$이므로 $C = -F(a)$

(1)에서 $x = b$를 대입하고 적분변수 t를 x로 바꾸면

$$\int_a^b f(x)\,dx = F(b) - F(a) \qquad (2)$$

(ii) $f(t) \le 0$, $\triangle x < 0$일 때도 같은 방법으로 하면 위의 식이 성립한다.

이 때, (2)의 우변 $F(b) - F(a)$를 기호로 $[F(x)]_a^b$와 같이 나타낸다.

예제 4-18 다음 정적분의 값을 구하여라.

(1) $\int_0^1 x(1-x)\,dx$　　(2) $\int_{-1}^1 x(1-x)^2\,dx$

(3) $\int_0^1 (x+1)(x^2-x+1)\,dx$　　(4) $\int_{-1}^2 (y+1)(y^2-1)\,dy$

풀이

(1) $\int_0^1 (x-x^2)\,dx = \left[\frac{1}{2}x^2 - \frac{1}{3}x^3\right]_0^1 = \frac{1}{6}$

(2) $\int_{-1}^1 (x-2x^2+x^3)\,dx = \left[\frac{1}{2}x^2 - \frac{2}{3}x^3 + \frac{1}{4}x^4\right]_{-1}^1 = -\frac{4}{3}$

(3) $\int_0^1 (x^3+1)\,dx = \left[\frac{1}{4}x^4 + x\right]_0^1 = \frac{5}{4}$

(4) $\int_{-1}^2 (y^3+y^2-y-1)\,dy = \left[\frac{1}{4}y^4 + \frac{1}{3}y^3 - \frac{1}{2}y^2 - y\right]_{-1}^2 = \frac{9}{4}$

예제 4-19 다음 정적분의 값을 구하여라.

(1) $\int_1^4 \frac{(\sqrt{x}+1)^3}{\sqrt{x}}\,dx$　　(2) $\int_{-1}^2 \frac{x}{x^2-x-6}\,dx$

(3) $\int_0^\pi (e^{4x} - \sin^2 x)\,dx$

풀이

(1)
$$\begin{aligned}\int_1^4 \frac{(\sqrt{x}+1)^3}{\sqrt{x}}\,dx &= \int_1^4 \frac{x\sqrt{x}+3x+3\sqrt{x}+1}{\sqrt{x}}\,dx \\ &= \int_1^4 \left(x+3\sqrt{x}+3+\frac{1}{\sqrt{x}}\right)dx \\ &= \left[\frac{x^2}{2}+2x\sqrt{x}+3x+2\sqrt{x}\right]_1^4\end{aligned}$$

$$= \left(\frac{16}{2}+2\cdot 4\sqrt{4}+3\cdot 4+2\sqrt{4}\right)-\left(\frac{1}{2}+2+3+2\right) = \frac{65}{2}$$

(2) $\displaystyle\int_{-1}^{2}\frac{x}{x^2-x-6}\,dx = \int_{-1}^{2}\frac{x}{(x-3)(x+2)}\,dx = \int_{-1}^{2}\frac{1}{5}\left(\frac{3}{x-3}+\frac{2}{x+2}\right)dx$

$$= \left[\frac{1}{5}(3\ln|x-3|+2\ln|x+2|)\right]_{-1}^{2} = \frac{1}{5}\{(3\ln 1+2\ln 4)-(3\ln 4+2\ln 1)\}$$

$$= \frac{1}{5}(2\ln 4-3\ln 4) = -\frac{1}{5}\ln 4 = -\frac{2}{5}\ln 2$$

(3) $\displaystyle\int_{0}^{\pi}(e^{4x}-\sin^2 x)\,dx = \int_{0}^{\pi}\left(e^{4x}-\frac{1-\cos 2x}{2}\right)dx$

$$= \left[\frac{1}{4}e^{4x}-\frac{1}{2}x+\frac{1}{4}\sin 2x\right]_{0}^{\pi} = \left(\frac{1}{4}e^{4\pi}-\frac{\pi}{2}\right)-\left(\frac{1}{4}e^{0}\right) = \frac{1}{4}(e^{4\pi}-2\pi-1)$$

4.2.3 정적분의 특성

다음 정적분에 관한 정리들은 중요하다.

(1) $\displaystyle\int_{a}^{b}kf(x)\,dx = k\int_{a}^{b}f(x)\,dx$ (k는 상수)

(2) $\displaystyle\int_{a}^{a}f(x)\,dx = 0$

(3) $\displaystyle\int_{a}^{b}f(x)\,dx = -\int_{b}^{a}f(x)\,dx$

(4) $\displaystyle\int_{a}^{c}f(x)\,dx+\int_{c}^{b}f(x)\,dx = \int_{a}^{b}f(x)\,dx\ (a<c<b)$

(5) $\displaystyle\int_{a}^{b}[f(x)\pm g(x)]\,dx = \int_{a}^{b}f(x)\,dx \pm \int_{a}^{b}g(x)\,dx$

예제 4-20 다음 정적분을 계산하여라.

(1) $\int_1^2 (\sqrt{x}+1)^3\,dx - \int_1^2 (\sqrt{x}-1)^3\,dx$

(2) $\int_0^1 (e^{2x} - \sin x)\,dx + \int_0^1 (e^{2x} + \sin x)\,dx$

(3) $\int_0^\pi (\sin x + \cos x)^2\,dx - \int_\pi^0 (\sin y - \cos y)^2\,dy$

풀이 (1) $\int_1^2 \{(\sqrt{x}+1)^3 - (\sqrt{x}-1)^3\}\,dx = \int_1^2 (6x+2)\,dx = \left[3x^2+2x\right]_1^2 = 11$

(2) $\int_0^1 \{(e^{2x}-\sin x)+(e^{2x}+\sin x)\}\,dx = \int_0^1 2e^{2x}\,dx = \left[e^{2x}\right]_0^1 = e^2-1$

(3) $\int_0^\pi (\sin x+\cos x)^2\,dx + \int_0^\pi (\sin x-\cos x)^2\,dx$

$= \int_0^\pi \{(\sin x+\cos x)^2+(\sin x-\cos x)^2\}\,dx = \int_0^\pi 2(\sin^2 x+\cos^2 x)\,dx$

$= \int_0^\pi 2\,dx = \left[2x\right]_0^\pi = 2\pi$

예제 4-21 다음 정적분을 계산하여라.

(1) $\int_0^1 \frac{x^3}{x+1}\,dx + \int_0^1 \frac{1}{t+1}\,dt$

(2) $\int_0^{\ln 3} \frac{e^{3x}}{e^x+1}\,dx - \int_{\ln 3}^0 \frac{1}{e^t+1}\,dt$

풀이 (1) $\int_0^1 \frac{x^3}{x+1}\,dx + \int_0^1 \frac{1}{x+1}\,dx = \int_0^1 \frac{x^3+1}{x+1}\,dx = \int_0^1 \frac{(x+1)(x^2-x+1)}{x+1}\,dx$

$= \int_0^1 (x^2-x+1)\,dx = \left[\frac{1}{3}x^3 - \frac{1}{2}x^2 + x\right]_0^1 = \frac{1}{3} - \frac{1}{2} + 1 = \frac{5}{6}$

(2) $\int_0^{\ln 3} \frac{e^{3x}}{e^x+1}\,dx + \int_0^{\ln 3} \frac{1}{e^t+1}\,dt = \int_0^{\ln 3} \frac{e^{3x}}{e^x+1}\,dx + \int_0^{\ln 3} \frac{1}{e^x+1}\,dx$

$= \int_0^{\ln 3} \frac{e^{3x}+1}{e^x+1}\,dx = \int_0^{\ln 3} \frac{(e^x+1)(e^{2x}-e^x+1)}{e^x+1}\,dx = \int_0^{\ln 3} (e^{2x}-e^x+1)\,dx$

$= \left[\frac{1}{2}e^{2x} - e^x + x\right]_0^{\ln 3} = \left(\frac{1}{2}e^{2\ln 3} - e^{\ln 3} + \ln 3\right) - \left(\frac{1}{2} - 1\right) = 2 + \ln 3$

4.2.4 정적분의 치환적분법

≫ 정리 4.6

닫힌 구간 $[\alpha, \beta]$에서 연속인 함수 $f(t)$에 대하여 닫힌 구간 $[a, b]$에서 미분 가능한 함수 $t = g(x)$의 도함수 $g'(x)$가 닫힌 구간 $[a, b]$에서 연속이고 $g(a) = \alpha$, $g(b) = \beta$이면

$$\int_a^b f(g(x))g'(x)\,dx = \int_\alpha^\beta f(t)\,dt$$

증명

닫힌 구간 $[\alpha, \beta]$에서 연속인 함수 $f(t)$의 부정적분 중 하나를 $F(t)$라고 하면

$$\int_\alpha^\beta f(t)\,dt = [F(t)]_\alpha^\beta = F(\beta) - F(\alpha)$$

이 때, 닫힌 구간 $[a, b]$에서 미분 가능한 함수 $t = g(x)$의 도함수 $g'(x)$가 닫힌 구간 $[a, b]$에서 연속이고 $g(a) = \alpha$, $g(b) = \beta$라고 하면 합성함수의 미분법에 의하여

$$\{F(g(x))\}' = F'(g(x))g'(x) = f(g(x))g'(x)$$

따라서 정적분의 기본 정리에 의하여

$$\int_a^b f(g(x))g'(x)\,dx = [F(g(x))]_a^b = F(g(b)) - F(g(a)) = F(\beta) - F(\alpha) = \int_\alpha^\beta f(t)\,dt$$

예제 4-22 다음 정적분의 값을 구하여라.

(1) $\displaystyle\int_0^{\sqrt{3}} x\sqrt{x^2+1}\,dx$ (2) $\displaystyle\int_0^{\frac{\pi}{2}} (\sin^3 x + 1)\cos x\,dx$

(3) $\displaystyle\int_0^{\frac{\pi}{2}} \sin x \cos 2x\,dx$ (4) $\displaystyle\int_0^{\frac{\pi}{2}} \frac{\sin^3 x}{1+\cos x}\,dx$

풀이 (1) $x^2+1 = t$라고 하면 $2x\,dx = dt$이고 $x = 0$일 때 $t = 1$, $x = \sqrt{3}$일 때 $t = 4$

$$\int_1^4 \frac{1}{2}\sqrt{t}\,dt = \left[\frac{1}{3}t\sqrt{t}\right]_1^4 = \frac{7}{3}$$

(2) $\sin x = t$라고 하면 $\cos x\, dx = dt$이고 $x = 0$일 때 $t = 0$, $x = \frac{\pi}{2}$일 때 $t = 1$

$$\int_0^1 (t^3+1)\, dt = \left[\frac{1}{4}t^4 + t\right]_0^1 = \frac{5}{4}$$

(3) $\cos x = t$라고 하면 $-\sin x\, dx = dt$이고 $x = 0$일 때 $t = 1$, $x = \frac{\pi}{2}$일 때 $t = 0$

$$\int_0^{\frac{\pi}{2}} (2\cos^2 x - 1)\sin x\, dx = \int_1^0 (2t^2-1)(-dt) = \left[\frac{2}{3}t^3 - t\right]_0^1 = -\frac{1}{3}$$

(4) $\cos x = t$라고 하면 $-\sin x\, dx = dt$이고 $x = 0$일 때 $t = 1$, $x = \frac{\pi}{2}$일 때 $t = 0$

$$\int_0^{\frac{\pi}{2}} \frac{\sin^2 x \sin x}{1+\cos x}\, dx = \int_1^0 \frac{(1-t^2)(-1)}{1+t}\, dt = \int_0^1 \frac{1-t^2}{1+t}\, dt = \int_0^1 (1-t)\, dt$$

$$= \left[t - \frac{1}{2}t^2\right]_0^1 = \frac{1}{2}$$

4.2.5 정적분의 부분적분법

>>> 정리 4.7

두 함수 $f(x)$, $g(x)$가 미분 가능하고, $f'(x)$, $g'(x)$가 닫힌 구간 $[a, b]$에서 연속일 때,

$$\int_a^b f'(x)g(x)\, dx = [f(x)g(x)]_a^b - \int_a^b f(x)g'(x)\, dx$$

증명

두 함수 $f(x)$, $g(x)$가 미분 가능할 때, 두 함수의 곱 $f(x)g(x)$를 미분하면

$$\{f(x)g(x)\}' = f'(x)g(x) + f(x)g'(x)$$

이므로 $f(x)g(x)$는 $f'(x)g(x) + f(x)g'(x)$의 부정적분 중 하나이다.

$$\int_a^b \{f'(x)g(x)+f(x)g'(x)\}\,dx = [f(x)g(x)]_a^b$$

이므로 $\int_a^b f'(x)g(x)\,dx + \int_a^b f(x)g'(x)\,dx = [f(x)g(x)]_a^b$

$$\therefore \int_a^b f'(x)g(x)\,dx = [f(x)g(x)]_a^b - \int_a^b f(x)g'(x)\,dx$$

예제 4-23 다음 정적분의 값을 구하여라.

(1) $\int_0^\pi x(\sin x+\cos x)\,dx$ (2) $\int_1^2 \ln x^3\,dx$

(3) $\int_e^{e^2} \frac{\ln x}{x^2}\,dx$ (4) $\int_0^\pi x^2\sin x\,dx$

풀이 (1) $\int_0^\pi x(\sin x+\cos x)\,dx = [x(-\cos x+\sin x)]_0^\pi - \int_0^\pi(-\cos x+\sin x)\,dx$

$= \pi - [-\sin x - \cos x]_0^\pi = \pi - 2$

(2) $3\int_1^2 \ln x\,dx = 3\left([x\ln x]_1^2 - \int_1^2 x\frac{1}{x}\,dx\right) = 6\ln 2 - 3[x]_1^2 = 6\ln 2 - 3$

(3) $\int_e^{e^2}\frac{1}{x^2}\cdot\ln x\,dx = \left[-\frac{1}{x}\ln x\right]_e^{e^2} - \int_e^{e^2}\left(-\frac{1}{x}\frac{1}{x}\right)dx$

$= \left(-\frac{2}{e^2}+\frac{1}{e}\right)+\left[-\frac{1}{x}\right]_e^{e^2} = \frac{2}{e}-\frac{3}{e^2}$

(4) $\int_0^\pi x^2\sin x\,dx = [-x^2\cos x]_0^\pi - \int_0^\pi(-2x\cos x)\,dx$

$= \pi^2 + 2\left([x\sin x]_0^\pi - \int_0^\pi \sin x\,dx\right)$

$= \pi^2 + 2[\cos x]_0^\pi = \pi^2 - 4$

4.2.6 정적분으로 정의된 함수의 미분

≫ 정리 4.8

$f(x)$가 연속함수일 때

(1) $\dfrac{d}{dx}\displaystyle\int_a^x f(t)\,dt = f(x)$ (단, a는 상수)

(2) $\dfrac{d}{dx}\displaystyle\int_{h(x)}^{g(x)} f(t)\,dt = f(g(x))g'(x) - f(h(x))h'(x)$

특히 $\dfrac{d}{dx}\displaystyle\int_x^{x+a} f(t)\,dt = f(x+a) - f(x)$ (단, a는 상수)

증명

(1) 함수 $f(x)$가 연속이고 $x > a$이면

$$\frac{d}{dx}\int_a^x f(t)\,dt = f(x)$$

가 성립한다는 것은 이미 앞 단원에서 공부하였다.

그런데 $\displaystyle\int f(x)\,dx = F(x) + C$라고 하면 $F'(x) = f(x)$이고 a, x의 값의 대소에 관계없이

$\displaystyle\int_a^x f(t)\,dt = F(x) - F(a)$이므로

$$\frac{d}{dx}\int_a^x f(t)\,dt = \frac{d}{dx}\{F(x) - F(a)\} = F'(x) - 0 = f(x)$$

따라서 a, x의 값의 대소에 관계없이 다음이 성립한다.

$$\frac{d}{dx}\int_a^x f(t)\,dt = f(x)$$

(2) 또, $\displaystyle\int_{h(x)}^{g(x)} f(t)\,dt = [F(t)]_{h(x)}^{g(x)} = F(g(x)) - F(h(x))$이므로

$$\frac{d}{dx}\int_{h(x)}^{g(x)} f(t)\,dt = \frac{d}{dx}F(g(x)) - \frac{d}{dx}F(h(x))$$

$$= F'(g(x))g'(x) - F'(h(x))h'(x) = f(g(x))g'(x) - f(h(x))h'(x)$$

예제 4-24 다음 각 함수를 x에 관하여 미분하여라.

(1) $y=\int_2^x (4t^3+2t^2-5t+1)\,dt$ (2) $y=\int_0^x e^t \sin t\,dt$

(3) $y=\int_0^x (x-t)\cos t\,dt$

풀이 (1) $y'=4x^3+2x^2-5x+1$

(2) $y'=e^x \sin x$

(3) $y=\int_0^x (x-t)\cos t\,dt=\int_0^x x\cos t\,dt-\int_0^x t\cos t\,dt$

$=x\int_0^x \cos t\,dt-\int_0^x t\cos t\,dt$

이므로

$$y'=(x)'\int_0^x \cos t\,dt+x\left(\int_0^x \cos t\,dt\right)'-\left(\int_0^x t\cos t\,dt\right)'$$

$$=\int_0^x \cos t\,dt+x\cos x-x\cos x=[\sin t]_0^x=\sin x$$

예제 4-25 다음 각 함수를 x에 관하여 미분하여라.

(1) $y=\int_x^{x+2} (3t^2+4t)\,dt$ (2) $y=\int_x^{x+1} \ln t\,dt$ (단, $x>0$)

(3) $y=\int_1^{x^2} e^t \cos t\,dt$ (4) $y=\int_{-x}^{2x} \cos^2 t\,dt$

풀이 (1) $y'=\{3(x+2)^2+4(x+2)\}-(3x^2+4x)=12x+20$

(2) $y'=\ln(x+1)-\ln x=\ln\dfrac{x+1}{x}$

(3) $y'=e^{x^2}(\cos x^2)(x^2)'-e\cdot(\cos 1)(1)'=2xe^{x^2}\cos x^2$

(4) $y'=(\cos^2 2x)(2x)'-\cos^2(-x)(-x)'=2\cos^2 2x+\cos^2 x$

연습문제 4.2

1. 다음 정적분을 구하여라.

(1) $\displaystyle\int_0^2 x(x-3)\,dx$　　(2) $\displaystyle\int_0^{\frac{\pi}{3}} 2\sec^2 x\,dx$

(3) $\displaystyle\int_0^{\frac{\pi}{8}} \sin 2x\,dx$　　(4) $\displaystyle\int_0^{\frac{1}{2}} \frac{4}{\sqrt{1-x^2}}\,dx$

2. 다음을 구하여라.

(1) $\displaystyle\frac{d}{dx}\int_0^{\sqrt{x}} \cos t\,dt$　　(2) $\displaystyle\frac{d}{dx}\int_0^{x} \sqrt{1+t^2}\,dt$

(3) $\displaystyle\frac{d}{dx}\int_0^{\sin x} \frac{dt}{\sqrt{1-t^2}},\ |x|<\frac{\pi}{2}$　　(4) $\displaystyle\frac{d}{dx}\int_0^{\sin^{-1}x} \cos t\,dt$

(5) $\displaystyle\frac{d}{dy}\int_{\sqrt{y}}^{2\sqrt{y}} \sin t^2\,dt$　　(6) $\displaystyle\frac{d}{dx}\int_0^{\ln x} \sin e^t\,dt$

3. 치환법을 이용하여 정적분을 구하여라.

(1) $\displaystyle\int_0^{\frac{\pi}{4}} \tan x\sec^2 x\,dx$　　(2) $\displaystyle\int_0^{\sqrt{3}} \frac{4x}{\sqrt{x^2+1}}\,dx$

(3) $\displaystyle\int_0^{2\pi} \frac{\cos x}{\sqrt{4+3\sin x}}\,dx$　　(4) $\displaystyle\int_0^{\frac{\pi}{4}} (1+e^{\tan\theta})\sec^2\theta\,d\theta$

(5) $\displaystyle\int_2^4 \frac{dx}{x(\ln x)^2}$　　(6) $\displaystyle\int_0^1 \frac{4\,ds}{\sqrt{4-s^2}}$

연습문제 4.2

(7) $\int_{1}^{\sqrt{2}} x2^{(x^2)}\,dx$

(8) $\int_{1}^{4} \frac{\ln 2 \log_2 x}{x}\,dx$

(9) $\int_{1}^{e} \frac{1}{x}(1+7\ln x)^{-\frac{1}{3}}\,dx$

(10) $\int_{1}^{4} \frac{(\ln x)^3}{2x}\,dx$

4. 다음 정적분을 구하여라.

(1) $\int_{-1}^{1} xe^{x}\,dx$

(2) $\int_{\frac{\pi}{3}}^{\frac{\pi}{2}} x\sin x\,dx$

(3) $\int_{0}^{\frac{\pi}{2}} x^2\sin 2x\,dx$

(4) $\int_{1}^{e} x\ln x\,dx$

(5) $\int_{1}^{e} \ln x\,dx$

(6) $\int_{0}^{\pi} e^{x}\sin x\,dx$

5. 다음을 구하여라.

(1) $\int_{\frac{1}{2}}^{1} \frac{y+4}{y^2+y}\,dy$

(2) $\int \frac{dx}{x^2+2x}$

(3) $\int \frac{y-1}{y+1}\,dy$

(4) $\int \frac{x+4}{x^2+5x-6}\,dx$

(5) $\int \frac{dt}{t^2+t^2-2t}$

(6) $\int_{0}^{1} \frac{dx}{(x+1)(x^2+1)}$

4.3 정적분의 근사값과 평균값

정적분의 값의 근사치를 구하는 것을 항상 가능하다, 피적분 함수가 기본적인 함수의 식으로 표현되지 못할 때도 가능하다. f가 $[a,b]$에서 음수가 아니라면, $\int_a^b f(x)dx$를 $y = f(x)$의 아래, x-축 위, $x = a$와 $x = b$의 세로 선들로 둘러싸인 넓이이다. 그러면 정적분의 값의 근사값은 n 조각들로 나누고, 직사각형 또는 다른 기하학 도형들의 각 조각의 넓이의 근사치를 구하고 나서, 그 근사치들을 합하여 구할 수 있다. 이 부분에서 a에서부터 b까지의 구간을 넓이 $\triangle x$ 같은 n 조각들로 나눈 것이다.

4.3.1 직사각형 방법

다음의 합계로 $\int_a^b f(x)dx$의 근사값을 구하는 방법은 다음과 같다.

(1) 왼쪽 합계($L(n)$) : $f(x_0)\triangle x + f(x_1)\triangle x + \cdots + f(x_{n-1})\triangle x$, 각 부분 구간의 왼쪽 끝 점의 f 값을 사용한다.

(2) 오른쪽 합계($R(n)$) : $f(x_1)\triangle x + f(x_2)\triangle x + \cdots + f(x_n)\triangle x$, 각 부분 구간의 오른쪽 끝의 f 값을 사용한다.

(3) 중간 합계($M(n)$) : $f\left(\dfrac{x_0 + x_1}{2}\right)\triangle x + f\left(\dfrac{x_1 + x_2}{2}\right)\triangle x + \cdots + f\left(\dfrac{x_{n-1} + x_n}{2}\right)\triangle x$, 각 부분 구간의 중간 점에서의 f값을 사용한다.

예제 4-26 $\int_0^2 x^3 dx$의 근사치를 네 개의 부분 구간들을 사용하고 (1) 왼쪽 합계, (2) 오른쪽 합계, 그리고 (3) 중간 합계 방법에 의하여 정적분의 근사값을 구하여라.

(4) 정적분 $\int_0^2 x^3 dx$을 구하여라.

풀이 여기서 $\triangle x = \frac{2-0}{4} = \frac{1}{2}$

(1) 왼쪽 합계를 위해서 우리는 $x = 0, \frac{1}{2}, 1$에서의 왼쪽 높이를 사용한다. 합계의 근사치는

$$L(4) = (0)^3 \frac{1}{2} + \left(\frac{1}{2}\right)^3 \frac{1}{2} + (1)^3 \frac{1}{2} + \left(\frac{3}{2}\right)^3 \frac{1}{2} = \frac{9}{4}$$

그림 4.7의 꺾인 선들은 사용된 직사각형들을 나타낸다.

(2) 오른쪽 합계를 위해서 $x = \frac{1}{2}, 1, \frac{3}{2}$에서의 오른쪽 높이를 사용한다. 합계의 근사치는

$$R(4) = \left(\frac{1}{2}\right)^3 \frac{1}{2} + (1)^3 \frac{1}{2} + \left(\frac{3}{2}\right)^3 \frac{1}{2} + (2)^3 \frac{1}{2} = \frac{25}{4}$$

이 합은 그림 4.7에 나온 둘러싸인 직사각형을 사용한다.

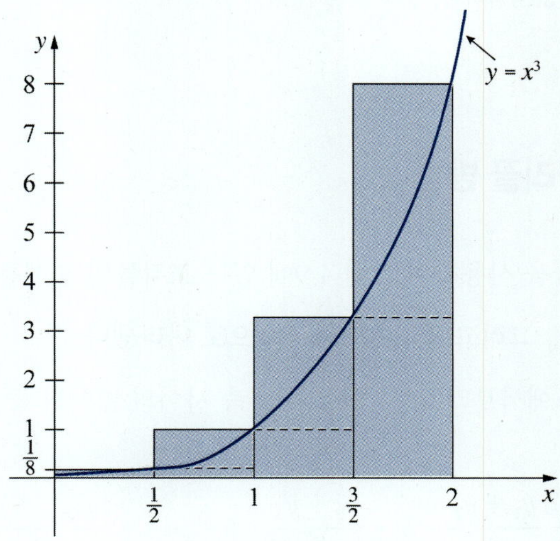

그림 4.7

(3) 중간점 합계는 그림 4.8에서 보면 부분 간격들의 중간점들에서의 높이들을 사용한다.

$$M(4) = \left(\frac{1}{4}\right)^3 \frac{1}{2} + \left(\frac{3}{4}\right)^3 \frac{1}{2} + \left(\frac{5}{4}\right)^3 \frac{1}{2} + \left(\frac{7}{4}\right)^3 \frac{1}{2} = \frac{31}{8} \text{ 또는 } \frac{15.5}{4}$$

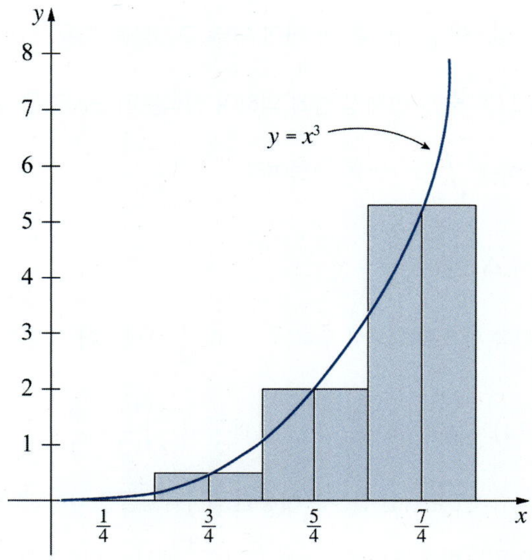

그림 4.8

(4) $\int_0^2 x^3 dx$ 의 정확한 값은 $\left[\frac{x^4}{4}\right]_0^2$ 또는 4이기 때문에, 중간점의 합계는 세 근사치 중에 가장 정확하다.

4.3.2 사다리꼴 방법

이제 사다리꼴을 사용하여 그림 4.9에 있는 조각들의 넓이를 찾는다. 사다리꼴의 높이가 $y_0, y_1, y_2, \cdots, y_n$ 그리고 밑변은 $\Delta x = h$으로 나타낸다.

다음 합계는 a에서부터 b까지의 f와 x-축 사이의 넓이의 근사치를 구한다.

$$\frac{y_0 + y_1}{2} \cdot h + \frac{y_1 + y_2}{2} \cdot h + \frac{y_2 + y_3}{2} \cdot h + \cdots + \frac{y_{n-1} + y_n}{2} \cdot h$$

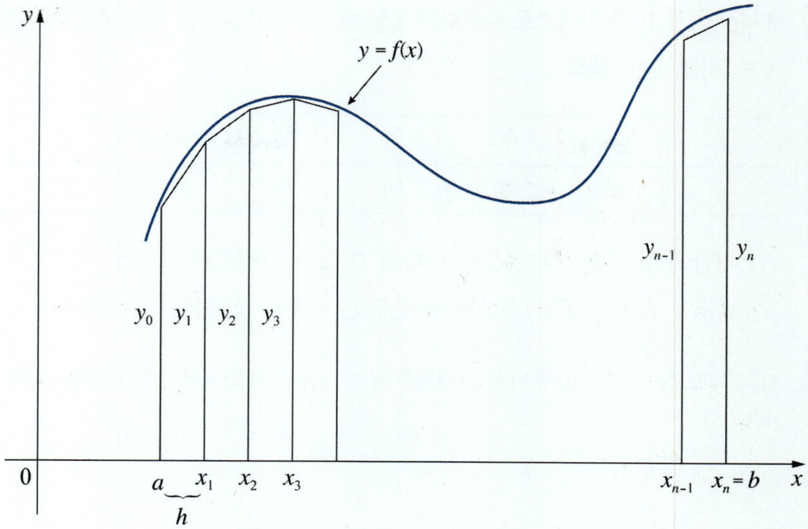

그림 4.9

공통 인수 $\frac{h}{2}$로 묶으면, 다음을 갖는다.

$$\frac{h}{2}(y_0+y_1+y_1+y_2+y_2+y_3+\ \cdots\ +y_{n-1}+y_n)$$

n을 부분 간격으로 두고 합계의 근사치를 구하기 위해 $T(n)$를 사용하면, 방법을 갖는다.

$$T(n)=\frac{h}{2}(y_0+2y_1+2y_2+\ \cdots\ +2y_{n-1}+y_n)$$

예제 4-27 $\int_0^2 x^3 dx$의 근사값을 구하기 위해 $T(4)$를 사용한다.

풀이 $h=\frac{1}{2}$이다.

$$T(4)=\frac{1/2}{2}\left\{0^3+2\left(\frac{1}{2}\right)^3+2(1)^3+2\left(\frac{3}{2}\right)^3+2^3\right\}=\frac{17}{4}$$

이것은 $L(4)$ 또는 $R(4)$보다 더 정확하지만, $M(4)$가 가장 정확한 근사값이다.

예제 4-28 1시간 동안 10분 간격으로 자동차의 속도계를 측정한 결과는 테이블에 주어졌다.

$t =$ 시간, $v =$ 속도

t	0	10	20	30	40	50	60
v	26	40	55	10	60	32	45

(1) 시간 동안 자동차의 속도를 나타낼 수 있는 그래프를 그려라

(2) $L(6)$, $R(6)$, $T(6)$를 사용해 운전한 거리의 근사값을 구하여라

풀이 (1) 그래프는 그림 4.10에 나온 그래프와 같이 속도 그래프에서 주어진 점들을 지나기만 하면 된다.

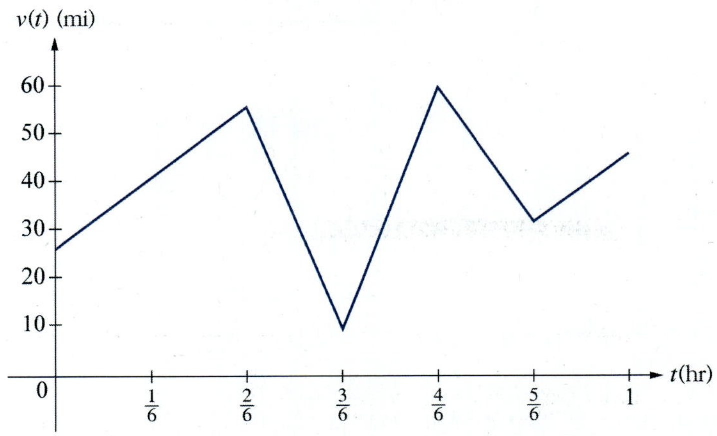

그림 4.10

(2) $L(6) = (26+40+55+10+60+32)\cdot\dfrac{1}{6} = 37\dfrac{1}{6}$ 마일

$R(6) = (40+55+10+60+32+45)\cdot\dfrac{1}{6} = 40\dfrac{1}{3}$ 마일

$T(6) = \dfrac{\frac{1}{6}}{2}(26+2\cdot 40+2\cdot 55+2\cdot 10+2\cdot 60+2\cdot 32+45) = 38\dfrac{3}{4}$ 마일

예제 4-29

$f(t)$의 그래프는 그림 4.11에 주어졌다. $F(x)=\int_0^x f(t)\,dt$이면, 테이블의 $F(x)$의 값들을 채워라.

x	0	1	2	3	4	5	6
$F(x)$							

풀이

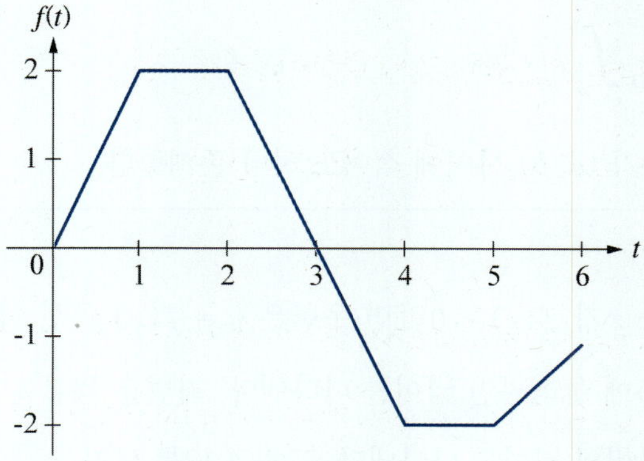

그림 4.11

올바른 부분들의 넓이를 찾아 $F(x)$를 찾는다. 예를 들어,

$F(0)=\int_0^0 f(5)\,dt=0$

$F(1)=\int_0^1 f(t)\,dt=\frac{1}{2}(1)(2)=1$ (삼각형의 넓이)

$F(2)=\int_0^2 f(t)\,dt=\frac{1}{2}(1)(2)=3$ (삼각형 더하기 직사각형)

그리고 $F(3)=\int_0^3 f(t)\,dt=\frac{1}{2}(3+1)(2)=4$

$F(4)$, $F(5)$, $F(6)$을 계산하면 다음 표와 같다.

x	0	1	2	3	4	5	6
$F(x)$	0	1	3	4	3	1	−0.5

4.3.3 적분의 평균값

> **정의 4.9**
>
> 함수 $y = f(x)$가 구간 $a \le x \le b$에서 연속적이라면, a에서부터 b까지의 f의 값의 평균값은 다음과 같다.
>
> $$f(c) = \frac{1}{b-a}\int_{a}^{b} f(x)dx$$
>
> 가 되는 점 c가 (a, b) 사이에 적어도 하나 존재한다.

$[a,b]$에서 모든 x가 $f(x) \ge 0$라면 우변은 $y = f(x)$ 곡선 아래, x-축의 위, 그리고 세로선 $x = a$와 $x = b$에 둘러싸인 넓이를 나타낸다. 좌변은 똑같은 바닥 $(b - a)$에 f의 평균 값이 높이인 직사각형의 넓이를 나타낸다. 그림 4.12를 보자.

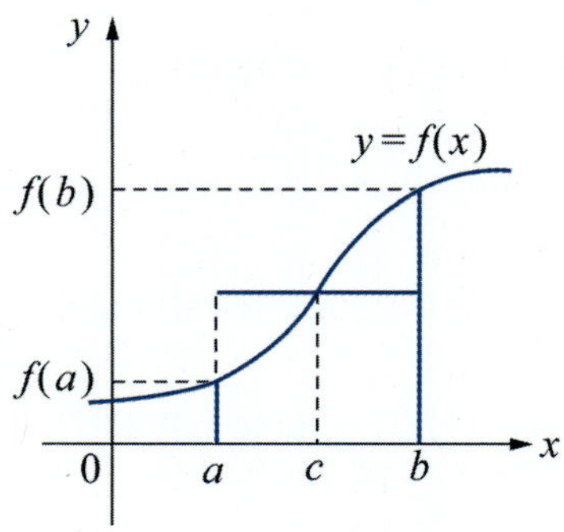

그림 4.12

예제 4-30 구간 [1, 4]에서 $f(x) = \ln x$의 평균값을 구하여라.

풀이 $$\frac{1}{4-1}\int_{1}^{4}\ln x\,dx = \left[\frac{1}{3}(x\ln x - x)\right]_{1}^{4} = \frac{4\ln 4 - 3}{3}$$

예제 4-31 $[-2,\ 2]$에서 반원 $y = \sqrt{4-x^2}$ 의 좌표들의 평균 값을 구하여라.

풀이

$$\frac{1}{2-(-2)}\int_{-2}^{2}\sqrt{4-x^2}\,dx = \frac{1}{4}\ \frac{\pi(2^2)}{2} = \frac{\pi}{2}$$

정적분은 반지름이 2인 반원의 넓이와 정확히 같다는 사실을 사용하였다.

예제 4-32 그림 4.13a에 그래프로 나타나 있는 함수 $f(x)$의 다음 양들의 각각을 구하여라.

($F'(x) = f(x)$라는 점을 유의하자.)

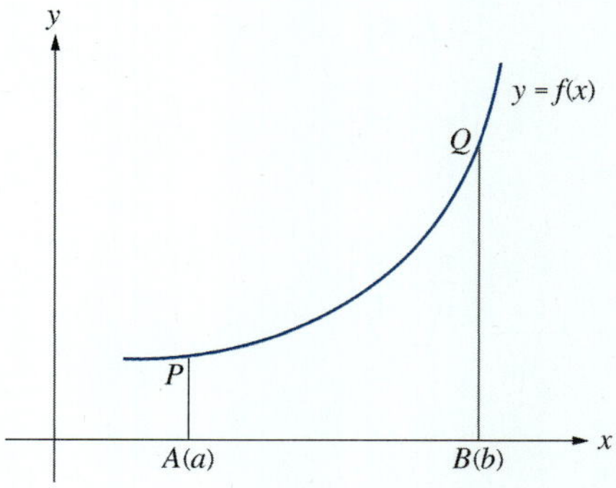

그림 4.13(a)

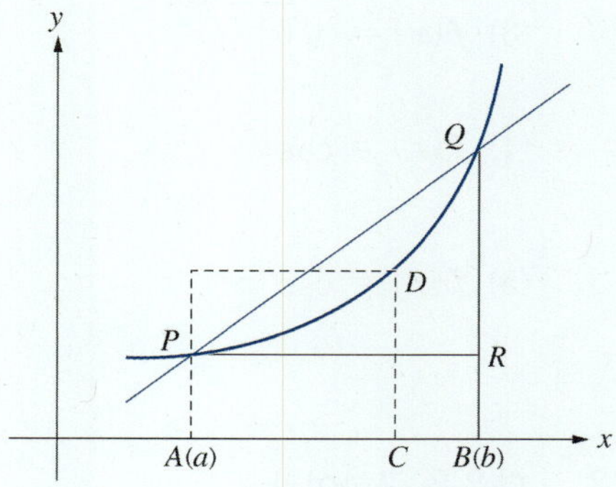

그림 4.13(b)

(1) $f(b) - f(a)$

(2) $\dfrac{f(b)-f(a)}{b-a}$

(3) $F(b) - F(a)$

(4) $\dfrac{F(b)-F(a)}{b-a}$

풀이 그림 4.13b를 보자.

(1) $f(b) - f(a) = QR$의 길이.

(2) $\dfrac{f(b)-f(a)}{b-a} = \dfrac{RQ}{PR}$=할선 PQ의 기울기

(3) $F(b) - F(a) = \displaystyle\int_a^b f(x)\,dx = APDQB$의 넓이

(4) $\dfrac{F(b)-F(a)}{b-a} = [a,\ b]$에서의 f의 평균값 $= CD \cdot AB$

또는 $CD(b-a)$이 $F(b)-F(a)$의 넓이와 같을 때, CD의 길이.

연습문제 4.3

1. 다음 주어진 간격에서 $f(x)$의 평균값을 구하여라.

(1) $f(x) = x^2 - 1$ $\quad [0, \sqrt{3}]$

(2) $f(x) = (x-1)^2$ $\quad [0, 3]$

(3) $f(x) = \sqrt{64 - x^2}$ $\quad [-8, 8]$

(4) $f(x) = \cos x$ $\quad \left[\frac{\pi}{3}, \frac{\pi}{2}\right]$

(5) $f(x) = \csc^2 x$ $\quad \left[\frac{\pi}{6}, \frac{\pi}{4}\right]$

2. 다음을 구하여라.

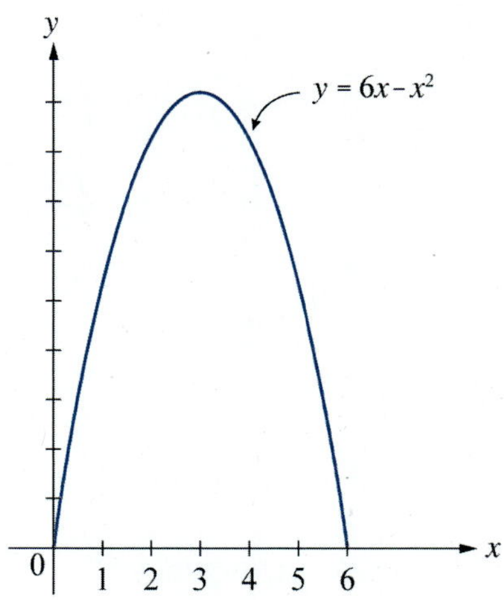

(1) $M(3)$을 이용하여, 가려진 영역의 대략적인 영역은?

(2) $T(6)$을 이용하여, 가려진 영역의 대략적인 영역은?

연습문제 4.3

3. 그래프는 1시간 동안 10분 간격으로 시간당 마일의 자동차의 속도 $v(t)$를 나타낸다.

(1) 이동한 전체 거리의 왼쪽 합계와 오른쪽 합계를 구하여라.

(2) 가속도가 언제 가장 큰가?

(3) $t = 20$일 때 가속도를 계산하여라.

(4) 구간 $30<t<50$ 동안 자동차의 평균 속도를 계산하여라.

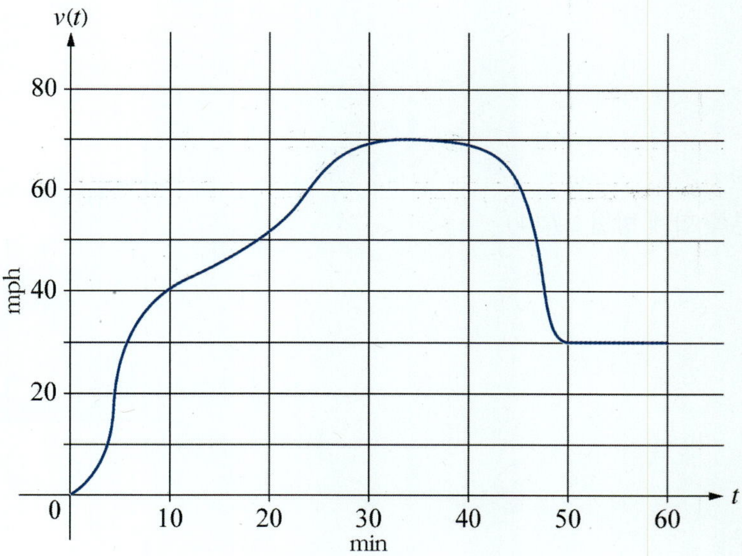

연습문제 4.3

4. 정적분 $\int_0^2 (4-x^2)dx$ 의 근사값을 다음 제시방법에 따라 구하여라.

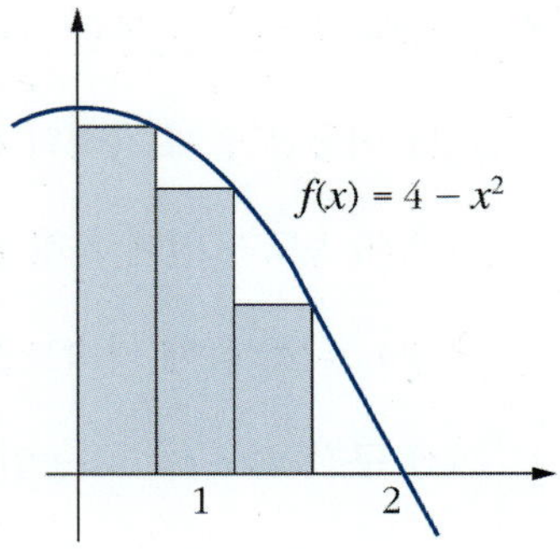

(1) L(4)

왼쪽 합계 방법 : $L(4)$

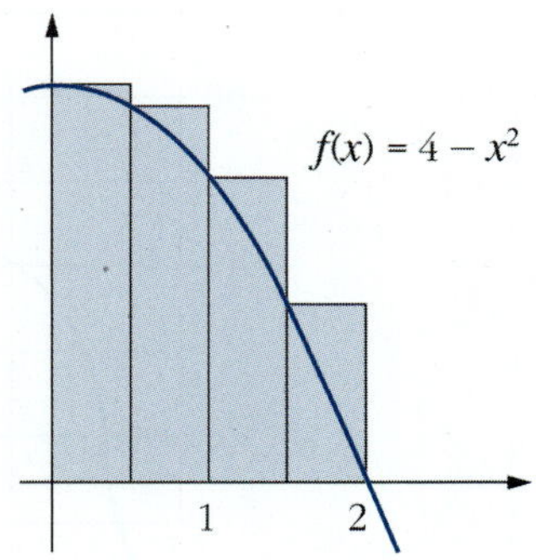

(2) R(4)

오른쪽 합계 방법 : $R(4)$

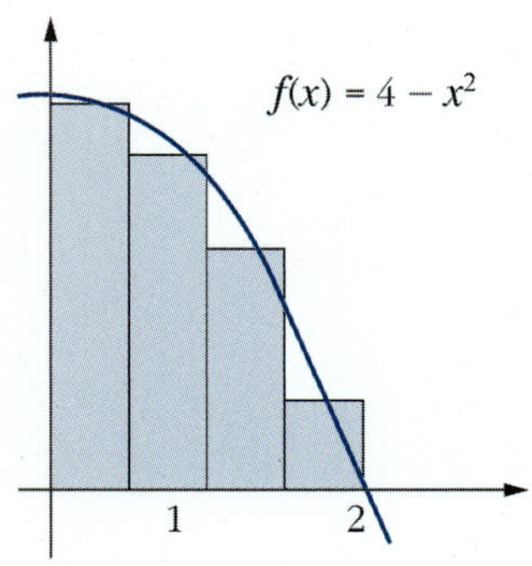

(3) M(4)

중간 합계 방법 : $M(14)$

CHAPTER 5

정적분의 응용

정적분을 활용하여 넓이, 부피, 길이, 속도, 거리, 이상적분을 구하는 방법을 알아본다.

넓이를 구할 때는 하나의 함수와 x축 사이의 넓이, 두 함수 사이의 넓이를 구하는 방법을 살펴보고 부피를 구할 때는 수직단면을 이용하는 방법, 디스크, 와서, 쉘 방법을 설명한다. 일직선을 따른 운동, 평면곡선을 따른 운동, 정적분의 최종변화 등을 학습한다.

5.1 넓이

5.1.1 축과 곡선사이의 넓이

넓이를 찾기 위해서는

(1) 주어진 영역과 전형적인 그래프를 그려라.

(2) 전형적인 직사각형의 넓이의 식을 써라. 그리고

(3) $n \to \infty$ 일 때 n개 넓이의 리만합의 정적분을 세워라.

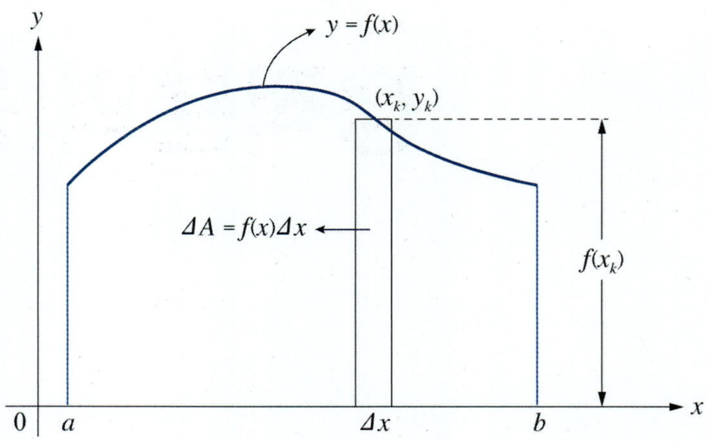

그림 5.1

그림 5.1에서처럼, $f(x)$가 $[a, b]$ 음수가 아니라면 $f(x_k)\Delta x$은 전형적인 직사각형의 넓

이로 여겨질 수 있고 x축으로 인해 제한된 넓이, 곡선, 수직선 $x=a$ 와 $x=b$는 다음과 같이 주어진다.

$$\lim_{n\to\infty}\sum_{k=1}^{n} f(x_k)\triangle x \text{ 그리고 } \int_a^b f(x)dx$$

예제 5-1 다음을 구하여라.

(1) $y = x^2$, $y = 0$, $x = -1$, $x = 2$로 둘러싸인 면적은?

(2) $y = \dfrac{4}{x^2+4}$, x축, $x = -2$, $x = 2$로 둘러싸인 면적은?

(3) $y = \cot x$, $x = \dfrac{\pi}{4}$, $x = \dfrac{\pi}{2}$ x축으로 둘러싸인 면적은?

풀이

(1) $\displaystyle\int_{-1}^{2} x^2 dx = \left[\frac{1}{3}x^3\right]_{-1}^{2} = \frac{8}{3}+\frac{1}{3} = 3$

(2) $\displaystyle 2\int_0^2 \frac{4}{x^2+4}dx = 8\int_0^2 \frac{1}{4+x^2}dx = \frac{8}{4}\cdot 2\int_0^2 \frac{\frac{1}{2}}{1+\left(\frac{x}{2}\right)^2}dx = 4\left[\tan^{-1}\frac{x}{2}\right]_0^1$

$\displaystyle = 4\cdot(\tan^{-1}1-\tan^{-1}0) = 4\left(\frac{\pi}{4}\right) = \pi$

(3) $\displaystyle\int_{\frac{\pi}{4}}^{\frac{\pi}{2}} \cot dx = [\ln|\sin x|]_{\frac{\pi}{4}}^{\frac{\pi}{2}} = \ln 1 - \ln\frac{1}{\sqrt{2}} = \frac{1}{2}\ln 2$

▪ $y = f(x)$와 x축으로 둘러싸인 면적

$f(x)$가 그림 5.2와 같다면 $f(x) = 0$인 x의 값을 찾고 $f(x)$가 어디에서 양수이고 음수인지 유의한다. 따라서 $x = a$에서 $x = b$까지의 넓이는 다음과 같다.

$$\int_a^c f(x)dx - \int_c^d f(x)dx + \int_d^b f(x)dx$$

$c < x < d$일 때 $f(x_k)\triangle x$는 음수이다.

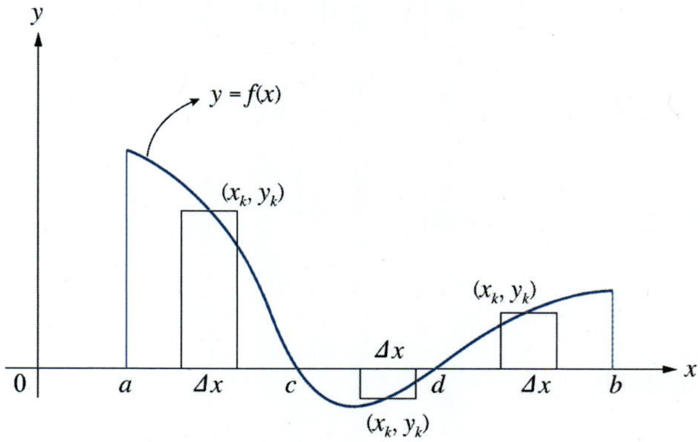

그림 5.2

예제 5-2 $y = x^3 - 2x^2 - 3x$, x축 으로 둘러싸인 영역의 넓이는?

풀이 $y = x(x^2 - 2x - 3) = x(x+1)(x-3)$ 에서 그래프가

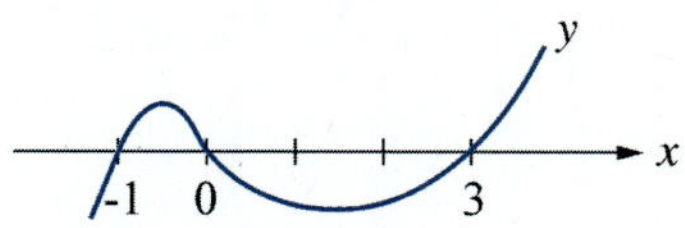

그림 5.3

이므로

$$\int_{-1}^{0}(x^3 - 2x^2 - 3x)dx - \int_{0}^{3}(x^3 - 2x^2 - 3x)dx = \frac{71}{6}$$

예제 5-3 다음 각 곡선에 대하여 주어진 구간 안에서 곡선과 x축으로 둘러싸인 부분의 넓이 S를 구하여라.

(1) $y = \dfrac{1}{x}$ $(1 \le x \le e)$ (2) $y = -\ln x$ $(1 \le x \le e)$

풀이 (1) $y = \dfrac{1}{x}(1 \le x \le e)$ 에서 $y > 0$ 이므로

$$S = \int_{1}^{e} \frac{1}{x} dx = [\ln x]_1^e = 1$$

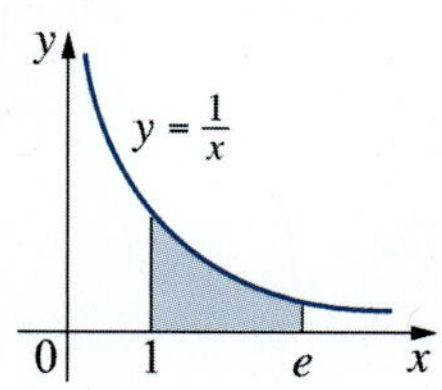

그림 5.4

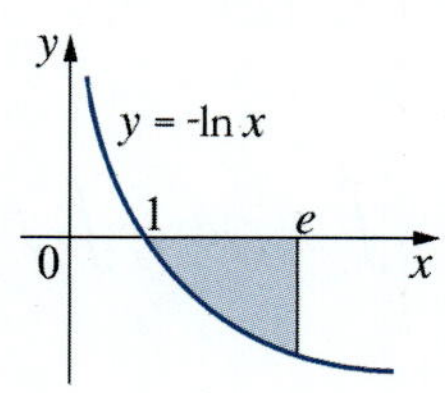

그림 5.5

(2) $y = -\ln x\,(1 \le x \le e)$에서 $y \le 0$이므로

$$S = -\int_1^e (-\ln x)\,dx = \int_1^e \ln x\,dx = [x\ln x - x]_1^e = 1$$

▪ $x = g(y)$와 y축으로 둘러싸인 면적

x가 y의 함수, $x = g(y)$라고 주어졌다면 y축, 곡선, 수직선 $y=c$와 $y=d$로 인해 제한된 넓이는 다음과 같다.

$$\lim_{n\to\infty}\sum_{k=1}^{n} g(y_k)\triangle y = \int_a^b g(y)dy$$

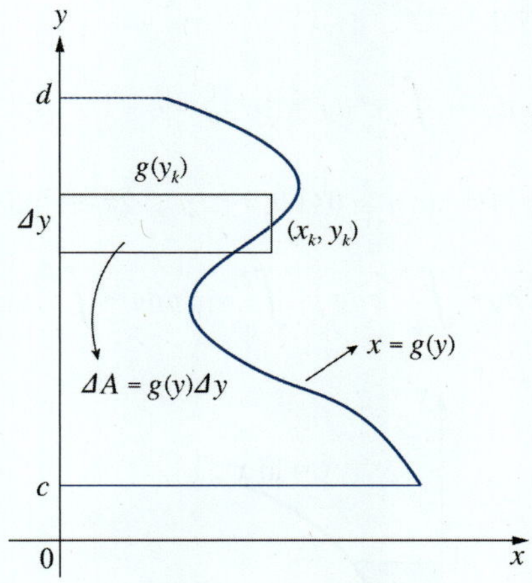

그림 5.6

예제 5-4 $x = y^2 - 1$, y축으로 둘러싸인 부분의 넓이는?

풀이 $x = y^2 - 1$의 그래프가

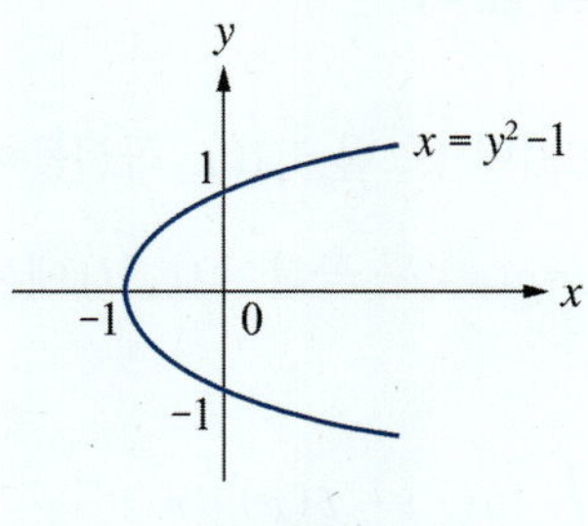

그림 5.7

이므로

$$-2\int_0^1 y^2-1\,dy = 2\int_0^1 (1-y^2)\,dy = 2\left[y-\frac{1}{3}y^3\right]_0^1 = 2\left(1-\frac{1}{3}\right) = \frac{4}{3}$$

예제 5-5 다음 곡선과 직선으로 둘러싸인 부분의 넓이를 구하여라.

(1) $y = \ln x$, x축, y축, $y = 1$

(2) $x = \sin y$ $(0 \le y \le 2\pi)$, y축

풀이 준 도형의 넓이를 S라 하자.

(1) $y = \ln x$에서 $x = e^y$

$$S = \int_0^1 x\,dy = \int_0^1 e^y\,dy = \left[e^y\right]_0^1 = e-1$$

(2) $0 \le y \le \pi$에서 $\sin y \ge 0$이고 $\pi \le y \le 2\pi$에서 $\sin y \le 0$이므로

$$S = \int_0^{\pi} x\,dy - \int_{\pi}^{2\pi} x\,dy = \int_0^{\pi} \sin y\,dy - \int_{\pi}^{2\pi} \sin y\,dy = [-\cos y]_0^{\pi} - [-\cos y]_{\pi}^{2\pi}$$

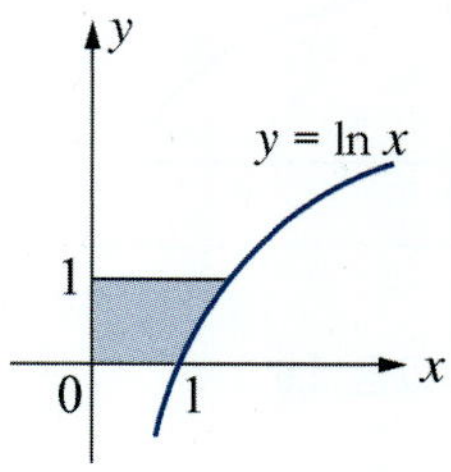

그림 5.8

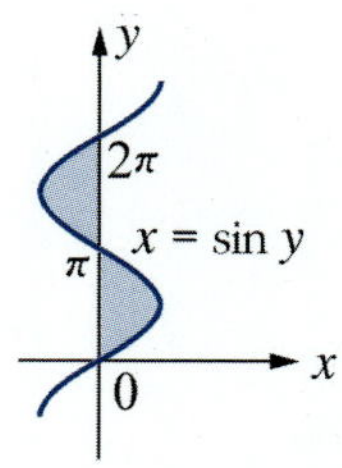

그림 5.9

5.1.2 곡선들 사이의 넓이

곡선 사이의 넓이를 찾으려면 (그림 5.10), 곡선들이 교차하는 교점들을 구한다. $x=a$와 $x=e$ 사이의 $y=f(x)$와 $y=g(x)$ 두 곡선이 $(c,\ d)$에서 교차한다면 전체 넓이는 다음과 같다.

$$\int_a^c [f(x)-g(x)]dx + \int_c^e [g(x)-f(x)]dx$$

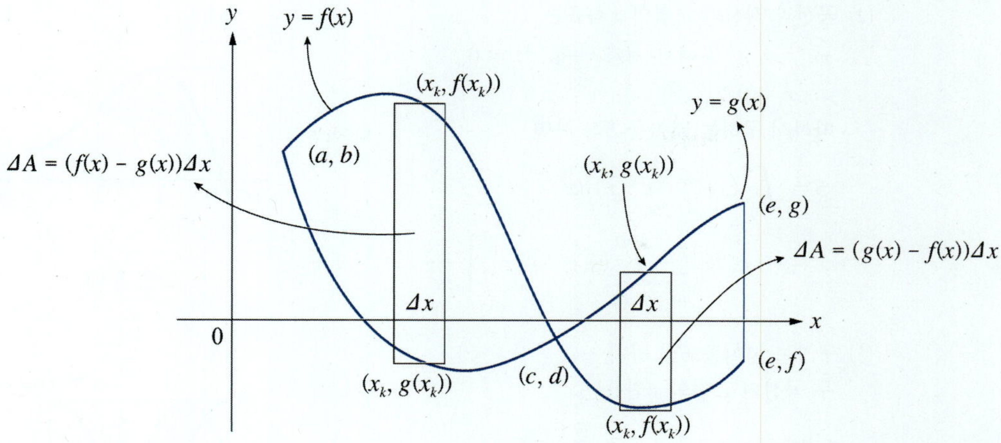

그림 5.10

예제 5-6 다음 직선과 곡선 또는 곡선과 곡선으로 둘러싸인 도형의 넓이를 구하여라.

(1) $y = x^2 - 1,\ y = -x^2 + 2x + 3$

(2) $y = xe^{-x},\ y = e^{-2}x$

(3) $y = \sin x,\ y = \cos x,\ \left[\dfrac{\pi}{4},\ \dfrac{5}{4}\pi\right]$

(4) $y^2 = x,\ y = -x + 2$

(5) $y = e^x,\ y = x,\ y = 1,\ y = 2$

풀이 (1) 구하는 넓이를 S라 하자.

두 곡선의 교점의 x좌표는

$x^2 - 1 = -x^2 + 2x + 3$에서 $(x+1)(x-2) = 0$

$\therefore\ x = -1, 2$

또, 구간 $[-1, 2]$에서

$-x^2 + 2x + 3 \geq x^2 - 1$

이므로

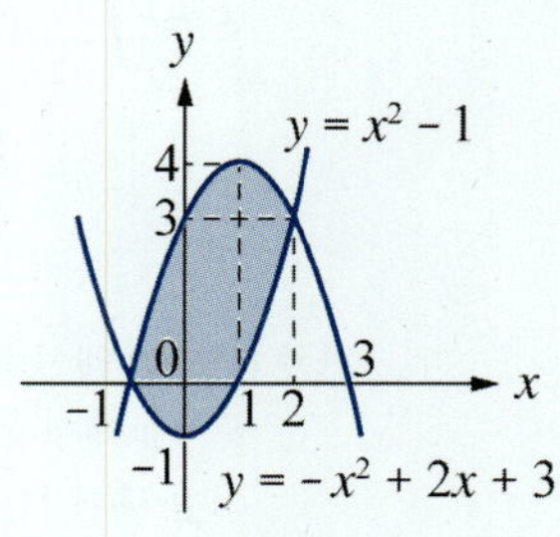

그림 5.11

S

$$= \int_{-1}^{2} \{(-x^2 + 2x + 3) - (x^2 - 1)\}\, dx = \int_{-1}^{2} (-2x^2 + 2x + 4)\, dx$$

$$= \left[-\frac{2}{3}x^3 + x^2 + 4x\right]_{-1}^{2} = 9$$

(2) 곡선과 직선의 교점의 x좌표는

$xe^{-x} = e^{-2}x$에서 $x(e^{-x} - e^{-2}) = 0$

$\therefore\ x = 0, 2$

따라서 구하는 넓이를 S라 하면

$$S = \int_0^2 (xe^{-x} - e^{-2}x)\,dx$$

$$= \left[-e^{-x}x\right]_0^2 - \int_0^2 (-e^{-x})\,dx - \left[\frac{1}{2e^2}x^2\right]_0^2 = 1 - \frac{5}{e^2}$$

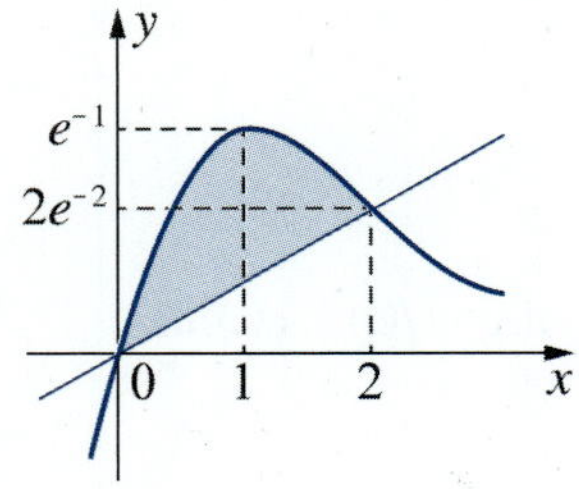

그림 5.12

(3) 구하는 넓이를 S라 하자.

두 곡선의 교점의 x좌표는

$\sin x = \cos x$에서 $x = \frac{\pi}{4}, \frac{5}{4}\pi$

$$\therefore\ S = \int_{\frac{\pi}{4}}^{\frac{5}{4}\pi} (\sin x - \cos x)\,dx$$

$$= \left[-\cos x - \sin x\right]_{\frac{\pi}{4}}^{\frac{5}{4}\pi} = 2\sqrt{2}$$

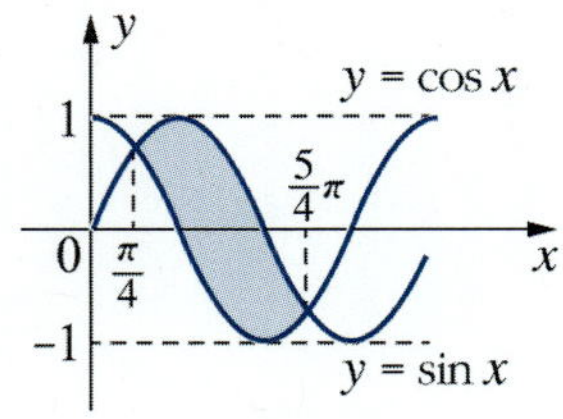

그림 5.13

(4) 곡선과 직선의 교점의 y좌표는

$y = -y^2 + 2$에서 $(y-1)(y+2) = 0$

$\therefore\ y = 1, -2$

또, $y^2 = x$에서 $x = y^2$,

$y = -x + 2$에서 $x = 2 - y$

이고 구간 $[-2, 1]$에서 $2 - y \ge y^2$

이므로

$$S = \int_{-2}^{1} \{(2-y) - y^2\}\,dy$$

$$= \left[2y - \frac{1}{2}y^2 - \frac{1}{3}y^3\right]_{-2}^{1} = \frac{9}{2}$$

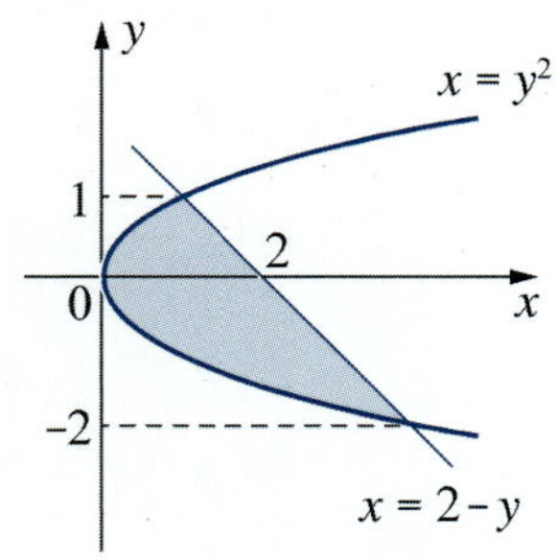

그림 5.14

(5) $y = e^x$에서 $x = \ln y$,

$y = x$에서 $x = y$

이고 구간 $[1, 2]$에서 $y \ge \ln y$이므로

$$S = \int_1^2 (y - \ln y)\,dy$$

$$= \left[\frac{1}{2}y^2 - (y\ln y - y)\right]_1^2 = \frac{5}{2} - 2\ln 2$$

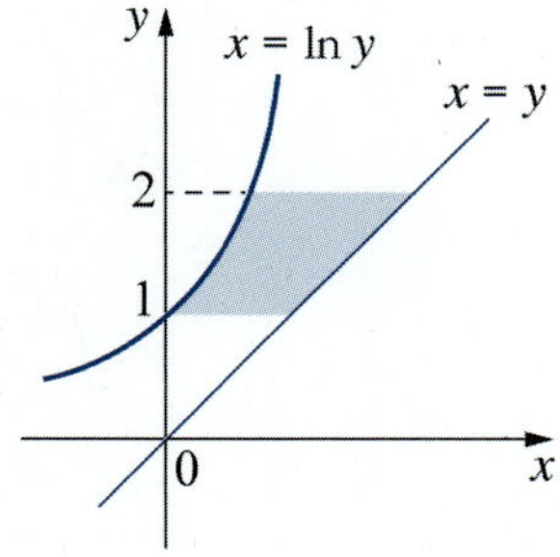

그림 5.15

연습문제 5.1

1. 주어진 범위에서 곡선과 x축으로 둘러싸인 영역의 넓이를 구하여라.

(1) $y = -x^2 - 2x,\ -3 \le x \le 2$

(2) $y = x^3 - 3x^2 + 2x,\ 0 \le x \le 2$

(3) $y = x^{\frac{1}{3}},\ -1 \le x \le 8$

(4) $y = x^3 - 4x,\ -2 \le x \le 2$

2. 직선과 곡선으로 둘러싸인 영역의 넓이를 구하여라.

(1) $y = x^2 - 2,\ y = 2$

(2) $y = x^4,\ y = 8x$

(3) $y = x^2,\ y = -x^2 + 4x$

(4) $x = 2y^2,\ x = 0,\ y = 3$

3. 두 곡선으로 둘러싸인 영역의 넓이를 구하여라.

(1) $x + y^2 = 0,\ x + 3y^2 = 2$

(2) $4x^2 + y = 4,\ x^4 - y = 1$

(3) $x + 4y^2 = 4,\ x + y^4 = 1,\ x \ge 0$

(4) $y = 2\sin x,\ y = \sin 2x,\ 0 \le x \le \pi$

연습문제 5.1

4. 곡선 사이의 넓이를 구하여라.

(1) 곡선 $x - y^3 = 0$과 직선 $x - y = 0$으로 둘러싸인 프로펠러 모양의 넓이를 구하여라.

(2) 직선 $y = x$, 직선 $x = 2$, 곡선 $y = \dfrac{1}{x^2}$, x축으로 둘러싸인 제1사분면 내의 넓이를 구하여라.

(3) 곡선 $y = \ln x$와 $y = \ln 2x$ 사이와 $x = 1$에서 $x = 5$까지의 넓이를 구하여라.

(4) 곡선 $y = e^{2x}$, 곡선 $y = e^x$, 직선 $x = \ln 3$으로 하는 제1사분면 영역의 넓이를 구하여라.

5.2 부피

5.2.1 단면을 알 때의 입체의 부피

입체 단면의 넓이를 알고 그것이 x식으로 표현될 수 있다면, 전형적인 조각의 부피ΔV를 구할 수 있다. 입체의 부피는 조각의 수를 무한개로 하여 얻어진다. 그림 5.16에서, $\Delta V = A(x)\Delta x$이기 위해 x축과 직각인 조각들을 이용한다. $A(x)$는 단면의 넓이이고 Δx는 조각의 두께이다. 따라서 부피 $V = \int_a^b A(x)dx$이다.

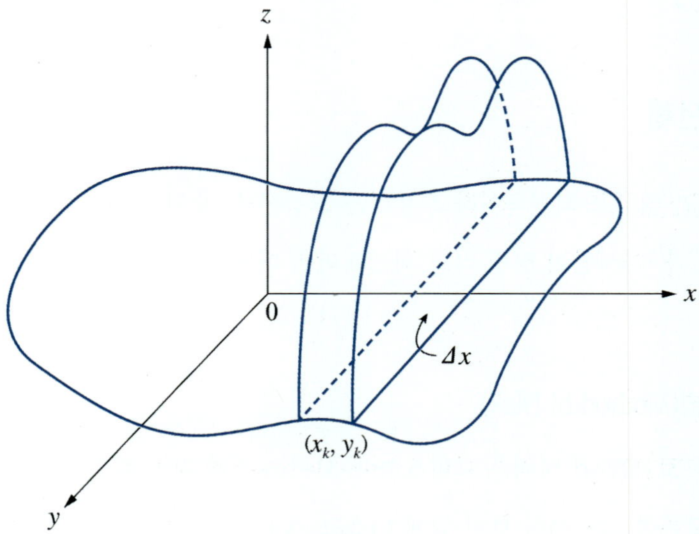

그림 5.16

예제 5-7

(1) 입체는 원 $x^2 + y^2 = 9$을 밑변으로 가지고 있으며, y축과 평행을 이루는 모든 단면은 정사각형이다. 입체의 부피를 찾아라.

(2) 회전체 밑면의 반지름은 a고 각 면이 지름에 수직으로 정사각형이다. 부피는?

(3) 회전체 밑면이 $x^2 = 8y, y = 4$로 둘러싸이고 각 면이 y축에 수직으로 정삼각형이다. 부피는?

(4) 회전체 밑면이 $y = e^{-x}$, x축, y축, $x = 1$로 둘러싸이고 각 면이 x축에 수직으로 정사각형이다. 부피는?

(1) 그림 5.17에서 부피의 요소는 $2y$의 면 길이와 Δx의 두께를 가진 정사각형 각기둥이다.

$\Delta V = (2y)^2 \Delta x = 4y^2 \Delta x = 4(9-x^2)\Delta x$

y축 대칭을 사용하여 입체의 부피를 구하면,

$$V = 2\int_0^3 4(9-x^2)dx = 8\int_0^3 (9-x^2)dx$$

$$= 8\left(9x - \frac{x^3}{3}\right)\Big|_0^3 = 144$$

(2) $8\int_0^a (a^2-x^2)dx = \frac{16}{3}a^3$

(3) $8\sqrt{3}\int_0^4 ydy = 64\sqrt{3}$

(4) $\int_0^1 (e^{-x})^2 dx = \frac{1}{2}\left(1-\frac{1}{e^2}\right)$

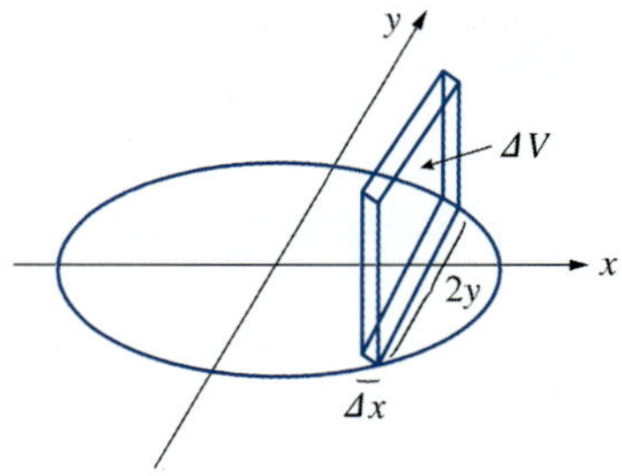

그림 5.17

5.2.2 회전체

회전체는 평면 영역을 회전축이라고 불리는 고정된 선 주위로 회전시켰을 때 얻을 수 있다. "판의 방법"과 "나사받이 방법"라고 회전체의 부피를 얻을 수 있는 두 가지의 주요한 방식이 있다.

▪ 원반의 방법(Method of Disk)

x축과 곡선으로 제한된 영역은 그림 5.18에 보이는 거와 같이 회전체를 이루며 x축 주위로 회전된다. 오른쪽 그림에서 보인 입체 디스크 ΔV (부피의 요소)를 이루는 아래 그림의 영역의 "직사각형 모양의 조각"을 떠올린다.

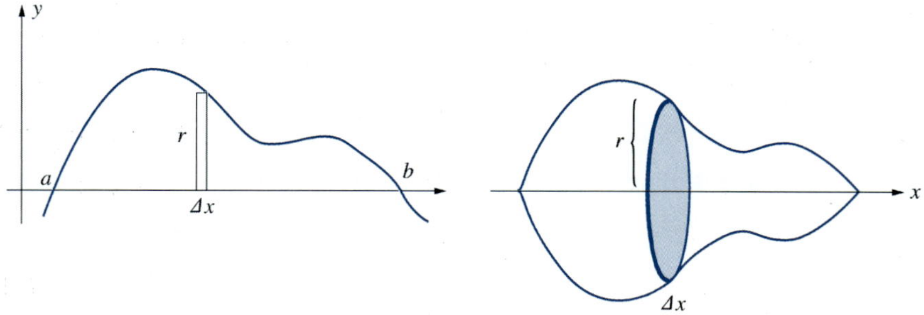

그림 5.18

이 디스크는 반지름이 r(직사각형 조각의 높이)이고 높이는 Δx(조각의 두께)인 원기둥이다. 그러므로,

$$\Delta V = \pi r^2 \Delta x \text{ 그리고 } V = \pi \int_a^b r^2 dx$$

예제 5-8 (1) 반지름 r의 구체의 부피를 구하여라.

(2) 그림 5.19에 보이는 바와 같이 $y = x^2$, $x = 2$, $y = 0$로 제한된 영역이 $x = 2$ 선주위로 회전해 형성되는 입체의 부피를 찾아라.

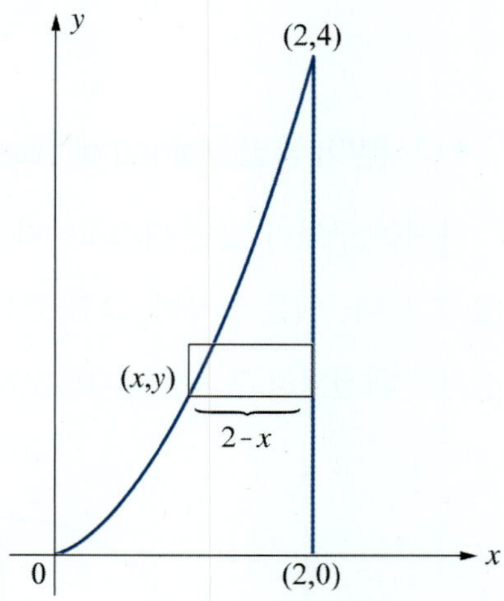

그림 5.19

풀이 (1) 영역이 반원으로 제한됐고 그것의 지름이 x축 주위로 회전한다면, 얻은 회전체는 그림 5.20 같이, 반지름 r의 구체이다.

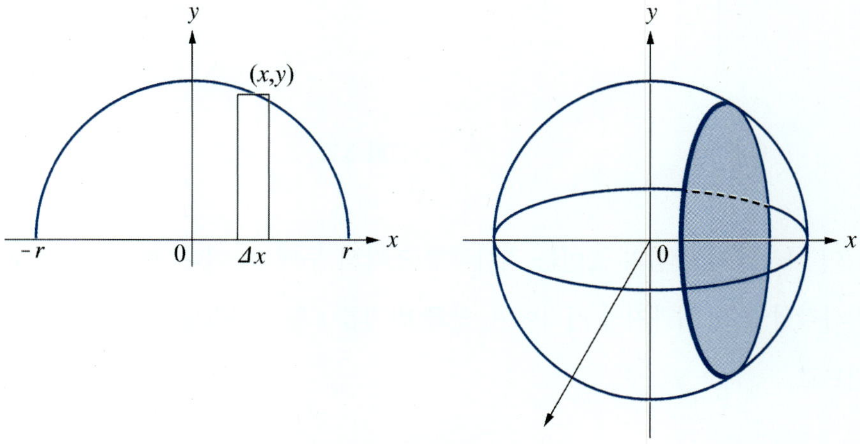

그림 5.20

전형적인 디스크의 부피 ΔV는 $\Delta V=\pi y^2 \Delta x$로 주어졌다. 원의 방정식은 $x^2+y^2=r^2$ 이다. 따라서

$$V=\int_{-r}^{r}\pi y^2 dx=\pi\int_{-r}^{r}(r^2-x^2)dx=\pi\left[r^2x-\frac{x^3}{3}\right]_{-r}^{r}=\frac{4}{3}\pi r^3$$

(2) $r=2-x$

$$\Delta V=\pi(2-x)^2\Delta y$$

$$V=\pi\int_0^4(2-x)^2dy=\pi\int_0^4(2-\sqrt{y})^2dy=\frac{8\pi}{3}$$

▪ 나사받이 방법(Method of Washer)

와셔는 구멍이 있는 디스크이다. 부피는 중심이 같은 디스크 두개의 부피의 차이로 여겨질 수 있다. 예를 들자면, 그림 5.21에 보이는 두 곡선 사이의 영역이 x축 주위로 회전하며 생기는 회전체의 부피를 생각해보자.

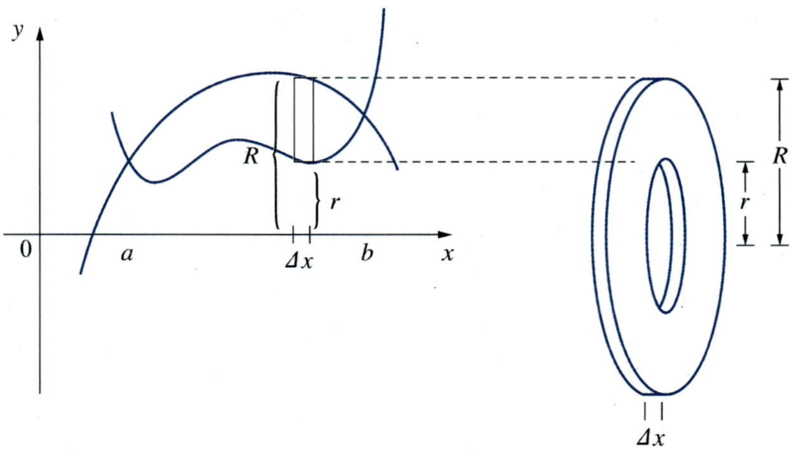

그림 5.21

이 나사받이 방법의 높이는 직사각형 조각의 두께 Δx이다, 와셔의 바깥쪽 반지름 R은 직사각형 조각 위까지의 거리이며, 안쪽 반지름 r은 직사각형 조각 밑까지의 거리이다. 그러므로,

$$\Delta V=\pi R^2\Delta x-\pi r^2\Delta x=\pi(R^2-r^2)\Delta x \text{ 그리고 } V=\pi\int_a^b(R^2-r^2)dx$$

예제 5-9 (1) $y=x^2$와 $y=2x$로 제한된 영역이 x축 주위로 회전할 때 생기는 부피를 구하여라.

(2) 그림 5.23에서 보이는 바와 같이 $y=x^2$, $x=2$, 그리고 $y=0$로 제한된 영역이 y축 주위로 회전할 때 생기는 입체의 부피를 구하여라.

풀이 (1) 그림 5.22에서 보이는 거와 같이 곡선들은 원점과 (2, 4)에서 교차한다. 두 함수를 구분하기 위해 $(x,\ y_1)$를 선의 점으로 놓고 $(x,\ y_2)$를 포물선의 점으로 놓는 다는 걸 유의하자.

$R=y_1=2x$

$r=y_2=x^2$

$\triangle V=\pi(y_1^2-y_2^2)\triangle x$

$$V=\pi\int_0^2(y_1^2-y_2^2)dx=\pi\int_0^2((2x)^2-(x^2)^2)dx=\frac{64\pi}{15}$$

(2) $R=2$

$r=x$

$\triangle V=\pi(2^2-x^2)\triangle y$

$$V=\pi\int_0^4(2^2-x^2)dy=\pi\int_0^4(4-y)dy=8\pi$$

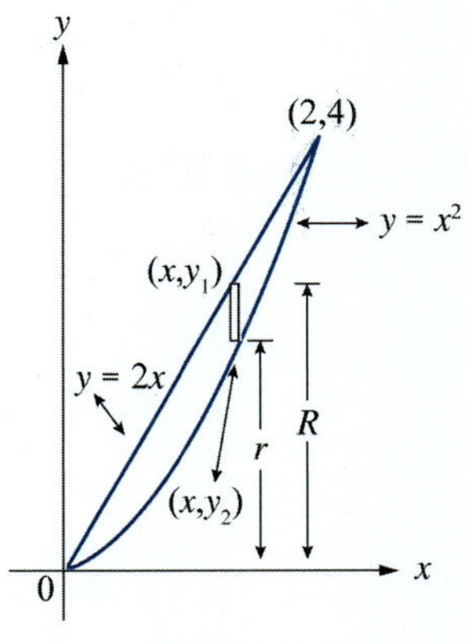

그림 5.22

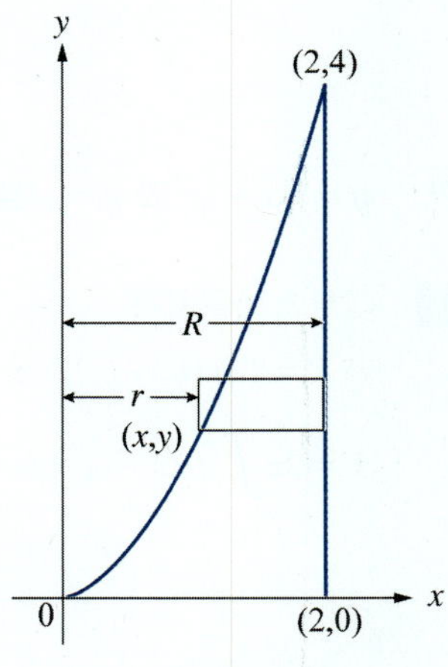

그림 5.23

5.2.3 원주면 방법(Method of Cylinderical Shell)

원기둥형 셸은 원기둥의 바깥 껍질이라고 여겨질 수 있다. 이것의 부피는 원기둥에서 이 껍질이 벗겨져 쫙 펴졌을 때의 직사각형 입체의 부피이다. 예를 들자면, 그림 5.24에 보이는 두 곡선 사이의 영역이 y축 주위로 회전하며 생기는 회전체의 부피를 생각해보자.

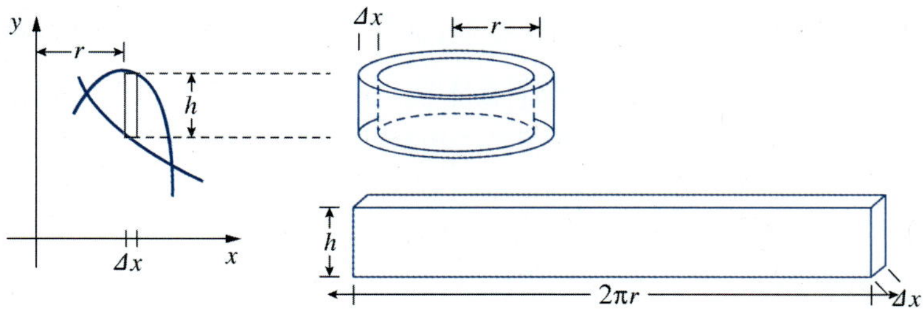

그림 5.24

이 쉘의 반지름 r은 축에서 직사각형 조각까지의 거리이고 높이는 직사각형 조각의 높이이다, h. 쉘이 풀려서 직사각형으로 펼쳐졌을 때, 이것의 길이는 원기둥의 원주 $2\pi r$이다. 이것의 높이는 원기둥의 높이 h이며, 이것의 두께는 직사각형 조각의 두께 $\triangle x$이다. 그러므로,

$$\triangle V = 2\pi rh\triangle x \quad \text{그리고} \quad V = 2\pi\int_a^b rh\,dx = 2\pi\int xf(x)dx$$

예제 5-10 $y = 3x - x^2$와 $y = x$로 제한된 영역이 y축 주위로 회전됐다. 입체의 부피를 구하여라.

풀이 그림 5.26을 보자.

$$\triangle V = 2\pi x(y_2 - y_1)\triangle x = 2\pi x(2x - x^2)\triangle x$$

$$V = 2\pi\int_0^2 (2x^2 - x^3)dx = \frac{8\pi}{3}$$

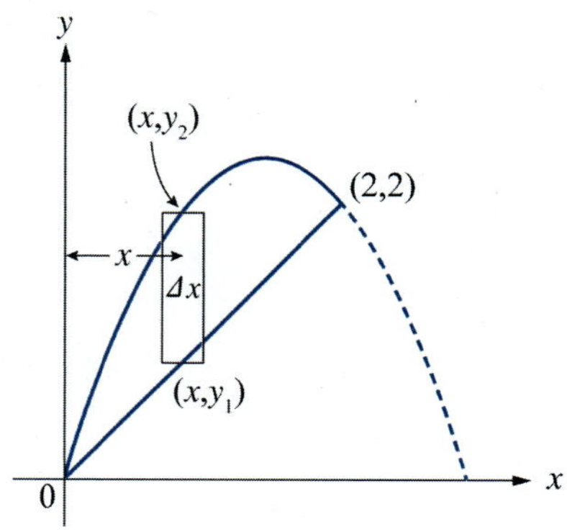

그림 5.26

예제 5-11 $y = x^2$와 $x = 2$, 그리고 $y = 0$으로 제한된 영역이 선 $x = 2$ 주위로 회전할 때 생기는 입체의 부피를 구하여라.

풀이 그림 5.25를 보자.

직선 $x=2$를 축으로

직사각형 $r=2-x$, $h=y$를 회전시키면

$$\Delta V = 2\pi(2-x)y\Delta x = 2\pi(2-x)x^2\Delta x$$

$$V = 2\pi\int_0^2 (2-x)x^2 dx = \frac{8\pi}{3}$$

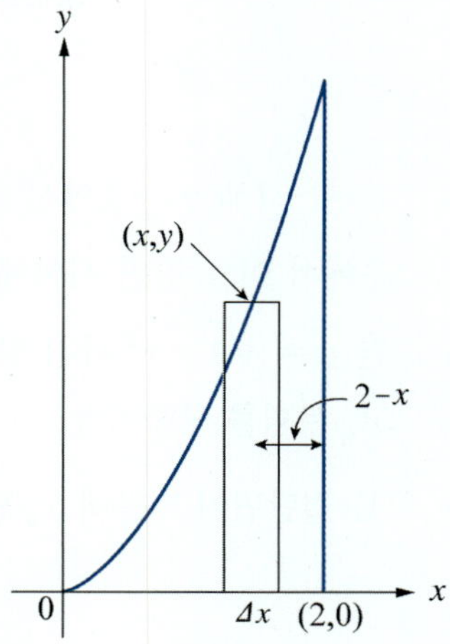

그림 5.25

예제 5-12 $y = x^2$와 $y = 2x$로 제한된 영역이 x–축 주위로 회전했을 때 생기는 부피를 구하여라.

풀이 그림 5.27에 보이는 바와 같이 곡선들은 원점과 (2, 4)에서 교차한다. 두 함수를 구분하기 위해 $(x_1,\ y)$를 선의 점으로 놓고 $(x_2,\ y)$를 포물선의 점으로 놓는다는 걸 유의하자.

$$r = y$$

$$h = x_2 - x_1,\ \Delta V = 2\pi y(x_2 - x_1)\Delta y$$

$$V = 2\pi\int_0^4 y(x_2 - x_1)dy$$

$$= 2\pi\int_0^4 y(\sqrt{y} - \frac{y}{2})dy = \frac{64\pi}{15}$$

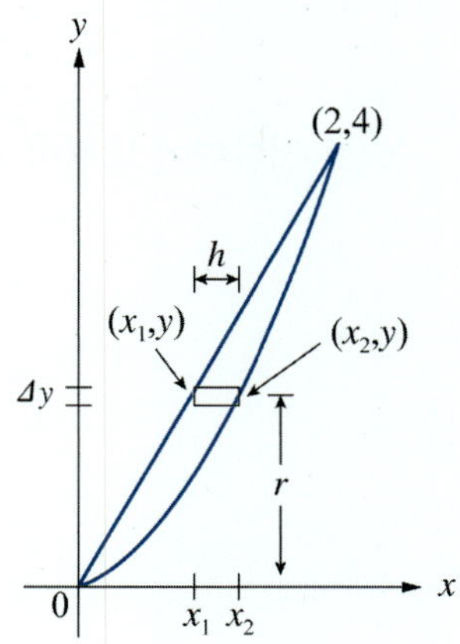

그림 5.27

연습문제 5.2

1. $x = -1$과 $x = 1$에서 x축에 수직인 평면들 사이에 입체가 놓여 있다. 다음의 각 경우에서 이들 평면 사이에 있고 x축에 수직인 절단면이 반원 $y = -\sqrt{1-x^2}$ 에서 반원 $y = \sqrt{1-x^2}$ 까지 닿아 있다. x축에 수직인 절단면의 넓이 $A(x)$의 공식을 구하고, 부피를 구하여라.

(1) 절단면이 지름이 xy평면상에 놓여있는 원반이다.

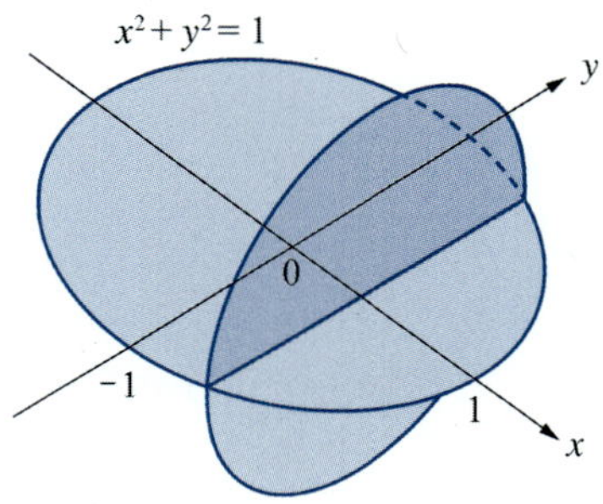

(2) 절단면이 밑변이 xy평면상에 놓여있는 정사각형이다.

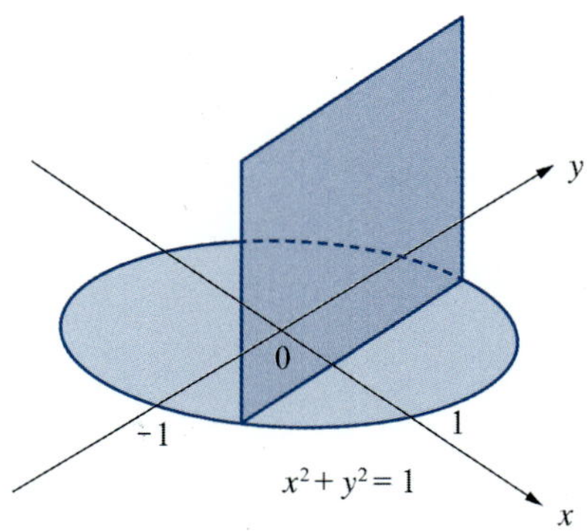

(3) 절단면이 대각선이 xy평면상에 놓여있는 정사각형이다(정사각형의 대각선의 길이는 $\sqrt{2}\times$ 정사각형의 한 변의 길이이다).

연습문제 5.2

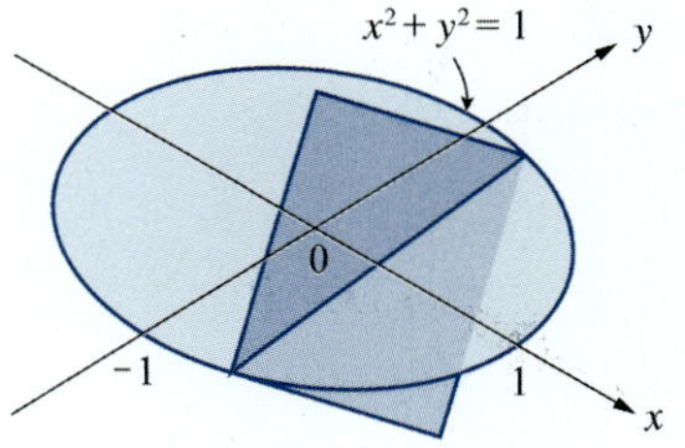

(4) 절단면이 밑변이 평면상에 놓여있는 정삼각형이다.

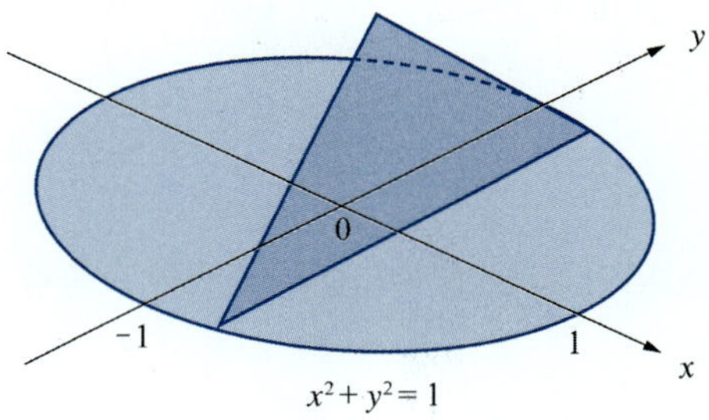

2. $x=-1$과 $x=1$에서 축에 수직인 평면 사이에 입체가 놓여 있다. 구간 $0 \le x \le 4$ 상에 있고 x축에 수직인 절단면이 그것의 지름이 포물선 $y=x^2$에서 포물선 $y=2-x^2$까지 닿아 있는 원반이다. 부피를 구하여라.

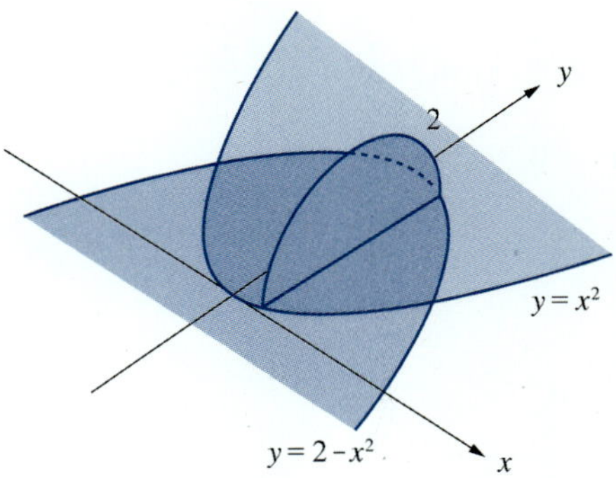

연습문제 5.2

3. 입체의 밑면이 직선 $x=0$과 직선 $x=\pi$, x축, 그리고 곡선 $y=2\sqrt{\sin x}$로 둘러싸인 영역이다. 부피를 구하여라.

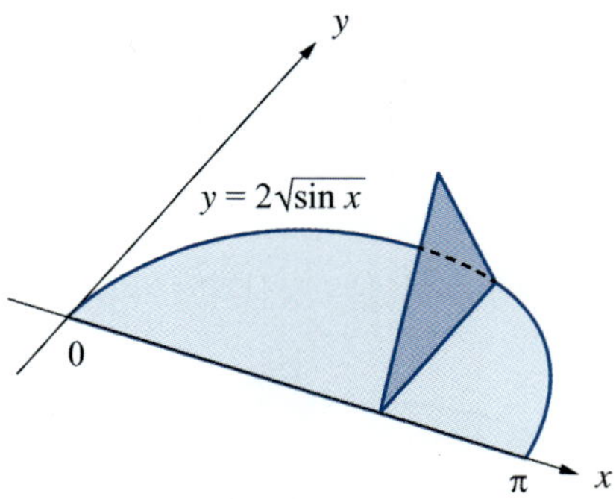

(1) x축에 수직인 절단면이 그림에서와 같이 밑변이 x축과 그 곡선 사이에 놓여있는 정삼각형이다.

(2) 밑면이 x축과 그 곡선 사이에 놓여있는 정사각형이다.

4. 직선과 곡선으로 둘러싸인 영역을 x축을 둘레로 회전하여 생기는 입체의 부피를 구하여라.

(1) $y=x^2$, $y=0$, $x=2$

(2) $y=e^{-x}$, $y=0$, $x=1$, $x=0$

(3) $y=x$, $y=1$, $x=0$

(4) $y=x^2+1$, $y=x+3$

연습문제 5.2

5. 직선과 곡선으로 둘러싸인 영역을 y축을 둘레로 회전하여 생기는 입체의 부피를 구하여라.

   (1) $x = \sqrt{5}\,y^2$, $x = 0$, $y = -1$, $y = 1$로 둘러싸인 영역

   (2) 좌표축, 직선 $y = 3$, 곡선 $x = \dfrac{2}{\sqrt{y+1}}$로 둘러싸인 제1사분면에 있는 영역

   (3) 꼭지점이 $(1, 0)$, $(2, 1)$과 $(1, 1)$인 삼각형으로 둘러싸인 영역

   (4) 위로는 포물선 $y = x^2$, 아래로는 x축, 오른쪽으로는 직선 $y = 2$로 둘러싸인 제1사분면에 있는 영역

6. $y = \sqrt{x}$와 직선 $y = 2$, $x = 0$으로 둘러싸인 영역을 다음 지시된 축 둘레로 회전하여 생기는 입체의 부피를 구하여라.

   (1) x축
   (2) y축
   (3) 직선 $y = 2$
   (4) 직선 $x = 4$

7. 포물선 $y = x^2$과 직선 $y = 1$로 둘러싸인 영역을 다음 지시된 축 둘레로 회전하여 생긴 입체의 부피를 구하여라.

   (1) 직선 $y = 1$
   (2) 직선 $y = 2$
   (3) 직선 $y = -1$

연습문제 5.2

8. 꼭지점이 $(1, 1)$, $(1, 2)$, $(2, 2)$인 삼각형 영역을 지시된 축을 둘레로 회전하여 생기는 입체의 부피를 구하여라.

(1) x축 (2) y축

(3) 직선 $x = \dfrac{10}{3}$ (4) 직선 $y = 1$

9. 곡선 $y = \sqrt{x}$과 곡선 $y = \dfrac{x^2}{8}$로 둘러싸인 영역을 지시된 축을 둘레로 회전하여 생기는 입체의 부피를 구하여라.

(1) x축 (2) y축

5.3 정적분의 활용

5.3.1 일직선을 따른 운동

입자 P가 일직선을 따라 이동한다. s가 시간 t때의 선의 고정된 점부터 P까지의 거리일 때 운동 방정식 $s=f(t)$로 주어졌다면, 시간 t때의 P의 속도와 가속도는 각각 다음과 같이 주어진다.

$$v=\frac{ds}{dt} \text{ 그리고 } a=\frac{dv}{dt}=\frac{d^2s}{dt^2}$$

여기서 가속도로부터 속도를 알아내고, 속도로부터 거리를 알아내기 위해 적분법을 적용할 것이다. 입자 P는 연속함수인 $v(t)$의 속도로 가지고 있다면, 입자가 시간 t=a부터 t=b까지 움직인 거리는 속도의 정적분이다.

$$\int_a^b |v(t)|\,dt$$

예를 들어, 구간에 따른 속도가 다음과 같다고 하자.

$$\begin{aligned} &a \le t \le c, && v(t) \ge 0 \\ &c \le t \le d, && v(t) \le 0 \\ &d \le t \le b, && v(t) \ge 0 \end{aligned}$$

시간 구간 t=a부터 t=b까지의 전체 움직인 거리는 다음과 같다.

$$\int_a^c v(t)\,dt - \int_c^d v(t)\,dt + \int_d^b v(t)\,dt$$

t=a부터 t=b까지의 입자 위치의 최종 변화 또는 변위는 미적분의 기본정리로 인하여 다

음과 같다.

$$\int_a^b v(t)\,dt$$

예제 5-13 물체가 일직선을 따라 $v(t) = t^3 + 3t^2$의 속도로 움직인다면, $t = 1$와 $t = 4$사이에 움직인 거리를 구하여라.

풀이

$$\int_1^4 (t^3 + 3t^2)dt = \left[\frac{t^4}{4} + t^3\right]_1^4 = \frac{507}{4}$$

[1, 4]에서 모든 t에 $v(t) > 0$란걸 유의하자.

예제 5-14 입자가 시간 t 때의 속도가 $v(t) = 6t^2 - 18t + 12$로 x축을 따라 움직인다.

(1) $t = 0$부터 $t = 4$까지의 총 거리를 찾아라.

(2) $t = 0$부터 $t = 4$까지의 입자의 변위를 찾아라.

풀이 (1) $v(t) = 6t^2 - 18t + 12 = 6(t-1)(t-2)$이므로, 다음과 같다.

$t < 1$ 이면, $v > 0$

$1 < t < 2$ 이면, $v < 0$

$2 < t$ 이면, $v > 0$

그러므로, $t = 0$부터 $t = 4$까지 총 거리는

$$\int_0^1 v(t)\,dt - \int_1^2 v(t)\,dt + \int_2^4 v(t)\,dt = 34$$

(2) $t = 0$부터 $t = 4$까지의 입자의 변위를 찾기 위해선,

$$\int_0^4 v(t)\,dt = \int_0^4 (6t^2 - 18t + 12)\,dt = [2t^3 - 9t^2 + 12t]_0^4 = 128 - 144 + 48 = 32$$

예제 5-15 시간 t때의 선을 따라 움직이는 물체의 가속도는 $a = \sin t$이다 $t = 0$일 때 물체는 멈춰있다. $t = 0$ 부터 $t = \dfrac{5\pi}{6}$까지 이 물체가 움직이는 거리 s를 찾아라.

풀이 $a = \dfrac{d^2 s}{dt^2} = \dfrac{dv}{dt} = \sin t$ 이므로

$$v(t) = \frac{ds}{dt} = \int \sin t\, dt; \qquad v(t) = -\cos t + C$$

또한, $v(0) = 0$는 $C = 1$. $v(t) = 1 - \cos t$ 모든 t에서 $v(t) \geq 0$. 그러므로, 움직인 거리는 $\int_0^{5\pi/6} (1 - \cos t) dt = \frac{5\pi}{6} - \frac{1}{2}$ 이다.

5.3.2 호의 길이

함수 $y=f(x)$의 적분이 구간 $a \leq x \leq b$ 사이 연속의 함수라면, $x=a$인 점에서 $x=b$인 점까지의 $y=f(x)$의 호의 길이 s는 아래와 같다.

$$s = \int_a^b \sqrt{1 + \left(\frac{dy}{dx}\right)^2}\, dx$$

함수 $x=g(y)$의 적분이 구간 $c \leq y \leq d$ 사이 연속의 함수라면, $y=c$에서 $y=d$까지의 호의 길이 s는 이와 같다.

$$s = \int_c^d \sqrt{1 + \left(\frac{dx}{dy}\right)^2}\, dy$$

곡선이 방정식 $x=x(t)$와 $y=y(t)$로 매개로 설명된다면, 함수 $x(t)$와 $y(t)$의 적분이 $[t_a, t_b]$에서 연속이라면 (그리고 곡선이 교차하지 않는다면), $t = t_a$부터 $t = t_b$까지의 호의 길이는 다음과 같다.

$$s = \int_{t_a}^{t_b} \sqrt{\left(\frac{dx}{dt}\right)^2 + \left(\frac{dy}{dt}\right)^2}\, dt$$

예제 5-16 (1) $y=x^{3/2}$의 $x=1$부터 $x=8$까지의 호의 길이를 찾아라.

(2) $y=0$부터 $y=1$까지 $(x-2)^2=4y^3$ 곡선의 길이를 찾아라.

(3) 시간 t에 입자의 위치(x, y)는 $x=t^2$와 $y=\dfrac{t^3}{3}-t$로 매개로 주어졌다. $t=1$와 $t=2$사이에서 입자가 움직인 거리를 찾아라.

(4) $x=0$부터 $x=\dfrac{\pi}{3}$까지의 $y=\ln \sec x$의 호의 길이를 찾아라.

풀이 (1) 여기는 $\dfrac{dy}{dx}=\dfrac{3}{2}x^{1/2}$

$$s=\int_1^8 \sqrt{1+\frac{9}{4}x}\,dx=\left[\frac{2}{3}\left(1+\frac{9}{4}x\right)^{\frac{3}{2}}\cdot\left(\frac{4}{9}\right)\right]_1^8=\frac{8}{27}(19)^{\frac{3}{2}}-\frac{8}{27}\left(\frac{3}{4}\right)^{\frac{3}{2}}$$

(2) $(x-2)=2y^{3/2}$, $\dfrac{dx}{dy}=3y^{1/2}$

$$s=\int_0^1 \sqrt{1+9y}\,dy=\left[\frac{2}{3}(1+9y)^{\frac{3}{2}}\cdot\left(\frac{1}{9}\right)\right]_0^1=\frac{2}{27}(10)^{\frac{3}{2}}-\frac{2}{27}$$

(3) $dx=2t\,dt$이고 $dy=(t^2-1)\,dt$이다.

$\sqrt{\left(\dfrac{dx}{dt}\right)^2+\left(\dfrac{ds}{dt}\right)^2}=\sqrt{4t^2+t^4-2t^2+1}$ 이므로

$$s=\int_1^2 \sqrt{(t^2+1)^2}\,dt=\int_1^2 (t^2+1)\,dt=\left[\frac{t^3}{3}+t\right]_1^2=\frac{10}{3}$$

(4) $\dfrac{dy}{dx}=\dfrac{\sec x\tan x}{\sec x}$

$$s=\int_0^{\pi/3} \sqrt{1+\tan^2 x}\,dx=\int_0^{\pi/3}\sec x\,dx=[\ln|\sec x+\tan x|]_0^{\pi/3}=\ln(2+\sqrt{3})$$

5.3.3 이상적분(특이적분)

지금까지 계산한 적분구간이 유계(bounded)인 폐구간에서 함수 $f(x)$가 연속인 경우만 생각했었다. 이 절에서는 적분구간이 유계가가 아니거나 폐구간에서 연속이 아닌 함수의 정적분을 구하는 문제를 살펴보자. 이와 같은 정적분을 **이상적분**(improper integral)이라고 한다. 먼저 적분구간이 유한이 아닌 경우에 특이적분은 다음과 같이 정의된다.

함수 $f(x)$가 주어진 정의역에서 연속일 때, 이상적분을 다음과 같이 정의한다.

정의 5.1

(1) $\int_{a}^{\infty} f(x)dx = \lim_{b\to\infty}\int_{a}^{b} f(x)dx$

(2) $\int_{-\infty}^{b} f(x)dx = \lim_{a\to-\infty}\int_{a}^{b} f(x)dx$

(3) $\int_{-\infty}^{\infty} f(x)dx = \int_{-\infty}^{0} f(x)dx + \int_{0}^{\infty} f(x)dx$

$$= \lim_{a\to-\infty}\int_{a}^{0} f(x)dx + \lim_{b\to\infty}\int_{0}^{b} f(x)dx$$

각 경우에 극한값이 존재하면 이상적분은 수렴한다고 말하고, 극한값이 존재하지 않는 경우에 특이적분은 값을 갖지 않으며 발산한다고 말한다.

예제 5-17 다음을 적분하여라.

(1) $\int_{1}^{\infty} \frac{1}{x^2}dx$ (2) $\int_{0}^{\infty} \frac{dx}{x^2+9}$

(3) $\int_{0}^{\infty} \frac{dy}{e^y}$ (4) $\int_{-\infty}^{0} \frac{dz}{(z-1)^2}$

풀이 (1) $\int_{1}^{\infty} \frac{1}{x^2}dx = \lim_{b\to\infty}\int_{1}^{b} x^{-2}dx = \lim_{b\to\infty}\left\{-\left(\frac{1}{b}-1\right)\right\} = 1$

주어진 적분은 1으로 수렴한다. 그림 5.28에서, $\int_{1}^{\infty}\frac{dx}{x^2}$ 을 x축 위와, $x=1$, $y=\frac{1}{x^2}$ 곡선 밑의 넓이로 해석한다.

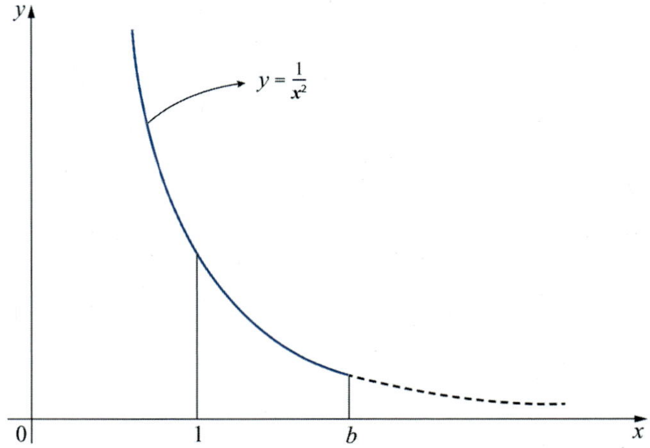

그림 5.28

(2) $\displaystyle\int_0^{\infty}\frac{dx}{x^2+9}=\lim_{b\to\infty}\int_0^b\frac{dx}{x^2+9}=\lim_{b\to\infty}\left[\frac{1}{3}\tan^{-1}\frac{x}{3}\right]_0^b=\lim_{b\to\infty}\frac{1}{3}\tan^{-1}\frac{b}{3}=\frac{1}{3}\cdot\frac{\pi}{2}=\frac{\pi}{6}$

(3) $\displaystyle\int_0^{\infty}\frac{dy}{e^y}=\lim_{b\to\infty}\int_0^b e^{-y}dy=\lim_{b\to\infty}\{-(e^{-b}-1)\}=1$

(4) $\displaystyle\int_{-\infty}^{0}\frac{dz}{(z-1)^2}=\lim_{b\to-\infty}\int_b^0(z-1)^{-2}dz=\lim_{b\to\infty}\left[-\frac{1}{z-1}\right]_b^0$

$$=\lim_{b\to\infty}\left\{-\left(-1-\frac{1}{b-1}\right)\right\}=1$$

두 번째 종류의 특이적분은 피적분함수 $f(x)$가 적분구간인 폐구간에서 연속이 아닌 경우 즉, 함수 $f(x)$가 구간 $[a, b]$에서 그림 5.29, 그림 5.30, 그림 5.31과 같은 수직인 접근선을 가질 때 다음과 같이 정의한다.

정의 5.2

(1) $f(x)$가 $x=a$에서 수직인 점근선을 갖는다면

$$\int_a^b f(x)dx = \lim_{c \to +0} \int_{a+c}^{b} f(x)dx$$

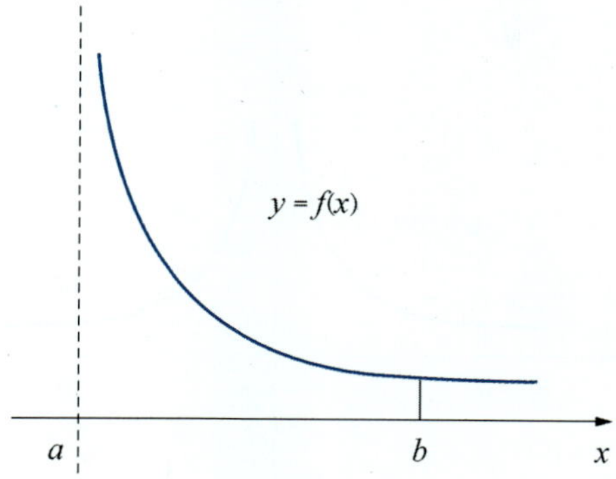

그림 5.29

(2) $f(x)$가 $x=b$에서 수직인 점근선을 갖는다면

$$\int_a^b f(x)dx = \lim_{c \to +0} \int_{a}^{b-c} f(x)dx$$

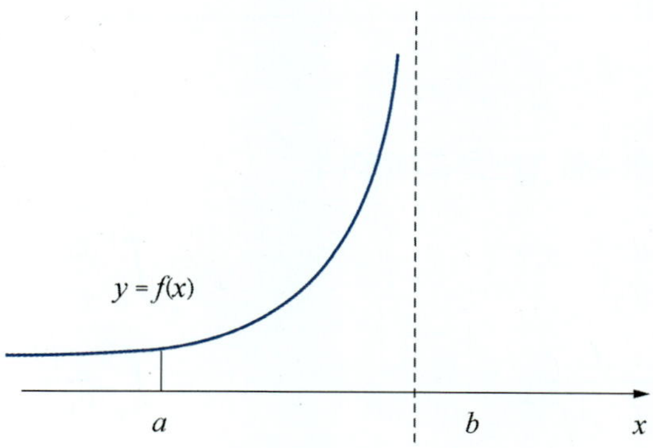

그림 5.30

(3) $f(x)$가 $x=k(a<k<b)$에서 수직인 점근선을 갖는다면

$$\int_a^b f(x)dx = \lim_{c\to+0}\int_a^{k-c} f(x)dx + \lim_{c\to+0}\int_{k+c}^b f(x)dx$$

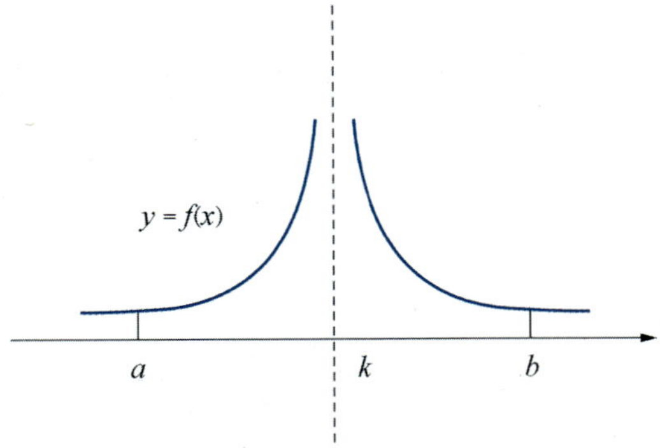

그림 5.31

(4) 피적분 함수가 적분 구간 $(a<c<b)$ 사이 안쪽의 점 c에서 불연속점을 가진다면

$$\int_a^b f(x)dx = \lim_{k\to c^-}\int_a^k f(x)dx + \lim_{m\to c^+}\int_m^b f(x)dx$$

예제 5-18 다음 적분의 수렴·발산을 조사하여라.

(1) $\displaystyle\int_0^1 \frac{dx}{\sqrt[3]{x}}$ (2) $\displaystyle\int_0^1 \frac{dx}{x^3}$

(3) $\displaystyle\int_0^2 \frac{dx}{(x-1)^{2/3}}$ (4) $\displaystyle\int_2^3 \frac{dt}{(3-t)^2}$

(5) $\displaystyle\int_{-2}^2 \frac{dx}{x^2}$

풀이 (1) $\displaystyle\int_0^1 \frac{dx}{\sqrt[3]{x}} = \lim_{k\to0^+}\int_k^1 x^{-1/3}dx = \lim_{k\to0^+}\left[\frac{3}{2}x^{2/3}\right]_k^1 = \lim_{k\to0^+}\frac{3}{2}(1-k^{2/3}) = \frac{3}{2}$

그림 5.32에서, 이 적분을 $y=\dfrac{1}{\sqrt[3]{x}}$ 밑과 $x=1$ 왼쪽으로의 첫 번째 사분면 넓이로 해석한다.

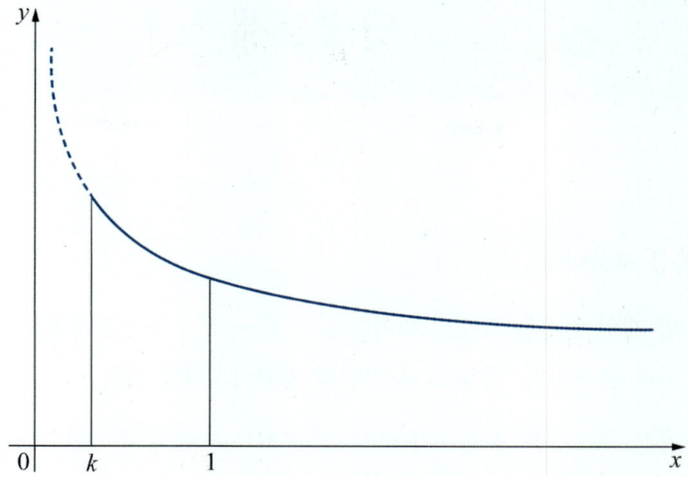

그림 5.32

(2) $\int_0^1 \frac{dx}{x^3} = \lim_{k\to 0^+} \int_k^1 x^{-3}dx = \lim_{k\to 0^+}\left[-\frac{1}{2x^2}\right]_k^1 = \lim_{k\to 0^+}\left\{-\frac{1}{2}\left(1-\frac{1}{k^2}\right)\right\} = \infty$. 발산한다.

(3) $\int_0^2 \frac{dx}{(x-1)^{2/3}} = \lim_{k\to 1^-}\int_0^k (x-1)^{-2/3}dx + \lim_{m\to 1^+}\int_m^2 (x-1)^{-2/3}dx$

$= \lim_{k\to 1^-}[3(x-1)^{1/3}]_0^k + \lim_{m\to 1^+}[3(x-1)^{1/3}]_m^2 = 3(0+1)+3(1-0) = 6$

(4) $\int_2^3 \frac{dt}{(3-t)^2} = \lim_{k\to 3^-}\left\{-\int_2^k (3-t)^{-2}(-dt)\right\} = \lim_{k\to 3^-}\left[\frac{1}{3-t}\right]_2^k = +\infty$, 발산한다.

(5) $\int_{-2}^2 \frac{dx}{x^2} = \lim_{k\to 0^-}\int_{-2}^k x^{-2}dx + \lim_{m\to 0^+}\int_m^2 x^{-2}dx$

$= \lim_{k\to 0^-}\left[-\frac{1}{x}\right]_{-2}^k + \lim_{m\to 0^+}\left[-\frac{1}{x}\right]_m^2$ 극한치가 존재하지 않는다. 발산한다.

연습문제 5.3

1. 다음을 구하여라.

(1) 한 개의 입자는 그것의 위치가 $s = t^3 - 6t^2 + 9t + 3$에 의해 주어진 방법으로 선을 따라 움직인다. 언제 그 움직임의 방향이 바뀌는가?

(2) 몸은 속도 v와 시간 t가 $v = 4t^3 + 3t^2 + 5$에서 주어진 직선을 따라 움직인다. 몸이 $t = 0$부터 $t = 2$까지 간 거리는?

(3) 한 입자는 $v = 3t^2 - 6t$의 속도로 선을 따라 움직인다. $t = 0$부터 $t = 3$까지 간 총 거리는?

(4) 직선에서 움직이는 입자의 가속도는 $a = \cos t$에 의해 주어졌고, $t = 0$일 때 입자는 멈춰있다. $t = 0$부터 $t = 2$까지 간 거리는?

(5) 허리케인의 최악의 4시간 동안 시간당 바람 속도는 $v(t) = 5t - t^2 + 100$, $0 \le x \le 4$에 의해 주어진다. 이 기간 동안 평균 바람 속도는?

2. 매개변수 곡선의 길이를 구하여라.

(1) $x = 1 - t$, $y = 2 + 3t$, $-\dfrac{2}{3} \le t \le 1$

(2) $x = \dfrac{(2t+3)^{\frac{3}{2}}}{3}$, $y = \dfrac{2t + t^2}{2}$, $0 \le t \le 3$

(3) $x = e^t \cos t$, $y = e^t \sin t$, $0 \le t \le \pi$

(4) 사이클로이드 $x = a(\theta - \sin\theta)$, $y = a(1 - \cos\theta)$, $0 \le \theta \le 2\pi$의 한 호의 길이를 구하여라.

연습문제 5.3

3. 다음 적분의 수렴·발산을 조사하여라.

(1) $\displaystyle\int_{0}^{\infty}\frac{dx}{x^2+1}$

(2) $\displaystyle\int_{-\infty}^{-2}\frac{2\,dx}{x^2-1}$

(3) $\displaystyle\int_{0}^{\infty}\frac{dx}{(1+x)\sqrt{x}}$

(4) $\displaystyle\int_{0}^{1}x\ln x\,dx$

(5) $\displaystyle\int_{-1}^{\infty}\frac{d\theta}{\theta^2+5\theta+6}$

(6) $\displaystyle\int_{0}^{\ln 2}x^{-2}e^{-\frac{1}{x}}\,dx$

(7) $\displaystyle\int_{2}^{\infty}\frac{dv}{\sqrt{v-1}}$

CHAPTER 6

매개변수방정식과 극좌표

우리는 이 단원에서 직선, 원, 타원의 매개변수화에 대하여 공부하고 매개방정식으로 정의된 직교좌표상의 곡선과 곡선의 미분 계산을 소개한다. 또한, 포물선, 쌍곡선, 사이클로이드 등의 매개변수화에 대하여 공부한다. 고교과정에서는 평면상의 점들을 나타내기 위해 직교좌표를 사용하였다. 직교좌표는 두 개의 축이 직각으로 만나는 좌표인데, 이 절에서는 두 개의 축이 직각으로 만나지 않는 극좌표를 도입하여 직교좌표에서 설명하기 어려운 그래프를 설명하고자 한다. 포물선, 타원, 그리고 쌍곡선들의 기하학적 정의를 내리고 또한 이 곡선들의 표준방정식을 유도한다.

6.1 매개변수방정식

평면의 점 (x, y)는 매개변수를 이용하여 나타내는 것이 편리한 경우가 많다. 예를 들어 인공위성의 이동을 추적하려 한다면 시간의 변화에 따른 위성의 위치를 알아야 한다. 그래야만 인공위성의 이동경로뿐만 아니라 원하는 점을 지나는 시각도 알 수 있는 것이다.

정의 6.1

정의역 D가 같은 두 함수$g(t), h(t)$에 대하여, 방정식$x = g(t), y = h(t)$를 **매개변수** (parameter)**방정식**이라 한다. 각 t의 값들은 점 (x, y)를 결정하고, 좌표평면에 이 점들을 이어 곡선을 그릴 수 있다. t가 변할 때 점 $(x, y) = (g(t), h(t))$도 변하고, 그 자취를 따라 곡선 C가 형성되며, 이것을 매개변수곡선(parametric curve)이라 부른다.

매개변수 t는 반드시 시간을 의미하는 것만은 아니고, 사실 t와 다른 문자를 매개변수로 쓸 수 있다. 그러나 많은 매개변수곡선의 응용에 있어서 t는 시간을 나타낸다. 그러므로 $(x, y) = (f(t), g(t))$를 시간 t에 있어서 질점의 위치로 간주할 수 있다.

예제 6-1 매개변수방정식 $x = t^2 - 2t$와 $y = t + 1$로 정의된 곡선을 그리고, 매개변수를 소거하여 직교방정식도 구하여라.

풀이 표6.1에서 각 t의 값은 곡선상의 한 점을 나타낸다. 예를 들어, $t=0$이면 $x=0$, $y=1$이고 이에 대응하는 점은 (0,1)이다. 그림 6.1에서 몇 개의 매개변수들의 값으로 점 (x, y)를 구하여, 그것들을 연결하면 곡선을 만들 수 있다.

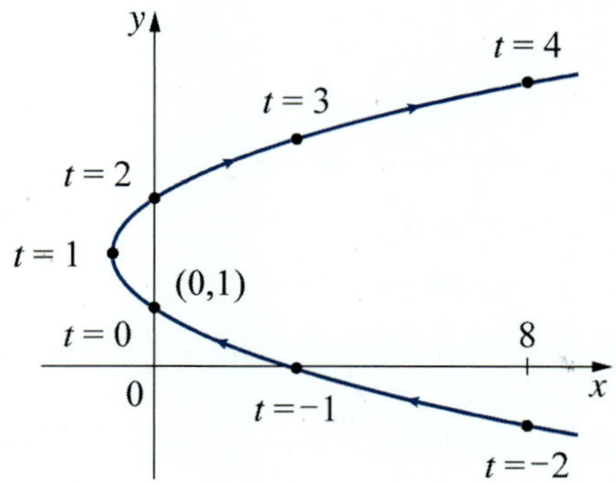

그림 6.1

표 6.1

t	x	y
−2	8	−1
−1	3	0
0	0	1
1	−1	2
2	0	3
3	3	4
4	8	5

매개변수 방정식으로 주어진 질점의 위치는 t가 증가할 때 화살표 방향으로 곡선을 따라 움직인다. 두 번째 방정식으로부터 $t=y-1$을 얻어 이를 첫 번째 방정식에 대입한다. 그러면

$$x = t^2 - 2t = (y-1)^2 - 2(y-1) = y^2 - 4y + 3$$

이 되며, 따라서 주어진 매개변수방정식이 나타내는 곡선은 포물선 $x = y^2 - 4y + 3$이다.

예제 6-2 매개변수를 소거하여 직교방정식을 구하여라.

(1) $\begin{cases} x = 1 - t^2 \\ y = t \end{cases}$ (2) $\begin{cases} x = \cos\theta \\ y = |\sin\theta| \end{cases}$

(3) $\begin{cases} x = \sec t \\ y = \tan t \end{cases}$ (4) $\begin{cases} x = \cos^2\theta - \sin^2\theta \\ y = 2\sin\theta\cos\theta \end{cases}$

(5) $\begin{cases} x = 2\cos t \\ y = 3\sin t \end{cases}$ (6) $\begin{cases} x = 2 + 4\cos t \\ y = 3 + 4\sin t \end{cases}$

풀이 (1) $t = y$이므로, $x = 1 - y^2$

(2) $\cos^2\theta + \sin^2\theta = 1$에서, $x^2 + y^2 = 1(y \geq 0)$

(3) $\sec^2\theta - \tan^2\theta = 1$이므로, $x^2 - y^2 = 1$

(4) $x = \cos 2\theta, y = \sin 2\theta$이므로, $x^2 + y^2 = 1$

(5) $\cos^2 t + \sin^2 t = 1$에서 $\cos t = \dfrac{x}{2}$, $\sin t = \dfrac{y}{3}$이므로 $\dfrac{x^2}{2^2} + \dfrac{y^2}{3^2} = 1$

(6) $\cos^2 t + \sin^2 t = 1$에서 $\cos t = \dfrac{x-2}{4}$, $\sin t = \dfrac{y-3}{4}$이므로 $(x-2)^2 + (y-3)^2 = 4^2$

예제 6-3 직선 위를 따라 원이 구를 때 원주 위의 점 P에 의하여 그려지는 곡선을 사이클로이드(cycloid)라 부른다(그림 6.2). 원의 반지름이 r이고 x축에 따라 구르며, 점 P의 한 위치가 원점일 때 사이클로이드의 매개변수방정식을 구하여라.

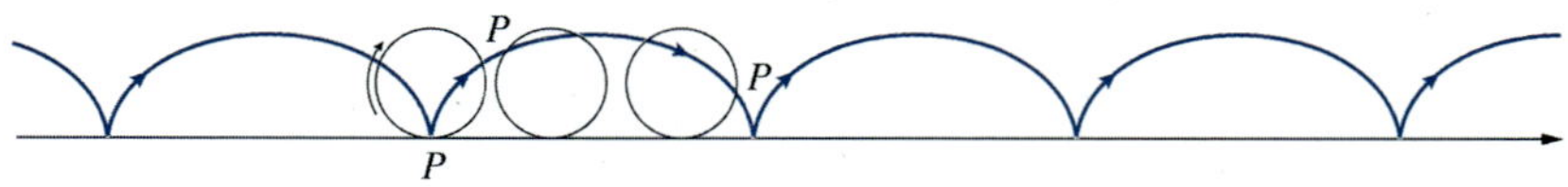

그림 6.2

풀이 매개변수로써 원의 회전각 θ(P가 원점에 있을 때 $\theta = 0$)를 취하자. 원이 θ라디안만큼 회전했다고 가정하자. 원이 직선과 붙어 있기 때문에, 그림 6.3에서 보듯이 원점으로부터 굴러간 거리는

$$|OR| = \text{arc}PR = r\theta$$

이고, 원의 중심은 $C(r\theta, r)$이다. P의 좌표를 (x, y)라 놓으면, 그림 6.3으로부터 다음과 같은 사실을 알 수 있다.

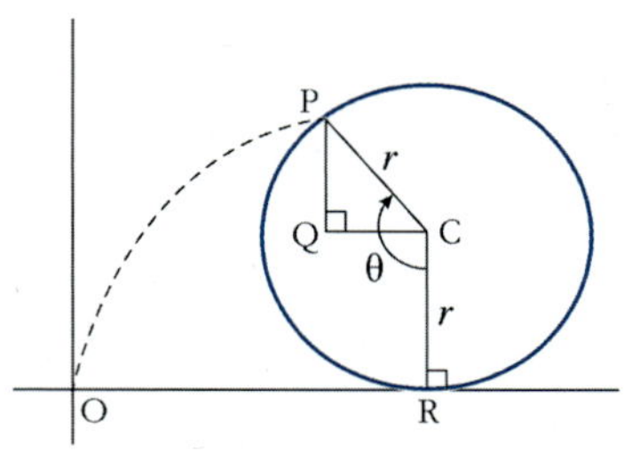

그림 6.3

$$\begin{cases} x = OR - QC \\ y = RC + PQ \end{cases}$$

즉 $x = r\theta - r\sin(\pi - \theta) = r\theta - r\sin\theta = r(\theta - \sin\theta)$

$y = r + r\cos(\pi - \theta) = r - r\cos\theta = r(1 - \cos\theta)$

▪ 매개변수방정식의 미분

매개변수방정식의 기울기 $y = F(x)$에 $x = g(t)$와 $y = h(t)$를 대입하면,

연쇄법칙에 의하여 $F[g(t)] = h(t)$

즉 $F'[g(t)] \cdot g'(t) = h'(t)$

$$F'(x) = \frac{h'(t)}{g'(t)}$$

$F'(x) = \dfrac{dy}{dx}$, $g'(t) = \dfrac{dx}{dt}$, $h'(t) = \dfrac{dy}{dt}$ 이므로

$$\frac{dy}{dx} = \frac{\frac{dy}{dt}}{\frac{dx}{dt}} \quad 단, \frac{dx}{dt} \neq 0$$

$$\frac{d^2y}{dx^2} = \frac{dy'}{dx} = \frac{\frac{dy'}{dt}}{\frac{dx}{dt}} = \frac{\frac{d\left(\frac{dy}{dx}\right)}{dt}}{\frac{dx}{dt}}$$

예제 6-4 $x = \cos\theta$, $y = \sin\theta$에서 $\theta = \dfrac{\pi}{3}$에 대한 접선의 기울기를 구하여라.

풀이 $\dfrac{dx}{d\theta} = -\sin\theta$ and $\dfrac{dy}{d\theta} = \cos\theta$, $\theta = \dfrac{\pi}{3}$ 에서,

$$\frac{dy}{dx} = \frac{\frac{dy}{d\theta}}{\frac{dx}{d\theta}} = \frac{\cos\theta}{-\sin\theta} = \frac{1/2}{-\sqrt{3}/2} = -\frac{\sqrt{3}}{3}$$

예제 6-5 곡선 $x = \sec\theta$, $y = \tan\theta$가 수직접선을 갖는 점을 모두 구하여라.

풀이 $\dfrac{dx}{d\theta} = \sec\theta\tan\theta$, $\dfrac{dy}{d\theta} = \sec^2\theta$. 그러므로, $\dfrac{dy}{dx} = \dfrac{\frac{dy}{d\theta}}{\frac{dx}{d\theta}} = \dfrac{\sec^2\theta}{\sec\theta\tan\theta} = \dfrac{\sec\theta}{\tan\theta}$

$\tan\theta = 0$일 때 기울기가 존재하지 않는다. 즉 $\theta = n\pi$일 때이다.

예제 6-6 $\theta = \dfrac{2\pi}{3}$인 점에서 사이클로드 $x = \theta - \sin\theta$, $y = 1 - \cos\theta$에 대한 접선의 기울기와 오목볼록을 조사하여라.

풀이

$$\frac{dy}{dx} = \frac{\frac{dy}{d\theta}}{\frac{dx}{d\theta}} = \frac{\sin\theta}{1-\cos\theta}$$

$\theta = \dfrac{2}{3}\pi$일 때

$$\frac{dy}{dx} = \frac{\sin\frac{2}{3}\pi}{1-\cos\frac{2}{3}\pi} = \frac{\frac{\sqrt{3}}{2}}{1+\frac{1}{2}} = \frac{\sqrt{3}}{3}$$

$$\frac{d^2y}{dx^2} = \frac{\frac{dy'}{d\theta}}{\frac{dx}{d\theta}} = \frac{-\frac{1}{1-\cos\theta}}{1-\cos\theta} = -\frac{1}{(1-\cos\theta)^2}$$

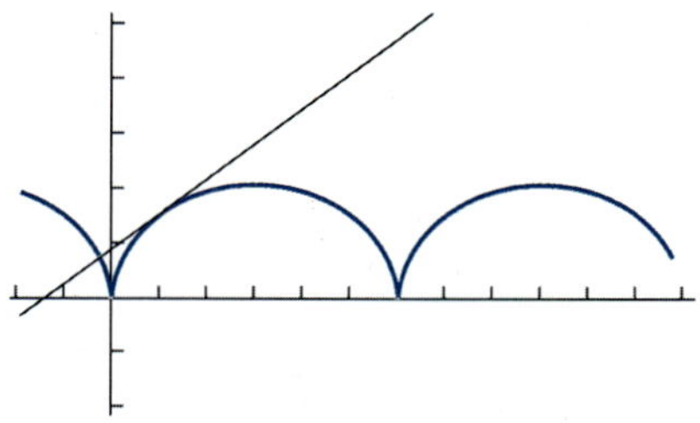

그림 6.4

$\dfrac{d^2y}{dx^2} < 0$이므로 $(0, 2\pi)$에서 위로 볼록하다.

▪ 매개변수방정식의 적분

매개변수방정식으로 표현된 넓이의 계산은 이미 알고 있는 적분의 확장이다. $[a, b]$에서 정의된 연속함수 f에 대하여, $f(x) \geq 0$이면 구간 $a \leq x \leq b$에 있는 곡선 $y = f(x)$의 아래쪽 부분의 넓이는 다음과 같다.

$$A = \int_a^b f(x)dx = \int_a^b y\,dx$$

동일한 곡선을 매개변수방정식 $x=g(t), y=h(t)$로 나타낸다. 곡선이 $c \le t \le d$에 대해 한 번 그려진다면 $x=g(t)$를 대입하여 넓이를 계산할 수 있다. $dx=g'(t)dt$이므로 넓이는 다음과 같다.

$$A=\int_a^b y\,dx=\int_c^d h(t)g'(t)\,dt$$

여기서는 새로운 적분변수에 알맞게 적분구간도 변경해야 한다.

예제 6-7 매개변수를 이용하여 다음을 구하여라.

(1) $x=2\sin\theta$이고 $y=2\cos\theta$에서의 $\int_{-2}^{2} y\,dx$를 구하라.

(2) $x=\ln t$, $y=t^3$일 때, $2\pi\int_0^1 xy\,dx$를 t항으로 나타내어라.

풀이 (1) $dx=2\cos\theta d\theta$과 다음을 확인한다.

$x=-2$일 때, $\theta=-\dfrac{\pi}{2}$, $x=2$일 때, $\theta=\dfrac{\pi}{2}$

$$\int_{-2}^{2} y\,dx=\int_{-\pi/2}^{\pi/2} 2\cos\theta(2\cos\theta)\,d\theta=4\int_{-\pi/2}^{\pi/2}\frac{1+\cos 2\theta}{2}\,d\theta=2\pi$$

(2) $dx=\dfrac{1}{t}dt$이고

$x=0$일 때, $\ln t=0$, $t=1$

$x=1$일 때, $\ln t=1$, $t=e$이다.

$$2\pi\int_0^1 xy\,dx=2\pi\int_1^e \ln t(t^3)\left(\frac{1}{t}dt\right)=2\pi\int_1^e (t^2\ln t)\,dt$$

예제 6-8 $x = r(\theta - \sin\theta)$와 $y = r(1 - \cos\theta)$인 사이클로이드의 한 반원형 밑의 넓이를 구하여라(그림 6.5 참조).

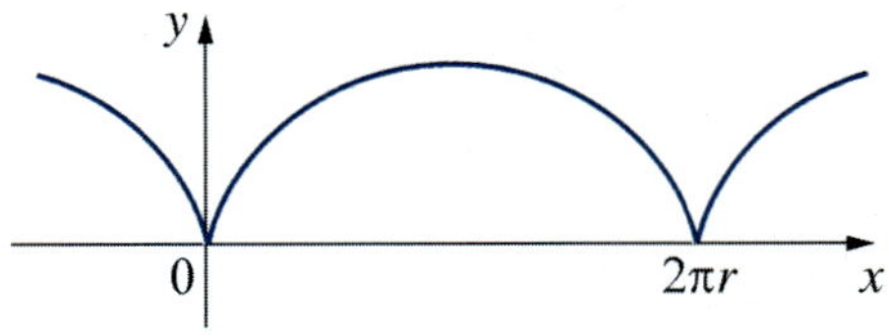

그림 6.5

풀이 사이클로이드의 한 반원형은 $0 \le \theta \le 2\pi$로 주어진다.
$y = r(1-\cos\theta)$와 $dx = r(1-\cos\theta)d\theta$로 치환법을 이용하면

$$\begin{aligned}
A &= \int_0^{2\pi r} y dx = \int_0^{2\pi} r(1-\cos\theta)r(1-\cos\theta)d\theta \\
&= r^2\int_0^{2\pi}(1-\cos\theta)^2 d\theta = r^2\int_0^{2\pi}(1-2\cos\theta+\cos^2\theta)d\theta \\
&= r^2\int_0^{2\pi}\left[1-2\cos\theta+\frac{1}{2}(1+\cos2\theta)\right]d\theta \\
&= r^2\left[\frac{3}{2}\theta-2\sin\theta+\frac{1}{4}\sin2\theta\right]_0^{2\pi} \\
&= r^2\left(\frac{3}{2}2\pi\right) = 3\pi r^2
\end{aligned}$$

▪ 매개 변수방정식에서 호의 길이

곡선 C가 매개변수방정식 $x = g(t)$, $y = h(t)(\alpha \le t \le \beta)$이고 $[\alpha, \beta]$에서 연속이며 t가 α에서 β로 증가할 때 C가 꼭 한 번 가로지른다면, C의 길이는

$$L = \int_\alpha^\beta \sqrt{\left(\frac{dx}{dt}\right)^2 + \left(\frac{dy}{dt}\right)^2}\, dt$$

이다.(증명생략)

예제 6-9 다음 매개방정식의 호의 길이를 구하여라.

(1) $x=\cos t,\ y=\sin t,\ \ 0 \le t \le 2\pi$

(2) $x=\sin 2t,\ y=\cos 2t,\ \ 0 \le t \le 2\pi$

풀이 (1) $\dfrac{dx}{dt}=-\sin t$와 $\dfrac{dy}{dt}=\cos t$이므로,

$$L=\int_0^{2\pi}\sqrt{\left(\frac{dx}{dt}\right)^2+\left(\frac{dy}{dt}\right)^2}\,dt=\int_0^{2\pi}\sqrt{\sin^2 t+\cos^2 t}\,dt=\int_0^{2\pi}dt=2\pi$$

(2) $\dfrac{dx}{dt}=2\cos 2t$와 $\dfrac{dy}{dt}=-2\sin 2t$이므로,

$$L=\int_0^{2\pi}\sqrt{\left(\frac{dx}{dt}\right)^2+\left(\frac{dy}{dt}\right)^2}\,dt=\int_0^{2\pi}\sqrt{4\cos^2 2t+4\sin^2 2t}\,dt=\int_0^{2\pi}2dt=4\pi$$

예제 6-10 사이클로이드 $x=r(\theta-\sin\theta),\ y=r(1-\cos\theta)$의 한 개의 반원형의 호의 길이를 구하여라.

풀이 $\dfrac{dx}{d\theta}=r(1-\cos\theta),\ \dfrac{dy}{d\theta}=r\sin\theta$이므로

$$\begin{aligned}L&=\int_0^{2\pi}\sqrt{\left(\frac{dx}{d\theta}\right)^2+\left(\frac{dy}{d\theta}\right)^2}\,d\theta=\int_0^{2\pi}\sqrt{r^2(1-\cos\theta)^2+r^2\sin^2\theta}\,d\theta\\&=\int_0^{2\pi}\sqrt{r^2(1-2\cos\theta+\cos^2\theta+\sin^2\theta)}\,d\theta=r\int_0^{2\pi}\sqrt{2(1-\cos\theta)}\,d\theta\end{aligned}$$

$\sqrt{2(1-\cos\theta)}=\sqrt{4\sin^2\dfrac{\theta}{2}}=2\left|\sin\dfrac{\theta}{2}\right|=2\sin\dfrac{\theta}{2}$이고, 따라서

$$L=2r\int_0^{2\pi}\sin\frac{\theta}{2}\,d\theta=2r\left[-2\cos\frac{\theta}{2}\right]_0^{2\pi}=2r[2+2]=8r$$

연습문제 6.1

1. 주어진 매개변수 방정식으로 정의된 평면곡선을 그리고 곡선에 대응되는 직교방정식을 구하여라.

(1) $\begin{cases} x = 3\cos t \\ y = 3\sin t \end{cases}$　　(2) $\begin{cases} x = -1 + 2t \\ y = 3t \end{cases}$

(3) $\begin{cases} x = t^2 - 1 \\ y = 2t \end{cases}$

2. 주어진 곡선과 점에 대한 접선의 기울기를 구하여라.

(1) $\begin{cases} x = t^2 - 2 \\ y = t^3 - t \end{cases}$　(a) $t = -1$　(b) t=1　(c) $(-2, 0)$

(2) $\begin{cases} x = \cos 2t \\ y = \sin 4t \end{cases}$　(a) $t = \dfrac{\pi}{4}$　(b) $t = \dfrac{\pi}{2}$　(c) $\left(\dfrac{\sqrt{2}}{2}, 1\right)$

3. 주어진 곡선에서 (a) 수평접선, (b) 수직접선을 갖는 점을 모두 구하여라.

(1) $\begin{cases} x = \cos 2t \\ y = \sin 4t \end{cases}$

(2) $\begin{cases} x = t^2 - 1 \\ y = t^4 - 4t \end{cases}$

연습문제 6.1

4. 물체의 위치에 대한 매개변수방정식이 주어져 있다. 주어진 시간에 대하여 물체의 속도와 속력을 구하고, 운동을 설명하여라.

(1) $\begin{cases} x = 2\cos t \\ y = 2\sin t \end{cases}$ $\quad (a)\, t = 0,\ \ (b)\, t = \dfrac{\pi}{2}$

(2) $\begin{cases} x = 20t \\ y = 30 - 2t - 16t^2 \end{cases}$ $\quad (a)\, t = 0,\ (b)\, t = 2$

(3) $\begin{cases} x = 2\cos 2t + \sin 5t \\ y = 2\sin 2t + \cos 5t \end{cases}$ $\quad (a)\, t = 0,\ \ (b)\, t = \dfrac{\pi}{2}$

5. 주어진 곡선으로 둘러싸인 넓이를 구하여라.

(1) $\begin{cases} x = 3\cos t \\ y = 2\sin t \end{cases}$

(2) $\begin{cases} x = \cos t \\ y = \sin 2t \end{cases}, \dfrac{\pi}{2} \le t \le \dfrac{3\pi}{2}$

(3) $\begin{cases} x = t^3 - 4t \\ y = t^4 - 1 \end{cases}, -2 \le t \le 2$

6. 다음 매개곡선으로 둘러싸인 넓이를 구하여라.

(1) $x = 2\cos\theta,\ y = 3\sin\theta$로 둘러싸인 넓이는?

(2) $x = \theta - \sin\theta,\ y = 1 - \cos\theta$로 둘러싸인 넓이는?

6.2 극좌표(Polar Coordinate)

극점(또는 원점)이라 부르고 O라 이름 붙여진 평면 내의 한 점을 잡는다. 극축이라고 하는 O에서 시작하는 반직선을 그린다. 이 극축은 항상 오른쪽으로 수평하게 그려지고 직교좌표에서 양의 방향인 x축에 대응된다.

> **정의 6.2**
>
> P가 평면 내의 어떤 다른 점이면, r을 O에서 P까지의 거리라 놓고 그림 6.6에서처럼 θ를 극축과 직선 OP 사이의 각(항상 라디안으로 측정된다)이라 하자. 그러면 점 P는 순서쌍 (r,θ)로 나타내고 r, θ를 P의 극좌표라 한다.

만일 θ가 극축으로부터 반시계 방향으로 측정되면 θ는 양이고, 시계 방향으로 측정되면 음이라는 규칙을 사용한다.

극좌표 (r,θ)의 의미를 다음과 같이 정의함으로써 r이 음인 경우까지 확장시킨다. 즉, 그림 6.7과 같이 점 $(-r,\theta+\pi)$와 점$(r,\theta+\pi)$가 O를 지나는 같은 직선 위에 놓여 있고 O로부터 똑같은 거리인 $|r|$에 있으나, O의 반대편 위에 놓여 있다. $r>0$이면 점(r,θ)는 θ와 같은 사분면 위에 놓여 있고, $r<0$이면 점 (r,θ)는 극점의 반대편 사분면 위에 놓여 있다. 또한 $(-r,\theta+\pi)$와 점(r,θ)와 똑같은 점을 나타낸다.

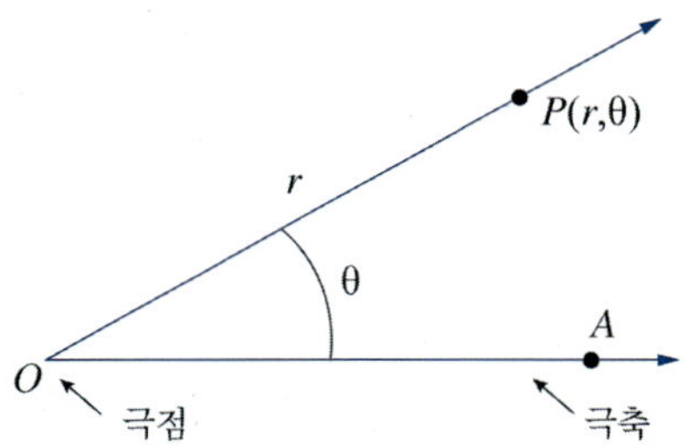

그림 6.6

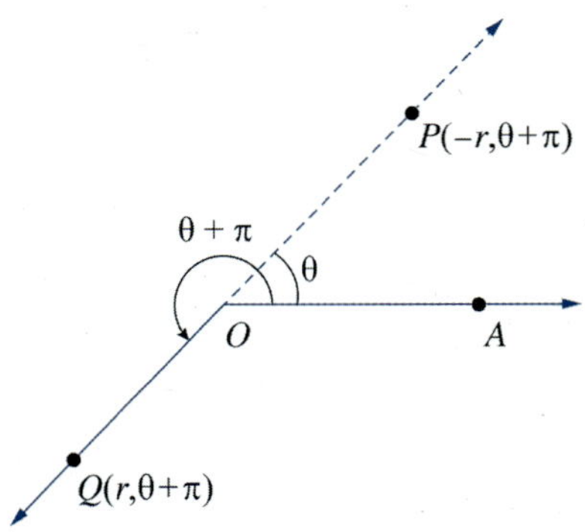

그림 6.7

예제 6-11 극좌표들의 점들의 위치를 정하여라.

(a) $P\left(2, \dfrac{\pi}{6}\right)$ (b) $Q\left(1, \dfrac{2\pi}{3}\right)$

(c) $R\left(-1, \dfrac{\pi}{2}\right)$ (d) $S\left(-\dfrac{3}{2}, \dfrac{3}{4}\pi\right)$

풀이 다음 그래프에 각 점들의 위치가 있다.

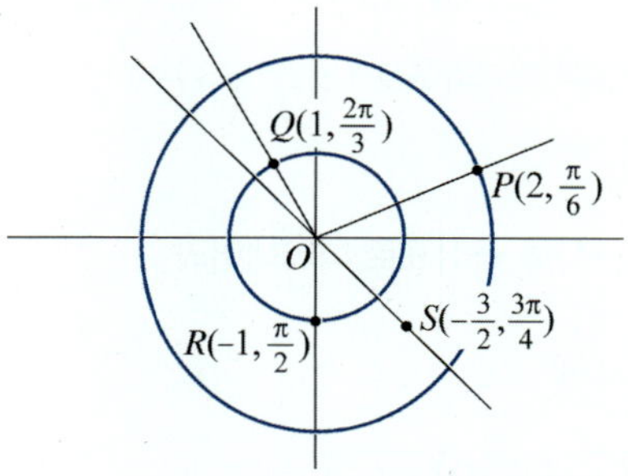

그림 6.8

▪ 극좌표와 직교좌표 사이의 관계

극좌표와 직교좌표 사이의 관계는 그림 6.9로부터 알 수 있는데, 여기에서 극점은 원점에 대응되고 극축은 양의 x축과 일치한다. 점 P가 직교좌표로 (x, y)이고 극좌표로(r, θ)이면, 그림 6.9로부터 $\cos\theta = \dfrac{x}{r}$, $\sin\theta = \dfrac{y}{r}$가 된다. 따라서

$$(x, y) = (r\cos\theta, r\sin\theta),\ \text{또는} \begin{cases} x = r\cos\theta \\ y = r\sin\theta \end{cases}$$

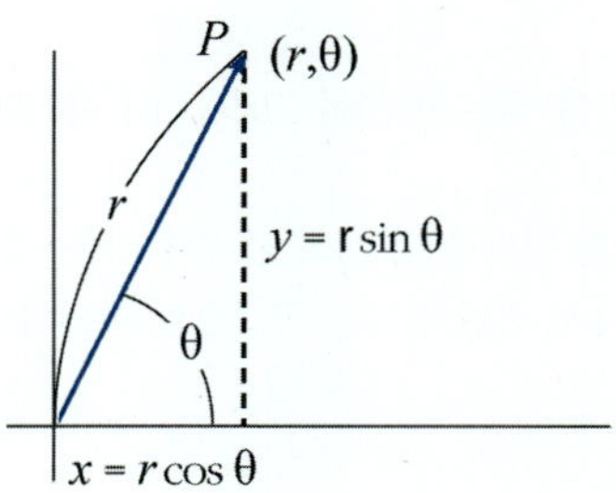

그림 6.9

예제 6-12 극좌표 $\left(4, \frac{2}{3}\pi\right)$를 직교좌표로 바꾸어라.

풀이 $r=4$이고 $\theta=\frac{2}{3}\pi$이므로

$$x = r\cos\theta = 4\cos\frac{2}{3}\pi = -2$$
$$y = r\sin\theta = 4\sin\frac{2}{3}\pi = 2\sqrt{3}$$

그러므로 이점의 직교좌표로 $(-2, 2\sqrt{3})$이다.

예제 6-13 직교좌표 (1,−1)을 극좌표로 나타내어라.

풀이 r을 양수라 하면

$$r = \sqrt{x^2+y^2} = \sqrt{1^2+(-1)^2} = \sqrt{2}$$
$$\tan\theta = \frac{y}{x} = -1$$

이다. 점$(1,-1)$은 제4사분면에 있으므로 $\theta=-\frac{\pi}{4}$ 혹은 $\theta=\frac{7\pi}{4}$를 취할 수 있다.

따라서 답의 하나는 $\left(\sqrt{2}, -\frac{\pi}{4}\right)$이고, 또 다른 답은 $\left(\sqrt{2}, \frac{7\pi}{4}\right)$이다.

▪ 극좌표 곡선 그리기

$r=f(\theta)$인 그래프는 극좌표 (r,θ)를 가지며 이 극좌표를 만족하는 모든 점들로 이루어져 있다.

예제 6-14 극방정식 $r = 2\cos\theta$를 갖는 곡선을 그리고 이 곡선에 대한 직교방정식을 구하여라.

풀이 그림 6.10에서 사용하기 편리한 몇 개의 값 θ에 대한 r의 값을 구하고, 이에 대응하는 점(r, θ)를 정한다. 그리고 나서 이런 점들을 곡선으로 연결하면 한 원이 된다.

풀이

θ	r	θ	r
0	2	$\frac{7\pi}{6}$	$-\sqrt{3}$
$\frac{\pi}{6}$	$\sqrt{3}$	$\frac{4\pi}{3}$	-1
$\frac{\pi}{3}$	1	$\frac{3\pi}{2}$	0
$\frac{\pi}{2}$	0	$\frac{5\pi}{3}$	1
$\frac{2\pi}{3}$	-1	$\frac{11\pi}{6}$	$\sqrt{3}$
$\frac{5\pi}{6}$	$-\sqrt{3}$	2π	2
π	-2		

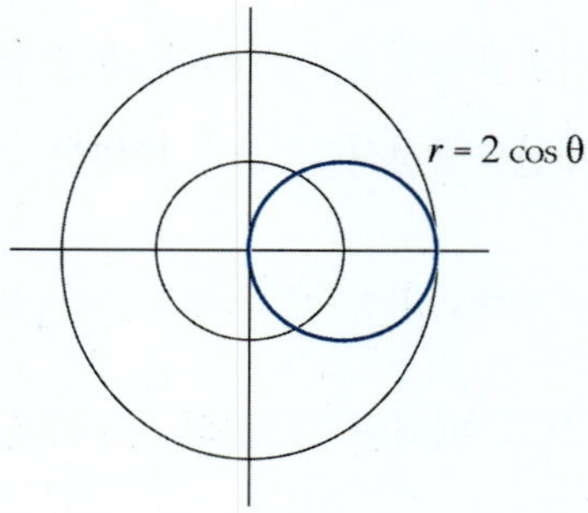

그림 6.10

양 변에 r을 곱하면 $r^2 = 2r\cos\theta$이다. $x^2 + y^2 = 2x$에서 $(x-1)^2 + y^2 = 1$

예제 6-15 극방정식 $r = 1 - \cos\theta$를 그려라.

풀이 $\cos(-\theta) = \cos\theta$ 이므로 x축에 대하여 대칭이다.

$0 \le \theta \le \pi$에서 위치를 정한 다음 x축에 대하여 대칭시키면 다음과 같다.

θ	r
0	0
$\frac{\pi}{6}$	$1 - \frac{\sqrt{3}}{2} \approx .13$
$\frac{\pi}{3}$	$\frac{1}{2}$
$\frac{\pi}{2}$	1
$\frac{2\pi}{3}$	$\frac{3}{2}$
$\frac{5\pi}{6}$	$1 + \frac{\sqrt{3}}{2} \approx 1.87$
π	2

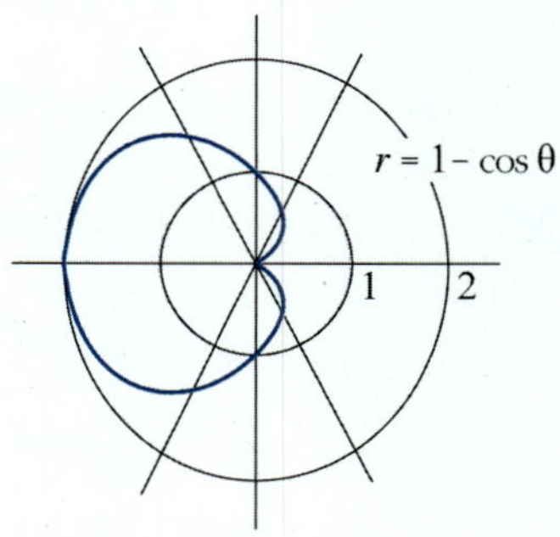

그림 6.11

▪ 극좌표곡선의 기울기

극좌표곡선 $r=f(\theta)$에 대한 접선을 구하기 위해서는 θ를 매개변수로 생각하고 곡선의 매개변수방정식을

$$x=r\cos\theta=f(\theta)\cos\theta,\ y=r\sin\theta=f(\theta)\sin\theta$$

로 쓰고, 매개변수곡선의 기울기를 구하는 방법을 이용하면

$$\frac{dy}{dx}=\frac{\frac{dy}{d\theta}}{\frac{dx}{d\theta}}=\frac{\frac{dr}{d\theta}\sin\theta+r\cos\theta}{\frac{dr}{d\theta}\cos\theta-r\sin\theta}$$

를 얻는다. $\frac{dy}{d\theta}=0\left(\frac{dx}{d\theta}\neq 0\right)$인 점들을 구함으로써 수평접선의 위치를 알 수 있다. 마찬가지로, $\frac{dx}{d\theta}=0\left(\frac{dy}{d\theta}\neq 0\right)$인 점들을 구함으로써 수직접선의 위치도 알 수 있다.

예제 6-16 (1) 심장형 $r=1+\sin\theta$에 대하여 $\theta=\frac{\pi}{3}$일 때의 접선의 기울기를 구하여라.

(2) 접선이 수평 또는 수직이 되는 심장형 위의 점들을 구하여라.

풀이 $r=1+\sin\theta$일 때의 기울기는

$$\frac{dy}{dx}=\frac{\frac{dy}{d\theta}}{\frac{dx}{d\theta}}=\frac{\frac{dr}{d\theta}\sin\theta+r\cos\theta}{\frac{dr}{d\theta}\cos\theta-r\sin\theta}=\frac{\cos\theta\sin\theta+(1+\sin\theta)\cos\theta}{\cos\theta\cos\theta-(1+\sin\theta)\sin\theta}$$

$$=\frac{\cos\theta(1+2\sin\theta)}{1-2\sin^2\theta-\sin\theta}=\frac{\cos\theta(1+2\sin\theta)}{(1+\sin\theta)(1-2\sin\theta)}$$

를 얻는다.

(1) $\theta=\frac{\pi}{3}$ 인 점에서의 접선의 기울기는

$$\left.\frac{dy}{dx}\right|_{\theta=\frac{\pi}{3}}=\frac{\cos\frac{\pi}{3}\left(1+2\sin\frac{\pi}{3}\right)}{\left(1+\sin\frac{\pi}{3}\right)\left(1-2\sin\frac{\pi}{3}\right)}=\frac{\frac{1}{2}(1+\sqrt{3})}{\left(1+\frac{\sqrt{3}}{2}\right)(1-\sqrt{3})}$$

$$= \frac{1+\sqrt{3}}{(2+\sqrt{3})(1-\sqrt{3})} = \frac{1+\sqrt{3}}{-1-\sqrt{3}} = -1$$

(2) $\frac{dy}{d\theta} = 0$, $\frac{dx}{d\theta} = 0$인 곳을 알아보자.

$\theta = \frac{\pi}{2}, \frac{3\pi}{2}, \frac{7\pi}{6}, \frac{11\pi}{6}$일 때 $\frac{dy}{d\theta} = \cos\theta(1+2\sin\theta) = 0$

$\theta = \frac{3\pi}{2}, \frac{\pi}{6}, \frac{5\pi}{6}$일 때 $\frac{dx}{d\theta} = (1+\sin\theta)(1-2\sin\theta) = 0$

그러므로 점$\left(2, \frac{\pi}{2}\right), \left(\frac{1}{2}, \frac{7\pi}{6}\right), \left(\frac{1}{2}, \frac{11\pi}{6}\right)$에서 수평접선이 존재하고,

점$\left(\frac{3}{2}, \frac{\pi}{6}\right), \left(\frac{3}{2}, \frac{5\pi}{6}\right)$에서 수직접선이 존재한다.

▪ 극좌표곡선으로 제한된 영역에서의 면적

$r = f(\theta)$와 방사선 $\theta = \alpha$와 $\theta = \beta$들로 제한된 넓이 A를 찾으려면 (그림 6.12) 영역을 n개의 부채꼴로 나눈다. 넓이의 증분 ΔA를 반지름 r과 중심각 θ을 가진 원형부채꼴이라고 생각한다면, 넓이는 아래와 같이 주어진다.

$$\Delta A = \frac{1}{2}r^2 \Delta\theta$$

모든 부채꼴의 넓이를 더하면, 전체 영역의 넓이를 구할 수 있다.

$A = \lim_{n\to\infty}\sum_{k=1}^{n}\frac{1}{2}r_k^2 \Delta\theta_k$. 이 식은 리만합이다. 정적분과 동일하다. 따라서

$$A = \int_{\alpha}^{\beta}\frac{1}{2}r^2 d\theta$$

이다.

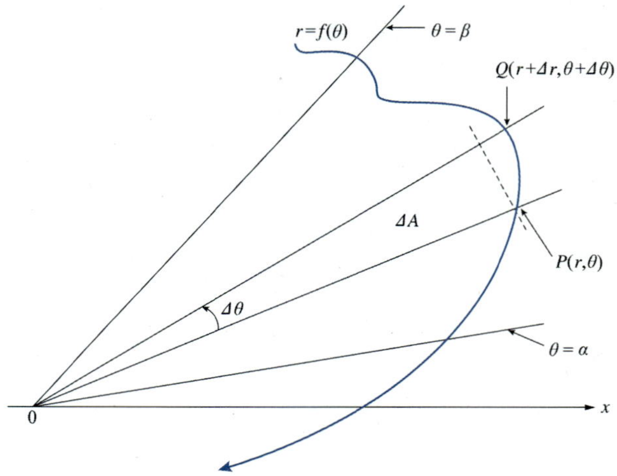

그림 6.12

예제 6-17 심장형 $r = 2(1+\cos\theta)$로 에워싸인 영역의 넓이를 구하여라.

풀이 계산기에 심장형을 극좌표로 [-2,5] × [-3,3]의 창에 [0,2π]의 θ으로 그려보았다. [그림 6.14]를 보자. 원선에 관하여 곡선의 대칭을 이용한다.

$$A=2\cdot\frac{1}{2}\int_0^{\pi} r^2 d\theta = 4\int_0^{\pi}(1+\cos\theta)^2 d\theta$$

$$=4\int_0^{\pi}(1+2\cos\theta+\cos^2\theta)\,d\theta$$

$$=4\int_0^{\pi}\left(1+2\cos\theta+\frac{1}{2}+\frac{\cos 2\theta}{2}\right)d\theta$$

$$=4\left[\theta+2\sin\theta+\frac{\theta}{2}+\frac{\sin 2\theta}{4}\right]_0^{\pi}=6\pi$$

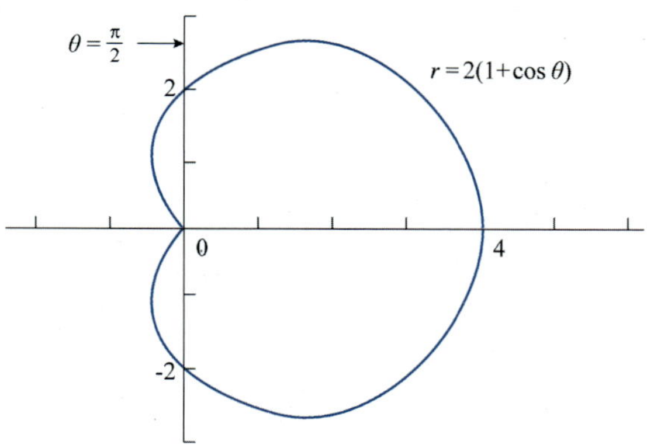

그림 6.14

예제 6-18 4엽장미 $r = \cos 2\theta$의 한 개의 고리로 둘러싸인 영역의 넓이를 구하여라.

풀이 곡선 $r=\cos 2\theta$는 그림 6.15로부터 고리로 둘러싸인 영역은 $\theta=-\dfrac{\pi}{4}$에서 $\theta=\dfrac{\pi}{4}$로 회전하는 반직선에 의하여 생기는 영역이다. 그러므로 아래의 식이 얻어진다.

$$A=\int_{-\frac{\pi}{4}}^{\frac{\pi}{4}}\frac{1}{2}r^2d\theta=\frac{1}{2}\int_{-\frac{\pi}{4}}^{\frac{\pi}{4}}\cos^2 2\theta d\theta$$

$$=\int_0^{\frac{\pi}{4}}\cos^2 2\theta d\theta=\int_0^{\frac{\pi}{4}}\frac{1}{2}(1+\cos 4\theta)d\theta$$

$$=\frac{1}{2}\left[\theta+\frac{1}{4}\sin 4\theta\right]_0^{\frac{\pi}{4}}=\frac{\pi}{8}$$

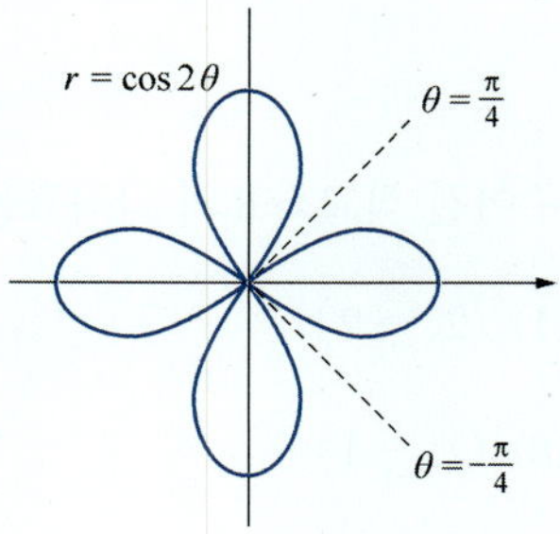

그림 6.15

예제 6-19 원 $r = 3\sin\theta$와 심장형 $r = 1 + \sin\theta$의 공통 부분의 넓이를 구하여라.

풀이 곡선을 그려보자. 그림 6.13에 필요한 넓이의 반이 색칠되어 있다.

$\theta=\dfrac{\pi}{6}$ 또는 $\theta=\dfrac{5\pi}{6}$일 때 $3\sin\theta=1+\sin\theta$이므로, 넓이는 두 부분의 넓이의 합이다. 0부터 $\dfrac{\pi}{6}$까지 변하는 θ로 인해 원의 넓이 더하기 $\dfrac{\pi}{6}$부터 $\dfrac{\pi}{2}$까지 변하는 θ으로 인해 심장형의 넓이. 따라서 $A=2\left\{\int_0^{\pi/6}\dfrac{9}{2}\sin^2\theta d\theta+\int_{\pi/6}^{\pi/2}\dfrac{1}{2}(1+\sin\theta)^2d\theta\right\}=\dfrac{5\pi}{4}$

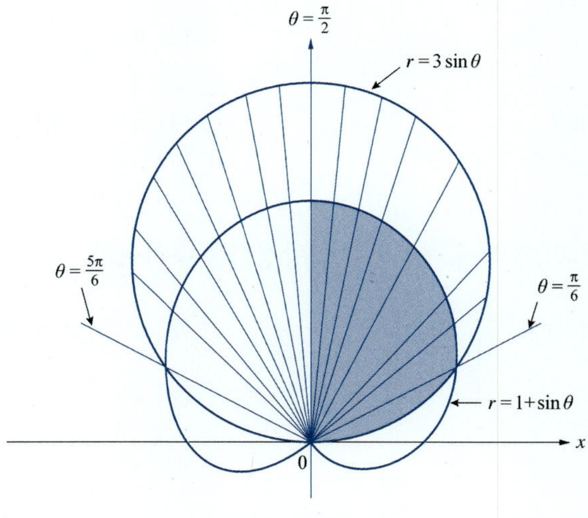

그림 6.13

연습문제 6.2

1. 주어진 직교좌표의 극좌표를 구하여라.

(1) $(2, -2)$　　(2) $(0, 3)$

(3) $(2, -1)$　　(4) $(-\sqrt{3}, 1)$

2. 주어진 극좌표의 직교좌표를 구하여라.

(1) $\left(2, -\frac{\pi}{3}\right)$　　(2) $(0, 3)$

(3) $\left(3, \frac{\pi}{8}\right)$　　(4) $(-3, 1)$

3. 주어진 극방정식의 그래프를 그리고 대응되는 직교방정식을 구하여라.

(1) $r = 4$　　(2) $\theta = \frac{\pi}{6}$

(3) $r = \cos\theta$　　(4) $r = 3\sin\theta$

4. 주어진 직교방정식에 대응하는 극방정식을 구하여라.

(1) $y^2 - x^2 = 4$　　(2) $x^2 + y^2 = 16$

(3) $y = 3$　　(4) $x^2 = 4y$

연습문제 6.2

5. 주어진 θ에 대하여 접선의 기울기를 구하여라.

(1) $r = \sin 3\theta,\ \theta = \frac{\pi}{3}$

(2) $r = 3\sin\theta,\ \ \theta = 0$

(3) $r = \cos 3\theta,\ \theta = \frac{\pi}{6}$

(4) $r = 2(1+\cos\theta),\ \ \theta = \frac{\pi}{6}$

6. 주어진 영역의 넓이를 구하여라.

(1) $r = \cos 3\theta$의 한 잎

(2) $r = 2\cos\theta$의 내부

(3) $r = 1 + \cos\theta$의 내부이면서 $r = 1$의 외부

CHAPTER 7

수열과 급수

무한수열과 급수에 관한 정리는 중요한 응용으로 미분 가능 함수 $f(x)$를 x의 멱급수로 표현하는 법을 알게 된다. 그러면 다항식에서의 계산법이나, 미분법, 적분법을 보다 일반적인 함수까지 적용 가능해진다. 또 sin 함수나 cos 함수들 또는 e^x, $\ln x$등 무한히 전개되는 함수로 표현할 수 있다. 이 방법은 함수를 연구하는 데 강력한 도구가 될 것이다.

7.1 무한수열

7.1.1 무한수열의 정의

정의 7.1

수열 $\{a_n\}$에서 n이 한없이 커질 때, a_n이 일정한 값 L에 한없이 가까워지면, 수열 $\{a_n\}$은 L에 수렴한다고 하고 L을 수열 $\{a_n\}$의 극한 또는 극한값이라고 한다. 이를 기호로는 다음과 같이 나타낸다.

$n \longrightarrow \infty$ 일 때, $a_n \longrightarrow L$ 또는 $\lim_{n\to\infty} a_n = L$

무한수열은 정의역이 양의 정수들의 집합인 함수이다. 간단하게 a_n로 쓰여 진다.

(i) 수열 $1, \frac{1}{2}, \frac{1}{3}, \cdots, \frac{1}{n}, \cdots$은 n이 한없이 커질 때, a_n 은 한없이 0에 가까워진다.

(ii) 수열 $1^2, 2^2, 3^2, \cdots, n^2, \cdots$과 같이 수열 $\{a_n\}$에서 n에서 n이 한없이 커질 때 a_n이 한없이 커지면, 수열 $\{a_n\}$은 양의 무한대로 발산한다. 또는 $\{a_n\}$의 극한은 ∞ 이다라고 하고 다음과 같이 나타낸다.

$n \to \infty$ 일 때 $a_n \to \infty$ 또는 $\lim_{n\to\infty} a_n = \infty$

(iii) 수열 $2-1^2,\ 2-2^2,\ 2-3^2,\ \cdots,\ 2-n^2,\ \cdots$과 같이 수열 $\{a_n\}$에서 n이 한없이 커질 때 a_n이 음수로서 그 절댓값이 한없이 커지면, 수열 $\{a_n\}$은 음의 무한대로 발산한다. 또는 $\{a_n\}$의 극한은 $-\infty$이라고 하고 다음과 같이 나타낸다.

$n\to\infty$일 때 $a_n\to-\infty$ 또는 $\lim_{n\to\infty} a_n = -\infty$

(iv) 수열 $1,\ -1,\ 1,\ -1,\ \cdots,\ (-1)^{n-1},\ \cdots$은 n이 한없이 커질 때 항의값의 절댓값은 1이고 그 부호는 번갈아 변한다. 이와 같이 수열 $n\to\infty$일 때 $a_n\to\pm1$ 또는 $\lim_{n\to\infty} a_n = \pm 1$인 경우를 진동한다고 하고, 이때 $n\to\infty$일 때 $\{a_n\}$의 극한은 없다고 한다. (ii), (iii), (iv)와 같이 수렴하지 않는 수열은 모두 발산한다고 한다.

예제 7-1 다음 수열의 수렴, 발산을 조사하고, 수렴하면 그 극한값을 구하여라.

(1) $1, \frac{4}{3}, \frac{9}{5}, \frac{16}{7}\cdots$

(2) $\frac{1^2+1}{1}, \frac{2^2+1}{1+2}, \frac{3^2+1}{1+2+3}, \cdots$

(3) $(\log1-\log2), (\log2-\log3), (\log3-\log4), \cdots$

풀이

(1) $a_n = \frac{n^2}{1+(n-1)2} = \frac{n^2}{2n-1}$

$\lim_{n\to\infty} a_n = \lim_{n\to\infty} \frac{n^2}{2n-1} = \infty$ (발산)

(2) $1+2+3+\cdots+n = \frac{n(n+1)}{2}$ 이므로 $a_n = \frac{2(n^2+1)}{n(n+1)}$

$\lim_{n\to\infty} a_n = \lim_{n\to\infty} \frac{2(n^2+1)}{n^2+n} = \lim_{n\to\infty} \frac{2\left(1+\frac{1}{n^2}\right)}{1+\frac{1}{n}} = 2$ (수렴)

(3) $a_n = \log n - \log(n+1)$

$\lim_{n\to\infty} a_n = \lim_{n\to\infty} \log\frac{n}{n+1} = \log1 = 0$ (수렴)

예제 7-2 다음 극한을 구하여라.

(1) $\lim_{n\to\infty}(\sqrt{n+1}-\sqrt{n-1})$ (2) $\lim_{n\to\infty}\frac{n}{\sqrt{n^2-1}-\sqrt{n}}$

(3) $\lim_{n\to\infty}(3+2n-n^3)$ (4) $\lim_{n\to\infty}\frac{3n^4+5}{4n^4-7n^2+9}$

풀이 (1) $\lim_{n\to\infty}(\sqrt{n+1}-\sqrt{n-1})=\lim_{n\to\infty}\frac{(\sqrt{n+1}-\sqrt{n-1})(\sqrt{n+1}+\sqrt{n-1})}{(\sqrt{n+1}+\sqrt{n-1})}$

$=\lim_{n\to\infty}\frac{2}{(\sqrt{n+1}+\sqrt{n-1})}=0$

(2) $\lim_{n\to\infty}\frac{n}{\sqrt{n^2-1}-\sqrt{n}}=\lim_{n\to\infty}\frac{n(\sqrt{n^2-1}+\sqrt{n})}{(\sqrt{n^2-1}-\sqrt{n})(\sqrt{n^2-1}+\sqrt{n})}$

$=\lim_{n\to\infty}\frac{n(\sqrt{n^2-1}+\sqrt{n})}{n^2-1-n}=1$

(3) $\lim_{n\to\infty}(3+2n-n^3)=\lim_{n\to\infty}n^3\left(\frac{3}{n^3}+\frac{2}{n^2}-1\right)=-\infty$ (발산)

(4) $\lim_{n\to\infty}\frac{3n^4+5}{4n^4-7n^2+9}=\frac{3}{4}$

7.1.2 무한등비수열

⋙ 정리 7.1

무한등비수열 $\{r^n\}$의 수렴과 발산은 다음과 같다.

(1) $r>1$일 때 $\lim_{n\to\infty}r^n=\infty$ (발산)

(2) $r=1$일 때 $\lim_{n\to\infty}r^n=1$ (수렴)

(3) $|r|<1$일 때 $\lim_{n\to\infty}r^n=0$ (수렴)

(4) $r\le-1$일 때 $\lim_{n\to\infty}r^n$은 진동 (발산)

증명

무한등비수열 $\{r^n\}$: $r,\ r^2,\ r^3,\ \cdots,\ r^{n-1},\ r^n,\ \cdots$ 에서

(1) $r>1$일 때

일반적으로 $(1+h)^n > 1+nh(n \geq 2)$가 성립하므로 여기에서 $r=1+h\,(h>0)$로 놓으면 $r^n > 1+nh$

그런데 $\lim_{n\to\infty}(1+nh)=\infty$ 이므로 $\lim_{n\to\infty} r^n = \infty$

(2) $r=1$일 때

모든 n에 대하여 $r^n=1$이므로 $\lim_{n\to\infty} r^n = \lim_{n\to\infty} 1 = 1$

(3) $|r|<1$일 때

$r=0$인 경우 : 모든 n에 대하여 $r^n=0$이므로 $\lim_{n\to\infty} r^n = \lim_{n\to\infty} 0 = 0$

$r \neq 0$인 경우 : $r=\frac{1}{t}$로 놓으면 $|t|>1$이므로

$$\lim_{n\to\infty}|r^n| = \lim_{n\to\infty}\left|\frac{1}{t^n}\right| = \lim_{n\to\infty}\left|\frac{1}{t}\right|^n = 0 \qquad \therefore \lim_{n\to\infty} r^n = 0$$

(4) $r \leq -1$일 때

$r=-1$인 경우 : 이 수열은 $-1,\ 1,\ -1,\ 1,\ \cdots$ 이므로 진동한다.

$r<-1$인 경우 : $|r|>1$이므로 $\lim_{n\to\infty}|r^n|=\infty$

그런데 r^n의 부호는 교대로 변하므로 이 수열은 진동한다.

예제 7-3 다음 극한값을 구하여라.

(1) $\lim_{n\to\infty}\frac{3^{n+1}+2^n}{2^{2n}-3^n}$ (2) $\lim_{n\to\infty}\frac{r^n}{1+r^n}$ (단 $r \neq -1$)

풀이 (1) $\lim_{n\to\infty}\frac{3\cdot 3^n+2^n}{4^n-3^n} = \lim_{n\to\infty}\frac{3\left(\frac{3}{4}\right)^n+\left(\frac{2}{4}\right)^n}{1-\left(\frac{3}{4}\right)^n} = 0$

풀이

(2) $|r|<1,\ \lim_{n\to\infty} r^n = 0,\ \lim_{n\to\infty}\frac{r^n}{1+r^n}=0$

$r=1,\ \lim_{n\to\infty} r^n = 1,\ \lim_{n\to\infty}\frac{r^n}{1+r^n}=\frac{1}{2}$

$|r|>1,\ \lim_{n\to\infty} |r|^n = \infty,\ \lim_{n\to\infty}\frac{r^n}{1+r^n}=1$

예제 7-4 일반항이 다음과 같은 수열의 극한을 구하여라.

(1) $\dfrac{2^n}{3^n-1}$

(2) $\dfrac{(-3)^n}{2^n-1}$

(3) $\dfrac{\sqrt{5^n}+1}{2^n}$

풀이

(1) $\lim_{n\to\infty}\dfrac{2^n}{3^n-1}=0$

(2) $\lim_{n\to\infty}\dfrac{(-3)^n}{2^n-1}=\pm\infty$ (진동)

(3) $\lim_{n\to\infty}\dfrac{\sqrt{5^n}+1}{2^{2\left(\frac{n}{2}\right)}}=\infty$

예제 7-5 다음 극한값을 구하여라.

(1) $\lim_{n\to\infty}\dfrac{1}{n}\cos n\theta$

(2) $\lim_{n\to\infty}\dfrac{1}{n}\sin\dfrac{n\pi}{2}$

풀이

(1) $-1\le\cos n\theta\le 1$ 이고 $-\dfrac{1}{n}\le\dfrac{1}{n}\cos n\theta\le\dfrac{1}{n}$ 이므로 샌드위치정리에 의하여

$\lim_{n\to\infty}\dfrac{1}{n}\cos n\theta=0$

(2) $-1\le\sin\dfrac{n\pi}{2}\le 1$ 이고 $-\dfrac{1}{n}\le\dfrac{1}{n}\sin\dfrac{n\pi}{2}\le\dfrac{1}{n}$ 이므로 샌드위치정리에 의하여

$\lim_{n\to\infty}\dfrac{1}{n}\sin\dfrac{n\pi}{2}=0$

연습문제 7.1

1. 다음 무한수열의 수렴, 발산을 조사하여라.

(1) $a_n = \dfrac{1-5n^4}{n^4+8n^3}$　　(2) $a_n = \dfrac{n^2-2n+1}{n-1}$

(3) $a_n = \dfrac{(-1)^{n+1}}{2n-1}$　　(4) $a_n = \sqrt{\dfrac{2n}{n+1}}$

(5) $a_n = \dfrac{n}{2^n}$　　(6) $a_n = (1+\dfrac{7}{n})^n$

2. 다음 수열이 수렴하는지 또는 발산하는지를 판정하여라.

(1) $a_n = \dfrac{3n^2+1}{2n^2-1}$　　(2) $a_n = \dfrac{n^2+1}{n+1}$

(3) $a_n = \dfrac{n+2}{3n-1}$　　(4) $a_n = (-1)^n \dfrac{n+2}{3n-1}$

(5) $a_n = (-1)^n \dfrac{n^2+2}{n^2+4}$　　(6) $a_n = \cos \pi n$

(7) $a_n = n e^{-n}$　　(8) $a_n = \dfrac{e^n+2}{e^{2n}-1}$

3. 일반항이 다음과 같은 수열의 수렴·발산을 조사하여라.

(1) $\dfrac{2^n}{3^n-1}$　　(2) $\dfrac{(-3)^n}{2^n-1}$

(3) $\dfrac{\sqrt{5^n}+1}{2^n}$　　(4) $\dfrac{1-r^n}{1+r^n}$(단, $r \neq -1$)

7.2 무한급수

7.2.1 무한급수의 정의

정의 7.2

수열 $\{a_n\}$에서 각 항 $a_1, a_2, a_3, \ldots$의 합 $a_1+a_2+a_3+\cdots$을 **무한급수** 또는 간단히 **급수**라 하며, a_n을 제 n항 또는 일반항이라고 부른다. 또 $S_n=a_1+a_2+a_3+\cdots+a_n$을 무한급수의 $a_1+a_2+a_3+\cdots$의 제 n항까지의 ***n*-부분합**이라고 한다. 그리고 부분합 S_n의 극한 S가 존재하면, 즉 $\lim_{n\to\infty} S_n = S$이면 무한급수 $a_1+a_2+a_3+\cdots$은 수렴한다고 하고, S를 그 합이라고 한다. 급수 $a_1+a_2+a_3+\cdots$이 수렴하지 않는 경우는 발산한다고 한다.

앞으로 $a_1+a_2+a_3+\cdots$의 급수를 $S=a_1+a_2+a_3+\cdots$ 또는 $S=\sum_{n=1}^{\infty} a_n$로 나타내고, 수렴하는 경우에는 S는 급수를 나타내는 동시에 그 합도 나타내는 것으로 한다.

수식 표현 $\sum$는 $\sum_{n=1}^{\infty}$를 나타낸다.

예제 7-6 다음 무한급수의 수렴, 발산을 조사하고 수렴하면 합을 구하여라.

(1) $\frac{1}{2}+\frac{1}{4}+\frac{1}{8}+\frac{1}{16}+\cdots+\frac{1}{2^n}+\cdots$

(2) $\frac{1}{\sqrt{2}+1}+\frac{1}{\sqrt{3}+\sqrt{2}}+\frac{1}{\sqrt{4}+\sqrt{3}}+\cdots+\frac{1}{\sqrt{n+1}+\sqrt{n}}+\cdots$

풀이 (1) $S_n=\frac{1}{2}+\frac{1}{4}+\frac{1}{8}+\frac{1}{16}+\cdots+\frac{1}{2^n}=1-\left(\frac{1}{2}\right)^n$

$\lim_{n\to\infty} S_n = 1$(수렴)

(2) $\frac{1}{\sqrt{n+1}+\sqrt{n}}=\frac{\sqrt{n+1}-\sqrt{n}}{(\sqrt{n+1}+\sqrt{n})(\sqrt{n+1}-\sqrt{n})}=\sqrt{n+1}-\sqrt{n}$

$S_n=(\sqrt{2}-1)+(\sqrt{3}-\sqrt{2})+\cdots(\sqrt{n+1}-\sqrt{n})=-1+\sqrt{n+1}$

$\lim_{n\to\infty} S_n=\lim_{n\to\infty}(\sqrt{n+1}-1)=\infty$(발산)

예제 7-7 다음 무한급수의 합을 구하여라.

(1) $\displaystyle\sum_{n=1}^{\infty}\frac{1}{n(n+2)}$ (2) $\displaystyle\sum_{n=1}^{\infty}\frac{1}{1+2+3+\cdots+n}$

(3) $1+\dfrac{1}{3}+\dfrac{1}{6}+\dfrac{1}{10}+\dfrac{1}{15}+\cdots$

풀이

(1) $S_n=\displaystyle\sum_{k=1}^{n}\frac{1}{k(k+2)}=\sum_{k=1}^{n}\frac{1}{2}\left(\frac{1}{k}-\frac{1}{k+2}\right)=\frac{1}{2}\left(\frac{1}{1}+\frac{1}{2}-\frac{1}{n+1}-\frac{1}{n+2}\right)$

$\displaystyle\lim_{n\to\infty}S_n=\frac{1}{2}\left(1+\frac{1}{2}\right)=\frac{3}{4}$

(2) $S_n=\displaystyle\sum_{k=1}^{n}\frac{1}{1+2+3+\cdots+k}=\sum_{k=1}^{n}\frac{2}{k(k+1)}=\sum_{k=1}^{n}2\left(\frac{1}{k}-\frac{1}{k+1}\right)=2\left(1-\frac{1}{n+1}\right)$

$\displaystyle\lim_{n\to\infty}S_n=2$

(3) $\dfrac{1}{a_n}=1+\displaystyle\sum_{k=1}^{n-1}(k+1)=\frac{n(n+1)}{2}$

$S_n=\displaystyle\sum_{k=1}^{n}a_k=\sum_{k=1}^{n}\frac{2}{k(k+1)}=\sum_{k=1}^{n}2\left(\frac{1}{k}-\frac{1}{k+1}\right)=2\left(1-\frac{1}{n+1}\right)$

$\displaystyle\lim_{n\to\infty}S_n=2$

7.2.2 무한급수의 수렴과 발산

무한급수의 수렴과 발산에 대한 기본정리는 다음과 같다.

정리 1. $\displaystyle\sum_{n=1}^{\infty}a_n$가 수렴한다면, $\displaystyle\lim_{n\to\infty}a_n=0$

정리 2. $\displaystyle\sum_{n=1}^{\infty}a_n$ 그리고 $\displaystyle\sum_{n=m}^{\infty}a_n$ (m은 양수이다) 둘 다 수렴하거나 또는 발산한다.

정리 3. $\displaystyle\sum_{n=1}^{\infty}a_n$ 그리고 $\displaystyle\sum_{n=m}^{\infty}ca_n$ $(c\neq 0)$ 둘 다 수렴하거나 또는 둘 다 발산한다.

정리 4. $\sum_{n=1}^{\infty} a_n$ 그리고 $\sum_{n=1}^{\infty} b_n$이 둘 다 수렴한다면, $\sum_{n=1}^{\infty}(a_n + b_n)$도 수렴한다.

정리 5. 수렴하는 급수의 항들이 다시 배열한다면, 새로운 급수는 수렴한다.

정리 6. $\lim_{n\to\infty} a_n \neq 0$이라면, $\sum_{n=1}^{\infty} a_n$은 발산한다. (**n항 판정법**)

예제 7-8 $\sum_{n=1}^{\infty} \frac{n}{2n+1}$은 수렴하는가 발산하는가?

풀이 $\lim_{n\to\infty} \frac{n}{2n+1} = \frac{1}{2} \neq 0$이므로 발산한다.

정리 7. $|r| < 1$일 경우에 한해서만 기하급수 $\sum ar^{n-1}$은 수렴한다.

$|r| < 1$라면, 합은 $\frac{a}{(1-r)}$이다.

예제 7-9 무한등비급수 $1 + r + r^2 + \cdots + r^{n-1} + \cdots$ 의 수렴, 발산을 조사하라.

풀이 $S_n = 1 + r + r^2 + \cdots + r^{n-1}$에서 $S_n = \frac{1-r^n}{1-r} = \frac{1}{1-r} - \frac{r^n}{1-r}$

1) $|r| < 1$이면 $\lim_{n\to\infty} r^n = 0$. 따라서 $\lim_{n\to\infty} S_n = S = \frac{1}{1-r}$

2) $r > 1$이면 $\lim_{n\to\infty} r^n = \infty$. 따라서 $\lim_{n\to\infty} S_n = \infty$ 발산한다.

3) $r = 1$이면 $\lim_{n\to\infty} S_n = \infty$, 발산한다.

4) $r < -1$이면 $\lim_{n\to\infty} S_{2n} = -\infty$, $\lim_{n\to\infty} S_{2n+1} = \infty$ 발산한다.

5) $r = -1$이면 $S_n = 1 - 1 + 1 - \cdots (-1)^{n-1}$이므로 $\lim_{n\to\infty} S_{2n} = 0$, $\lim_{n\to\infty} S_{2n+1} = 1$, 발산한다.

예제 7-10 다음 무한 등비급수의 합을 구하여라.

(1) $\lim_{n\to\infty}\sum_{k=0}^{n}(1-\sqrt{2})^k$

(2) $\sum_{n=1}^{\infty}4^{n-1}\left(\frac{1}{3}\right)^{2n}$

(3) $1-\frac{1}{4}+\frac{1}{16}-\frac{1}{64}+\cdots+(-1)^{n-1}\left(\frac{1}{4}\right)^{n-1}+\cdots$

(4) $1-\frac{1}{\sqrt{2}}+\frac{1}{2}-\frac{1}{2\sqrt{2}}+\cdots+(-1)^{n-1}\left(\frac{1}{\sqrt{2}}\right)^{n-1}+\cdots$

(5) $\cos 30+\cos^3 30+\cos^5 30+\cdots \cos^{2n-1}30+\cdots$

(6) $\log\sqrt[9]{3}+\log\sqrt[9]{\sqrt{3}}+\log\sqrt[9]{\sqrt{\sqrt{3}}}+\cdots$

풀이 (1) $\lim_{n\to\infty}\sum_{k=0}^{n}(1-\sqrt{2})^k=1+(1-\sqrt{2})+(1-\sqrt{2})^2+\cdots$

이것은 첫째항이 1이고, 공비가 $1-\sqrt{2}$ 인 무한등비급수이고 $|1-\sqrt{2}|<1$이므로

$\lim_{n\to\infty}\sum_{k=0}^{n}(1-\sqrt{2})^k=\frac{1}{1-(1-\sqrt{2})}=\frac{1}{\sqrt{2}}=\frac{\sqrt{2}}{2}$

(2) $\sum_{n=1}^{\infty}4^{n-1}\left(\frac{1}{3}\right)^{2n}=\sum_{n=1}^{\infty}4^{n-1}\left(\frac{1}{9}\right)^{n}=\sum_{n=1}^{\infty}\frac{1}{9}\left(\frac{4}{9}\right)^{n-1}=\frac{1}{9}\frac{1}{1-(4/9)}=\frac{1}{5}$

(3) $\frac{4}{5}$

(4) $2-\sqrt{2}$

(5) $2\sqrt{3}$

(6) $\frac{1}{2}$

연습문제 7.2

1. 다음 급수의 수렴, 발산 여부를 판정하여라.

(1) $\displaystyle\sum_{n=0}^{\infty}\left(\frac{1}{2^n}+\frac{(-1)^n}{5^n}\right)$

(2) $\displaystyle\sum_{n=1}^{\infty}\frac{4}{(4n-3)(4n+1)}$

(3) $\displaystyle\sum_{n=1}^{\infty}\left(\frac{1}{\ln(n+2)}-\frac{1}{\ln(n+1)}\right)$

(4) $\displaystyle\sum_{n=1}^{\infty}(\tan^{-1}(n)-\tan^{-1}(n+1))$

(5) $\displaystyle\sum_{n=1}^{\infty}(-1)^{n+1}\frac{3}{2^n}$

(6) $\displaystyle\sum_{n=0}^{\infty}e^{-2n}$

(7) $\displaystyle\sum_{n=0}^{\infty}\frac{2^n-1}{3^n}$

(8) $\displaystyle\sum_{n=1}^{\infty}\ln\left(\frac{n}{n+1}\right)$

2. 수렴하기 위한 x의 범위를 구하고 그때 합을 구하라.

(1) $\displaystyle\sum_{n=0}^{\infty}3\left(\frac{x-1}{2}\right)^n$

(2) $\displaystyle\sum_{n=0}^{\infty}(-1)^n(x+1)^n$

(3) $\displaystyle\sum_{n=0}^{\infty}\sin^n x$

3. 다음 급수의 수렴, 발산 여부를 판정하여라. 주어진 급수가 수렴하면 그 합을 구하여라.

(1) $\displaystyle\sum_{k=0}^{\infty}3\left(\frac{1}{5}\right)^k$

(2) $\displaystyle\sum_{k=0}^{\infty}\frac{1}{2}(3)^k$

(3) $\displaystyle\sum_{k=1}^{\infty}\frac{3k}{k+4}$

(4) $\displaystyle\sum_{k=1}^{\infty}\frac{2k+1}{k^2(k+1)^2}$

(5) $\displaystyle\sum_{k=0}^{\infty}(-1)^k\left(\frac{3}{2}\right)^k$

(6) $\displaystyle\sum_{k=0}^{\infty}(-1)^k\frac{3}{2^k}$

7.3 양항급수의 수렴 · 발산

급수 $\sum_{n=1}^{\infty} a_n$은 모든 n에서 $a_n > 0$일 때 양항급수라고 정의한다.

7.3.1 적분판정법

> $f(x)$가 연속, 양수, 감소하는 함수이고 $f(n) = a_n$이라면, $\sum_{n=1}^{\infty} a_n$이 수렴하기 위한 필요충분조건은 이상적분 $\int_1^{\infty} f(x)dx$이 존재하는 것이다.

예제 7-11 $\sum_{n=1}^{\infty} \frac{n}{n^2+1}$은 수렴하는가?

풀이

$$\int_1^{\infty} \frac{xdx}{x^2+1} = \lim_{b\to\infty}\int_1^{b} \frac{x\,dx}{x^2+1} = \lim_{b\to\infty}\frac{1}{2}\ln(x^2+1)|_1^b = \infty$$

따라서 $\sum_{n=1}^{\infty} \frac{n}{n^2+1}$은 발산한다.

예제 7-12 $\sum_{n=1}^{\infty} \frac{n}{e^n}$의 수렴성을 검정하여라.

풀이

$$\int_1^{\infty} \frac{x}{e^x}dx = \lim_{b\to\infty}\int_1^{b} xe^{-x}dx = \lim_{b\to\infty}\left(-\frac{1+b}{e^b}+\frac{2}{e}\right) = \frac{2}{e}$$

그러므로 $\sum \frac{n}{e^n}$은 수렴한다.

7.3.2 p-급수 판정법

> p-급수 $\sum_{n=1}^{n} \frac{1}{n^p}$는 $p>1$일 때 $\frac{1}{p-1}$로 수렴하고, $p \le 1$일 때 발산한다.

이것은 적분 검정과 $\int_1^\infty \frac{1}{x^p}dx$ 형태의 이상적분으로부터 알 수 있다.

예제 7-13 $1+\frac{1}{2^2}+\frac{1}{3^2}+\cdots$은 $p=2$인 p–급수이다. p–급수 검정으로 인해 수렴한다.

예제 7-14 $\sum_{n=1}^{\infty} \frac{1}{\sqrt{n}}$은 $p=\frac{1}{2}$인 p–급수이므로 발산한다.

7.3.3 비교 판정법

> 두 급수 $\sum_{n=1}^{\infty} a_n$와 $\sum_{n=1}^{\infty} b_n$이 양항급수이고 $a_n \le b_n$이라고 하자.
>
> (1) $\sum_{n=1}^{\infty} b_n$이 수렴하면 $\sum_{n=1}^{\infty} a_n$도 수렴하고
>
> (2) $\sum_{n=1}^{\infty} a_n$이 발산하면 $\sum_{n=1}^{\infty} b_n$도 발산한다.

예제 7-15 $\sum_{n=1}^{\infty} \frac{1}{1+n^4}$은 수렴하는가 발산하는가?

풀이 $\frac{1}{1+n^4} < \frac{1}{n^4}$이고 $p-$급수 $\sum_{n=1}^{\infty} \frac{1}{n^4}$는 수렴하므로 수렴한다.

예제 7-16 $\dfrac{1}{\sqrt{2}}+\dfrac{1}{\sqrt{5}}+\dfrac{1}{\sqrt{8}}+\cdots+\dfrac{1}{\sqrt{3n-1}}$는 발산하는가?

풀이 $\dfrac{1}{\sqrt{3n-1}}>\dfrac{1}{\sqrt{3n}}=\dfrac{1}{\sqrt{3}\,n^{1/2}}$ p-급수에서 $\displaystyle\sum_{n=1}^{\infty}\frac{c}{n^p}$

위는 $c=\dfrac{1}{\sqrt{3}}$ 이고 $p=\dfrac{1}{2}$ 인 발산하는 급수 $\displaystyle\sum_{n=1}^{\infty}\frac{c}{n^p}$의 일반항이다.

따라서 발산한다.

예제 7-17 $\displaystyle\sum_{n=1}^{\infty}\frac{1}{n^n}$은 수렴하는가?

풀이 $\displaystyle\sum_{n=1}^{\infty}\frac{1}{n^n}=1+\frac{1}{2^2}+\frac{1}{3^3}+\cdots$는 $n>2$일 때, $\dfrac{1}{n^n}<\dfrac{1}{2^n}$ 이므로 수렴한다.

$\displaystyle\sum_{n=1}^{\infty}\frac{1}{2^n}$은 $r=\dfrac{1}{2}$인 수렴하는 기하 급수이다.

7.3.4 극한 비교 판정법

> 모든 $n \geq N$ (N은 자연수)에 대하여 $a_n > 0,\ b_n > 0$이라 하자.
>
> 1. $\displaystyle\lim_{n\to\infty}\frac{a_n}{b_n}=c>0$이면, $\sum a_n$과 $\sum b_n$은 수렴과 발산을 같이 한다.
> 2. $\displaystyle\lim_{n\to\infty}\frac{a_n}{b_n}=0$이고 $\sum b_n$이 수렴하면, $\sum a_n$도 수렴한다.
> 3. $\displaystyle\lim_{n\to\infty}\frac{a_n}{b_n}=\infty$이고 $\sum b_n$이 발산하면, $\sum a_n$도 발산한다.

예제 7-18 $\sum_{n=1}^{\infty} \frac{1}{2n+1}$ 이 수렴하는가 발산하는가?

풀이 이 급수는 발산하는 조화급수로 보여진다. $\frac{1}{2n+1} < \frac{1}{n}$ 이므로 비교검정이 안 된다. 극한 비교 검정은 다음과 같다.

$$\lim_{n\to\infty} \frac{\frac{1}{2n+1}}{\frac{1}{n}} = \frac{1}{2}$$

$\sum_{n=1}^{\infty} \frac{1}{n}$ 이 발산하므로 $\sum_{n=1}^{\infty} \frac{1}{2n+1}$ 도 극한 비교 검정으로 발산한다.

예제 7-19 급수 $\sum_{n=1}^{\infty} \frac{2n^2+3n}{\sqrt{5+n^5}}$ 의 수렴, 발산을 판정하여라.

풀이 분자의 최고차항은 $2n^2$이고 분모의 최고차항은 $\sqrt{n^5} = n^{\frac{5}{2}}$ 이므로

$$a_n = \frac{2n^2+3n}{\sqrt{5+n^5}},\ b_n = \frac{2n^2}{n^{\frac{5}{2}}} = \frac{2}{n^{\frac{1}{2}}}$$

$$\lim_{n\to\infty} \frac{a_n}{b_n} = \lim_{n\to\infty} \frac{2n^2+3n}{\sqrt{5+n^5}} \frac{n^{\frac{1}{2}}}{2} = \lim_{n\to\infty} \frac{2n^{\frac{5}{2}}+3n^{\frac{3}{2}}}{2\sqrt{5+n^5}} = \lim_{n\to\infty} \frac{2+\frac{3}{n}}{2\sqrt{\frac{5}{n^5}+1}} = \frac{2+0}{2\sqrt{0+1}} = 1$$

$\sum_{n=1}^{\infty} \frac{2}{\sqrt{n}}$ 이 발산하므로 $\sum_{n=1}^{\infty} \frac{2n^2+3n}{\sqrt{5+n^5}}$ 도 극한비교검정으로 발산한다.

7.3.5 비판정법

$\lim_{n\to\infty} \frac{a_{n+1}}{a_n} = L$이라고 하자. 이때 급수 $\sum_{n=1}^{\infty} a_n$

(1) $L < 1$ 일 때 수렴하고,

(2) $L > 1$일 때 발산한다.

(3) $L = 1$이라면 판정불가이다.

예제 7-20 $\sum_{n=1}^{\infty}\frac{1}{n!}$ 의 수렴, 발산을 판정하여라.

풀이 $\sum_{n=1}^{\infty}\frac{1}{n!}$ 에서,

$$\lim_{n\to\infty}\frac{a_{n+1}}{a_n}=\lim_{n\to\infty}\frac{n!}{(n+1)!}=0$$

이 급수는 비검정으로 수렴한다.

예제 7-21 급수 $\sum_{n=1}^{\infty}(-1)^n\frac{n^3}{3^n}$ 이 절대수렴함을 보여라.

풀이 $a_n=(-1)^n\frac{n^3}{3^n}$ 이라 놓으면

$$\left|\frac{a_{n+1}}{a_n}\right|=\left|\frac{\frac{(-1)^{n+1}(n+1)^3}{3^{n+1}}}{\frac{(-1)^n n^3}{3^n}}\right|=\frac{(n+1)^3}{3^{n+1}}\frac{3^n}{n^3}=\frac{1}{3}\left(\frac{n+1}{n}\right)^3\to\frac{1}{3}<1$$

비판정법에 의하여 주어진 급수는 절대수렴한다. 따라서 수렴한다.

예제 7-22 $\sum_{n=1}^{\infty}\frac{n^n}{n!}$ 의 수렴, 발산을 조사하라.

풀이 $\frac{a_{n+1}}{a_n}=\frac{(n+1)^n}{n^n}$, $\lim_{n\to\infty}\left(\frac{n+1}{n}\right)^n=e$, $e>1$이므로 $\sum_{n=1}^{\infty}\frac{n^n}{n!}$ 은 비검정으로 발산한다.

7.3.6 *n*근호 판정법

> $\lim_{n\to\infty}\sqrt[n]{a_n}=L$라고 하자. 그러면 $\sum_{n=1}^{\infty}a_n$ 은 $L<1$ 일 때 수렴하고 $L>1$일 때 발산한다. $L=1$이라면, 이 검정은 판정불가이다.

예제 7-23 급수 $\sum_{n=1}^{\infty}\left(\frac{n}{2n+1}\right)^n$은 수렴하는가?

풀이 급수 $\sum_{n=1}^{\infty}\left(\frac{n}{2n+1}\right)^n$는 n근수 검정으로 수렴한다. $\lim_{n\to\infty}\sqrt[n]{\left(\frac{n}{2n+1}\right)^n}=\lim_{n\to\infty}\frac{n}{2n+1}=\frac{1}{2}$

예제 7-24 급수 $\sum_{n=1}^{\infty}\left(\frac{2n+3}{3n+2}\right)^n$의 수렴, 발산을 판정하여라.

풀이 $a_n=\left(\frac{2n+3}{3n+2}\right)^n$이라 하면 $\sqrt[n]{|a_n|}=\frac{2n+3}{3n+2}=\frac{2+\frac{3}{n}}{3+\frac{2}{n}}\to\frac{2}{3}<1$

급수 는 n근수검정으로 수렴한다.

$\sum_{n=1}^{\infty}\left(\frac{2n+3}{3n+2}\right)^n$

7.3.7 교대급수

음이 아닌 급수에 적용될 수 있는 모든 검정은 모든 항이 음수인 급수에 쓰일 수 있다. 여기서 교대 급수라고 불리는 부호가 섞인 급수 유형 한 가지만 고려한다.

$$1-\frac{1}{2}+\frac{1}{3}-\frac{1}{4}+\cdots$$

위는 교대 조화 급수이다.

▪ 교대급수 판정법

$a_n\geq 0$이고, 교대급수 $\sum(-1)^n a_n,\ n\in N$이 다음을 만족하면

(1) 모든 n에서 $a_{n+1}<a_n$이고

(2) $\lim_{n\to\infty}a_n=0$이면

$\sum(-1)^n a_n$는 수렴한다.

예제 7-25

교대 조화 급수 $\sum \frac{(-1)^{n+1}}{n}$ 의 수렴, 발산을 판정하여라.

풀이

(1) 모든 n에서 $\frac{1}{n+1} < \frac{1}{n}$

(2) $\lim_{n\to\infty} \frac{1}{n} = 0$이므로 교대급수판정법에 의하여 수렴한다.

예제 7-26

급수 $\frac{1}{2} - \frac{2}{3} + \frac{3}{4} - \cdots$ 의 수렴, 발산을 판정하여라.

풀이

$\lim_{n\to\infty} \frac{n}{n+1}$ 이 0이 아니고 1이므로 발산한다.

예제 7-27

$\sum \frac{1}{1+n^4}$ 은 수렴하는가 발산하는가?

풀이

$\frac{1}{1+n^4} < \frac{1}{n^4}$ 이고 p-급수 $\sum \frac{1}{n^4}$ 는 수렴하므로 수렴한다.

연습문제 7.3

1. 다음 급수의 수렴, 발산을 조사하시오

(1) $\sum_{n=1}^{\infty} \frac{3}{\sqrt{n}}$

(2) $\sum_{n=2}^{\infty} \frac{\ln n}{n}$

(3) $\sum \cos n\pi$

(4) $\sum_{n=1}^{\infty} \frac{e^n}{1+e^{2n}}$

(5) $\sum_{n=1}^{\infty} (\frac{n}{3n+1})^n$

(6) $\sum_{n=1}^{\infty} \frac{(\ln n)^2}{n^3}$

(7) $\sum_{n=1}^{\infty} \frac{1}{1+2+3+\cdots+n}$

(8) $\sum_{n=1}^{\infty} \frac{n^{\sqrt{2}}}{2^n}$

(9) $\sum_{n=1}^{\infty} \frac{n^{10}}{10^n}$

(10) $\sum_{n=1}^{\infty} (1-\frac{3}{n})^n$

(11) $\sum_{n=1}^{\infty} \frac{n!}{(2n+1)!}$

(12) $\sum_{n=1}^{\infty} \frac{n! \ln n}{n(n+2)!}$

7.4 멱급수

정의 7.3

x가 변수이면 다음 무한급수를 멱급수라고 한다.

$$\sum_{k=0}^{\infty} a_k x^k = a_0 + a_1 x + a_2 x^2 + \cdots \tag{1}$$

a_k는 상수이다. 일반적으로 다음 무한급수를 중심 a인 멱급수라 한다,

$$\sum_{k=0}^{\infty} a_k (x-a)^k = a_0 + a_1(x-a) + a_2(x-a)^2 + \cdots \tag{2}$$

위의 멱급수 (1)이 $|x|<r$일 때 수렴하고 $|x|>r$일 때 발산한다면, r을 **수렴반경**이라고 부른다. (2)가 $|x-a|<r$일 때 수렴하고 $|x-a|>r$일 때 발산한다면 r은 멱급수 (2)의 수렴반경이다. 또한 (1)과 (2)에서 $(-r, r)$, $(a-r,\ a+r)$을 수렴구간이라고 한다.

(1), (2)가 수렴하는가를 살펴보기 위해서 비판정법을 이용하여 다음의 몇 가지 예를 생각해보자.

예제 7-28 다음 급수가 수렴하는 모든 x를 찾아라.

$$1 + x + x^2 + x^3 + ..$$

풀이 비 검정에 의하여, 다음과 같다면 급수는 수렴한다.

$$\lim_{n\to\infty}\left|\frac{a_{n+1}}{a_n}\right| = \lim_{n\to\infty}|x| = |x| < 1$$

수렴반경은 1이다. $x=1$ 일 때, $1+1+1+\cdots$ 이 되고 발산한다. $x=-1$일 때, $1-1+1-1+\cdots$이 되고 발산한다. 수렴 구간은 $-1<x<1$

예제 7-29 $\displaystyle\sum_{n=1}^{\infty}\frac{(-1)^{n-1}x^{n-1}}{n+1}$이 수렴하는 x의 범위를 구하여라.

풀이 $\displaystyle\lim_{n\to\infty}\left|\frac{a_{n+1}}{a_n}\right|=\lim_{n\to\infty}|x|=|x|<1$

수렴반경은 1이다. $x=1$일 때, 수렴하는 $\frac{1}{2}-\frac{1}{3}+\frac{1}{4}\cdots$ 교대급수를 갖는다. $x=-1$이면 발산하는 급수 $\frac{1}{2}+\frac{1}{3}+\frac{1}{4}+\cdots$이다. 이 급수는 $-1<x\le 1$이면 수렴한다.

예제 7-30 모든 x에서 $\displaystyle\sum_{n=1}^{\infty}\frac{x^n}{n!}$은 수렴하는가?

풀이 $\displaystyle\lim_{n\to\infty}\left|\frac{a_{n+1}}{a_n}\right|=\lim_{n\to\infty}\frac{|x|}{n+1}=0$

이것은 모든 x에서 1보다 작다. 급수는 $-\infty<x<\infty$일 때 수렴한다.

예제 7-31 다음 수렴 발산을 조사하여라.

(1) $\displaystyle\sum_{n=1}^{\infty}n!x^n$ (2) $\displaystyle\sum_{n=1}^{\infty}\frac{(x-2)^n}{n^2}$

(3) $\displaystyle\sum_{n=1}^{\infty}\frac{x^n}{2^n}\frac{n^n}{n!}$ (4) $\displaystyle\sum_{n=1}^{\infty}\frac{n\cdot 2^n}{x^n}$

풀이 (1) $\displaystyle\lim_{n\to\infty}\left|\frac{a_{n+1}}{a_n}\right|=\lim_{n\to\infty}(n+1)x=\infty$이므로 $x=0$일 때 수렴한다.

(2) $\displaystyle\lim_{n\to\infty}\left|\frac{a_{n+1}}{a_n}\right|=|x-2|<1$

$x=1$일 때 $\sum\frac{(-1)^n}{n^2}$이 되고 수렴한다.

$x=3$일 때 $\sum\frac{1}{n^2}$이 되고 수렴한다.

따라서 수렴구간은 $1\leqq x\leqq 3$이다.

(3) $\lim_{n\to\infty}\left|\frac{a_{n+1}}{a_n}\right| = \lim_{n\to\infty}\left|\frac{x}{2}\left(\frac{n+1}{n}\right)^n\right|$

$= \lim_{n\to\infty}\left|\frac{x}{2}\left(1+\frac{1}{n}\right)^n\right|$

$= \left|\frac{x}{2}\cdot e\right| < 1$

수렴구간은 $-\frac{2}{e} < x < \frac{2}{e}$

(4) $\lim_{n\to\infty}\left|\frac{a_{n+1}}{a_n}\right| = \left|\frac{2}{x}\right| < 1$

$\left|\frac{2}{x}\right| < 1 \rightarrow |x| > 2$

$x = 2$일 때 $1+1+1+1\cdots$ 이므로 발산

$x = -2$일 때 $1+1+1+1\cdots$ 이므로 발산

수렴구간은 $|x| > 2$이다.

연습문제 7.4

1. 다음 멱급수의 수렴구간을 구하고, 멱급수가 나타내는 함수를 구하여라.

(1) $\sum_{k=0}^{\infty}(x+2)^k$　　(2) $\sum_{k=0}^{\infty}(2x-1)^k$

(3) $\sum_{k=0}^{\infty}(-1)^k\left(\frac{x}{2}\right)^k$

2. 다음 멱급수의 수렴반경과 수렴구간을 구하여라.

(1) $\sum_{k=0}^{\infty}\frac{2^k}{k!}(x-2)^k$　　(2) $\sum_{k=1}^{\infty}\frac{(-1)^k}{k3^k}(x-1)^k$

(3) $\sum_{k=1}^{\infty}\frac{1}{k}(x-1)^k$　　(4) $\sum_{k=0}^{\infty}\frac{k!}{(2k)!}x^k$

3. 다음 멱급수의 수렴구간을 구하여라.

(1) $\sum_{n=0}^{\infty}(-1)^n(4x+1)^n$　　(2) $\sum_{n=1}^{\infty}\frac{x^n}{n\sqrt{n}\,3^n}$

(3) $\sum_{n=0}^{\infty}\frac{x^{2n+1}}{n!}$　　(4) $\sum_{n=0}^{\infty}\frac{n(x+3)^n}{5^n}$

(5) $\sum_{n=1}^{\infty}\left(1+\frac{1}{n}\right)^n x^n$　　(6) $\sum_{n=1}^{\infty}\frac{(-1)^{n+1}(x+2)^n}{n2^n}$

연습문제 7.4

4. 다음 멱급수의 수렴구간과 그 안에서 x의 함수로써 합을 구하여라.

(1) $\displaystyle\sum_{n=0}^{\infty}\frac{(x-1)^{2n}}{4^n}$

(2) $\displaystyle\sum_{n=0}^{\infty}\left(\frac{\sqrt{x}}{2}-1\right)^n$

(3) $\displaystyle\sum_{n=0}^{\infty}\left(\frac{x^2+1}{3}\right)^n$

7.5 테일러 급수

7.5.1 테일러(Taylor) 급수와 맥크로린(Maclaurin) 급수

주어진 함수를 멱급수로 전개하는 이유는 무엇인가? 이 절에서 그 해답을 찾을 것이다. 즉 멱급수는 그 자체로도 공부할 가치가 있을 뿐만 아니라, 초월함수(삼각함수, 지수함수, 로그함수 등)와 같이 함수값을 대수적으로 구하기 어려운 함수의 근사값을 구하는 데 유용하게 이용된다.

멱급수 $\sum_{n=0}^{\infty} c_n (x-a)^n$이 수렴반경 $r>0$을 갖는다고 가정해 보자. 앞에서 살펴본 것처럼 이 급수는 구간 $(a-r,\ a+r)$의 모든 점 x에서 어떤 함수 $f(x)$에 절대 수렴한다. 즉, 구간 $(a-r,\ a+r)$의 모든 점 x에 대하여

$$f(x) = \sum_{n=0}^{\infty} c_n (x-a)^n = c_0 + c_1(x-a) + c_2(x-a)^2 + c_3(x-a)^3 + \cdots$$

이다. 항별로 미분하면

$$f'(x) = \sum_{n=0}^{\infty} c_n n (x-a)^{n-1} = c_1 + 2c_2(x-a) + 3c_3(x-a)^2 + 4c_4(x-a)^3 + \cdots$$

가 되고 다시 한번 미분하면, 구간 $(a-r,\ a+r)$의 모든 점 x에 대하여

$$f''(x) = \sum_{n=0}^{\infty} c_n n(n-1)(x-a)^{n-2} = 2c_2 + 3 \cdot 2c_3(x-a) + 4 \cdot 3c_4(x-a)^2 + \cdots$$

그리고

$$f'''(x) = \sum_{n=0}^{\infty} c_n n(n-1)(n-2)(x-a)^{n-3} = 3 \cdot 2c_3 + 4 \cdot 3 \cdot 2c_4(x-a) + \cdots$$

이다.

계속 미분을 하여 얻은 멱급수는 구간 $(a-r,\ a+r)$의 모든 점 x에 대하여 수렴한다. 위의 각 도함수에 $x=c$를 대입하면

$$
\begin{aligned}
&f(a)=c_0\\
&f'(a)=c_1\\
&f''(a)=2c_2\\
&f'''(a)=3!\,c_3\\
&\quad\vdots
\end{aligned}
$$

이다. 일반적으로 다음 식을 얻는다.

$$f^{(n)}(a)=n!\,c_n$$

c_n에 대하여 풀면

$$c_n=\frac{f^{(n)}(a)}{n!},\ n=0,\ 1,\ 2,\ \cdots\ (\text{단}, f^{(0)}(a)=f(a))$$

이다. 따라서, 만약 멱급수 $\sum_{n=0}^{\infty} c_n(x-a)^n$이 수렴반경 $r>0$을 갖는다면, 이 급수는 어떤 함수 $f(x)$에 수렴하고 $f(x)$는 다음과 같다.

$$f(x)=\sum_{n=0}^{\infty} c_n(x-a)^n=\sum_{n=0}^{\infty}\frac{f^{(n)}(a)}{n!}(x-a)^n,\quad x\in(a-r,\ a+r)$$

정의 7.4

연속 미분 가능한 함수 $f(x)$로부터 다음과 같은 멱급수

$$f(x)=\sum_{n=0}^{\infty}\frac{f^{(n)}(a)}{n!}(x-a)^n$$
$$=f(a)+f'(a)(x-a)+\frac{f''(a)}{2!}(x-a)^2+\cdots+\frac{f^{(n)}(a)}{n!}(x-a)^n+\cdots$$

을 구할 수 있다. 이것을 함수 f의 **테일러 급수**(Taylor series)라고 한다.

정의 7.5

$a=0$에서의 테일러 급수를 **맥크로린 급수**(Maclaurin)라 한다. 즉, 맥크로린 급수

$$f(x)=\sum_{n=0}^{\infty}\frac{f^{(n)}(0)}{n!}x^n$$
$$=f(0)+f'(0)x+\frac{f''(0)}{2!}x^2+\cdots+\frac{f^{(n)}(0)}{n!}x^n+\cdots$$

이다.

예제 7-32 $f(x)=e^x$의 맥크로린 급수를 구하여라.

풀이 모든 n에서 $f'(x)=e^x, \cdots, f^{(n)}(x)=e^x, \cdots$이다.

$f'(0)=1, \cdots, f^{(n)}(0)=1, \cdots$, 이며 계수 $c_n=\frac{1}{n!}$이 된다.

$$e^x=1+x+\frac{x^2}{2!}+\frac{x^3}{3!}+\cdots+\frac{x^n}{n!}+\cdots$$

예제 7-33 $f(x)=\sin x$의 맥크로린 급수를 구하여라.

풀이

$$\begin{array}{ll} f(x)=\sin x & f(0)=0 \\ f'(x)=\cos x & f'(0)=1 \\ f''(x)=-\sin x & f''(0)=0 \\ f'''(x)=-\cos x & f^{(3)}(0)=-1 \\ f^{(4)}(x)=\sin x & f^{(4)}(0)=0 \\ \vdots & \vdots \end{array}$$

$$\sin x=x-\frac{x^3}{3!}+\frac{x^5}{5!}-\cdots+(-1)^{n-1}\frac{x^{2n-1}}{(2n-1)!}+\cdots$$

예제 7-34 $f(x)=\dfrac{1}{1-x}$ 의 맥크로린 급수를 구하여라.

풀이

$$f(x)=(1-x)^{-1} \qquad f(0)=1$$
$$f'(x)=(1-x)^{-2} \qquad f'(0)=1$$
$$f''(x)=2(1-x)^{-3} \qquad f''(0)=2$$
$$\cdots \qquad \cdots$$
$$f^{(n)}(x)=n!(1-x)^{-(n+1)} \qquad f^{(n)}(0)=n!$$

$$\frac{1}{1-x}=1+x+x^2+x^3+\cdots+x^n+\cdots$$

예제 7-35 $x=1$에 대한 함수 $f(x)=\ln x$의 테일러 급수를 구하여라.

풀이

$$f(x)=\ln x \qquad f(1)=\ln 1=0$$
$$f'(x)=\frac{1}{x} \qquad f'(1)=1$$
$$f''(x)=-\frac{1}{x^2} \qquad f''(1)=-1$$
$$\cdots \qquad \cdots$$
$$f^{(n)}(x)=\frac{(-1)^{n-1}(n-1)!}{x^n} \qquad f^{(n)}(1)=(-1)^{n-1}(n-1)!$$

$$\ln x=(x-1)-\frac{(x-1)^2}{2}+\frac{(x-1)^3}{3}-\frac{(x-1)^4}{4}+\cdots+\frac{(-1)^{n-1}(x-1)^n}{n}+\cdots$$

다음은 앞으로의 참고를 위하여 앞 절에서 구한 몇 가지 중요한 맥크로린 급수를 나열한 것이다.

〈표 7.1〉

함수	맥크로린 급수	수렴구간
$\sin x$	$x-\frac{x^3}{3!}+\frac{x^5}{5!}-\cdots+\frac{(-1)^{n-1}x^{2n-1}}{(2n-1)!}+\cdots$	$-\infty < x < \infty$
$\cos x$	$1-\frac{x^2}{2!}+\frac{x^4}{4!}-\cdots+\frac{(-1)^{n-1}x^{2n-2}}{(2n-2)!}+\cdots$	$-\infty < x < \infty$
e^x	$1+x+\frac{x^2}{2!}+\frac{x^3}{3!}+\cdots+\frac{x^n}{n!}+\cdots$	$-\infty < x < \infty$
$\ln(1+x)$	$x-\frac{x^2}{2}+\frac{x^3}{3}-\cdots+\frac{(-1)^{n-1}x^n}{n}+\cdots$	$-1 < x \le 1$
$\tan^{-1}x$	$x-\frac{x^3}{3}+\frac{x^5}{5}-\cdots+\frac{(-1)^{n-1}x^{2n-1}}{2n-1}+\cdots$	$-1 \le x \le 1$

7.5.2 테일러와 맥크로린 다항식

점 $x=a$의 함수 $f(x)$는 차수가 n인 테일러 다항식 $P_n(x)$으로 근사될 수 있다.

$$f(x) \cong P_n(x) = f(a)+f'(a)(x-a)+\frac{f''(a)}{2!}(x-a)^2+\ \cdots\ +\frac{f^{(n)}(a)}{n!}(x-a)^n$$

$a=0$인 특정한 경우에는, $f(x)$에 근사하는 n차 맥크로린 다항식은

$$P_n(x) = f(0)+f'(0)x+\frac{f''(0)}{2!}x^2+\ \cdots\ +\frac{f^{(n)}(0)}{n!}x^n$$ 이다.

예제 7-36 $f(x)=e^{-x}$가 $x=0$에서의 4차 테일러 다항식을 구하여라.

풀이 처음 미분계수 4개는 $-e^x$, e^{-x}, $-e^{-x}$, 그리고 e^{-x}이다. $a=0$에서, 이것들은 각각 -1, 1, -1, 그리고 1와 같다. 4차 근사 테일러 다항식은 다음과 같다.

$$e^{-x} \approx 1-x+\frac{1}{2!}x^2-\frac{1}{3!}x^3+\frac{1}{4!}x^4$$

$x=0.25$이면 이것을 가진다.

$$e^{-0.25} \approx 1 - 0.25 + \frac{1}{2!}(0.25)^2 - \frac{1}{3!}(0.25)^3 + \frac{1}{4!}(0.25)^4$$
$$\approx 0.7788$$

이 $e^{-0.25}$의 접근은 네 자리까지 맞다.

그림 7.1에서 $f(x)$와 테일러 다항식의 그래프를 보자.

$$P_0(x) = 1$$
$$P_1(x) = 1 - x$$
$$P_2(x) = 1 - x + \frac{x^2}{2!}$$
$$P_3(x) = 1 - x + \frac{x^2}{2!} - \frac{x^3}{3!}$$
$$P_4(x) = 1 - x + \frac{x^2}{2!} - \frac{x^3}{3!} + \frac{x^4}{4!}$$

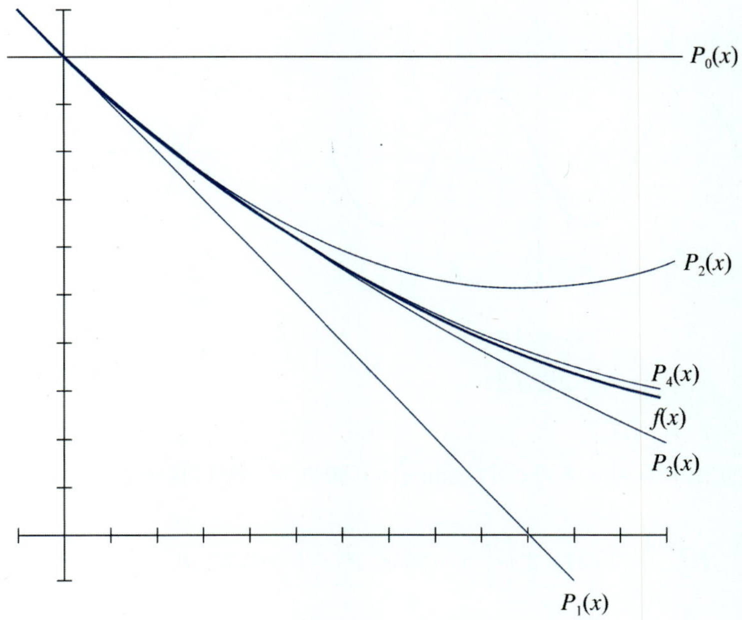

그림 7.1

예제 7-37 (1) $x=0$에서 $f(x)=\sin x$의 테일러 다항식 P_1, P_3, P_5, 그리고 P_7을 찾아라.

(2) $[-2\pi, 2\pi]\times[-2, 2]$에서 $f(x)$와 다항식 4개 모두를 그려라.

(3) 다항식 4개를 각각 사용하여 $\sin\frac{\pi}{3}$의 근사치를 구하여라.

풀이 (1) 0의 $\sin x$ 함수의 미분계수는 다음 표에 주어져 있다.

미분계수 순서	0	1	2	3	4	5	6	7
$\sin x$의 미분	$\sin x$	$\cos x$	$-\sin x$	$-\cos x$	$\sin x$	$\cos x$	$-\sin x$	$-\cos x$
x=0 일 때	0	1	0	-1	0	1	0	-1

$$P_1(x)=x$$

$$P_3(x)=x-\frac{x^3}{3!}$$

$$P_5(x)=x-\frac{x^3}{3!}+\frac{x^5}{5!}$$

$$P_7(x)=x-\frac{x^3}{3!}+\frac{x^5}{5!}-\frac{x^7}{7!}$$

(2) 그림 7.2a는 $\sin x$와 다항식 4개의 그래프를 나타낸다. 그림 7.2b에서 $\sin x$와 $P_7(x)$의 그래프만 본다. 이것은 $P_7(x)$가 얼마나 가까이 sin곡선을 따르는지 보여준다.

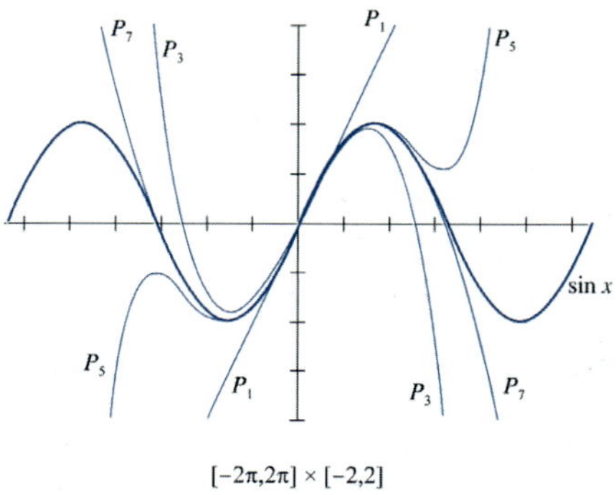

그림 7.2a

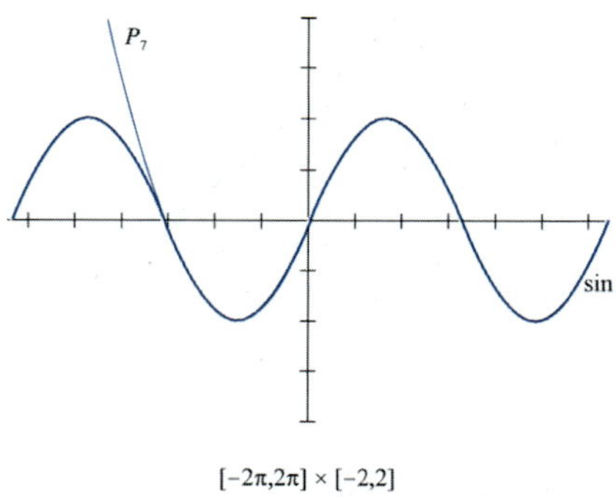

그림 7.2b

(3) 소수 점 이하 네 자리까지, $\sin\frac{\pi}{3}=0.8660$. $\frac{\pi}{3}$에서 다항식들을 계산하면 다음과 같다.

$$P_1\left(\frac{\pi}{3}\right)=1.0471,\ P_3\left(\frac{\pi}{3}\right)=0.8558,\ P_5\left(\frac{\pi}{3}\right)=0.8663,\ P_7\left(\frac{\pi}{3}\right)=0.8660$$

P_7가 소수 점 이하 네 자리까지 맞다고 본다.

예제 7-38 (1) $x=1$에서 $f(x)=\ln x$로 생성되는 차수 0, 1, 2 그리고 3의 다항식들을 구하여라.

(2) 똑같은 도표에 f와 다항식 4개를 그려라.

(3) P_2를 사용하여, $\ln 1.3$의 근사값을 구하고 오차를 찾아라.

풀이 (1) $x=1$에서 $\ln x$의 미분계수는 다음 표에 주어져 있다:

미분의 계수	0	1	2	3
$\ln x$의 미분	$\ln x$	$\frac{1}{x}$	$-\frac{1}{x^2}$	$\frac{2}{x^3}$
$x=1$일 때 미분계수	0	1	-1	2

표로부터 이것들을 갖는다.

$$P_0(x)=0,\ P_1(x)=(x-1),\ P_2(x)$$
$$=(x-1)-\frac{(x-1)^2}{2},\ P_3(x)=(x-1)-\frac{(x-1)^2}{2}+\frac{(x-1)^3}{3}$$

(2) 그림 7.3은 $\ln x$와 위 다항식 4개의 그래프를 나타낸다.

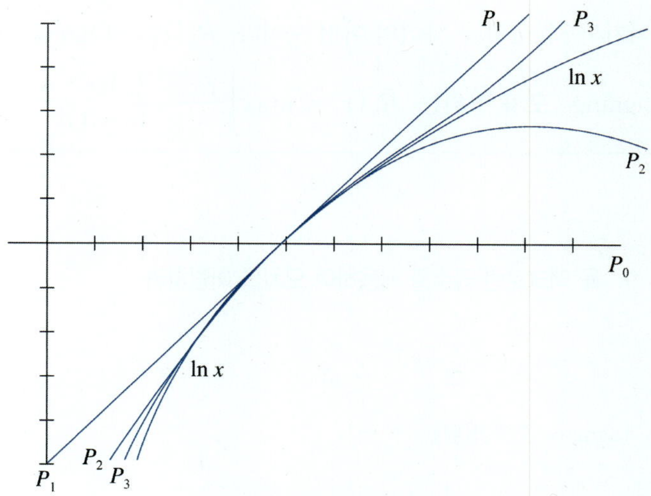

[0,2.5] × [−1,1]

그림 7.3

(3) $\ln 1.3 \approx P_2(1.3)=(1.3-1)-\frac{(1.3-1)^2}{2}=0.3-0.045=0.255.$

$$R_2(1,3)<\left|\frac{(1.3-1)^3}{3}\right|=0.009$$

7.5.3 Lagrange 오차 범위

테일러 다항식을 사용해 함수의 근사함수를 구할 때, 나머지(오차)가 얼마나 클 수 있는지 아는 것이 중요하다. 원하는 x 값에서 테일러 급수가 교대한다면 처음 생략된 항이 오차의 상한이 된다. 테일러 급수가 교대급수가 아닌 경우에는 Lagrange 오차 범위에 적용한다.

정의 7.6 테일러의 정리

함수 f와 처음 $n+1$계 도함수들이 $|x-a|<r$에서 연속적이라면, 이 구간의 각 x에서

$$f(x)=f(a)+f'(a)(x-a)+\frac{f''(a)}{2!}(x-a)^2+\cdots+\frac{f^{(n)}(a)}{n!}(x-a)^n+R_n(x)$$

그리고

$$R_n(x)=\frac{f^{(n+1)}(c)(x-a)^{n+1}}{(n+1)!}$$

이다. 여기서 c는 a와 x 사이의 어떤 수이다. $R_n(x)$는 Lagrange 나머지라고 불린다.

또한 Lagrange 오차 범위는 $R_n(x)<\max\left|\frac{f^{(n+!)}(c)(x-a)^{n+1}}{(n+1)!}\right|$ 이다.

예제 7-39 e^x을 맥크로린 급수를 사용하여 오차를 어림하라.

풀이

$$e^x=1+x+\frac{x^2}{2!}+\cdots+\frac{x^n}{n!}+\cdots$$

Lagrange 오차 범위는

$$R_n(x)<\max\left|\frac{e^c(x)^{n+1}}{(n+1)!}\right| \quad (0<c<x)$$

e를 어림하기 위해선, $x=1$를 쓴다. $0<c<1$에서, e^x의 최대값은 e다.

$e\approx 1+\frac{1}{2!}+\frac{1}{3!}+\cdots+\frac{1}{n!}$ 그리고 오차는 $\frac{e}{(n+1)!}$ 보다 작다.

예제 7-40 $\ln(1+x)$의 맥크로린 급수 그리고 연관된 Lagrange 오차 범위를 구하여라.

풀이

$f(0)=0 \qquad f(x)=\ln(1+x)$

$f'(x)=\dfrac{1}{1+x} \qquad f'(0)=1$

$f''(x)=-\dfrac{1}{(1+x)^2} \qquad f''(0)=-1$

$f'''(x)=\dfrac{2}{(1+x)^3} \qquad f'''(0)=2$

$\cdots$

$f^{(n)}(x)=\dfrac{(-1)^{n-1}(n-1)!}{(1+x)^n} \qquad f^{(n)}(0)=(-1)^{n-1}(n-1)!$

$f^{(n+1)}(x)=\dfrac{(-1)^n n!}{(1+x)^{n+1}}$

$\ln(1+x)=x-\dfrac{x^2}{2}+\dfrac{x^3}{3}-\dfrac{x^4}{4}+\cdots+(-1)^{n-1}\dfrac{x^n}{n}+R_n(x),$

Lagrange 오차 범위는

$$R_n(x)<\max\left|\frac{(-1)^n}{(1+c)^{n+1}}\frac{x^{n+1}}{n+1}\right|.$$

예제 7-41 $f(x)=\cos\left(x+\dfrac{\pi}{4}\right)$의 제3차 맥크로린 다항식을 찾고 $f(0.1)$을 어림잡을 때의 오차의 상한치를 찾아라.

풀이 먼저 $x=0$에서 계산된 미분계수들의 표를 만들면 계수를 준다.

n	$f^{(n)}(x)$	$f^{(n)}(0)$	$c_n=\dfrac{f^{(n)}(0)}{n!}$
0	$\cos\left(x+\dfrac{\pi}{4}\right)$	$\dfrac{\sqrt{2}}{2}$	$\dfrac{\sqrt{2}}{2}$
1	$-\sin\left(x+\dfrac{\pi}{4}\right)$	$-\dfrac{\sqrt{2}}{2}$	$-\dfrac{\sqrt{2}}{2}$
2	$-\cos\left(x+\dfrac{\pi}{4}\right)$	$-\dfrac{\sqrt{2}}{2}$	$-\dfrac{\sqrt{2}}{2\cdot 2!}$
3	$\sin\left(x+\dfrac{\pi}{4}\right)$	$\dfrac{\sqrt{2}}{2}$	$\dfrac{\sqrt{2}}{2\cdot 3!}$

$P_3(x)=\dfrac{\sqrt{2}}{2}-\dfrac{\sqrt{2}}{2}x-\dfrac{\sqrt{2}}{2\cdot 2!}x^2+\dfrac{\sqrt{2}}{2\cdot 3!}x^3$

이것은 $x=1$ 에서 교대급수가 아니므로, Lagrange 오차 범위를 사용해야 한다.

$$R_3(x) < \max\left|\frac{f^{(4)}(c)}{4!}x^4\right|, \quad x=0.1 \text{ 그리고 } 0<c<0.1$$

$f^{(4)}(c)=\cos\left(c+\frac{\pi}{4}\right)$가 $0<c<0.1$구간에서 감소하고 그것의 최대값은 $c=0$에 생긴다는 것을 유의하자.

$$R_3(x) < \max\left|\frac{\cos(c+\frac{\pi}{4})}{4!}x^4\right| = \frac{\cos\left(0+\frac{\pi}{4}\right)}{4!}0.1^4 = \frac{\sqrt{2}}{2\cdot 4!\cdot 10^4}$$

7.5.4 멱급수 계산

함수의 멱급수 전개식(expansion)은 수렴 구간 안에 위치한 x값들의 함수로 간주한다. 그것들은 더해지거나, 빼지거나, 곱해지거나, 나눠지거나, 미분되거나, 또는 적분될 수 있다. 멱급수는 함수 값들의 근사치를 구하고, 부정의 형태의 극한치의 값을 구하며 정적분을 어림하는 데 유용하다.

예제 7-42 $\frac{1}{\sqrt{e}}$를 소수 점 이하 4자리까지 계산하라.

풀이 맥크로린 급수를 쓸 수 있다.

$$e^x = 1+x+\frac{x^2}{2!}+\frac{x^3}{3!}+\frac{x^4}{4!}+\cdots,$$

그리고 $x=-\frac{1}{2}$라고 하면 다음을 갖는다.

$$\begin{aligned} e^{-1/2} &= 1-\frac{1}{2}+\frac{1}{4\cdot 2}-\frac{1}{8\cdot 3!}+\frac{1}{16\cdot 4}-\frac{1}{32\cdot 5!}+R_5 \\ &= 1-0.50000+0.12500-0.02083+0.00260-0.00026+R_5 \\ &= 0.60651+R_5 \end{aligned}$$

$R_5 < \frac{1}{64\cdot 6!} < 0.00003$이므로 $\frac{1}{\sqrt{e}}=0.6065$이다.

예제 7-43 $|x| < 0.02$이고 근사 공식이 다음과 같다면 오차를 어림하라.

$$\sqrt{1+x} \approx 1 + \frac{x}{2}$$

풀이 $f(x) = \sqrt{1+x}$ 로 생성된 맥크로린 급수의 처음 항들을 얻는다.

$$f(x) = \sqrt{1+x} \qquad f(0) = 1$$

$$f'(x) = \frac{1}{2}(1+x)^{-\frac{1}{2}} \qquad f'(0) = \frac{1}{2}$$

$$f''(x) = -\frac{1}{4}(1+x)^{-\frac{3}{2}} \qquad f''(0) = -\frac{1}{4}$$

$$f'''(x) = \frac{3}{8}(1+x)^{-\frac{5}{2}} \qquad f'''(0) = \frac{3}{8}$$

그렇다면

$$\sqrt{1+x} = 1 + \frac{x}{2} - \frac{1}{4} \cdot \frac{x^2}{2} + \frac{3}{8} \cdot \frac{x^3}{6} \cdots$$

여기서 $|R_1|$은 $\left|\frac{f''(c)x^2}{2!}\right|$, $|c| < 0.02$이므로 $0 < c < 0.02$이다.

$$|R_1| < \frac{(0.02)^2}{8(1+0.02)^{3/2}} < 0.00005$$

예제 7-44 $\lim_{x \to 0} \frac{\sin x}{x}$을 계산하기 위해 급수를 사용하라.

풀이 $\sin x = x - \frac{x^3}{3!} + \frac{x^5}{5!} - \cdots$

$$\lim_{x \to 0} \frac{\sin x}{x} = \lim_{x \to 0}\left(1 - \frac{x^2}{3!} + \frac{x^4}{5!} - \cdots\right) = 1$$

예제 7-45 $\lim_{x \to 0} \frac{\ln(x+1)}{3x}$을 계산하기 위해 급수를 사용하라.

풀이

$$\lim_{x \to 0} \frac{x - \frac{x^2}{2} + \frac{x^3}{3} - \frac{x^4}{4} + \cdots}{3x} = \lim_{x \to 0} \frac{1}{3} - \frac{x}{6} + \frac{x^2}{9} - \cdots = \frac{1}{3}$$

예제 7-46

$\lim_{x\to 0}\dfrac{e^{-x^2}-1}{x^2}$ 을 계산하기 위해 급수를 사용하라.

풀이

$$\lim_{x\to 0}\frac{e^{-x^2}-1}{x^2}=\lim_{x\to 0}\frac{\left(1-x^2+\dfrac{x^4}{2!}-\dfrac{x^6}{3!}+\ldots\right)-1}{x^2}=\lim_{x\to 0}\left(-1+\frac{x^2}{2!}-\frac{x^4}{3!}+\ldots\right)=-1$$

예제 7-47

$\int_0^{0.1} e^{-x^2}dx$ 를 소수 점 이하 4자리까지 계산하기 위해 급수를 사용하라.

풀이

$\int e^{-x^2}dx$ 에서 e^u 의 급수를 쓸 수 있다. u 를 $(-x^2)$ 로 대신하고 항들을 적분한다.

$$e^{-x^2}=1-x^2+\frac{x^4}{2!}-\frac{x^6}{3!}+\cdots$$

$$\begin{aligned}\int_0^{0.1} e^{-x^2}dx &= \left[x-\frac{x^3}{3}+\frac{x^5}{5\cdot 2!}-\frac{x^7}{7\cdot 3!}+\cdots\right]_0^{0.1}\\ &=0.1-\frac{0.001}{3}+\frac{0.00001}{10}-\frac{0.0000001}{42}+\cdots\\ &=0.1-0.00033+0.000001+R_6=0.09967+R_6\end{aligned}$$

이것은 수렴하는 교대급수이므로, $|R_6|<\dfrac{10^{-7}}{42}$ 이것은 네 번째 소수 점 이하 자리에 영향을 미치지 않는다.

$$\int_0^{0.1} e^{-x^2}dx=0.0997$$

연습문제 7.5

1. a에서 f의 3단계 테일러 다항식을 구하여라.

(1) $f(x) = \ln x, \quad a = 1$　　(2) $f(x) = 1/x, \quad a = 2$

(3) $f(x) = \sin x, \quad a = \pi/4$

2. 주어진 함수의 맥크로린 급수를 구하여라.

(1) e^{-x}　　(2) $\dfrac{1}{1+x}$

(3) $\sin 3x$　　(4) $7\cos(-x)$

3. $x = a$일 때 f의 테일러 급수를 구하여라.

(1) $f(x) = x^3 - 2x + 4, \quad a = 2$　　(2) $f(x) = x^4 + x^2 + 1, \quad a = -2$

(3) $f(x) = 1/x^2, \quad a = 1$　　(4) $f(x) = e^x, \quad a = 2$

4. 치환을 이용하여 다음 함수의 Maclaurin 급수를 구하여라.

(1) e^{-5x}　　(2) $\cos\sqrt{x+1}$

5. 곱을 이용하여 함수의 Maclaurin 급수를 구하여라.

(1) xe^x　　(2) $x\cos\pi x$

(3) $\dfrac{x^2}{1-2x}$　　(4) $\dfrac{1}{(1-x)^2}$

연습문제 7.5

6. 급수를 이용하여 오차가 10^{-3}보다 작도록 적분값을 계산하여라.

(1) $\int_0^{0.2} \sin x^2 dx$ (2) $\int_0^{0.2} \frac{e^{-x}-1}{x} dx$

(3) $\int_0^{0.1} \frac{\sin x}{x} dx$ (4) $\int_0^{1} \frac{1-\cos x}{x^2} dx$

7. 다음 부정형의 극한값을 구하여라.

(1) $\lim_{x\to 0} \frac{e^x-(1+x)}{x^2}$ (2) $\lim_{t\to 0} \frac{1-\cos t-(t^2/2)}{t^4}$

(3) $\lim_{y\to 0} \frac{y-\tan^{-1} y}{y^3}$ (4) $\lim_{x\to\infty} x^2(e^{-1/x^2}-1)$

(5) $\lim_{x\to 0} \frac{\ln(1+x^2)}{1-\cos x}$ (6) $\lim_{x\to 2} \frac{x^2-4}{\ln(x-1)}$

CHAPTER 8

편미분

지금까지 우리는 독립변수가 한 개인 함수에 대해서만 그들의 도함수와 미분을 구하는 방법과 이의 응용을 알아보았다. 본장과 다음 장에서는 독립변수가 2개 이상인 함수 즉 다변수함수를 대상으로 하여 이들의 도함수 및 적분을 구하는 방법과 그의 응용을 알아보기로 한다.

8.1 다변수 함수

8.1.1 2변수 함수

함수 f는 집합 $D \subset R^2$안의 각 실수 순서쌍 (x, y)에 대해 $f(x, y)$로 표시되는 유일한 실수값을 대응시켜주는 규칙이다. 이때 집합 D를 f의 정의역이라 하고, f의 치역은 f가 취하는 값들의 집합, 즉 $\{f(x, y) \mid (x, y) \in D\}$이다. 이때, 함수 f를 x와 y에 대한 **2변수 함수**라 한다. $z = f(x,y)$에 대하여 변수 x와 y는 독립변수이고, z는 종속변수이다.

예제 8-1 주어진 함수에 대하여 $f(3, 2)$의 값과 정의역을 구하여라.

(1) $f(x, y) = \dfrac{\sqrt{x+y+1}}{x-1}$ (2) $f(x, y) = x \ln(y^2 - x)$

풀이 (1) $f(3,2) = \dfrac{\sqrt{3+2+1}}{3-1} = \dfrac{\sqrt{6}}{2}$, 정의역 $\{(x, y) \mid x+y+1 \geq 0, x \neq 1\}$

(2) $f(3,2) = 3\ln(2^2-3) = 3\ln 1 = 0$, 정의역 $\{(x, y) | y^2 - x > 0\}$

예제 8-2 다음 함수의 정의역을 구하여라.

(1) $f(x,y) = \sqrt{16 - x^2 - y^2}$ (2) $f(x,y) = \dfrac{\cos(x+y)}{xy}$

풀이 (1) $\{(x, y) | 16 - x^2 - y^2 \geq 0\}$ (2) $\{(x,y) | x \neq 0$ 또는 $y \neq 0\}$

8.1.2 3변수 및 n변수 함수

3변수 함수 f는 정의역 $D \subset R^3$안의 각 실수 순서조 $(x,\ y,\ z)$에 대해 $f(x,\ y,\ z)$로 표시되는 유일한 실수값을 대응시켜 주는 대응규칙이다.

즉, $W = f(x,\ y,\ z)$로 표현된다.

예제 8-3 $f(x, y, z) = \ln(z-y) + zy\ln z$의 정의역을 구하여라.

풀이 $f(x,\ y,\ z)$에 대한 식은 $z - y > 0,\ \ z > 0$에서만 정의된다. 그러므로 f의 정의역은

$$D = \{(x, y, z) | z > y,\ z > 0\}$$

예제 8-4 다음 함수의 정의역을 구하고 기술하여 보아라.

(1) $f(x, y, z) = \dfrac{\cos(x+z)}{xy}$ (2) $g(x, y, z) = \sqrt{9 - x^2 - y^2 - z^2}$

풀이 (1) $f(x, y, z) = \dfrac{\cos(x+z)}{xy}$에 대하여 분모가 0이면 $x=0$ 또는 $y=0$이다. 따라서 정의역은 $\{(x,\ y,\ z) | x \neq 0, y \neq 0\}$으로 yz평면과 xz평면을 제외한 삼차원공간 전체이다.

(2) $g(x, y, z) = \sqrt{9 - x^2 - y^2 - z^2}$ 이 정의되기 위해 $9 - x^2 - y^2 - z^2 \geq 0$,
즉 $x^2 + y^2 + z^2 \leq 9$. 따라서 g의 정의역은 중심이 원점에 있고 반지름이 3인 구와 그 내부이다.

연습문제 8.1

1. $f(x,y)=\ln(x+y-1)$이라고 하자. 다음을 구하여라.

(1) $f(1,1)$

(2) $f(e,1)$

(3) f의 정의역

(4) f의 치역

2. $f(x,y)=x^2e^{3xy}$라고 하자. 다음을 구하여라.

(1) $f(2,0)$

(2) f의 정의역

(3) f의 치역

3. 다음 함수들의 정의역과 치역을 구하여라.

(1) $f(x,y)=\sqrt{x+y}$

(2) $f(x,y)=\ln(9-x^2-9y^2)$

(3) $f(x,y)=\cos(x^2+y^2)$

(4) $f(x,y)=\dfrac{\sqrt{y-x^2}}{1-x^2}$

(5) $f(x,y)=\sqrt{1+x-y^2}$

8.2 극한과 연속

8.2.1 극한

일반적으로, (x, y)가 정의역 안에 있는 임의의 경로를 따라 (a, b)에 가까이 갈 때, $f(x, y)$가 L에 가까이 가면,

$$\lim_{(x,y)\to(a,b)} f(x, y) = L$$

이라 쓴다. 점(x, y)를 점 (a, b)와 같게 하지는 않고 충분히 가깝게만 함으로써 $f(x, y)$를 L에 가깝게 할 수 있는 것이다. 즉

$$\lim_{\substack{x\to a\\ y\to b}} f(x, y) = L \text{은 } (x, y)\to(a, b) \text{일 때 } f(x, y)\to L$$

과 같다.

예제 8-5 $\displaystyle\lim_{(x,y)\to(0,0)} \frac{x^2-y^2}{x^2+y^2}$이 존재하지 않음을 보여라.

풀이 x축을 따라 $(0,0)$에 접근하여 보자. $y=0$이므로 $x\neq 0$인 모든 x에서 $f(x,0)=x^2/x^2=1$이다. 따라서 $(x,y)\to(0,0)$이면 $f(x,y)\to 1$이다. 다음 $x=0$으로 놓고 y축을 따라 접근하여 보자. $y\neq 0$인 모든 y에 대해서 $f(0,y)=-y^2/y^2=-1$이다. $(x,y)\to(0,0)$이면 $f(x,y)\to -1$. 따라서 존재하지 않는다.

예제 8-6 $f(x, y) = \dfrac{xy}{x^2+y^2}$일 때 $\displaystyle\lim_{(x,y)\to(0,0)} f(x, y)$는 존재하는가?

풀이 $y=0$이면 $f(x,0)=0/x^2=0$이다. 따라서 $f(x,y)\to 0$. $x=0$이면 $f(0,y)=0/y^2=0$이다. 따라서 $f(x,y)\to 0$. 직선 $y=x$를 따라 $(0,0)$으로 접근해보자. 그러면 $f(x,y)\to\frac{1}{2}$. 따라서 존재하지 않는다.

8.2.2 연속

1변수 연속함수들의 극한 계산은 쉽다는 것을 상기하자. 그 극한값 계산은 직접 값을 대입함으로써 얻을 수 있다. 연속함수를 정의하는 성질은 $\lim_{x\to a} f(x) = f(a)$이기 때문이다. 2변수 함수의 연속성도 역시 직접 값을 대입하는 특징으로서 정의될 수 있다.

> **정의 8.1**
>
> 2변수 함수 f에 대하여 만일 $\lim_{(x,y)\to(a,b)} f(x,y) = f(a,b)$가 성립하면 f는 (a,b)에서 연속이라고 한다. 모든 점 (a,b)에서 f가 연속이면, f는 정의된 영역에서 연속이라고 한다.

예제 8-7 $\lim_{(x,y)\to(1,2)} (x^2y^3 - x^3y^2 + 3x + 2y)$를 계산하여라.

풀이 $\lim_{(x,y)\to(1,2)} (x^2y^3 - x^3y^2 + 3x + 2y) = 1^2 \cdot 2^3 - 1^3 \cdot 2^2 + 3 \cdot 1 + 2 \cdot 2 = 11$

예제 8-8 함수 $f(x,y) = \dfrac{x^2 - y^2}{x^2 + y^2}$는 어디에서 연속인가?

풀이 함수 f는 $(0,0)$에서 불연속이다. 왜냐하면 그 점에서 정의되지 않기 때문이다. f는 유리함수이므로, 정의역 $D = \{(x,y) | (x,y) \neq (0,0)\}$에서 연속이다.

예제 8-9 다음 함수는 점 $(0,0)$에서 연속인가?

$$g(x) = \begin{cases} \dfrac{x^2 - y^2}{x^2 + y^2}, & (x,y) \neq (0,0) \\ 0, & (x,y) = (0,0) \end{cases}$$

풀이 g가 $(0,0)$에서 정의되었지만 $\lim_{(x,y)\to(0,0)} g(x,y)$가 존재하지 않으므로 여전히 불연속이다.

예제 8-10 다음 함수는 연속함수인가?

$$f(x, y) = \begin{cases} \dfrac{3x^2y}{x^2+y^2}, & (x,y) \neq (0,0) \\ 0, & (x,y) = (0,0) \end{cases}$$

풀이 $(x,y) \neq (0,0)$일 때 f가 연속일 것을 알고 있다. 이것은 유리함수이기 때문이다.

또한 $\lim\limits_{(x,y)\to(0,0)} \dfrac{3x^2y}{x^2+y^2} = 0 = f(0,0)$이다. 그러므로 f는 $(0,0)$에서 연속이고, 따라서 R^2위에서 연속이다.

연습문제 8.2

1. 다음 극한의 수렴, 발산을 조사하여라.

(1) $\lim_{(x,y)\to(5,-2)} (x^5+4x^3y-5xy^2)$

(2) $\lim_{(x,y)\to(2,1)} \frac{4-xy}{x^2+3y^2}$

(3) $\lim_{(x,y)\to(0,0)} \frac{y^4}{x^4+3y^4}$

(4) $\lim_{(x,y)\to(0,0)} \frac{xy\cos y}{3x^2+y^2}$

(5) $\lim_{(x,y)\to(0,0)} \frac{xy}{\sqrt{x^2+y^2}}$

(6) $\lim_{(x,y)\to(0,0)} \frac{x^2ye^y}{x^4+4y^2}$

(7) $\lim_{(x,y)\to(0,0)} \frac{x^2+y^2}{\sqrt{x^2+y^2+1}-1}$

(8) $\lim_{(x,y,z)\to(3,0,1)} e^{-xy}\sin(\pi z/2)$

(9) $\lim_{(x,y,z)\to(0,0,0)} \frac{xy+yz^2+xz^2}{x^2+y^2+z^4}$

(10) $\lim_{(x,y,z)\to(0,0,0)} \frac{2x^2+3xy+4y^2}{3x^2+5y^2}$

연습문제 8.2

2. 다음 함수가 연속이 되는 집합을 구하여라.

(1) $f(x,y) = \dfrac{1}{x^2 - y}$

(2) $f(x,y) = \arctan(x + \sqrt{y})$

(3) $g(x,y) = \ln(x^2 + y^2 - 4)$

(4) $f(x,y,z) = \dfrac{\sqrt{y}}{x^2 - y^2 + z^2}$

(5) $f(x,y) = \begin{cases} \dfrac{x^2y^3}{2x^2+y^2} & \text{만약}\,(x,y) \neq (0,0) \\ 1 & \text{만약}\,(x,y) \neq (0,0) \end{cases}$

8.3 편도함수

8.3.1 편미분

x, y의 함수 $z=f(x,y)$에 대하여 $y=b$로서 일정하다면 $z=f(x,y)$는 x만의 함수로 생각할 수 있으며, 또한 $x=a$로 일정하다면 $z=f(x,y)$는 y만의 함수로 간주할 수 있다.

정의 8.2

(i) x만의 함수 $f(x, b)$가 $x=a$에서 미분 가능하다면 도함수의 정의에 의하여 $\dfrac{\partial}{\partial x}f(a,b)=\lim\limits_{h\to 0}\dfrac{f(a+h,b)-f(a,b)}{h}$이고, 이 극한값은 (a,b)에서 **x에 관한 편미분계수**(partial differential coefficient)라 하고, $f_x(a,b)$로 나타낸다.

(ii) y만의 함수 $f(a,y)$가 $y=b$에서 미분가능하다면 (a,b)에서 **y에 관한 편미분계수** $f_y(a,b)$는 $\dfrac{\partial}{\partial y}f(a,b)=\lim\limits_{h\to 0}\dfrac{f(a,b+h)-f(a,b)}{h}$로 나타낸다.

편도함수는 다음과 같은 기하학적 의미를 가진다. 지금 2변수 함수 $z=f(x,y)$를 생각해 보자. 평면 $y=b$와의 곡면 $z=f(x,y)$와 공통부분을 곡선 QPR로 나타내자.

점 P에서 $\dfrac{\partial f}{\partial x}$의 값은 곡선 QPR의 점 P에서의 접선 l의 기울기를 표시한다(그림 8.1). 또 비슷하게 곡면 $z=f(x,y)$가 평면 $x=k$로 잘렸을 때 생긴 곡선 LPM에서 $f_y(k,y)$는 점 $(k,y,f(k,y))$에서의 접선 l의 기울기를 표시한다(그림 8.2).

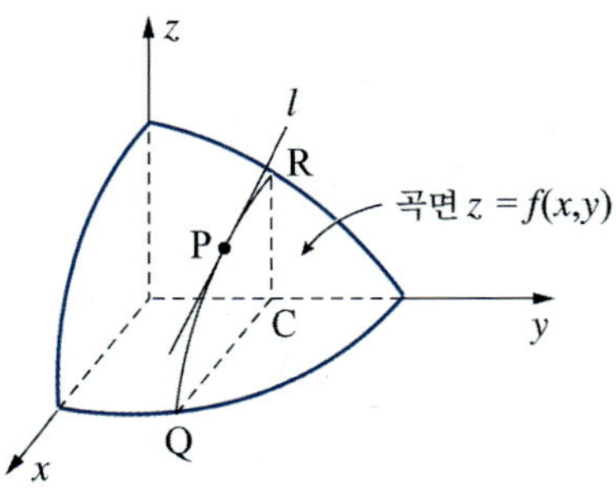

그림 8.1

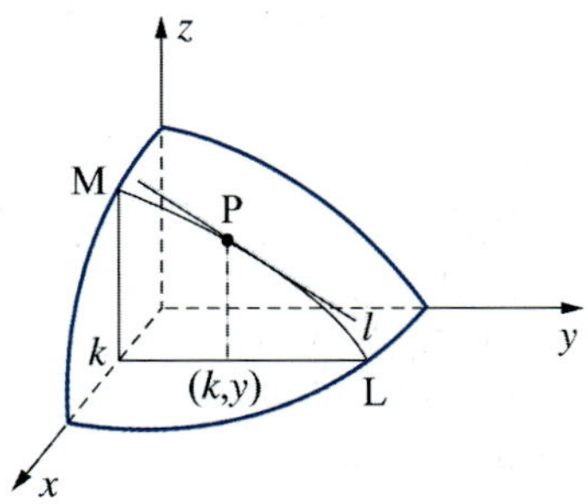

그림 8.2

■ $z=f(x,y)$의 편도함수를 구하는 규칙

1. f_x를 구하기 위해서 y를 상수로 보고 x에 관해 미분한다.
2. f_y를 구하기 위해서 x를 상수로 보고 y에 관해 미분한다.

예제 8-11 $f(x,y)=x^3+x^2y^3-2y^2$일 때, $f_x(2,1)$, $f_y(2,1)$을 구하여라.

풀이 y를 상수로 생각하고 x에 관하여 미분하면, $f_x(x,y)=3x^2+2xy^3$,

$$f_x(2,1)=3(2^2)+2(2)(1^3)=16$$

x를 상수로 생각하고 y에 관하여 미분하면, $f_y(x,y)=3x^2y^2-4y$,

$$f_y(2,1)=3(2^2)(1^2)-4(1)=8$$

예제 8-12 $f(x,y)=\sin\left(\dfrac{x}{1+y}\right)$일 때 $\dfrac{\partial f}{\partial x}$, $\dfrac{\partial f}{\partial y}$를 구하여라.

풀이 1변수 함수에 관한 연쇄법칙을 이용하면

$$\frac{\partial f}{\partial x}=\cos\left(\frac{x}{1+y}\right)\frac{d}{dx}\left(\frac{x}{1+y}\right)=\cos\left(\frac{x}{1+y}\right)\left(\frac{1}{1+y}\right),$$
$$\frac{\partial f}{\partial y}=\cos\left(\frac{x}{1+y}\right)\frac{d}{dy}\left(\frac{x}{1+y}\right)=-\cos\left(\frac{x}{1+y}\right)\left(\frac{x}{(1+y)^2}\right).$$

이다.

예제 8-13 $f(x,y,z)=e^{xy}\ln z$일 때, f_x, f_y, f_z를 구하여라.

풀이 y와 z를 상수로 생각하고 x에 관하여 미분하면, $f_x=ye^{xy}\ln z$,

x와 z를 상수로 생각하고 y에 관하여 미분하면, $f_y=xe^{xy}\ln z$,

x와 y를 상수로 생각하고 z에 관하여 미분하면, $f_z=\dfrac{e^{xy}}{z}$ 이다.

8.3.2 고계편도함수

f가 2변수 함수이면 편도함수 f_x와 f_y도 또한 2변수 함수이므로, 그것들의 편도함수 $(f_x)_x$, $(f_x)_y$, $(f_y)_x$, $(f_y)_y$도 생각할 수 있고, 이것들을 f의 2계편도함수라 부른다. $z=f(x,y)$이면 이계편도함수는 다음과 같다.

> **정의 8.2** 2계 편도함수 표현
>
> $(f_x)_x = f_{xx} = \dfrac{\partial^2 f}{\partial x^2} = \dfrac{\partial^2 z}{\partial x^2}$ $\qquad$ $(f_y)_x = f_{yx} = \dfrac{\partial^2 f}{\partial x\, \partial y} = \dfrac{\partial^2 z}{\partial x\, \partial y}$
>
> $(f_x)_y = f_{xy} = \dfrac{\partial^2 f}{\partial y\, \partial x} = \dfrac{\partial^2 z}{\partial y\, \partial x}$ $\qquad$ $(f_y)_y = f_{yy} = \dfrac{\partial^2 f}{\partial y^2} = \dfrac{\partial^2 z}{\partial y^2}$

그러므로 $f_{xy}\left(\text{또는 } \dfrac{\partial^2 f}{\partial y \partial x}\right)$ 표기법은 우선 x에 관하여 미분하고 다음으로 y에 관하여 미분하는 것이고, 반면 f_{yx}는 우선 y에 관하여 미분하고 다음으로 x에 관하여 미분하는 것이다.

예제 8-14 $f(x,y) = x^3 + x^2y^3 - 2y^2$의 2계편도함수를 구하여라.

풀이 $f_x = 3x^2 + 2xy^3 \qquad f_y = 3x^2y^2 - 4y$

$$f_{xx} = \frac{\partial^2 f}{\partial x^2} = \frac{\partial^2 z}{\partial x^2} = 6x + 2y^3 \qquad f_{yx} = \frac{\partial^2 f}{\partial x\, \partial y} = \frac{\partial^2 z}{\partial x\, \partial y} = 6xy^2$$

$$f_{xy} = \frac{\partial^2 f}{\partial y\, \partial x} = \frac{\partial^2 z}{\partial y\, \partial x} = 6xy^2 \qquad f_{yy} = \frac{\partial^2 f}{\partial y^2} = \frac{\partial^2 z}{\partial y^2} = 6x^2y - 4$$

이다.

예제 8-15 $f(x,y,z) = xyze^{-x-y-z}$일 때, f_{xyz}를 구하여라.

풀이 $f_x(x,y,z) = yze^{-x-y-z} - xyze^{-x-y-z} = (1-x)yze^{-x-y-z}$

$f_{xy}(x,y,z) = (1-x)(1-y)ze^{-x-y-z}$

$f_{xyz}(x,y,z) = (1-x)(1-y)(1-z)e^{-x-y-z}$

예제 8-16 함수 $f(x,y)=x^2y-y^3+\ln x$의 모든 이계편도함수를 구하여라.

풀이 일계편도함수는 $\frac{\partial f}{\partial x}=2xy+\frac{1}{x}$이고, $\frac{\partial f}{\partial y}=x^2-3y^2$이다. 따라서

$$\frac{\partial^2 f}{\partial x^2}=\frac{\partial}{\partial x}\left(\frac{\partial f}{\partial x}\right)=\frac{\partial}{\partial x}\left(2xy+\frac{1}{x}\right)=2y-\frac{1}{x^2}$$

$$\frac{\partial^2 f}{\partial x\partial y}=\frac{\partial}{\partial x}\left(\frac{\partial f}{\partial y}\right)=\frac{\partial}{\partial x}(x^2-3y^2)=2x$$

이고 마지막으로

$$\frac{\partial^2 f}{\partial y^2}=\frac{\partial}{\partial y}\left(\frac{\partial f}{\partial y}\right)=\frac{\partial}{\partial y}(x^2-3y^2)=-6y$$ 이다.

8.3.3 연쇄법칙

이 변수함수에서 연쇄법칙을 확장하려면 기본적인 것을 미리 규정해야 한다. 먼저 z는 x와 y의 함수이고 x, y가 독립변수 t의 함수인 경우이다. 합성함수의 다른 형태로 중개역할을 하는 변수가 한 개보다 많은 변수를 갖는 경우가 있다. 즉, 독립변수가 두 개 이상인 경우, (정리 8.2, 8.3)을 다룬다.

정리 8.1

$z=f(x,y)$가 x, y에 관하여 편미분 가능한 함수이고, $x=g(t)$와 $y=h(t)$가 t에 대하여 미분 가능하면

$$\frac{dz}{dt}=\frac{\partial f}{\partial x}\frac{dx}{dt}+\frac{\partial f}{\partial y}\frac{dy}{dt}$$

이다.

예제 8-17 $x = \sin t, y = e^t$일 때, $z = x^2y + 3xy^4$에 대한 $\dfrac{dz}{dt}$를 구하여라.

풀이 $\dfrac{dx}{dt} = \cos t, \dfrac{dy}{dt} = e^t$

$\dfrac{dz}{dx} = 2xy + 3y^4, \dfrac{dz}{dy} = x^2 + 12xy^3$

$\dfrac{dz}{dt} = \dfrac{\partial f}{\partial x}\dfrac{dx}{dt} + \dfrac{\partial f}{\partial y}\dfrac{dy}{dt} = (2xy + 3y^4)\cos t + (x^2 + 12xy^3)e^t$

$= (2\sin t + 3e^{3t})e^t \cos t + (\sin^2 t + 12\sin t e^{3t})e^t$이다.

예제 8-18 $x = \sin 2t, y = \cos t$이고, $z = x^2y + 3xy^4$일 때 $t = 0$에서 $\dfrac{dz}{dt}$를 구하여라.

풀이 연쇄법칙에 의하여

$$\frac{dz}{dt} = \frac{\partial f}{\partial x}\frac{dx}{dt} + \frac{\partial f}{\partial y}\frac{dy}{dt} = (2xy + 3y^4)(2\cos 2t) + (x^2 + 12xy^3)(-\sin t)$$

여기서 x, y를 다시 로 바꾸어 쓸 필요 없이, $t = 0$일 때 $x = \sin 0 = 0, y = \cos 0 = 1$이므로

$$\frac{dz}{dt} = (0+3)(2\cos 0) + (0+0)(-\sin 0) = 6$$

≫ 정리 8.2

$z = f(x, y),\ x = g(s, t),\ y = h(s, t)$가 모두 편미분 가능한 함수이면

$$\frac{\partial z}{\partial s} = \frac{\partial z}{\partial x}\frac{\partial x}{\partial s} + \frac{\partial z}{\partial y}\frac{\partial y}{\partial s}, \quad \frac{\partial z}{\partial t} = \frac{\partial z}{\partial x}\frac{\partial x}{\partial t} + \frac{\partial z}{\partial y}\frac{\partial y}{\partial t}$$

이다.

예제 8-19 $z = e^x \sin y, x = uv^2, y = u^2v$일 때, $\dfrac{\partial z}{\partial u}, \dfrac{\partial z}{\partial v}$를 구하여라.

풀이 $\dfrac{\partial z}{\partial u} = \dfrac{\partial z}{\partial x}\dfrac{\partial x}{\partial u} + \dfrac{\partial z}{\partial y}\dfrac{\partial y}{\partial u} = e^x(\sin y)v^2 + e^x(\cos y)2uv$

$= \{(v^2 \sin(u^2v) + 2uv\cos(u^2v)\}e^{uv^2}$

$$\frac{\partial z}{\partial v}=\frac{\partial z}{\partial x}\frac{\partial x}{\partial v}+\frac{\partial z}{\partial y}\frac{\partial y}{\partial v}=e^{x}(\sin y)2uv+e^{x}(\cos y)u^{2}$$

$$=\{(2uv\sin(u^{2}v)+u^{2}\cos(u^{2}v)\}e^{uv^{2}}\text{ 이다.}$$

예제 8-20 $z=x^2+y^2,\ x=s+t,\ y=s-t;s=2, t=-1$ 에서 $\frac{\partial z}{\partial s}, \frac{\partial z}{\partial t}$를 구하여라. 주어진 s와 t의 값에 대하여 편도함수를 구하여라.

풀이 연쇄법칙을 이용하면

$$z=x^2+y^2;\ x=s+t,\ y=s-t$$

$$\frac{\partial z}{\partial s}=\frac{\partial z}{\partial x}\frac{\partial x}{\partial s}+\frac{\partial z}{\partial y}\frac{\partial y}{\partial s}=2x+2y=4s$$

$$\frac{\partial z}{\partial t}=\frac{\partial z}{\partial x}\frac{\partial x}{\partial t}+\frac{\partial z}{\partial y}\frac{\partial y}{\partial t}=2x+2y(-1)=4t$$

$s=2, t=-1$일 때 $\frac{\partial z}{\partial s}=8, \frac{\partial z}{\partial t}=-4.$

정리 9.3

$w=f(x,y,z)$가 편미분 가능하고, x, y, z 모두 u, v에 관하여 편미분 가능한 함수이면

$$\frac{\partial w}{\partial u}=\frac{\partial w}{\partial x}\frac{\partial x}{\partial u}+\frac{\partial w}{\partial y}\frac{\partial y}{\partial u}+\frac{\partial w}{\partial z}\frac{\partial z}{\partial u},\qquad \frac{\partial w}{\partial v}=\frac{\partial w}{\partial x}\frac{\partial x}{\partial v}+\frac{\partial w}{\partial y}\frac{\partial y}{\partial v}+\frac{\partial w}{\partial z}\frac{\partial z}{\partial v}$$

이다.

예제 8-21 $w=x+2y+z^2,\ x=\frac{r}{s},\ y=r^2+\ln s,\ z=2r$일 때 $\frac{\partial w}{\partial r}, \frac{\partial w}{\partial s}$를 r과 s에 관한 함수로 나타내어라.

풀이

$$\frac{\partial w}{\partial r}=\frac{\partial w}{\partial x}\frac{\partial x}{\partial r}+\frac{\partial w}{\partial y}\frac{\partial y}{\partial r}+\frac{\partial w}{\partial z}\frac{\partial z}{\partial r}=(1)\left(\frac{1}{s}\right)+(2)(2r)+(2z)(2)=\frac{1}{s}+12r$$

$$\frac{\partial w}{\partial s}=\frac{\partial w}{\partial x}\frac{\partial x}{\partial s}+\frac{\partial w}{\partial y}\frac{\partial y}{\partial s}+\frac{\partial w}{\partial z}\frac{\partial z}{\partial s}=(1)\left(-\frac{r}{s^2}\right)+(2)\left(\frac{1}{s}\right)+(2z)(0)=\frac{2}{s}-\frac{r}{s^2}$$

예제 8-22 $x=rse^{t}, y=rs^{2}e^{-t}, z=r^{2}s\sin t$이고, $u=x^{4}y+y^{2}z^{3}$이면 $r=2, s=1, t=0$에서 $\dfrac{\partial u}{\partial s}$의 값을 구하여라.

풀이

$$\frac{\partial u}{\partial s}=\frac{\partial u}{\partial x}\frac{\partial x}{\partial s}+\frac{\partial u}{\partial y}\frac{\partial y}{\partial s}+\frac{\partial u}{\partial z}\frac{\partial z}{\partial s}$$
$$=(4x^{3}y)(re^{t})+(x^{4}+2yz^{3})(2rse^{-t})+(3y^{2}z^{2})(r^{2}\sin t)$$

$r=2, s=1, t=0$일 때 $x=2, y=2, z=0$이므로

$$\frac{\partial u}{\partial s}=(64)(2)+(16)(4)+(0)(0)=192$$

연습문제 8.3

1. 다음 함수의 1계편도함수를 구하여라.

(1) $f(x, y) = 3x - 2y^4$

(2) $z = xe^{3y}$

(3) $f(x, y) = \dfrac{x-y}{x+y}$

(4) $w = \sin\alpha\cos\beta$

(5) $f(r, s) = r\ln(r^2 + s^2)$

(6) $f(x, y, z) = xz - 5x^2y^3z^4$

(7) $w = \ln(x + 2y + 3z)$

(8) $u = xy\sin^{-1}(yz)$

2. 다음 함수의 편도함수를 구하여라.

(1) $f(x, y) = 3xy^4 + x^3y^2$; f_{xxy}, f_{yyy}

(2) $f(x, y, z) = \cos(4x + 3y + 2z)$; f_{xyz}, f_{yzz}

(3) $u = e^{r\theta}\sin\theta$; $\dfrac{\partial^3 u}{\partial r^2 \partial\theta}$

(4) $w = \dfrac{x}{y + 2z}$; $\dfrac{\partial^3 w}{\partial z\,\partial y\,\partial x}$, $\dfrac{\partial^3 w}{\partial x^2\,\partial y}$

3. 연쇄법칙을 이용하여 $\dfrac{dw}{dt}$ 혹은 $\dfrac{\partial z}{\partial s}$, $\dfrac{\partial z}{\partial t}$를 구하여라.

(1) $w = x^2y + xy^2$, $x = 2 + t^4$, $y = 1 - t^3$

(2) $w = xe^{y/z}$, $x = t^2$, $y = 1 - t$, $z = 1 + 2t$

(3) $z = x^2y^3$, $x = s\cos t$, $y = s\sin t$

(4) $z = \sin\theta\cos\phi$, $\theta = st^2$, $\phi = s^2t$

연습문제 8.3

4. 다음을 구하여라.

(1) $w=(x+y+z)^2$, $x=r-s$, $y=\cos(r+s)$, $z=\sin(r+s)$일 때,
$r=1$, $s=-1$에서 $\partial w/\partial r$

(2) $w=xy+\ln z$, $x=v^2/u$, $y=u+v$, $z=\cos u$일 때,
$u=-1$, $v=2$에서 $\partial w/\partial v$

(3) $w=x^2+(y/x)$, $x=u-2v+1$, $y=2u+v-2$일 때,
$u=0$, $v=0$에서 $\partial w/\partial v$

(4) $z=\sin xy+x\sin y$, $x=u^2+v^2$, $y=uv$일 때, $u=0$, $v=1$에서 $\partial z/\partial u$

8.4 극대값과 극소값

3장에서 본 것과 같이, 극대값과 극소값을 구하는 데 도함수를 주로 사용해 왔다. 이번 8.4에서는, 이변함수의 극대 · 극소값을 편도함수를 이용하여 어떻게 찾는지를 알아보자.

> **정의 8.5**
>
> 중심 (a, b)로 하는 어떤 원판 안의 모든 점 (x, y)에서 $f(x, y) \leq f(a, b)$이면 이변수 함수는 극대값을 가진다. 값 $f(a, b)$는 **극대값**(Local maximun)이라 한다. 그러한 원판 안의 모든 점 (x, y)에서 $f(x, y) \geq f(a, b)$는 **극소값**(Local minimun)이다.

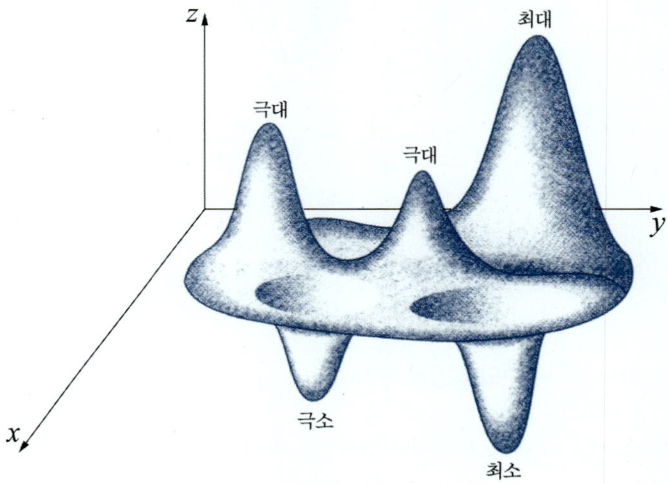

그림 8.3

여러 개의 극대값과 극소값을 가지는 함수의 그래프는 그림 8.3과 같이 그려진다. 극대값을 산의 맨 꼭대기의 점으로 극소값을 계곡의 맨 아래의 점으로 생각할 수 있다.

> **정리 8.4**
>
> 만약 f가 (a, b)에서 극값(극대값 또는 극소값)을 가지며 1계편도함수가 (a, b)에서 존재하면, $f_x(a, b) = 0$이고 $f_g(a, b) = 0$이다.

접평면에, $f_x(a, b) = 0, f_y(a, b) = 0$라 두면, $z = z_0$를 얻는다. 따라서 기하학적인 해석을 하면 극값을 갖는 점에서 곡면 f가 접평면을 가지면 그 접평면은 수평이 된다.

$f_x(a, b) = 0, f_y(a, b) = 0$, 또는 이러한 편도함수가 존재하지 않는 그러한 점 (a, b)는 f의 임계점이라 부른다. f가 (a, b)에서 극값을 가지면, (a, b)는 f의 그래프로부터 이러한 사실들이 기하학적으로 확인된다. 즉, f의 그래프는 그림 8.4에 보이는 바와 같이 극소점 $(1, 3, 4)$로 하는 회전포물면이다.

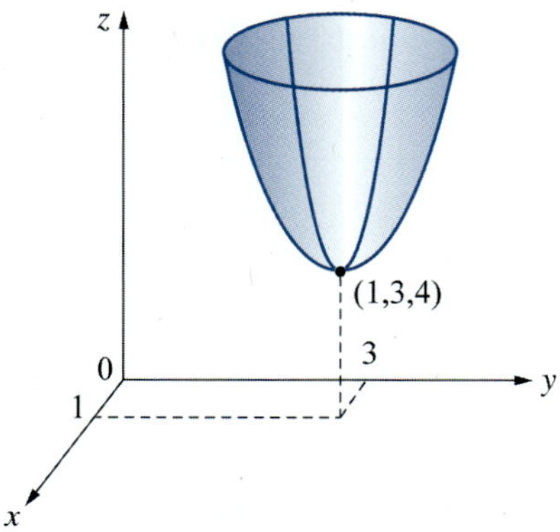

그림 8.4

예제 8-23 $f(x, y) = y^2 - x^2$의 극값을 구하여라.

풀이 $f_x = -2x, f_y = 2y$이므로 유일한 임계점은 $(0, 0)$이다. x축 위의 모든 점은 $y = 0$로 표현된다. 따라서 $f(x, 0) = -x^2 < 0$이다. 한편 y축 위의 모든 점은 $x = 0$로 표현된다. 따라서 $f(0, y) = y^2 > 0$이다. 따라서 중심 $(0, 0)$을 갖는 원판 내의 점들에 대해서, 함수 f가 양의 값을 취하기도 하고, 음의 값을 취하기로 한다.
따라서 $f(0, 0) = 0$는 f에 대한 극값이 될 수 없고, 그러므로 f는 극값을 가지지 않는다.

예제 8.23은 임계점에서 함수가 반드시 최대 또는 최소값을 갖지 않아도 된다는 사실을 설명한다. 그림 8.5는 어떻게 이것이 가능한지 보여준다. f의 그래프는 쌍곡포물면 $z = y^2 - x^2$이고, 이것은 원점에서 수평의 접평면을 가진다. $f(0, 0) = 0$, x축 방향에서는 최대이나, y축 방향에서는 최소라는 것을 볼 수 있다. 원점 근방에서 그래프는 말안장 모양을 하며, 따라서 $(0, 0)$은 f의 안장점(saddle point)이라고 한다.

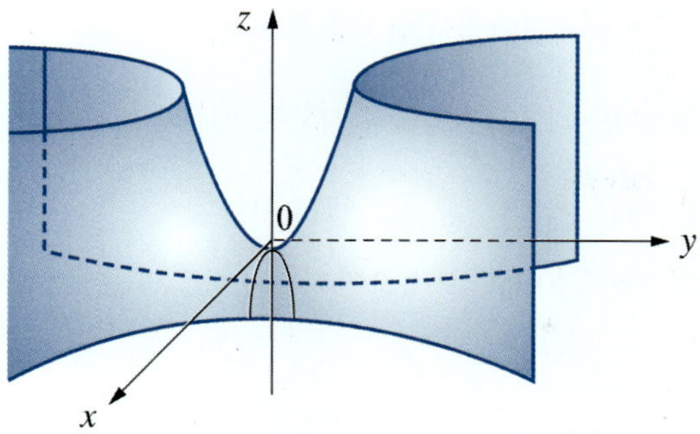

그림 8.5

▪ 이계도함수판정법

임계점에 함수가 극값을 갖는지 안 갖는지 결정하는 방법이 필요하다.

중심 (a, b)로 하는 원판에서 f의 이계편도함수가 연속이고 $f_x(a, b) = 0$, $f_y(a, b) = 0$ 즉 (a, b)는 f의 임계점이라 하자.

> 판정식 $D = D(a, b) = f_{xx}(a, b) f_{yy}(a, b) - [f_{xy}(a, b)]^2$일 때
>
> (a) $D > 0$, $f_{xx}(a, b) > 0$이면 $f(a, b)$는 극소값
> (b) $D > 0$, $f_{xx}(a, b) < 0$이면 $f(a, b)$는 극대값
> (c) $D < 0$ 이면 $f(a, b)$는 극값이 아니다.

(c)경우에 (a, b)는 안장점이고, f의 그래프는 (a, b)에서 그 접평면이 교차한다.

$D = 0$이면, 이것만으로 판단할 수 없다. f는 (a, b)에서 극대점 혹은 극소점을 갖던지, (a, b)는 말안장점이다.

D에 관한 공식을 기억하기 좋게 하기 위해 이것은 행렬식으로 쓰면 도움이 된다.

$$D = \begin{vmatrix} f_{xx} & f_{xy} \\ f_{yx} & f_{yy} \end{vmatrix} = f_{xx} f_{yy} - (f_{xy})^2$$

예제 8-24 $f(x, y) = x^4 + y^4 - 4xy + 1$의 극값을 구하여라.

풀이 첫째로 임계점을 찾는다. 모든 점에서 미분 가능하므로 임계점은 정점뿐이다.

$$f_x = 4x^3 - 4y, \qquad f_y = 4y^3 - 4x$$

이러한 편도함수를 똑같이 0으로 놓으면 다음의 식을 얻는다.

$$x^3 - y = 0, \qquad y^3 - x = 0$$

이 식을 풀기 위해 첫 번째 식으로부터 $y = x^3$을 두 번째 식에 대입한다.

$$0 = x^9 - x = x(x^8 - 1) = x(x^4 - 1)(x^4 + 1) = x(x^2 - 1)(x^2 + 1)(x^4 + 1)$$

그러면 여기에 세 개의 실근이 있다.
$x = 0, -1, 1$ 세 개의 임계점은 $(0, 0)$, $(1, 1)$, $(-1, -1)$이다.
다음은 이계편도함수와 $D(x, y)$를 계산한다.

$$f_{xx} = 12x^2, \qquad f_{xy} = -4, \qquad f_{yy} = 12y^2,$$
$$D(x, y) = f_{xx}f_{yy} - (f_{xy})^2 = 144x^2y^2 - 16.$$

$D(0,0) = -16 < 0$이므로 이계도함수 판정법의 (c)경우로부터 원점은 말안장점이다. 즉 $(0, 0)$에서 f는 극값을 갖지 않는다. $D(1, 1) = 128 > 0$, $f_{xx}(1, 1) = 12 > 0$이므로 (a)로부터 $f(1, 1) = -1$은 극소값이다. 이와 같이 $D(-1, -1) = 128 > 0$, $f_{xx}(-1, -1) = 12 > 0$이므로 $f(-1, -1) = -1$은 극소값이다. f의 그래프와 이에 대한 등위곡선은 그림 8.6에 보여진다.

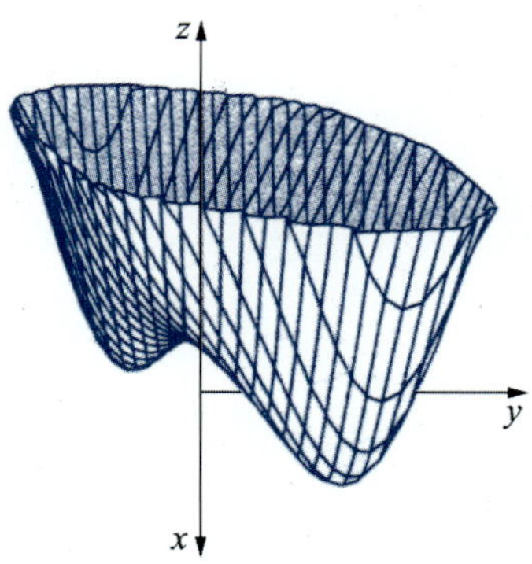

그림 8.6

예제 8-25 점 $(1, 0, -2)$와 평면 $x+2y+z=4$ 사이의 최소거리를 구하여라.

풀이 임의 점 (x, y, z)에서 $(1, 0, -2)$까지의 거리는

$$d=\sqrt{(x-1)^2+y^2+(z+2)^2}$$

이다. 그러나 점 (x, y, z)가 평면 $x+2y+z=4$ 위에 있다면, $z=4-x-2y$이고, $d=\sqrt{(x-1)^2+y^2+(6-x-2y)^2}$을 얻는다.
d를 간단히 하면,

$$d^2=f(x, y)=(x-1)^2+y^2+(6-x-2y)^2$$

식을 풀면

$$f_x=2(x-1)-2(6-x-2y)=4x+4y-14=0$$
$$f_y=2y-4(6-x-2y)=4x+10y-24=0$$

유일한 임계점을 $\left(\frac{11}{6}, \frac{5}{3}\right)$이다. $f_{xx}=4, f_{xy}=4, f_{yy}=10$이므로 $D(x, y)=f_{xx}f_{yy}-$ $-(f_{xy})^2=24>0$이고, $f_{xx}>0$이면, 이계도함수를 이용하여 f는 $\left(\frac{11}{6}, \frac{5}{3}\right)$에서 극소값을 갖는다. 직관적으로 극소값이 최소값이라는 것을 알 수 있다. 왜냐하면 $(1, 0, -2)$에 가장 가까운 주어진 평면 위의 점이 있기 때문이다. $x=\frac{11}{6}$이고 $y=\frac{5}{3}$이면

$$d=\sqrt{(x-1)^2+y^2+(6-x-2y)^2}=\sqrt{\left(\frac{5}{6}\right)^2+\left(\frac{5}{3}\right)^2+\left(\frac{5}{6}\right)^2}=5\sqrt{6}/6$$

이다. 점 $(1, 0, -2)$에서 평면 $x+2y+z=4$까지의 최단거리는 $5\sqrt{6}/6$이다.

예제 8-26 뚜껑이 없는 직육면체 모양의 상자를 $12m^2$ 넓이의 판지로 만들려고 한다. 이 상자의 체적의 최대값을 구하여라.

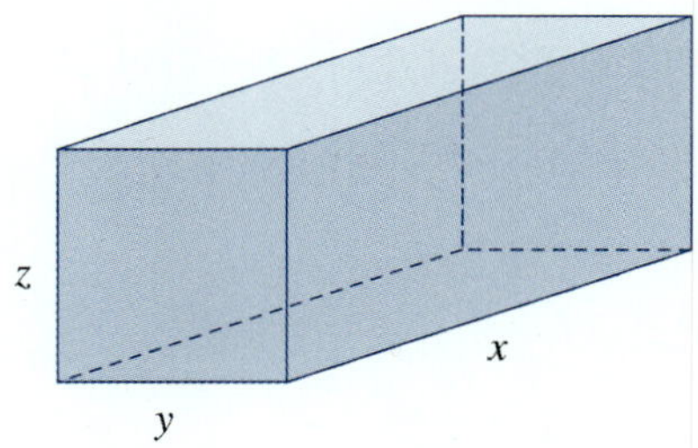

그림 8.7

풀이 길이, 폭, 높이를 x, y, z라 하자(그림 8.7), 그러면 상자의 체적은

$$V=xyz$$

이다.

상자의 네 옆면과 바닥면의 넓이가 $2xz+2yz+xy=12$라는 사실을 이용하여 V를 x와 y의 이변함수로 표현한다.

z에 관해 이 식을 풀면 $z=(12-xy)/[2(x+y)]$을 얻을 수 있고, V에 대한 표현은

$$V=xy\frac{12-xy}{2(x+y)}=\frac{12xy-x^2y^2}{2(x+y)}$$

이다.

편도함수를 계산하면

$$\frac{\partial V}{\partial x}=\frac{y^2(12-2xy-x^2)}{2(x+y)^2}, \qquad \frac{\partial V}{\partial y}=\frac{x^2(12-2xy-y^2)}{2(x+y)^2}$$

이다.

만약 V가 최대이면, $\partial V/\partial x=\partial V/\partial y=0$이고 $x=0$ 또는 $y=0$ 이면 $V=0$이다. 그래서 다음 방정식을 풀자

$$12-2xy-x^2=0, \qquad 12-2xy-y^2=0$$

이것들은 $x^2=y^2$이고 $x=y$이다. 두 식에 $x=y$를 대입하면 $12-3x^2=0$을 얻으며, 이것은 $x=2$, $y=2$, $z=(12-2\cdot 2)/2(2+2)=1$을 얻는다.

이계도함수 판정법에 의해서, $V=2\cdot 2\cdot 1=4m^3$가 최대값이다.

단일변수 함수 f에 관한 극값정리에 의해, 폐구간 $[a, b]$에서 f가 연속이면, f는 최대값과 최소값을 갖는다.

임계점에서뿐만 아니라 양끝점 a, b에서 f의 값들을 계산함으로써 극값을 구할 수 있다. 이변함수에 대해서도 비슷한 방법이 있다. 폐구간이 그 종점을 포함하는 것처럼 R^2에서 폐집합은 모든 경계점을 포함한다. 예를 들어

$$D=\{(x, y)\,|\,x^2+y^2\le 1\}$$

는 곡선 $x^2+y^2=1$ 위와 내부의 모든 점으로 구성된 폐집합이다. 폐집합과 유계집합의 용어를 사용하여, 이차원에서 극값정리를 표현할 수 있다.

R^2상의 유계인 폐집합 D에서 f가 연속이면 f가 최대값 $f(x_1, y_1)$과 최소값 $f(x_2, y_2)$를 D안 점 (x_1, y_1), (x_2, y_2)에서 갖는다.

(x, y)에서 f가 극값을 가지면 (x_1, y_1)는 임계점 또는 D의 경계점이다.

유계인 폐집합 D에서 연속함수 f의 최대 · 최소값을 구하기 위해

(1) D에서 f의 임계점에서 f의 값을 구한다.
(2) D의 경계에서 f의 극값을 구한다.

(1)과 (2)로부터의 가장 큰 값은 최대값, 가장 작은 값은 최소값이다.

예제 8-27 $D = [(x, y) | 0 \le x \le 3,\ 0 \le y \le 2]$**에서 함수** $f(x, y) = x^2 - 2xy + 2y$**의 최대값과 최소값을 구하라.**

풀이 f는 다항식이므로 D에서 연속이다. 따라서 최대값과 최소값이 있다고 말해준다. 첫 번째 단계에 의해 먼저 임계점을 찾는다. 이것은

$$f_x = 2x - 2y = 0 \text{와 } f_y = -2x + 2 = 0$$

에서 생기며, 유일한 임계점은 $(1, 1)$이다. 그 f의 값은 $f(1, 1) = 1$이다.
두 번째 단계에서 네 개의 선분 L_1, L_2, L_3, L_4로 구성된 D의 경계에서 f의 값을 찾는다. L_1에서 $y = 0$이고,

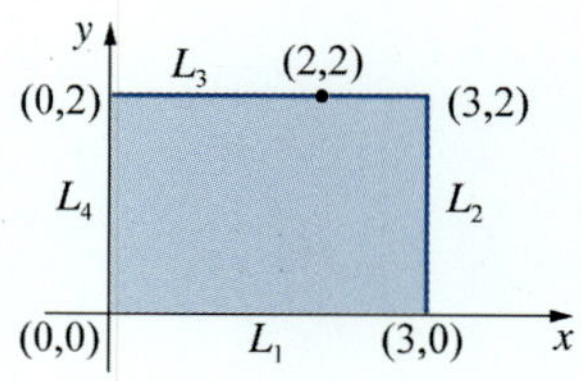

그림 8.8

$$f(x, 0) = x^2 \qquad (0 \le x \le 3)$$

이다.
이것의 x의 증가함수이고, 따라서 이것의 최소값은 $f(0, 0) = 0$이고, 최대값은 $f(3, 0) = 9$이다. L_2에서 $x = 3$이고

$$f(3, y) = 9 - 4y \qquad (0 \le y \le 2)$$

이다. 이것은 y의 감소함수이고, 이것의 최대값은 $f(3, 0) = 9$이고 최소값은 $f(3, 2) = 1$이다. L_3에서 $y = 2$이고, $f(x, 2) = x^2 - 4x + 4 \qquad (0 \le x \le 3)$이다. $f(x, 2) = (x-2)^2$이

므로 함수의 최소값은 $f(2, 2) = 0$이고 최대값은 $f(0, 2) = 4$임을 안다. 마지막으로 L_4에서 $x = 0$이고

$$f(0, y) = 2y \qquad (0 \le y \le 2)$$

이다. 최대값 $f(0, 2) = 4$이다. 최소값 $f(0, 0) = 0$이다. 따라서 최소값은 0이고 최대값은 9이다. 세 번째 단계에서 임계점에서의 값 $f(1, 1) = 1$과 이러한 값들을 비교해본다. 그리고 최대값은 D에서 $f(3, 0) = 9$이고, 최소값은 $f(0, 0) = f(2, 2) = 0$임을 알 수 있다. 그림 8.9은 f의 그래프를 보여준다.

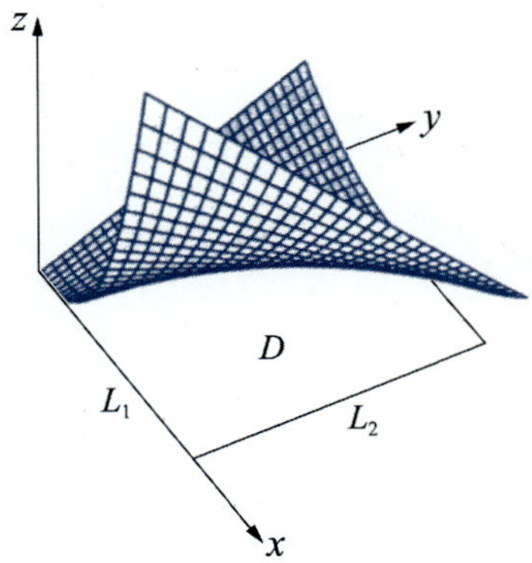

그림 8.9

연습문제 8.4

1. 연속인 2계도함수를 갖는 함수 f가 임계점으로 $(1, 1)$을 가질 때, 다음 각 경우 f에 대하여 알 수 있는 것은 무엇인가?

(1) $f_{xx}(1, 1)=4,\ f_{xy}(1, 1)=1,\ f_{yy}(1, 1)=2$

(2) $f_{xx}(1, 1)=4,\ f_{xy}(1, 1)=3,\ f_{yy}(1, 1)=2$

2. 연속인 2계도함수를 갖는 함수 f가 임계점으로 (0, 2)를 가질 때, 다음 각 경우 g에 대하여 설명하여라.

(1) $g_{xx}(0,2)=-1,\ g_{xy}(0,2)=6,\ g_{yy}(0,2)=1$

(2) $g_{xx}(0,2)=-1,\ g_{xy}(0,2)=2,\ g_{yy}(0,2)=-8$

(3) $g_{xx}(0,2)=4,\ g_{xy}(0,2)=6,\ g_{yy}(0,2)=9$

3. 다음 함수들의 극대값, 극소값, 안장점을 구하여라.

(1) $f(x,y)=9-2x+4y-x^2-4y^2$

(2) $f(x,y)=x^2+y^2+x^2y+4$

(3) $f(x,y)=xy-2x-y$

(4) $f(x,y)=x^3-12xy+8y^3$

(5) $f(x,y)=e^{4y-x^2-y^2}$

4. 집합 D상에서 다음 함수의 최대값과 최소값을 구하여라.

(1) $f(x,y)=1+4x-5y$ 이고 D는 꼭짓점이 (0,0), (2,0), (0,3)으로 이루어진 폐삼각형 영역

(2) $f(x,y)=x^2+y^2+x^2y+4,\quad D=\{(x,y)\,|\,|x|\le 1,\ |y|\le 1\}$

(3) $f(x,y)=x^4+y^4-4xy+2,\quad D=\{(x,y)\,|\,0\le x\le 3,\ 0\le y\le 2\}$

CHAPTER 9

중적분

이 절에서는 일변수 함수의 적분, 즉 $\int_a^b f(x)dx$의 정의를 다시 살펴본 후에 이변수 함수의 새로운 적분을 정의한다. 일변수 함수와 이변수 함수의 적분을 비교해 보면 비슷한 전개 과정과 공통된 응용 분야를 발견하게 될 것이다. 이변수 함수의 새로운 적분의 계산을 다룰 것이다.

9.1 이중적분

9.1.1 이중적분

이 절에서 이중적분을 반복적분으로 표현하고, 두 개의 단순적분을 계산하여 구하는 방법을 배울 것이다. f가 직사각형 $R=[a, b]\times[c, d]$에서 적분 가능한 2변수 함수라고 하자.

(1) x를 고정하고 $f(x, y)$를 $y=c$에서 $y=d$까지 y에 관해 적분한 것을 $\int_c^d f(x, y)dy$로 나타내기로 하자. 이것을 y에 관한 적분이라 한다. $\int_c^d f(x, y)dy$는 x의 값에 따라 정해지는 값이므로 x의 함수이다. $A(x)=\int_c^d f(x, y)dy$라 하자.

(2) 함수 $A(x)$를 $x=a$에서 $x=b$까지 x에 관하여 적분하면 $\int_a^b A(x)dx = \int_a^b \left\{\int_c^d f(x, y)dy\right\}dx$이다. 이것은 **이중적분**(double integral)이라고 한다. 먼저 c에서 d까지 y에 관하여 적분한 뒤 a에서 b까지 x에 관하여 적분하는 것을 의미한다.

마찬가지로 반복적분 $\int_c^d \int_a^b f(x, y)dxdy = \int_c^d \left\{\int_a^b f(x, y)dx\right\}dy$는 먼저 a에서 b까지 x에 관하여 적분한 뒤 얻어진 함수를 c에서 d까지 y에 관하여 적분하는 것을 의미한다.

예제 9-1 다음 반복적분을 계산하여라.

(1) $\displaystyle\int_0^3\int_1^2 x^2ydydx$ (2) $\displaystyle\int_1^2\int_0^3 x^2ydxdy$

풀이 (1) x를 상수로 보고 안쪽 적분을 하면,

$$\int_1^2 x^2ydy=\left[x^2\frac{1}{2}y^2\right]_1^2=x^2\left(\frac{2^2}{2}\right)-x^2\left(\frac{1^2}{2}\right)=\frac{3}{2}x^2$$

$A(x)=\dfrac{3}{2}x^2$이 되고 이것을 $x=0$ 부터 $x=3$까지 적분한다.

$$\int_0^3 A(x)dx=\int_0^3\frac{3}{2}x^2dx=\frac{27}{2}$$

(2) x에 대하여 적분을 먼저 한다.

$$\int_1^2\int_0^3 x^2ydxdy=\int_1^2\left\{\int_0^3 x^2ydx\right\}dy=\int_1^2 9ydy=\frac{27}{2}$$

f가 직사각형 $R=\{(x,y)|a\le x\le b, c\le y\le d\}$상에서 연속이면 다음 식이 성립한다.

$$\iint_R f(x,y)\,dA=\int_a^b\int_c^d f(x,y)\,dydx=\int_c^d\int_a^b f(x,y)\,dxdy$$

일반적으로 f가 R상에서 유계(bounded)이고 f가 부드러운 곡선의 유한개의 점에서만 불연속이며 반복적분이 존재하면, 위의 식이 성립한다.

예제 9-2 $R=\{(x,y)|0\le x\le 2, 1\le y\le 2\}$에 대하여 이중적분 $\displaystyle\iint_R(x-3y^2)dydx$를 계산하여라.

풀이 $$\iint_R(x-3y^2)dydx=\int_0^2\int_1^2(x-3y^2)dydx=\int_0^2(x-7)dx=-12$$

9.1.2 일반 영역 위에서 반복적분

영역 D이 사각형이 아닌 폐곡선으로 주어진다면 영역 D을 포함하는 좌표축에 평행한 직선으로 둘러싸인 사각형을 생각한다. 이를 위하여 다음과 같은 폐곡선을 다루어 보자.

(1) 폐구간 $[a, b]$에서 연속인 함수$g_1(x), g_2(x)$에 대하여 영역 D이 $\{(x, y) | a \le x \le b, g_1(x) \le y \le g_2(x)\}$라 하면, 다음 그림 9.1과 같은 유형들을 생각할 수 있다.

$$\int\int_D f(x, y)\, dydx = \int_a^b \int_{g_1(x)}^{g_2(x)} f(x, y)\, dy\, dx$$

와 같이 적분할 수 있다.

(2) D이 $D = \{(x, y) | h_1(y) \le x \le h_2(y), c \le y \le d\}$이면 앞에서와 동일한 방법으로 $\int\int_D f(x, y)\, dA = \int_c^d \int_{h_1(y)}^{h_2y)} f(x, y)\, dx\, dy$와 같이 영역 D에서의 중적분을 구할 수 있다(그림 9.2).

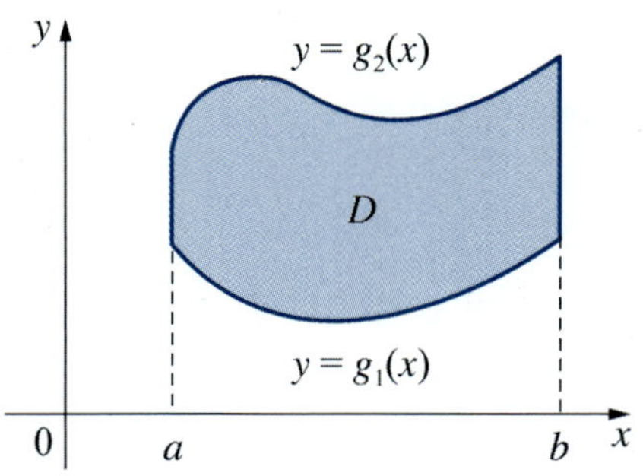

그림 9.1

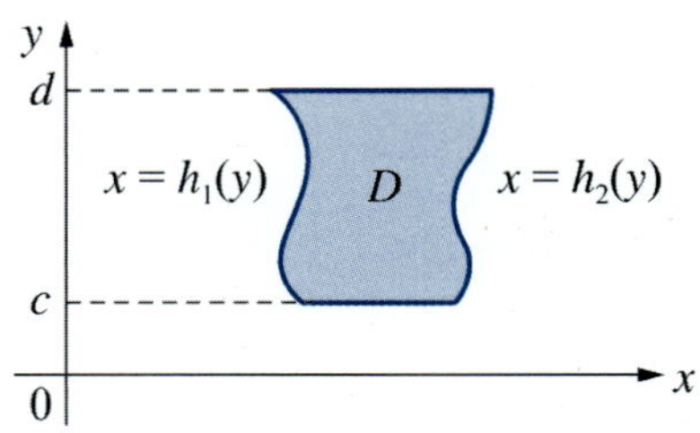

그림 9.2

예제 9-3 세 직선 $y=x, y=0, x=4$로 만들어지는 영역 R의 경우 $\int_R\int(4e^{x^2}-5\sin y)dA$을 계산하여라.

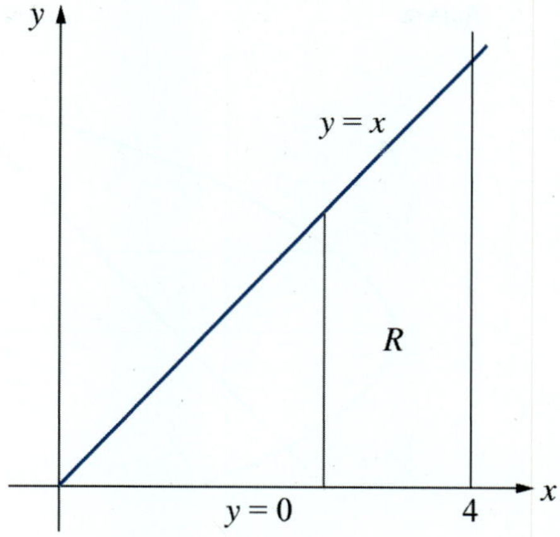

그림 9.3

풀이

$$\begin{aligned}\int_R\int(4e^{x^2}-5\sin y)dA &= \int_0^4\int_0^x(4e^{x^2}-5\sin y)dydx \\ &= \int_0^4\left[(4ye^{x^2}+5\cos y)\right]_{y=0}^{y=x}dx \\ &= \int_0^4[(4xe^{x^2}+5\cos x)-(0+5\cos 0)]dx \\ &= \int_0^4(4xe^{x^2}+5\cos x-5)dx \\ &= \left[(2e^{x^2}+5\sin x-5x)\right]_0^4 \\ &= 2e^{16}+5\sin 4-22 \approx 1.78\times 10^7\end{aligned}$$

예제 9-4 직선 $y = x - 1$과 포물선 $y^2 = 2x + 6$에 의해 둘러싸인 영역 D에 대해서 $\int_D\int xydA$를 구하여라.

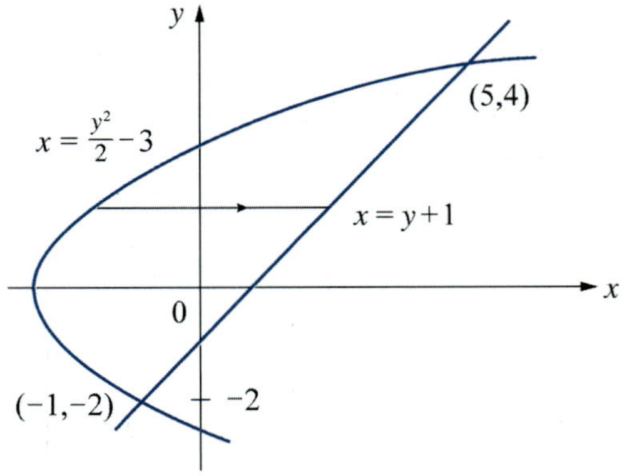

그림 9.6

풀이 $D = \left\{(x,y) | -2 \le y \le 4, \frac{y^2}{2} - 3 \le x \le y+1\right\}$

$$\int_D\int xydA = \int_{-2}^{4}\int_{\frac{y^2}{2}-3}^{y+1} xydxdy = \int_{-2}^{4}\left[\frac{x^2}{2}y\right]_{x=\frac{y^2}{2}-3}^{x=y+1} dy$$

$$= \frac{1}{2}\int_{-2}^{4} y\left\{(y+1)^2 - (\frac{y^2}{2} - 3)^2\right\}dy$$

$$= \frac{1}{2}\int_{-2}^{4}\int\left(-\frac{y^5}{4} + 4y^3 + 2y^2 - 8y\right)dy$$

$$= \frac{1}{2}\left[-\frac{y^6}{24} + y^4 + 2\frac{y^3}{3} - 4y^2\right]_{-2}^{4} = 36$$

예제 9-5 포물면 $z = x^2 + y^2$ 아래에 있고, 직선 $y = 2x$와 포물선 $y = x^2$에 의해 둘러싸인 xy 평면에의 영역 D 위에 있는 입체의 부피를 구하여라.

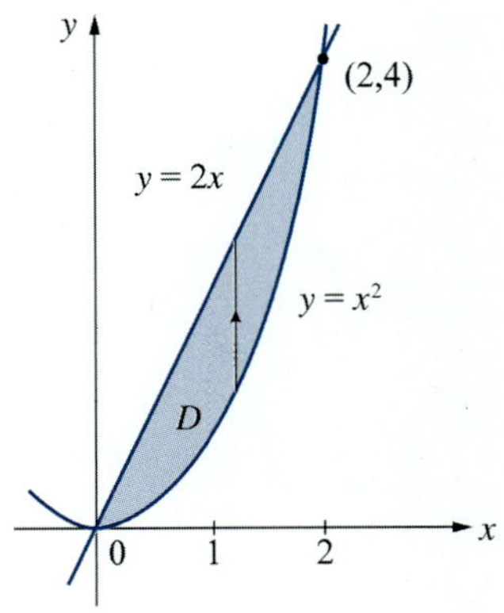

그림 9.4

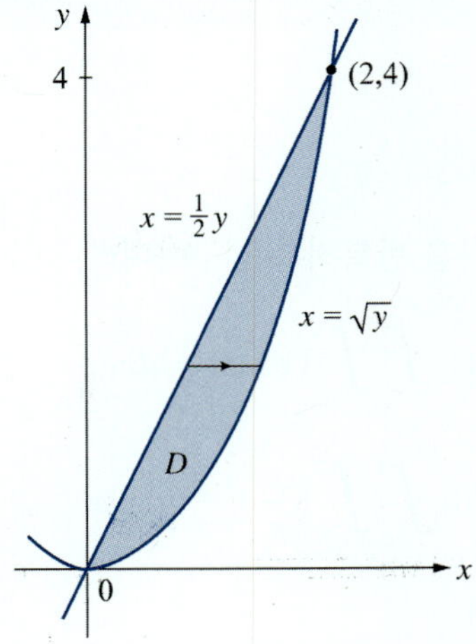

그림 9.5

풀이 그림 9.4로부터 D는 형태 I 영역임을 알 수 있다. 즉,

$$D = \{(x,y) | 0 \le x \le 2, x^2 \le y \le 2x\}$$

따라서 구하는 부피는

$$V = \int\int_D (x^2+y^2)dA = \int_0^2 \int_{x^2}^{2x} (x^2+y^2)dydx$$

$$= \int_0^2 \left[x^2y + \frac{y^3}{3}\right]_{y=x^2}^{y=2x} dx = \int_0^2 \left\{x^2(2x) + \frac{(2x)^3}{3} - x^2x^2 - \frac{(x^2)^3}{3}\right\}dx$$

$$= \int_0^2 \left(-\frac{x^6}{3} - x^4 + \frac{14x^3}{3}\right)dx = \left[-\frac{x^7}{21} - \frac{x^5}{5} + \frac{7x^4}{6}\right]_0^2 = \frac{216}{35}$$

그림 9.5로부터 D는 형태 II 영역으로 쓰일 수 있음을 알 수 있다.

$$D = \left\{(x,y) | 0 \le x \le 4, \frac{y}{2} \le x \le \sqrt{y}\right\}$$

따라서 구하는 부피는

$$V = \int\int_D (x^2+y^2)dA = \int_0^4 \int_{\frac{y}{2}}^{\sqrt{y}} (x^2+y^2)dxdy$$

$$= \int_0^4 \left[\frac{x^3}{3} + y^2x\right]_{x=\frac{y}{2}}^{x=\sqrt{y}} dy = \int_0^4 \left(\frac{y^{\frac{3}{2}}}{3} + y^{\frac{5}{2}} - \frac{y^3}{24} - \frac{y^3}{2}\right)dy$$

$$= \left[\frac{2}{15}y^{\frac{5}{2}} + \frac{2}{7}y^{\frac{7}{2}} - \frac{13}{96}y^4\right]_0^4 = \frac{216}{35}$$

연습문제 9.1

1. 다음 반복적분을 구하여라.

(1) $\int_1^3 \int_0^1 (1+4xy)dxdy$ (2) $\int_0^{\pi/2} \int_0^{\pi/2} \sin x \cos y \, dydx$

(3) $\int_1^4 \int_1^2 (\frac{x}{y}+\frac{y}{x})dydx$ (4) $\int_0^2 \int_0^{\pi} r\sin^2\theta d\theta dr$

2. 다음의 반복적분을 구하여라.

(1) $\int_0^1 \int_0^{2x} (x+2y)dydx$ (2) $\int_0^1 \int_0^{2y} (4x\sqrt{y}+y)dxdy$

(3) $\int_0^2 \int_0^{2y} e^{y^2} dxdy$ (4) $\int_1^4 \int_0^{1/x} \cos xy \, dydx$

3. 다음 이중적분을 계산하여라.

(1) $\iint_R (x^2-2y)dydx,\ R=\{(x,y)\ |\ 0 \le x \le 2,\ \pm \le y \le 1\}$

(2) $\iint_R 4xe^{2y}dydx,\ R=\{(x,y)\ |\ 2 \le x \le 4,\ 0 \le y \le 1\}$

(3) $\iint_R (1-ye^{xy})dydx,\ R=\{(x,y)\ |\ 0 \le x \le 2,\ 0 \le y \le 3\}$

4. 다음 반복적분을 계산하여라.

(1) $\int_0^2 \int_0^{y} 2e^{y^2} dxdy$

(2) $\int_0^1 \int_0^{x} 3xe^{x^3} dydx$

9.2 극좌표에서 이중적분

$\iint_R f(x, y)dA$를 계산할 때, 적분영역 R을 극좌표계로 변환하여 구하면 편리할 때가 종종 있다. 이러한 경우에는 직교좌표계와 극좌표계의 관계, 즉

$$x = r\cos\theta,\ \ y = r\sin\theta$$
$$r^2 = x^2 + y^2,\ \theta = \tan^{-1}\left(\frac{y}{x}\right)\ \left(-\frac{\pi}{2} < \theta < \frac{\pi}{2}\right) \tag{1}$$

를 이용한다. 예를 들어 극좌표계의 적분영역 R이,

$$R = [(r, \theta) \mid a \le r \le b,\ \alpha \le \theta \le \beta]$$

라 하고 $\iint_R f(x, y)dA$를 계산한다고 하자. 그러면 적분영역 R을

$$a = r_0 < r_1 < r_2 < \cdots < r_{i-1} < r_i < \cdots < r_m = b$$
$$\alpha = \theta_0 < \theta_1 < \theta_2 < \cdots < \theta_{j-1} < \theta_j < \cdots < \theta_n = \beta$$

와 같이 분할하여

$$R_{ij} = [(r, \theta) \mid r_{i-1} \le r \le r_i,\ \theta_{j-1} \le \theta \le \theta_j]$$

라 하자.

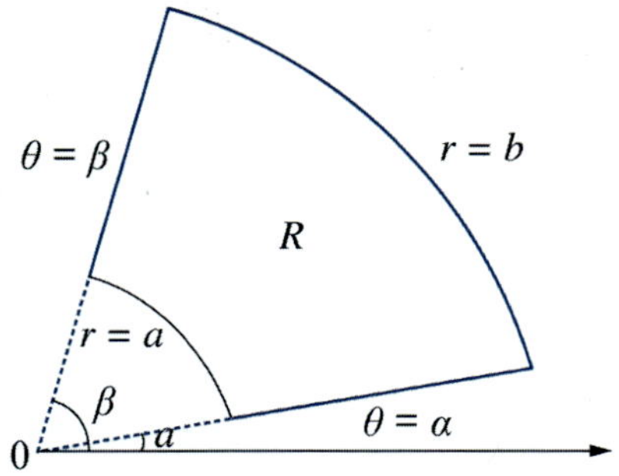

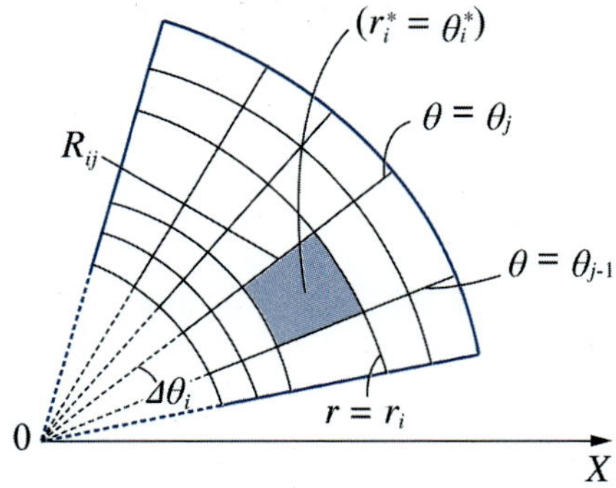

그림 9.7

그리고 $\triangle r_i = r_i - r_{i-1}$, $\triangle\theta_j = \theta_j - \theta_{j-1}$, R_{ij}의 면적을 $\triangle A_{ij}$라 하면

$$\triangle A_{ij} = \frac{1}{2}[(r_{i-1} + \triangle r_i)^2 - r_{i-1}^2]\triangle\theta_j = \left(r_{i-1} + \frac{1}{2}\triangle r_i\right)\triangle r_i \triangle\theta_j$$

이다. 이때, R_{ij} 내부의 한 점 $(r^*{}_i, \theta^*{}_j)$를 취하면 식 (1)에 의하여

$$f(x, y) = f(r\cos\theta, r\sin\theta)$$

이므로

$$\sum_{i=1}^{m}\sum_{j=1}^{n} f(r^*{}_{i-1}\cos\theta^*{}_j, r^*{}_{i-1}\sin\theta^*{}_j)\triangle A_{ij}$$
$$= \sum_{j=1}^{n}\sum_{i=1}^{m} f(r^*{}_{i-1}\cos\theta^*{}_j,\ r^*{}_{i-1}\sin\theta^*{}_j)\left(r_{i-1} + \frac{1}{2}\triangle r_i\right)\triangle r_i \triangle\theta_j \qquad (2)$$

이고, 직고좌표계에서와 같이 $m, n \to \infty$ 이라 하면 $\triangle r_i \to 0$, $\triangle\theta_j \to 0$이다.

따라서 식 (2)의 극한이 존재한다면 중적분의 정의로부터

$$\iint_R f(x,y)dA = \lim_{m\to\infty,\, n\to\infty} \sum_{j=1}^{n}\sum_{i=1}^{m} f(r^*_{i-1}\cos\theta^*_j,\ r^*_{i-1}\sin\theta^*_j)$$

$$\left(r_{i-1} + \frac{1}{2}\Delta r_i\right)\Delta r_i \Delta\theta_j$$

$$= \int_\alpha^\beta \int_a^b f(r\cos\theta,\ r\sin\theta) r\,dr\,d\theta$$

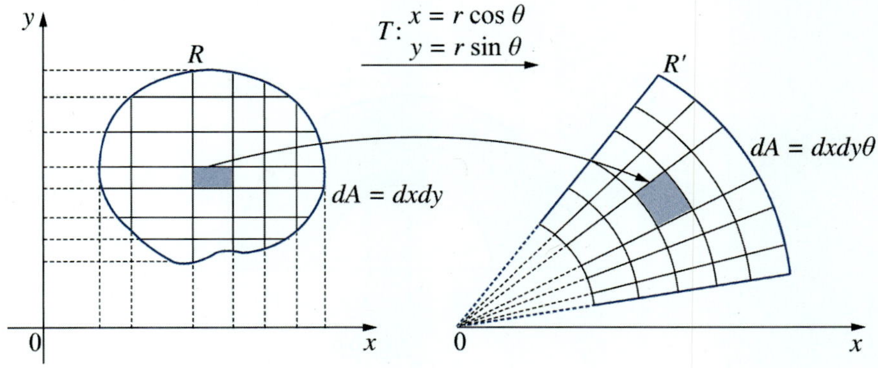

그림 9.8

가 된다. 즉 적분영역 R에서의 중적분을 극좌표계로 변환하여 적분한 결과는 다음과 같다.

$$\iint_R f(x,y)dA = \iint_R f(x,y)dx\,dy$$

$$= \iint_R f(r\cos\theta,\ r\sin\theta) r\,dr\,d\theta \qquad (3)$$

여기서 R'은 R에 일대일 대응을 이루는 극좌표계의 폐영역이다.

형태면에서 두 적분을 비교할 수 있다.

$x = r\cos\theta,\ \ y = r\sin\theta$

라 하면 $dx\,dy$는 그림 9.8에서와 같이

$$dx\,dy = r\,dr\,rd\theta$$

로 변경되는 것을 알 수 있다.

예제 9-6 원 $x^2 + y^2 = 1,\, x^2 + y^2 = 4$에 의해 둘러싸이고 x축 위쪽 반 평면에 있는 영역을 R이라 할 때 $\int\int_R (3x + 4y^2)dxdy$를 구하여라.

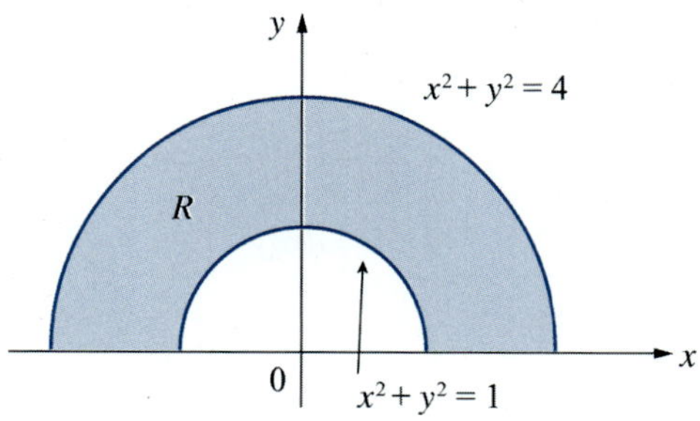

그림 9.9

풀이

$$\int\int_R (3x + 4y^2)dydx = \int_0^{\pi}\int_1^2 (3r\cos\theta + 4r^2\sin^2\theta\ )rdrd\theta$$

$$= \int_0^{\pi}(7\cos\theta + 15\sin^2\theta)d\theta = \frac{15\pi}{2}$$

예제 9-7 $x^2 + y^2 = 1,\, x^2 + y^2 = 9$로 둘러싸인 제1사분면 R에서 $\int\int_R e^{x^2+y^2}dxdy$를 구하여라.

풀이 적분영역 R을 극좌표로 변형하면

$$R' = \left\{(r, \theta)|1 \le r \le 3, 0 \le \theta \le \frac{\pi}{2}\right\}$$

이고 $dxdy = rdrd\theta,\, x^2 + y^2 = r^2$이므로

$$\int\int_R e^{x^2+y^2}dxdy = \int\int_{R'} e^{r^2}rdrd\theta = \frac{1}{2}\int_0^{\frac{\pi}{2}}\int_1^3 2re^{r^2}drd\theta$$

$$= \frac{1}{2}\int_0^{\frac{\pi}{2}}(e^9 - e)d\theta = \frac{\pi(e^9 - e)}{4}$$

이다.

예제 9-8 정규분포 확률밀도함수 $f(x)=\dfrac{1}{\sqrt{2\pi}\,\sigma}e^{-(x-\mu)^2/2\sigma^2}$일 때, X는 정규분포를 따른다고 한다. $y=f(x)$ 아래의 면적이 1임을 보여라.

풀이 $I=\int_{-\infty}^{\infty}e^{-x^2}dx$ 이라면

$$I^2=\int_{-\infty}^{\infty}e^{-x^2}dx\int_{-\infty}^{\infty}e^{-y^2}dy=\int_{-\infty}^{\infty}\int_{-\infty}^{\infty}e^{-(x^2+y^2)}dxdy$$

$x=r\cos\theta,\ y=r\sin\theta$인 극좌표로 변수변환하면

$$I^2=\int_0^{2\pi}d\theta\int_0^{\infty}re^{-r^2}dr=-\frac{1}{2}\int_0^{2\pi}d\theta\int_0^{\infty}-2re^{-r^2}dr$$
$$=-\frac{1}{2}\int_0^{2\pi}d\theta\left[e^{-r^2}\right]_0^{\infty}=\frac{1}{2}\int_0^{2\pi}d\theta=\pi$$

따라서 $I=\int_{-\infty}^{\infty}e^{-x^2}dx=\sqrt{\pi}$

$y=\dfrac{x-\mu}{\sqrt{2}\,\sigma}$ 이라면, $dy=\dfrac{1}{\sqrt{2}\,\sigma}dx,\ dx=\sqrt{2}\,\sigma\,dy$ 에서

$$\int_{-\infty}^{\infty}\frac{1}{\sqrt{2\pi}\,\sigma}e^{-(x-\mu)^2/2\sigma^2}dx=\int_{-\infty}^{\infty}\frac{1}{\sqrt{\pi}}e^{-y^2}dy=\frac{1}{\sqrt{\pi}}\int_{-\infty}^{\infty}e^{-y^2}dy$$
$$=\frac{1}{\sqrt{\pi}}\sqrt{\pi}=1$$

따라서 $f(x)$는 확률밀도함수이다.

예제 9-9 xy평면 위의 원 기둥 $x^2+y^2=4$의 외부와 포물면 $z=9-x^2-y^2$의 내부가 이루는 입체의 체적을 구하여라.

풀이 $V=\iint_R(9-x^2-y^2)dydx=\int_0^{2\pi}\int_2^3(9-r^2)rdrd\theta=\int_0^{2\pi}\int_2^3(9r-r^3)drd\theta=\dfrac{25}{2}\pi$

연습문제 9.2

1. 극 좌표계를 사용하여 이중적분을 계산하여라.

(1) R이 $x^2+y^2 \leq 9$일 때, $\iint_R \sqrt{x^2+y^2}\,dA$

(2) R이 $x^2+y^2 \leq 4$일 때, $\iint_R e^{-x^2-y^2}dA$

(3) R이 $r=2-\cos\theta$의 내부일 때, $\iint_R ydA$

(4) R이 $x^2+y^2=9$의 내부일 때, $\iint_R (x^2+y^2)dA$

2. 직교 좌표계를 극 좌표계로 변환하여 반복적분을 계산하여라.

(1) $\int_{-2}^{2}\int_{-\sqrt{4-x^2}}^{\sqrt{4-x^2}} \sqrt{x^2+y^2}\,dydx$

(2) $\int_{0}^{2}\int_{-\sqrt{4-x^2}}^{\sqrt{4-x^2}} e^{-x^2-y^2}dydx$

(3) $\int_{0}^{2}\int_{0}^{\sqrt{8-x^2}} (x^2+y^2)^{3/2}dydx$

(4) 작은 동물 종의 개체군 밀도가 $f(x,y)=20{,}000e^{-x^2-y^2}$일 때 영역 $x^2+y^2=1$에서 개체군수를 구하여라.

3. 적절한 좌표계를 사용하여 주어진 입체의 부피를 구하여라.

(1) $z=x^2+y^2$ 아래, $z=0$ 위, $x^2+y^2=9$ 내부

(2) $z=\sqrt{x^2+y^2}$ 아래, $z=0$ 위, $x^2+y^2=4$ 내부

9.3 삼중적분

중적분의 개념을 삼중적분으로 일반화할 수 있다. 이제 $\mu = f(x, y, z)$가 공간상의 직육면체 B에서 x, y, z 각각에 대하여 연속이라 하자.

그리고 직육면체 $B = \{(x, y, z) | a \le x \le b, c \le y \le d, r \le z \le s\}$를 x, y, z축 방향으로 각각 l, m, n개로 분할하여 만들어지는 부분 직육면체를 $B_{ijk} = [x_{i-1}, x_i] \times [y_{j-1}, y_j] \times [z_{k-1}, z_k]$라고 하면 직육면체 B는 lmn개의 작은 직육면체들로 분할된다(그림 9.10 참조).

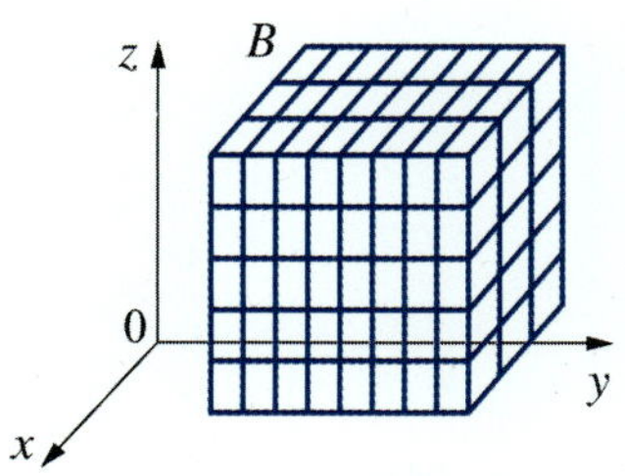

그림 9.10(a)

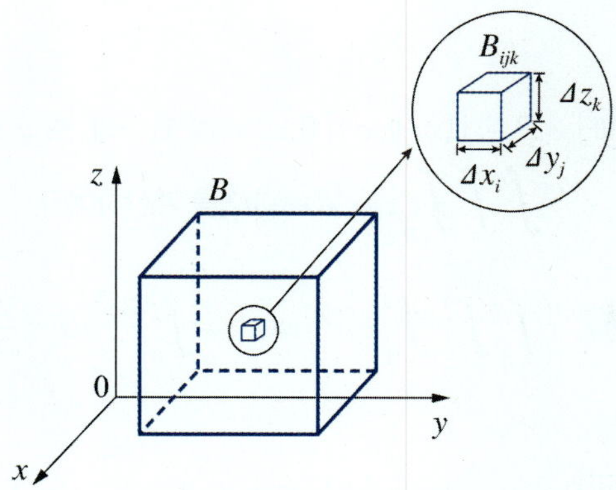

그림 9.10(b)

이때, B_{ijk}의 부피는 $\Delta V_{ijk} = \Delta x_i \Delta y_j \Delta z_k$이다.

이제 B_{ijk} 내부의 임의의 점 $(x_{ijk}^*, y_{ijk}^*, z_{ijk}^*)$에 대한 $\sum_{i=1}^{l}\sum_{j=1}^{m}\sum_{k=1}^{n} f(x_{ijk}^*, y_{ijk}^*, z_{ijk}^*)\Delta V$에 대하여 $l, m, n \to \infty$ 일 때, 유한 확정값에 수렴한다면 그 수렴값을 **3중적분**(triple integral)이라 한다. 즉,

$$\iiint_B f(x, y, z)dV = \iiint_B f(x, y, z)\, dxdydz$$

$$= \lim_{l, m, n \to \infty} \sum_{i=1}^{l}\sum_{j=1}^{m}\sum_{k=1}^{n} f(x_{ijk}^*, y_{ijk}^*, z_{ijk}^*)\Delta V_{ijk}$$

그리고 이러한 3중적분의 계산도 역시 2중적분의 계산 방법에 따른다.

중적분과 같이 삼중적분을 계산하는 실제적인 방법은 다음과 같이 삼중적분을 반복적분으로 표현하는 것이다.

> f가 $B=[a,\ b]\times[c,\ d]\times[r,\ s]$ 위에서 적분가능한 경우,
>
> $$\iiint_B f(x,\ y,\ z)dV=\int_r^s\int_c^d\int_a^b f(x,\ y,\ y)\,dx\,dy\,dz$$

예제 9-10 $B=\{(x,y,z)\mid 0\le x\le 1,\ -1\le y\le 2,\ 0\le z\le 3\}$일 때 $\int\int\int_B xyz^2dxdydz$를 계산하여라.

풀이 $$\int_0^3\int_{-1}^2\int_0^1 xyz^2dxdydz=\int_0^3\frac{3z^2}{4}dz=\frac{27}{4}$$

예제 9-11 $Q=\{(x,y,z)|1\le x\le 2,0\le y\le 1,0\le z\le\pi\}$에서 삼중적분 $\int\int_Q\int 2xe^y\sin z\,dxdydz$을 계산하여라.

풀이 $$\int_0^\pi\int_0^1\int_1^2 2xe^y\sin z dxdydz=\int_0^\pi\int_0^1\left[x^2e^y\sin z\right]_{x=1}^{x=2}dydz=3\int_0^\pi\left[e^y\sin z\right]_{y=0}^{y=1}dz$$

$$=3(e-1)\int_0^\pi\sin z dz=3(e^1-1)\left[(-\cos z)\right]_{z=0}^{z=\pi}=3(e-1)(-\cos\pi+\cos 0)=6(e-1)$$

삼중적분은 f가 연속이고 E의 경계가 그럴듯하게 원활한(reasonably smooth) 경우에 존재한다. 이 삼중적분은 본질적으로 중적분의 성질과 같다. 다음으로 연속함수 f의 적분영역 중 하나 또는 두 개의 함수로 일반화함으로서 직육면체보다 일반화된 3차원 공간으로 전개한다.

$$E = \big((x,\ y,\ z)\,|\,(x,\ y) \in D, \phi_1(x,\ y)\ \le\ z\ \le\ \phi_2(x,\ y), \phi_1, \phi_2\ \text{연속}\big)$$

D는 그림 9.11에서처럼 E의 xy-평면으로의 정사영이다. 위의 E영역을 형태 1인 입체영역이라 한다.

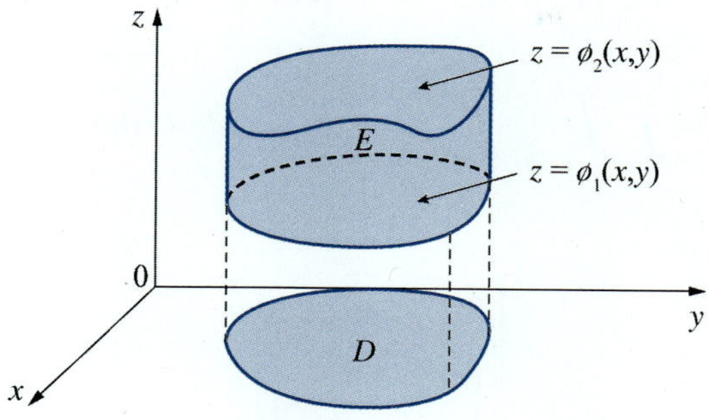

그림 9.11

이때는 다음과 같이 된다.

$$\iiint_E f(x,\ y,\ z)\,dV = \iint_D \left[\int_{\phi_1(x,y)}^{\phi_2(x,y)} f(x,\ y,\ z)\,dz\right] dA$$

특히, 정사영 D가 형태 I 인 평면영역인 경우(그림 9.12),

$$E = \{(x,\ y,\ z)\,|\,a\ \le\ x \le\ b, g_1(x)\ \le\ y\ \le\ g_2(x), \phi_1(x,y)\ \le\ z\ \le\ \phi_2(x,y)\}\ \text{이고}$$

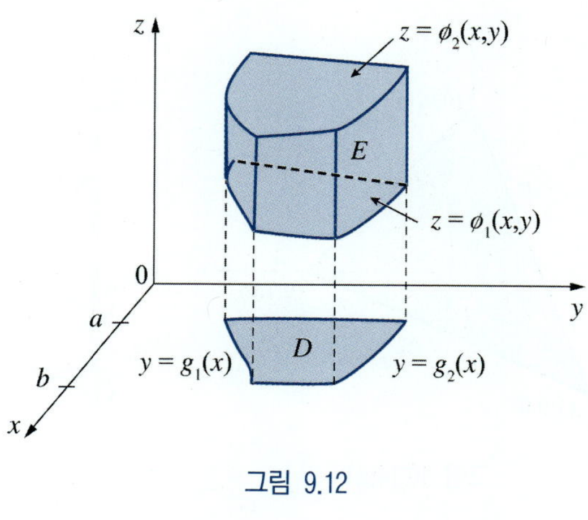

그림 9.12

$$\iiint_E f(x,\ y,\ z)dV = \int_a^b \int_{g_1(x)}^{g_2(x)} \int_{\phi_1(x,y)}^{\phi_2(x,y)} f(x,y,z)\,dz\,dy\,dx$$

가 된다.

한편, D가 형태 II인 평면영역인 경우(그림 9.13)

$$\iiint_E f(x,\ y,\ z)dV = \int_c^d \int_{h_1(y)}^{h_2(y)} \int_{\phi_1(x,y)}^{\phi_2(x,y)} f(x,y,z)\,dz\,dx\,dy$$

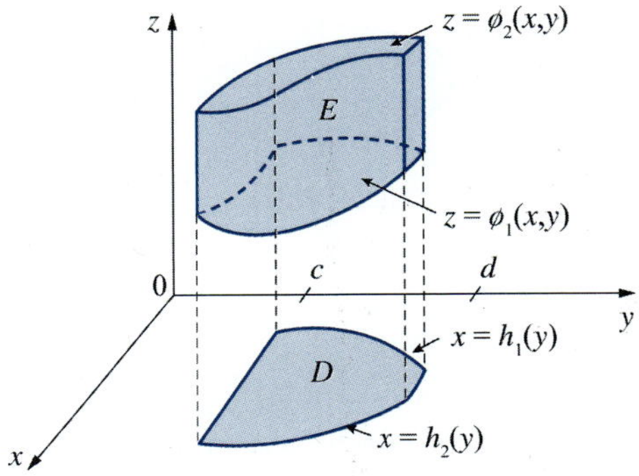

그림 9.13

예제 9-12 E가 평면들 $x=0,\ y=0,\ z=0$ 그리고 $x+y+z=1$에 의해 유계된 사면체인 경우 $\iiint z\,dV$를 계산하여라.

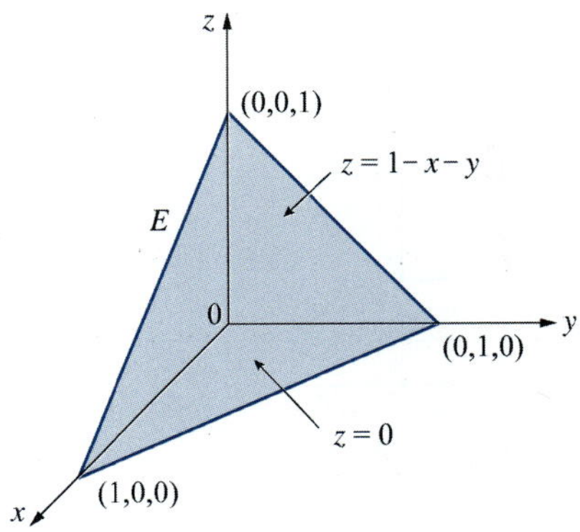

그림 10.14(a)

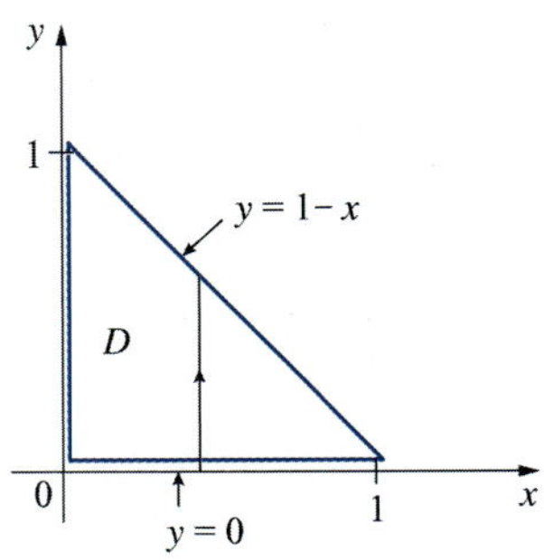

그림 10.14(b)

풀이 그림 9.14에서,

$$\iiint_E z\,dV = \int_0^1 \int_0^{1-x} \int_0^{1-x-y} z\,dz\,dy\,dx$$

$$= \int_0^1 \int_0^{1-x} \left[\frac{z^2}{2}\right]_{z=0}^{z=1-x-y} dy\,dx$$

$$= \frac{1}{2}\int_0^1 \int_0^{1-x} (1-x-y)^2\,dy\,dx$$

$$= \frac{1}{2}\int_0^1 \left[-\frac{(1-x-y)^3}{3}\right]_{y=0}^{y=1-x} dx$$

$$= \frac{1}{6}\int_0^1 (1-x)^3 dx = \frac{1}{6}\left[-\frac{(1-x)^4}{4}\right]_0^1 = \frac{1}{24}$$

예제 9-13 E는 곡선 $y=x^2$와 $x=y^2$에 의해 둘러싸인 xy평면 위와 $z=x+y$ 아래에 놓여있는 경우 $\iiint xy\,dV$ 를 구하여라.

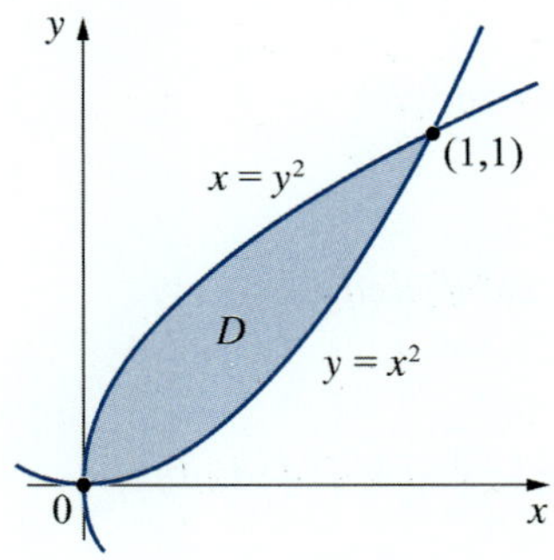

그림 9.15

풀이 그림 9.15에서

$$\iiint_E xy\,dV = \int_0^1 \int_{x^2}^{\sqrt{x}} \int_0^{x+y} xy\,dz\,dy\,dx = \int_0^1 \int_{x^2}^{\sqrt{x}} xy(x+y)\,dy\,dx$$

$$= \int_0^1 \int_{x^2}^{\sqrt{x}} (x^2y+xy^2)\,dy\,dx = \int_0^1 \left[\frac{1}{2}x^2y^2 + \frac{1}{3}xy^3\right]_{y=x^2}^{y=\sqrt{x}} dx$$

$$= \left[\frac{1}{6}x^4 + \frac{2}{21}x^{7/2} - \frac{1}{14}x^7 - \frac{1}{24}x^8\right]_0^1 = \frac{1}{8} + \frac{2}{21} - \frac{1}{14} - \frac{1}{24} = \frac{3}{28}$$

연습문제 9.3

1. 삼중적분 $\iiint_B f(x, y, z)dV$을 계산하여라.

(1) $f(x, y, z,) = 2x + y - z$

$B = \{(x, y, z) |\ 0 \le x \le 2,\ -2 \le y \le 2, 0 \le z \le 2\}$

(2) $f(x, y, z,) = \sqrt{y} - 3z^2$

$B = \{(x, y, z) |\ 2 \le x \le 3, 0 \le y \le 1,\ -1 \le z \le 1\}$

2. 다음을 삼중적분하여라.

(1) $\int_0^1 \int_0^z \int_0^{x+z} 6xz\, dydxdz$

(2) $\int_1^3 \int_1^1 \int_1^{\sqrt{1-z^2}} ze^y\, dxdzdy$

(3) $\int_0^{\pi/2} \int_0^y \int_0^x \cos(x + y + z)\, dzdxdy$

3. 다음을 삼중적분하여라.

(1) $\int\int\int_E 2x\, dzdxdy$

$E = \left\{(x,y,z) \mid 0 \le y \le 2, 0 \le x \le \sqrt{4 - y^2},\ 0 \le z \le y\right\}$

연습문제 9.3

(2) $\iiint_E 6xy\,dV$, E는 곡선 $y=\sqrt{x}$와 $y=0$, $x=1$에 의해 둘러싸인 xy평면의 위

와 평면 $z=1+x+y$ 아래에 놓여있는 부분

4. xy좌표평면과 평면 $2x+y+z=4$에 의하여 둘러싸인 사면체의 부피를 구하여라.

5. 다음의 적분값을 구하시오.

(1) $\int_0^1\int_0^1\int_0^1 (x^2+y^2+z^2)\,dzdydx$

(2) $\int_1^e\int_1^e\int_1^e \frac{1}{xyz}dxdydz$

(3) $\int_0^1\int_0^\pi\int_0^\pi y\sin z\,dxdydz$

(4) $\int_0^3\int_0^{\sqrt{9-x^2}}\int_0^{\sqrt{9-x^2}} dzdydx$

(5) $\int_0^1\int_0^{2-x}\int_0^{2-x-y} dzdydx$

(6) $\int_0^\pi\int_0^\pi\int_0^\pi \cos(u+v+w)\,dudvdw$

(7) $\int_1^e\int_1^e\int_1^e \ln r\ln s\ln t\,dtdrds$

CHAPTER 10

미분방정식

제2, 3장의 미분의 결과로 미분방정식 $\frac{dy}{dx}=f(x)$이 생성되었다. 또한 미분의 역과정이 적분이므로 적분과정을 통하여 미분방정식의 해를 구할 수 있을 것이다. 과학, 공학, 경제학 등 다양한 영역에서 미분을 하였으므로 이들 모두에서 미분방정식으로 표현된 모형이 존재한다. 이 장에서는 $\frac{dy}{dx}=f(x,y)$인 꼴의 미분방정식을 공부한다.

10.1 기울기장과 변수분리형 미분방정식

10.1.1 기울기장

이 단원에서는 일반해의 근사치를 보여주는 기울기장(작은 선분으로 그린 기울기의 모임)이나 계산기로 그림을 얻음으로써 미분방정식을 푼다. 미분방정식의 해의 그래프를 해곡선이라 일컫는다. 미분방정식의 기울기장은 미분방정식이 해곡선의 기울기의 모임이라고 해석할 수 있다.

예제 10-1 미분방정식 $\frac{dy}{dx}=y$의 해곡선을 나타내어라.

풀이 $y'=Ce^x=y$가 C가 상수인 미분방정식의 해답이다.
미분방정식 $y'=y$은 $y=1$인 점에서, $(0,1)$ 또는 $(1,1)$ 또는 $(5,1)$에서 해곡선의 기울기는 1이라고 말한다. $y=3$인 임의 점, $(0,\ 3)$, $(\ln 4,\ 3)$ 또는 $(\pi,\ 3)$에서 기울기는 3이다. 그림 10.1a에서 $y=1$인 몇몇의 점들에서 기울기 1인 작은 선분과 $y=3$인 몇몇의 점들에서 기울기 3인 작은 선분들을 그려본 것이다. 그림 10.1b에서 다음 표 10.1과 같이 기울기 선분을 그리면 대략적으로 $y=e^x$곡선 형태임을 알 수 있다.

표 10.1

점	기울기
$\left[-1,\ \frac{1}{e}\right]$	$\frac{1}{e}\simeq 0.4$
$\left[-\frac{1}{2},\ \frac{1}{\sqrt{e}}\right]$	$\frac{1}{\sqrt{e}}\simeq 0.6$
$[0,1]$	1
$\left[\frac{1}{2},\ \sqrt{e}\right]$	$\sqrt{e}\simeq 1.6$
$[1,e]$	$e\simeq 2.7$

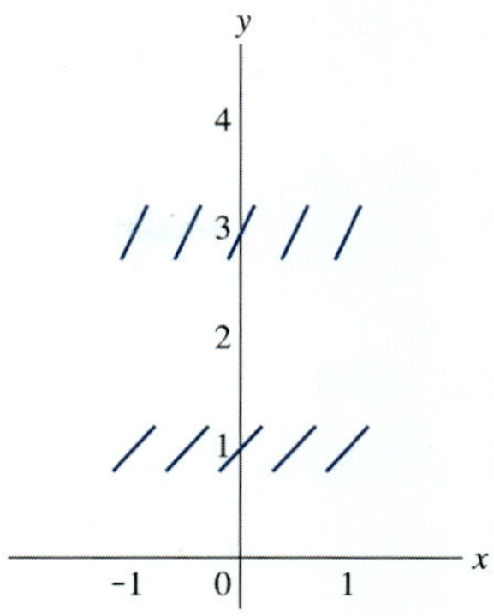

그림 10.1a

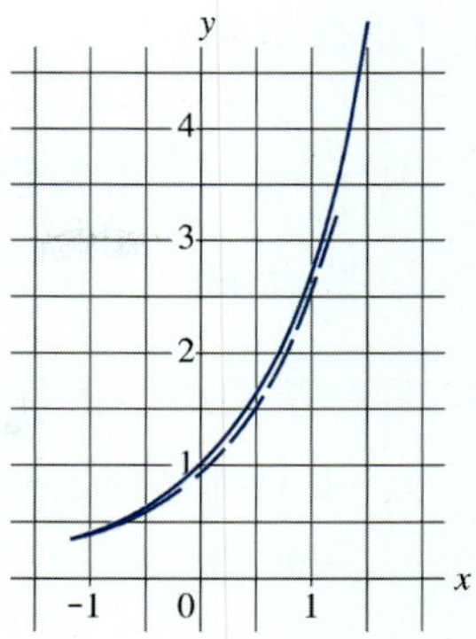

그림 10.1b

예제 10-2 미분방정식 $\frac{dy}{dx} = \frac{1}{x}$ 의 기울기장이 그림 10.2에 나와 있다.

(1) 점 $(1, 0.5)$을 지나가는 해곡선을 그려라.

(2) 방정식의 일반해를 구하여라.

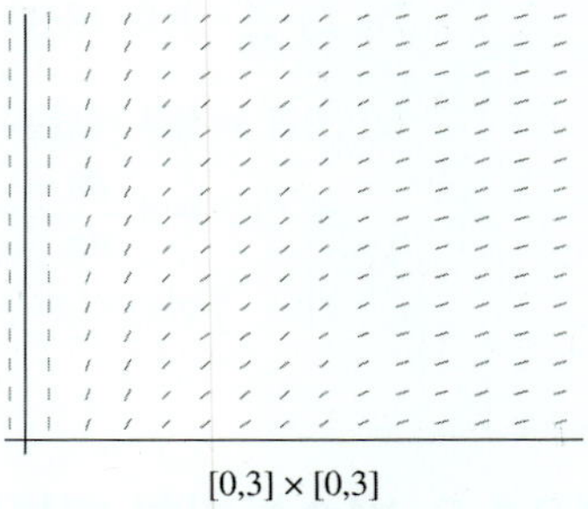

그림 10.2

풀이 (1) $(1, 0.5)$에서 시작하고 선분에서 선분으로 이 선분들이 접하는 곡선을 그리며 움직였다. 보인 특정한 해답 곡선은 해곡선 집합체의 하나이다.

$y = \ln x + \frac{1}{2}$ 이 $(1, 0.5)$으로 통과하는 곡선이다.

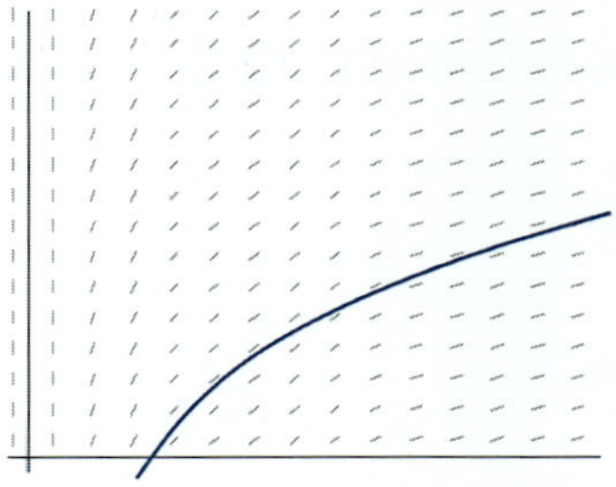

그림 10.3a

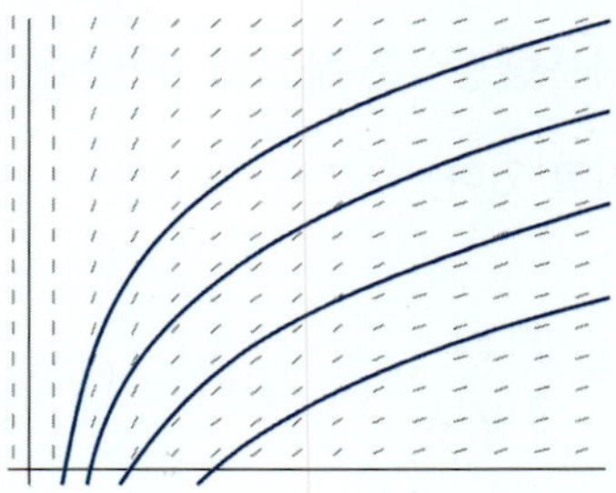

그림 10.3b

(2) $\frac{dy}{dx} = \frac{1}{x}$ 이면, $y = \int \frac{1}{x} dx = \ln x + C$

그림 10.3b에서 주어진 미분방정식의 몇몇의 특정한 해곡선들을 그렸다.

예제 10-3 다음을 밝혀라.

(1) $\dfrac{dy}{dx}=-\dfrac{x}{y}$의 특정한 해가 $x^2+y^2=4$를 밝혀라.

(2) 그림 10.4의 기울기장과 (1)의 답을 이용하여, (1)에 주어진 미분방정식의 일반해를 구하여라.

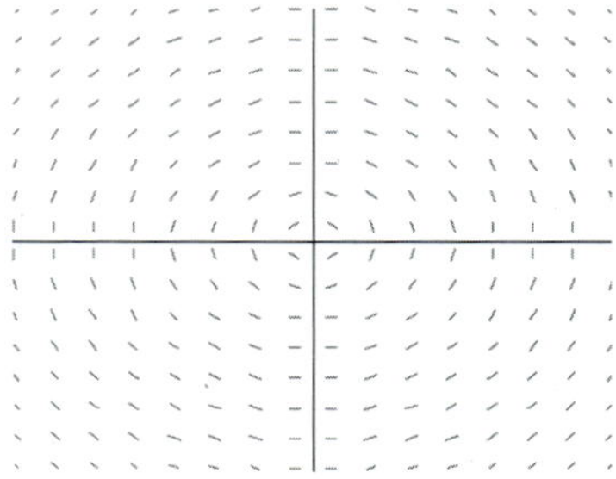
[-3,3] × [-3,3]

그림 10.4

풀이 (1) $x^2+y^2=4$ 방정식을 음함수적으로 미분하면, 주어진 미분방정식이 $\dfrac{dy}{dx}=-\dfrac{x}{y}$ $2x+2y\dfrac{dy}{dx}=0$을 얻는다.

(2) (1)의 특정한 해답은 원점에 중심을 둔 반지름이2인 원이다. $x^2+y^2=r^2$을 음함수적으로 미분하면 $\dfrac{dy}{dx}=-\dfrac{x}{y}$을 얻으므로, 원점에 중심을 둔 모든 원은 미분방정식을 충족시킨다. 주어진 미분방정식의 일반해는 $x^2+y^2=r^2$이다.

10.1.2 변수분리형 미분방정식

앞 절에서 미분방정식을 기울기장을 이용하여 그래프를 이용하여 풀었다. 이 방법은 근사치를 준다. 이 부분에서는 미분방정식을 정확하게 푸는 분리변수법을 공부한다. y를 포함하는 모든 항이 한쪽에 x를 포함하는 모든 항이 다른 한쪽으로 쓰일 수 있다면, x와 y의 일차 미분방정식은 분리될 수 있다. 이와 같은 형태라면 미분방정식은 분리 가능한 변수들을 가지고 있다.

$$\frac{dy}{dx}=\frac{f(x)}{g(y)} \quad \text{또는} \quad g(y)dy-f(x)dx=0$$

일반해는

$$\int g(y)dy-\int f(x)dx=C \quad (C\text{는 임의의 수})$$

예제 10-4 미분방정식 $\dfrac{dy}{dx} = -\dfrac{x}{y}$, $y(0)=2$를 풀어라.

풀이 방정식을 다시 $ydy = -xdx$라고 쓴다.

$\int ydy = -\int xdx$, $\frac{1}{2}y^2 = -\frac{1}{2}x^2 + k$, $y^2 + x^2 = C\ (C = 2k)$

$y(0) = 2$ 이므로, $4 + 0 = C$를 얻는다. 특정한 해답은 $x^2 + y^2 = 4$이다.

예제 10-5 미분방정식 $\dfrac{ds}{dt} = \sqrt{st}$ 이고 $s=1$일 때 $t=0$라면, $t=9$일 때 s를 찾아라.

풀이 변수를 분리한다.

$\frac{ds}{\sqrt{s}} = \sqrt{t}\,dt$, $2s^{1/2} = \frac{2}{3}t^{3/2} + C$

$s=1$와 $t=0$를 사용하여, $2 = \frac{2}{3}(0) + C$, $C=2$

$2s^{1/2} = \frac{2}{3}t^{3/2} + 2$ 또는 $s^{1/2} = \frac{1}{3}t^{3/2} + 1$

$t=9$일 때, $s^{1/2} = 9 + 1$, 그러므로 $s = 100$.

예제 10-6 미분방정식 $(\ln y)\dfrac{dy}{dx} = \dfrac{y}{x}$, 그리고 $x=1$일 때 $y=e$라면, $x=e^4$와 상응하는 1보다 큰 y의 값을 찾아라.

풀이 분리하면, $\frac{\ln y}{y}dy = \frac{dx}{x}$ 적분한다.

$\frac{1}{2}\ln^2 y = \ln|x| + C$, $x=1$일 때 $y=e$이므로 $C = \frac{1}{2}$. $\frac{1}{2}\ln^2 y = \ln|x| + \frac{1}{2}$

$x = e^4$일 때, $\frac{1}{2}\ln^2 y = 4 + \frac{1}{2}$이다. $\ln^2 y = 9$ 그리고 $\ln y = 3$ 따라서 $y = e^3$

예제 10-7 미분방정식 $\dfrac{du}{dv} = e^{v-u}$의 일반해를 구하여라.

풀이 $\frac{du}{dv} = \frac{e^v}{e^u}$, $e^u du = e^v dv$. 양변을 적분하면 $e^u = e^v + C$, 또는 $u = \ln(e^v + C) = \ln e^v \cdot \ln C = k \cdot v$이다.

연습문제 10.1

1. 다음 미분방정식에서 기울기장과 주어진 점을 지나는 해곡선을 그려라.

(1) $\dfrac{dy}{dx} = y + 1,\ (0, 1)$

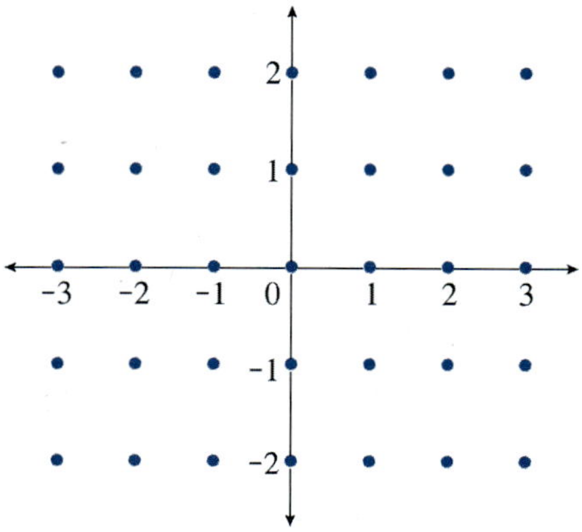

(2) $\dfrac{dy}{dx} = -xy,\ (1, 1)$

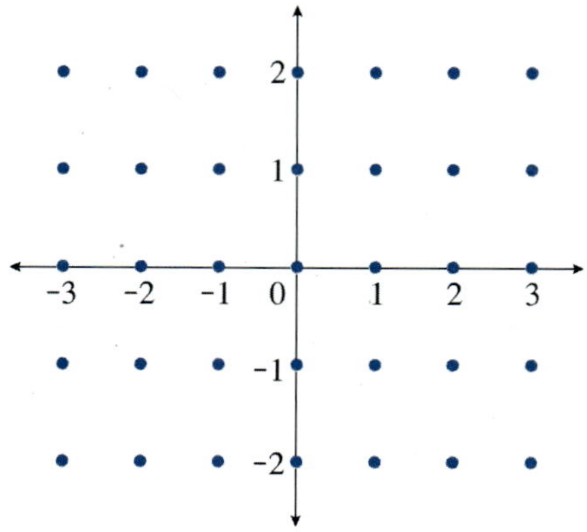

(3) $\dfrac{dy}{dx} = -\dfrac{y}{x},\ (-2, 1)$

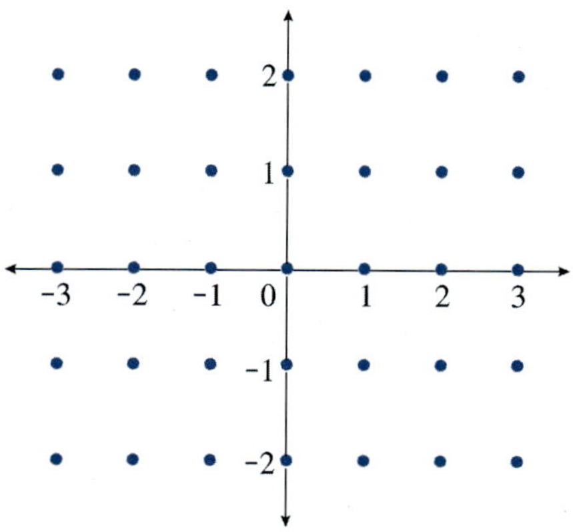

(4) $\dfrac{dy}{dx} = -\dfrac{x}{y},\ (-2, 1)$

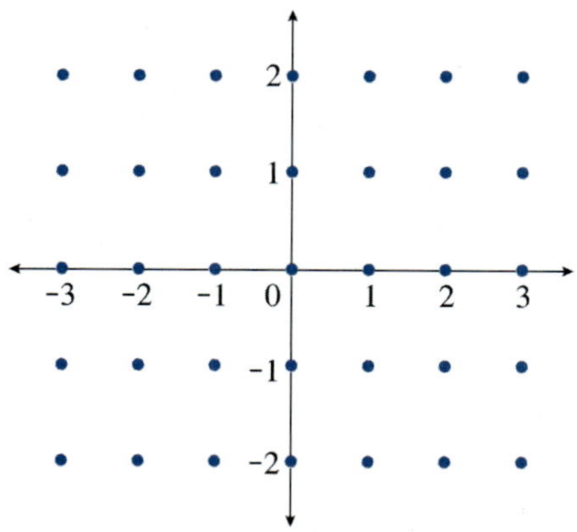

연습문제 10.1

2. 그림에 있는 기울기장을 다음 보기에서 알맞은 미분방정식과 찾아라. 각 미분방정식의 일반해를 찾아라. $(0, 0)$을 지나가는 특정한 해는 어디에 그려져 있는가?

(1) $y' = \cos x$

(2) $\frac{dy}{dx} = 2x$

(3) $\frac{dy}{dx} = 3x^2 - 3$

(4) $y' = -\frac{\pi}{2}$

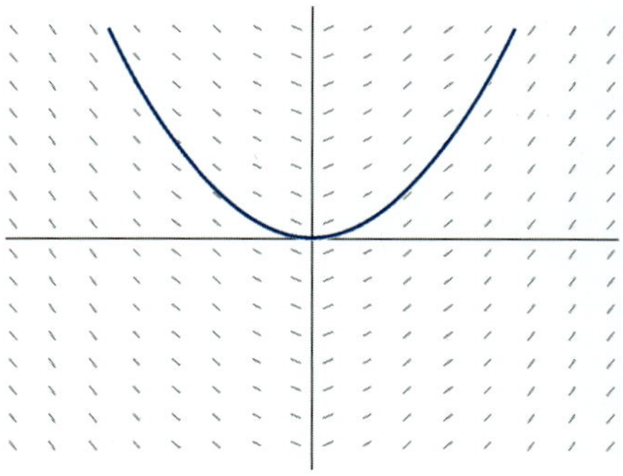

$[-2, 2] \times [-2, 2]$

그림 a

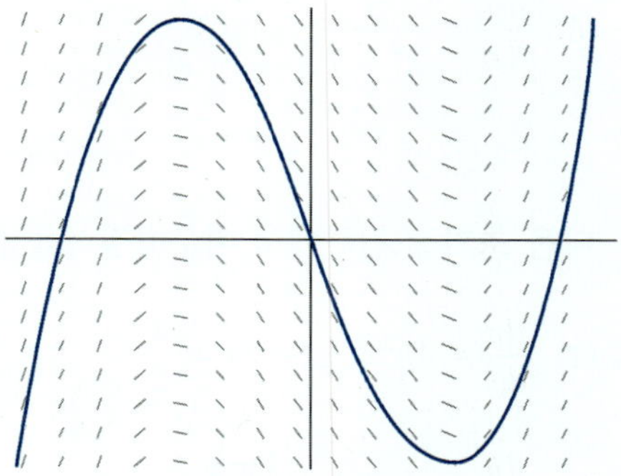

$[-2, 2] \times [-2, 2]$

그림 b

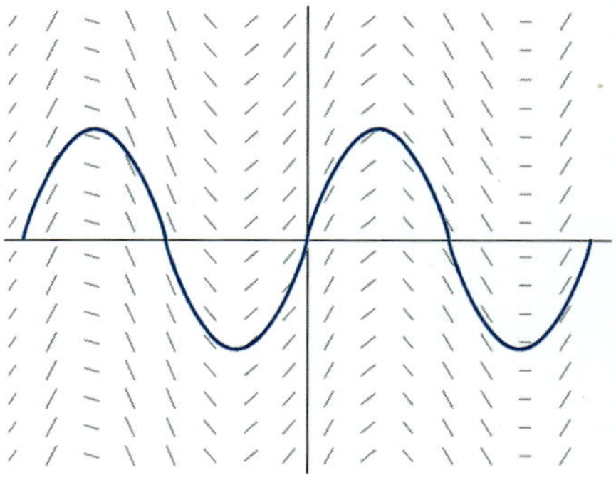

$[-2\pi, 2\pi] \times [-2, 2]$

그림 c

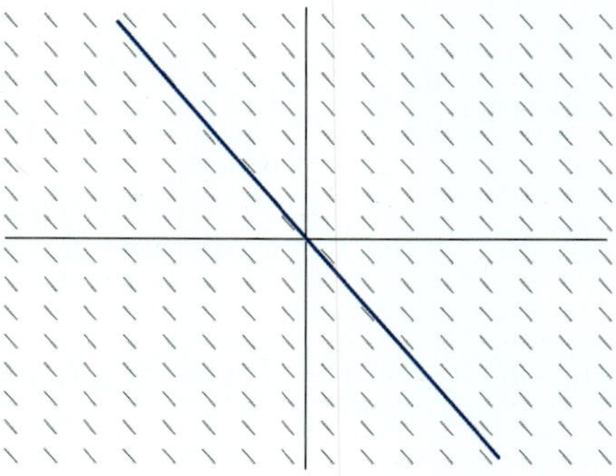

$[-2, 2] \times [-2, 2]$

그림 d

연습문제 10.1

3. 다음 미분방정식의 해를 구하여라.

(1) $\dfrac{dy}{dx} = \cos 2x$

(2) $\tan y \dfrac{dy}{dx} = \cot x$

(3) $\dfrac{dy}{dx} = \dfrac{y^2 - 1}{e^{\frac{1}{2}x}}$, $y > 1$

(4) $e^{-x^2} \dfrac{dy}{dx} = xy$

(5) $\dfrac{dy}{dx} = \dfrac{y}{x^2 - 1}$, $x > 1$

4. 다음 초기 조건하에서 미분방정식을 풀어라.

(1) $\dfrac{dy}{dx} = 4y^2$; $y(-2) = \dfrac{1}{2}$

(2) $\dfrac{dy}{dx} = \tan^2 x$; $y\left(\dfrac{\pi}{4}\right) = 0$

(3) $\dfrac{dy}{dx} = \dfrac{y}{x}$, $x > 0$; $y(1) = 4$

(4) $\sin x \dfrac{dy}{dx} = e^y$, $0 < x < \pi$; $y\left(\dfrac{\pi}{2}\right) = 0$

(5) $(5 - 3\sin x)\dfrac{dy}{dx} = 40\cos x$; $y\left(\dfrac{3\pi}{2}\right) = 0$

(6) $y(1 + x^2)\dfrac{dy}{dx} = x(1 + y^2)$; $y(0) = 1$

(7) $(1 + \cos 2x)\dfrac{dy}{dx} = \sec y$; $y(0) = 0$

10.2 완전미분방정식(Total differential equation)

$z=f(x,\ y)$에서

$$dz=\frac{\partial f}{\partial x}dx+\frac{\partial f}{\partial y}dy$$

이며

$f(x,\ y)=C$에서 $\frac{\partial f}{\partial x}dx+\frac{\partial f}{\partial y}dy=0$이다.

즉 $\frac{\partial M}{2y}=\frac{\partial N}{\partial x}$을 만족하는 미분방정식 $M(x,y)dx+N(x,y)dy=0$을 **완전미분방정식** (전미분방정식)이라한다.

다음 완전미분방정식의 해를 구하여 보자.

$$\frac{\partial f}{\partial x}=M(x,\ y)$$

$$f=\int M(x,\ y)dx+g(y) \tag{1}$$

$\frac{\partial f}{\partial y}=\frac{\partial}{\partial y}\int M(x,\ y)dx+g'(y)$, $\frac{\partial f}{\partial y}=N(x,y)$이므로

$$g'(y)=N(x,\ y)-\frac{\partial}{\partial y}\int M(x,\ y)dx \tag{2}$$

의 적분 (2)을 (1)에 대입하면 $f(x,\ y)=C$이다.

예제 10-11 다음을 전미분하여라.

(1) $x^2 - 5xy + y^2 = C$ (2) $y - \cos x^2 y = 2$

풀이 (1) $x^2 - 5xy + y^2 = C$에서 $(2x-5y)dx + (-5x+2y)dy = 0$ 또는 $\dfrac{dy}{dx} = \dfrac{5y-2x}{-5x+2y}$

(2) $y - \cos x^2 y = 2$에서 $2xy\sin x^2 y dx + (1 + x^2 \sin x^2 y)dy = 0$

예제 10-12 미분방정식 $2xydx + (x^2 - 1)dy = 0$을 풀어라.

풀이 $\dfrac{\partial M}{\partial y} = 2x = \dfrac{\partial N}{\partial x}$이므로 전방정식이다. $\dfrac{\partial f}{\partial x} = 2xy$, $\dfrac{\partial f}{\partial y} = x^2 - 1$

첫 번째 식에서 $f = x^2 y + g(y)$ (1)

(1)을 y에 대하여 편미분하면

$\dfrac{\partial f}{\partial y} = x^2 + g'(y) = x^2 - 1$, $g'(y) = -1$

$g(y) = -y$ 따라서 $x^2 y - y = C$

예제 10-13 미분방정식 $(e^{2y} - y\cos xy)dx + (2xe^{2y} - x\cos xy + 2y)dy = 0$을 풀어라.

풀이 $\dfrac{\partial M}{\partial y} = 2e^{2y} + xy\sin xy - \cos xy = \dfrac{\partial N}{\partial x}$

$\dfrac{\partial f}{\partial x} = e^{2y} - y\cos xy$, $\dfrac{\partial f}{\partial y} = 2xe^{2y} - x\cos xy + 2y$

$f = 2x\int e^{2y}dy - x\int \cos xy dy + 2\int ydy = xe^{2y} - \sin xy + y^2 + h(x)$

$\dfrac{\partial f}{\partial x} = e^{2y} - y\cos xy + h'(x) = e^{2y} - y\cos xy$

$h'(x) = 0$ $h(x) = C$

$xe^{2y} - \sin xy + y^2 + C = 0$

예제 10-14 미분방정식 $(\cos x \sin x - xy^2)dx + y(1-x^2)dy = 0$, $y(0)=2$을 풀어라.

풀이 $\dfrac{\partial M}{\partial y} = -2xy = \dfrac{\partial N}{\partial x}$

$\dfrac{\partial f}{\partial x} = \cos x \sin x - xy^2$, $\dfrac{\partial f}{\partial y} = y(1-x^2)$

$f = \dfrac{y^2}{2}(1-x^2) + h(x)$

$\dfrac{\partial f}{\partial x} = -xy^2 + h'(x) = \cos x \sin x - xy^2$

$h'(x) = \cos x \sin x$

$h(x) = -\dfrac{1}{2}\cos^2 x$

그러므로 $\dfrac{y^2}{2}(1-x^{2)} - \dfrac{1}{2}\cos^2 x = C_1$

또는 $y^2(1-x^2) - \cos^2 x = C$ $(C = 2C_1)$

$x=0$일 때 $y=2$이므로 $C=3$

$y^2(1-x^2) - \cos^2 x = 3$

연습문제 10.2

1. 다음 미분방정식을 풀어라.

(1) $(2y^2x-3)dx+(2yx^2+4)dy=0$

(2) $(y^3-y^2\sin x-x)dx+(3xy^2+2y\cos x)dy=0$

(3) $x\dfrac{dy}{dx}=2xe^x-y+6x^2$

(4) $\left(1-\dfrac{3}{x}+y\right)dx+\left(1-\dfrac{3}{y}+x\right)dy=0$

(5) $\left(x^2y^3-\dfrac{1}{1+9x^2}\right)dx+x^3y^2dy=0$

(6) $(\tan x-\sin x\sin y)dx+\cos x\cos y\,dy=0$

2. 다음 초기 조건하에서 미분방정식을 풀어라.

(1) $(4y+2x-5)dx+(6y+4x-1)dy=0;\ y(-1)=2$

(2) $(y^2\cos x-3x^2y-2x)dx+(2y\sin x-x^3+\ln y)dy=0;\ y(0)=1$

10.3 선형미분방정식

>>> 정리 10.1

x는 구간 I의 원소일 때, 미분방정식

$$\frac{dy}{dx}+p(x)y=q(x),\ x\in I \tag{1}$$

형태를 선형미분방정식(Linear differential equation)이라 한다. 1계선형미분방정식 $\frac{dy}{dx}+p(x)y=q(x)$의 일반해는 다음과 같다.

$$y=e^{-\int pdx}\left(\int q(x)e^{\int pdx}dx+C\right)$$

증명

(1) 식에서 좌변에 $f(x)$을 곱하면

$$u(x)\frac{dy}{dx}+p(x)f(x)y=\frac{d}{dx}[yu(x)] \tag{2}$$

$$\frac{d}{dx}[yu(x)]=f(x)\frac{dy}{dx}+yu'(x) \tag{3}$$

(2) = (3)에서 $p(x)u(x)=u'(x)$

$$\int p(x)dx=\int\frac{u'(x)}{u(x)}dx=\ln[u(x)]$$

$$u(x)=e^{\int p(x)dx}\ :\ \text{적분인자(Intergral factor)} \tag{4}$$

(4)를 (1)식 양변에 곱한다.

즉, $e^{\int p(x)dx}\frac{dy}{dx}+p(x)e^{\int p(x)dx}\cdot y=q(x)e^{\int p(x)dx}$

$$\frac{d}{dx}\left[ye^{\int p(x)dx}\right]=q(x)e^{\int p(x)dx}$$

양변을 적분하면,

$$ye^{\int p(x)dx}=\int q(x)e^{\int p(x)dx}dx+C$$

예제 10-15 미분방정식 $\frac{dy}{dx}+\left(\frac{1}{x}\right)y=x^2$을 풀어라.

풀이 $e^{\int p(x)dx}=e^{\int \frac{1}{x}dx}=e^{\ln x}=x$이다.

양변에 적분인자 $u(x)=x$를 곱하면

$x\frac{dy}{dx}+y=x^3$이고, 이것의 왼편은 완전미분방정식 형태를 갖는다.

$xy=\frac{1}{4}x^4+C$

예제 10-16 미분방정식 $\frac{dy}{dx}-\frac{2}{x}y=x^2\ln x$일 때 초기조건$(x=1,\ y=2)$에서 풀어라.

풀이 $e^{\int -\frac{2}{x}dx}=e^{-2\ln x}=e^{\ln x^{-2}}=x^{-2}$

$x^{-2}\frac{dy}{dx}-2x^{-3}y=\ln x$, $\frac{d}{dx}(x^{-2}y)=\ln x$

$x^{-2}y=x(\ln x-1)+C$, $x=1$일 때 $y=2$이므로

$2=-1+C$, $C=3$

$x^{-2}y=x(\ln x-1)+3$, $y=x^3(\ln x-1)+3x^2$

연습문제 10.3

1. 다음 1계선형미분방정식의 일반해를 구하여라.

(1) $\dfrac{dy}{dx}+\dfrac{y}{x}=\cos x$

(2) $\dfrac{dy}{dx}+\left(\dfrac{2}{x}\right)y=4x+3$

(3) $\dfrac{dy}{dx}-\dfrac{y}{x}=\ln x$

(4) $\dfrac{dy}{dx}+\dfrac{y}{2x}=-x^{\frac{1}{2}}$

(5) $\dfrac{dy}{dx}+y\cot x=\cos 3x$

(6) $\dfrac{dy}{dx}+2y\tan x=\sin x$

(7) $\dfrac{dy}{dx}-\dfrac{y}{x+1}=x$

(8) $\dfrac{dy}{dx}-2y\,\mathrm{cosec}\,x=\tan\dfrac{x}{2},\ 0<x<\pi$

2. 다음 초기 조건하에서 미분방정식을 풀어라.

(1) $x\dfrac{dy}{dx}-2y=x^3\ln x;\ \ y(1)=1$

(2) $\dfrac{dy}{dx}+2y=\sin x : y(0)=0$

(3) $\dfrac{dy}{dx}+2y=e^{-2x}(x^3+x^{-1}),\ \ x>0\ ;\ y(1)=0$

(4) $x\dfrac{dy}{dx}+3y=e^{x};\ \ y(1)=1$

(5) $x^2\dfrac{dy}{dx}-xy=1;\ \ y(1)=2$

10.4 동차미분방정식

미분방정식

$$\frac{dy}{dx}=f\left(\frac{y}{x}\right) \quad (f\text{는 함수 기호})$$

와 같은 미분방정식을 동차미분방정식(homogeneous differential equation)이라 한다.

동차형은 다음과 같이 푼다.

$\frac{y}{x}=v$ 또는 $\frac{x}{y}=v$ 즉, $y=xv$라 두면

$$\frac{dy}{dx}=v+x\frac{dv}{dx}$$

따라서 주어진 미분방정식은

$$v+x\frac{dv}{dx}=f(v) \qquad x\frac{dv}{dx}=f(v)-v$$

이다. 여기서

$f(v)-v\neq 0$인 경우는 $\dfrac{dv}{f(v)-v}=\dfrac{dx}{x}$

라는 변수분리형으로 고쳐 변수분리형 미분방정식으로 푼다.

만약 $f(v)-v=0$을 만족하는 $v=v_0$가 존재하면 $y=v_0x$도 하나의 해가 된다.

예제 10-8 미분방정식 $xy^2\frac{dy}{dx}=x^3+y^3$을 풀어라.

풀이 $\frac{dy}{dx}=\frac{x^2}{y^2}+\frac{y}{x}$에서 $y=vx$로 놓으면, $\frac{dy}{dx}=v+x\frac{dv}{dx}$

따라서 $\frac{1}{v^2}+v=v+x\frac{dv}{dx}$, $v^2dv=\frac{1}{x}dx$이므로 $\frac{1}{3}v^3=\ln|x|+C_1$

v를 다시 치환시키면

$\frac{1}{3}\left(\frac{y}{x}\right)^3=\ln|x|+C_1$, 즉, $y^3=3x^3\ln|x|+Cx^3\,(C=3C_1)$.

예제 10-9 미분방정식 $(x^2+y^2)dx+2xydy=0$이 동차형임을 보이고 풀어라.

풀이

$$\frac{dy}{dx}=-\frac{x^2+y^2}{2xy}=-\frac{1+\left(\frac{y}{x}\right)^2}{2\left(\frac{y}{x}\right)}$$ 이 되어 동차형이다.

$\frac{y}{x}=v$라 놓으면

$$\frac{dy}{dx}=-\frac{1+v^2}{2v},\quad v+x\frac{dv}{dx}=-\frac{1+v^2}{2v}$$

$$\frac{dx}{x}+\frac{dv}{v+\frac{1+v^2}{2v}}=0$$

이 되어 변수분리형이 되므로

$$\ln|x|+\frac{1}{3}\ln(1+3v^2)=\frac{1}{3}C_1$$

또는

$$x^3(1+3v^2)=\pm e^{C_1}$$

$$x(x^2+3y^2)=C \qquad (C=\pm e^{C_1})$$

예제 10-10 미분방정식 $x\dfrac{dy}{dx}=y+xe^{y/x}$을 $x=1$이고 $y=1$일 때 미분방정식을 풀어라.

풀이 $\dfrac{dy}{dx}=\dfrac{y}{x}+e^{y/x}$, $y/x=u$로 치환하면 $\dfrac{dy}{dx}=u+x\dfrac{du}{dx}$

$u+x\dfrac{du}{dx}=u+e^{u}$, $e^{-u}du=dx/x$

$-e^{-u}+C=\ln|x|$, $-e^{-y/x}+C=\ln|x|$

$x=1$일 때 $y=1$이므로

$-e^{-1}+C=0,\ \ C=e^{-1}$

$e^{-1}-e^{-y/x}=\ln|x|$

연습문제 10.4

1. 다음 미분방정식을 풀어라.

(1) $(y^2+yx)dx-x^2dy=0$

(2) $xdx+(y-2x)dy=0$

(3) $ydy-\dfrac{y^2}{x}dx=xe^{-y/x}dx$

(4) $y^2dy=(ydx-xdy)x\ln\dfrac{x}{y}$

(5) $ydx=2(x+y)dy$

(6) $\dfrac{dy}{dx}=\dfrac{y-x}{y+x}$

2. 다음 초기 조건하에서 미분방정식을 풀어라.

(1) $xy^2\dfrac{dy}{dx}=y^3-x^3;\ y(1)=2$

(2) $2x^2\dfrac{dy}{dx}=3xy+y^2;\ y(1)=-2$

(3) $(x+ye^{y/x})dx-xe^{y/x}dy=0;\ y(1)=0$

(4) $(y^2+3xy)dx=(4x^2+xy)dy;\ y(1)=1$

(5) $(x+\sqrt{xy})\dfrac{dy}{dx}+x-y=x^{-1/2}y^{3/2};\ y(1)=1$

10.5 선형미분방정식의 응용

10.5.1 지수적 증가와 감소

폭넓은 응용법을 지닌 특별한 미분방정식이 설명되어 있다. "시간 t에서 물체량 y는 존재하는 물체량에 비례하여 증가(또는 감소)한다." 따라서, 물체량 y는 미분방정식을 충족시킨다.

$$\frac{dy}{dt} = ky \tag{1}$$

y가 증가한다면 $k > 0$이고, 만약 y가 감소한다면 $k < 0$일 것이다. 식 (1)은 변수분리형으로

$\dfrac{dy}{y} = kdt$이고,

$$\int \frac{1}{y}dy = \int kdt$$

$\ln y = kt + C$, C는 상수

$$y = e^{kt+C} = e^{kt}e^{c} = Ce^{kt}\,(C = e^{c}) \tag{2}$$

최초 시각 $t = 0$일 때, $y|_{t=0} = Ce^{k\cdot 0} = C$으로 $y|_{t=0} = y_0$으로 최초의 양이다. 따라서 식 (2)는

$$y = y_0e^{kt} \tag{3}$$

로 표현한다.

물체량이 시간에 따라 증가한다면 $k > 0$이고, 감소한다면 $k < 0$이다. 함수(2)는 지수적 함수라 한다. 감소하는 물체량이 반으로 감소하는 데 걸리는 시간을 **반감기**라고 한다.

예제 10-17 국가의 인구는 현재의 인구수에 비례하여 증가 또는 감소한다. 만약 매년 성장 속도가 현재 인구의 4%로 증가한다면 인구수가 두 배가 되기까지 얼마나 걸리는가?

풀이 시간 t 때의 인구 P라면, $\frac{dP}{dt}=0.04P$가 주어진다. 식 (3)에 의하여

$P=P_0e^{0.04t}$

P_0는 처음 인구이다. $P=2P_0$일 때 t를 찾는다.

$2P_0=P_0e^{0.04t}$

$2=e^{0.04t}$

$\ln 2=0.04t$

$t=\frac{\ln 2}{0.04}\approx 17.33$년

예제 10-18 라듐-226는 현재 양에 비례하여 감소한다. 이것의 반감기는 1612년이다. 라듐-226이 주어진 양의 4분의 1로 감소하는 데 얼마의 시간이 걸리는가?

풀이 $Q(t)$가 시간 t 때 존재하는 양이라면, 이 방정식은 다음과 같다.

$Q(t)=Q_0e^{kt}$

Q_0는 최초의 양이고 k는 비례상수이다. $t=1612$일 때 $Q=\frac{1}{2}Q_0$이므로

$\frac{1}{2}Q_0=Q_0e^{k(1612)}$, $\frac{1}{2}=e^{1612k}$, $k=\frac{\ln\frac{1}{2}}{1612}=-0.00043$, $Q=Q_0e^{-0.00043t}$

Q_0의 4분의 1이 부식했을 때, 처음 양의 4분의 3이 남는다.

$\frac{3}{4}Q_0=Q_0e^{-0.00043t}$, $\frac{3}{4}=e^{-0.00043t}$, $t=\frac{\ln\frac{3}{4}}{-0.00043}\approx 669$년

예제 10-19 화석의 연대결정을 하는 하나의 중요한 방법은 화석 탄소 함유량의 얼마나 방사성 동위원소 탄소-14인지 찾는 것이다. 생전에, 모든 생물은 환경과 탄소를 주고받는다. 죽을 때 이 순환은 끝난다. 생물의 ^{14}C은 그러므로 존재하는 양에 비례하는 속도로 줄어든다. 비례율은 해당 0.012%이다. 고고학자가 ^{14}C의 본래 양의 단지 25%만 남아있는 화석에 여전히 존재한다고 구했으면, 언제 동물은 죽었는가?

풀이 시간 t 때의 존재하는 ^{14}C의 양 Q는 방정식을 충족시킨다.

$\frac{dQ}{dt}=-0.00012Q$, $Q(t)=Q_0e^{-0.00012t}$ (Q_0는 본래 양이다)

$Q(t) = 0.25\,Q_0$일 때 t를 찾아야 한다.

$0.25\,Q_0 = Q_0 e^{-0.00012t}$, $0.25 = e^{-0.00012t}$, $\ln 0.25 = -0.00012t$, $-1.386 = -0.00012t$

$t \approx 11550$. 500년으로 반올림하면, 동물이 대략 11,500년 전에 죽었다는 것을 알 수 있다.

10.5.2 회로에 관한 응용

회로를 한 바퀴 도는 동안의 전압강하의 대수적 합은 0이다. 다시 말하면 공급된 전압(기전력)은 전압강하의 합과 같다. 회로내의 요소는 보통 다음과 같이 표시한다.

예를 들어 공급된 전압이 E(전지 또는 발전기)이고 저항 R, 인덕터(inductor) L을 아래 왼쪽 그림과 같이 연결한 직렬회로를 생각해 보자. 아래 그림에서 스윗치 K를 닫으면 전류는 +단자에서 회로를 통하여 −단자로 흐른다고 생각한다.

그러면 Kirchhoff의 법칙에 의하여 공급된 전압 E는 인덕터에서의 전압강하 $L\dfrac{dI}{dt}$와 저항에서의 전압강하 RI의 합과 같으므로

$$L\frac{dI}{dt} + RI = E \tag{1}$$

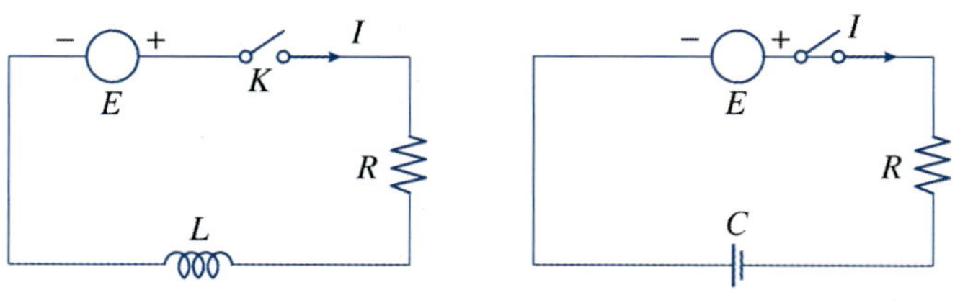

그림 10.5

다른 예로 전지 또는 발전기 E, 저항 R 그리고 capacity C를 그림 10.5의 오른쪽 그림과 같이 연결한 직렬회로를 생각해 보자. 저항에서의 전압강화는 RI이고 capacity에서의 전압강하는 Q/C이므로, Kirchhoff의 법칙에 의하여

$$RI + \frac{Q}{C} = E \tag{2}$$

가 되어 전하 Q에 관한 미분방정식이 된다.

예제 10-20 100 volt의 기전력을 가진 발전기가 10 ohm의 저항과 2 henry의 인덕터와 함께 직렬회로에 연결되어 있다. $t=0$일 때 스위치가 넣어졌다 하고, 전류에 관한 미분방정식을 만들고 시간 t에서의 전류를 구하라.

풀이 문제의 회로는 다음과 같다.

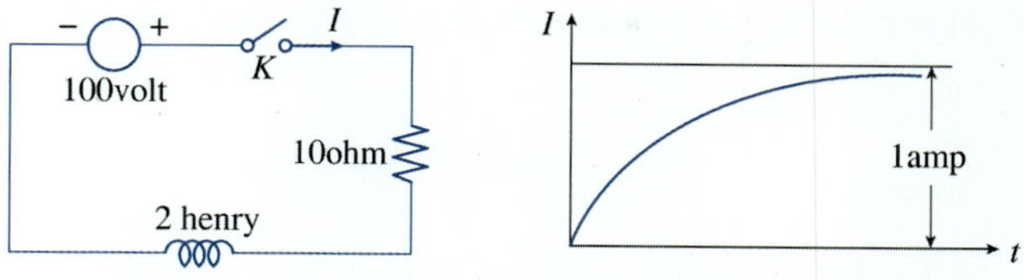

그림 10.6

공급된 전압은 100volt, 저항에서의 전압강하 RI는 $10I$, 인덕터에서의 전압강하는 $L\frac{dI}{dt}=2\frac{dI}{dt}$가 된다. 따라서 Kirchhoff의 법칙에 의하여

$$100=10I+2\frac{dI}{dt} \text{ 또는 } \frac{dI}{dt}+5I=50 \qquad (3)$$

이다. $t=0$일 때 스위치가 넣어졌으니까 $t=0$에서 $I=0$이다.

오른쪽 그림은 스윗치 K를 닫았을 때 시간에 따른 전류의 변화를 나타낸 것이다.

방정식 (3)의 적분인자 e^{5t}을 (3) 양변에 곱하면

$\frac{d}{dt}(e^{5t}I)=50e^{5t}$ 또는 $e^{5t}I=10e^{5t}+c \therefore I=10+ce^{-5t}$

그런데 $t=0$일 때 $I=0$이므로 $c=-10 \therefore I=10(1-e^{-5t})$

예제 10-21 예제 10-20에서 100 volt의 기전력을 가진 발전기 대신에 20 cos 5t volt의 기전력을 가진 발전기를 설치했을 때 전류에 관한 미분방정식을 구하고 풀어라.

풀이 예제 10-20과의 차이는 다만 기전력이 100 대신에 20 $\cos 5t$이므로 구하는 방정식은

$$10I+2\frac{dI}{dt}=20\cos 5t,\ \text{즉}\ \frac{dI}{dt}+5I=10\cos 5t \quad ①$$

이 미분방정식의 적분인자가 e^{5t}이므로 이것을 ①의 양변에 곱하면

$$\frac{d}{dt}(e^{5t}I)=10e^{5t}\cos 5t$$

적분하면

$e^{5t}I=10\int e^{5t}\cos 5t\, dt=e^{5t}(\cos 5t+\sin 5t)+c$에서 $I=\cos 5t+\sin 5t+ce^{-5t}$

그런데 $t=0$일 때 $I=0$이므로 $c=-1$ $\therefore I=\cos 5t+\sin 5t-e^{-5t}$

연습문제 10.5

1. 1970년 세계 인구는 대략 35억이었다. 그리고 매년 인구증가율이 1.9%였다. 이 속도라면 몇 년 후에 땅 1평방피트당 1명의 사람이 있게 될까? (지구의 땅 넓이는 대략 $200{,}000{,}000\ mi^2$ 또는 대략 $5.5\times 10^{15}\ ft^2$이다.)

2. 특정한 배양에서의 박테리아가 현재 수에 비례하는 속도로 연속적으로 증가한다.

   (1) 6시간 안에 수가 세 배가 된다면, 12시간 안에는 얼마나 될까?

   (2) 처음 수의 4배가 되기까지 몇 시간이 걸리는가?

3. 혈관에 투여된 약의 농도는 존재하는 농도에 비례적으로 떨어진다. 비례의 양은 한 시간에 30%라면, 최초농도의 10분의 1이 되는 데에 걸리는 시간은?

4. 화석의 연도를 계산하는 과학자들이 어떤 화석의 현재의 탄소-14의 양이 처음 양의 20%라고 추측하였다. 반감기가 5730년이라면 이 화석의 나이는 얼마인가?

연습문제 10.5

5. 12 volt의 기전력을 가진 발전기가 그림과 같이 L=0.1 henry의 인덕터와 저항 $R=$ 5 ohms이 직렬회로로 연결되어 있다. $t=0$일 때 스위치가 넣어졌다. 전류에 관한 미분방정식을 세우고, 시간 t에서의 전류 I를 구하라.

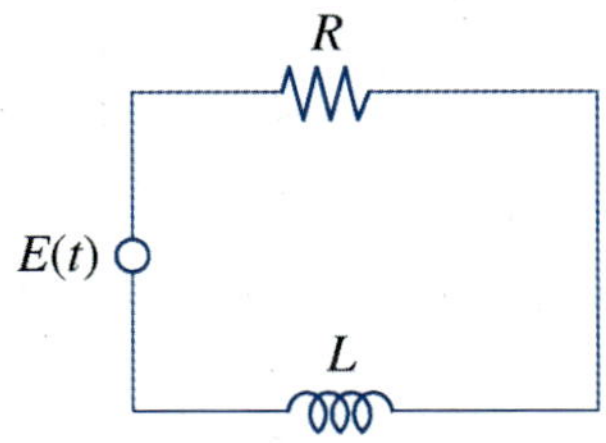

6. $L=2$헨리, $R=6$옴, 그리고 건전지가 12볼트의 일정한 전압을 공급해 주는 회로를 생각한다. $t=0$일 때(스위치 S를 막 연결하는 순간) $I=0$이라 하고, 시간 t일 때 I를 구하여라.

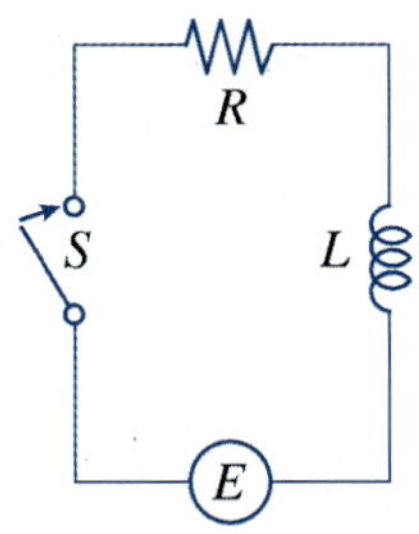

연습문제 해답

연습문제 1장

연습문제 1.1

1. (1) 아니오

(2) 아니오

(3) 예

(4) 예

2. (1) $D=\{-3,-2,\cdots,3\}$

$R=\{0,1,4,9\}$

(2) $D=R,\ R=[-1,\infty]$

(3) $D=R\setminus\{-1\},\ R=R\setminus\{0\}$

3. (1) $(g\circ f)(n)=(n!)^2$

(2) $(g\circ f)(x)=-2-9x$

(3) $(g\circ f)(x)=\dfrac{1}{|x|}$

4. (1) $-1\le y<8$

(2) $-7\le y\le 9$

5. 분자를 분모로 나누면 몫이 2, 나머지가 2이므로

$$y=\frac{2x+4}{x+1}\Leftrightarrow y=2+\frac{2}{x+1}\Leftrightarrow y-2=\frac{2}{x+1}$$

따라서 그래프는 곡선 $y=\dfrac{2}{x}$를 x축 방향으로 -1만큼, y축 방향으로 2만큼 평행이동한 것이다.

점근선 : $x=-1,\ y=2$

(1) 정의역이 $\{x|-3\leqq x\leqq -1 \text{ or } -1<x\leqq 0\}$일 때, 아래 왼쪽 그림에서 치역은 $\{y|y\leqq 1, \text{ or } y\geqq 4\}$

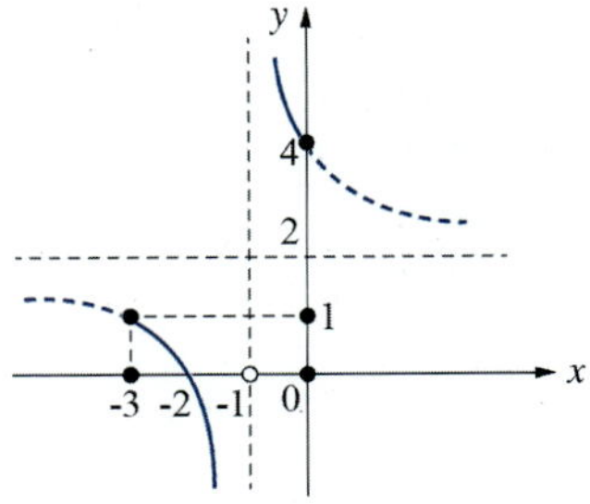

(2) 치역이 $\{y|y\leqq 0 \text{ or } y\geqq 3\}$일 때, 아래 오른쪽 그림에서 정의역은 $\{x|-2\leqq x\leqq -1 \text{ or } -1<x\leqq 1\}$

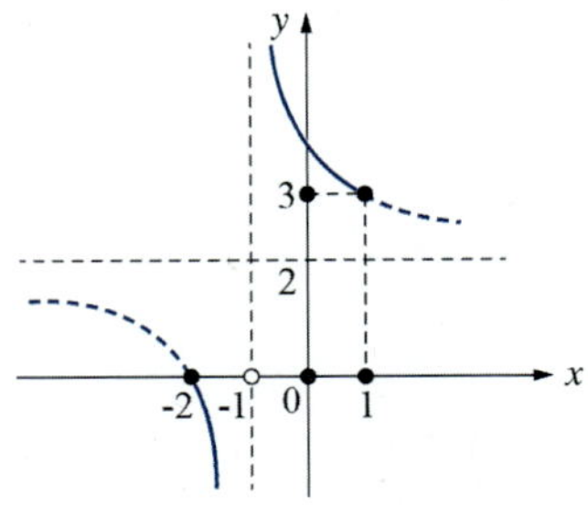

6. (1) $y=\sqrt{2x+4}+1\Leftrightarrow y-1=\sqrt{2(x+2)}$

따라서 $y=\sqrt{2x}$ 의 그래프를 x축 방향으로 -2만큼, y축 방향으로 1만큼 평행이동한 것이므로 그래프는 그림의 곡선이다. 또 $x=2$ 일 때 $y=\sqrt{8}+1$, $x=5$ 일 때 $y=\sqrt{14}+1$이므로 구하는 치역은

$\{y|2\sqrt{2}+1\leqq y\leqq \sqrt{14}+1\}$

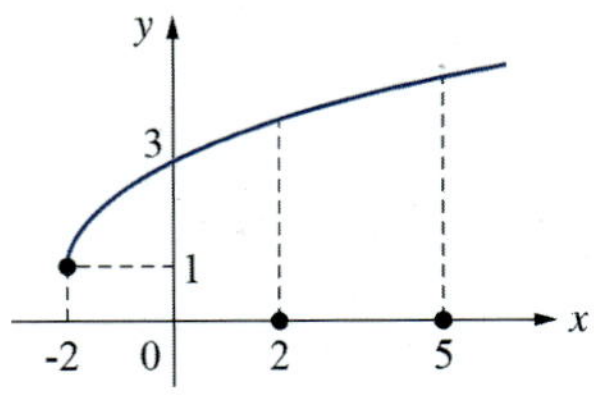

(2) $y=-\sqrt{6-2x} \Leftrightarrow y=-\sqrt{-2(x-3)}$

따라서 $y=-\sqrt{-2x}$ 의 그래프를 x축 방향으로 3만큼 평행이동한 것이므로 그래프는 그림의 곡선이다. 또, $x=1$일 때 $y=-2$, $x=-5$일 때 $y=-4$이므로 구하는 치역은 $\{y|y \leqq -4 \text{ or } -2 \leqq y \leqq 0\}$

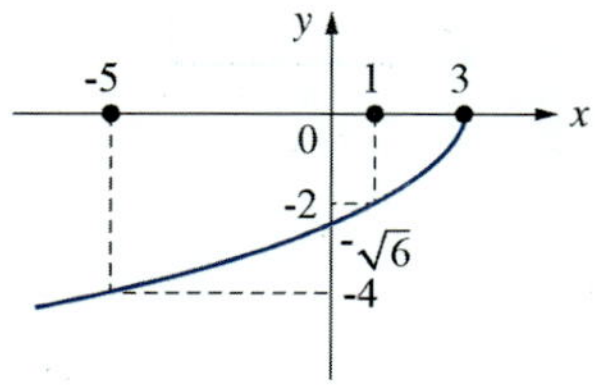

7. (1) $(f \circ (g \circ h))(x)=2x^2+5$

(2) $((f \circ g) \circ h)(x)=2x^2+5$

연습문제 1.2

1. (1) $f(x) = 3x = y$

$x = \frac{y}{3}$

$y = \frac{x}{3}$

$f^{-1}(x) = \frac{x}{3}$

(2) $f(x) = x^3 - 1 = y$

$x = \sqrt[3]{y+1}$

$y = \sqrt[3]{x+1}$

$f^{-1}(x) = \sqrt[3]{x+1}$

(3) $f(x) = x^2 = y,\ 0 \le x$

$x = \sqrt{y}$

$y = \sqrt{x}$

$f^{-1}(x) = \sqrt{x}$

(4) $f(x) = \sqrt{x^2-4} = y,\ x \ge 2$

$x = \sqrt{y^2+4}$

$y = \sqrt{x^2+4}$

$f^{-1}(x) = \sqrt{x^2+4}\,,\ x \ge 0$

2. (1) $f(x) = 2x^5 + x^3 + 1$

$f(-1) = -2 = a \Rightarrow f^{-1}(-2) = -1$

(2) $f(x) = \cos 2x$

$f(0) = 1 = a \Rightarrow f^{-1}(1) = 0$

(3) $f(x) = \sqrt{x-4}$

$f(8) = 2 = a \Rightarrow f^{-1}(2) = 8$

3. (1) $\sin^{-1}\frac{1}{2} = \frac{\pi}{6}$ (2) $\sin^{-1}0 = 0$

(3) $\cos^{-1}\frac{1}{2} = \frac{\pi}{3}$ (4) $\cos^{-1}0 = \frac{\pi}{2}$

(5) $\tan^{-1}\frac{\sqrt{3}}{3} = \frac{\pi}{6}$ (6) $\cot^{-1}(-\sqrt{3}) = -\frac{\pi}{6}$

(7) $\csc^{-1}(-\sqrt{2}) = -\frac{\pi}{4}$ (8) $\cos^{-1}\left(-\frac{\sqrt{3}}{2}\right) = \frac{5}{6}\pi$

4. (1) $\sin\left(\sin^{-1}\frac{1}{2}\right) = \sin\left(\frac{\pi}{6}\right) = \frac{1}{2}$

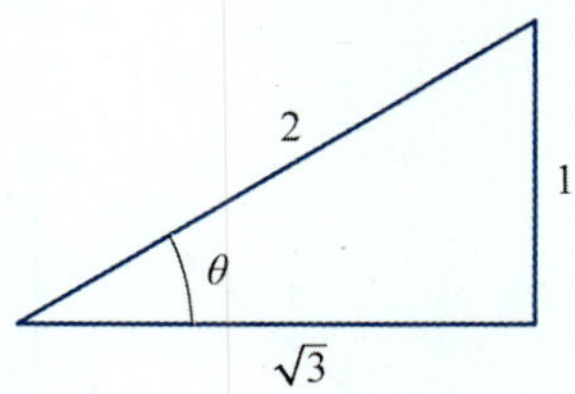

(2) $\cos\left(\sin^{-1}\frac{1}{2}\right) = \cos\left(\frac{\pi}{6}\right) = \frac{\sqrt{3}}{2}$

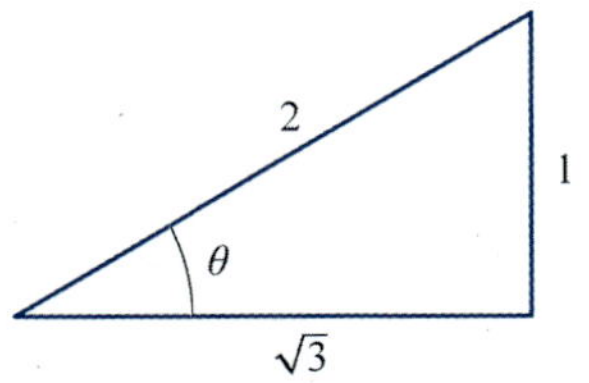

(3) $\tan\left(\cos^{-1}\frac{\sqrt{2}}{2}\right) = \tan\left(\frac{\pi}{4}\right) = 1$

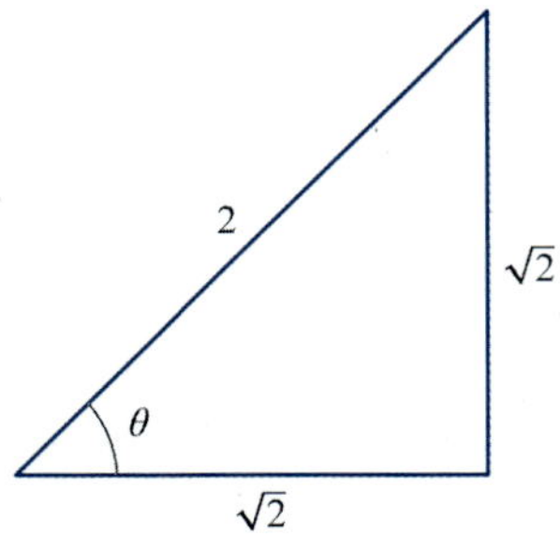

(4) $\cos\left(\sin^{-1}\frac{5}{13}\right) = \frac{12}{13}$

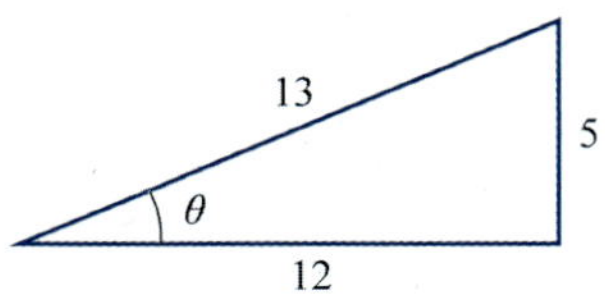

(5) $\sin\left(\tan^{-1}\frac{3}{4}\right) = \frac{3}{5}$

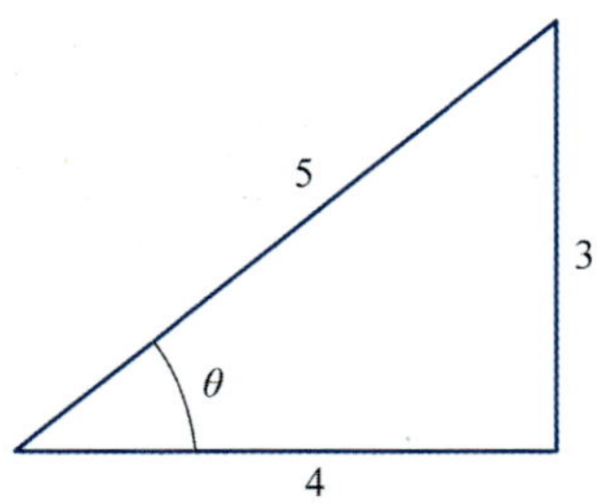

(6) $\sec\left(\sin^{-1}\frac{4}{5}\right) = \frac{5}{3}$

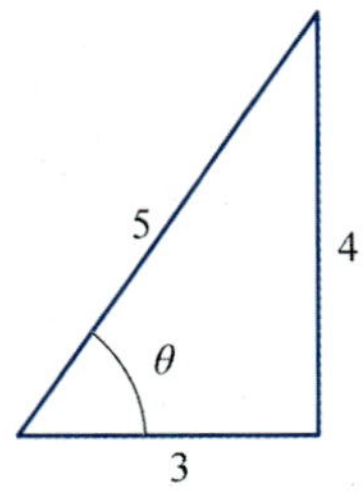

(7) $\tan(\cot^{-1}2) = \frac{1}{2}$

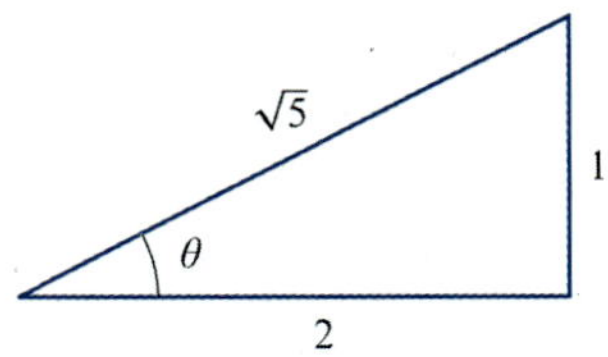

(8) $\cos(\sec^{-1}\sqrt{5}) = \frac{\sqrt{5}}{5}$

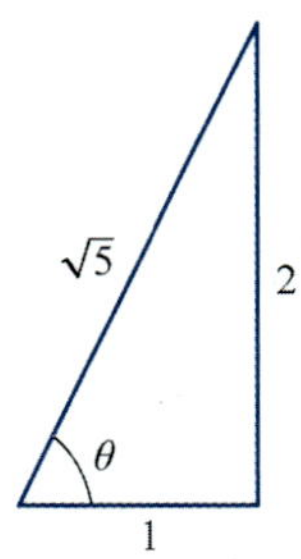

연습문제 1.3

1. (1) 존재 안함　(2) 존재 안함

(3) 4　(4) 존재 안함

(5) 존재 안함　(6) 1

(7) 2　(8) 존재 안함

2. $c \neq -2, 0$인 모든 c에 대하여 존재한다.

3. (1) 1

(2) $\lim_{x \to -1}(-6x-4) = \lim_{x \to -1}(x^4+x^2) = 2$ 샌드위치정리에 의하여, $\lim_{x \to -1} f(x) = 2$

(3) $\sqrt{5}$

4. (1) $\frac{1}{6}$

(2) 1

(3) 0

(4) $\lim_{x \to 3}\frac{\sqrt{x+1}-2}{x-3} = \lim_{x \to 3}\frac{\sqrt{x+1}-2}{x-3} \cdot \frac{\sqrt{x+1}+2}{\sqrt{x+1}+2}$

$= \lim_{x \to 3}\frac{x-3}{(x-3)[\sqrt{x+1}+2]} = \lim_{x \to 3}\frac{1}{\sqrt{x+1}+2} = \frac{1}{4}$

(5) $\lim_{x \to 0}\frac{4(e^{2x}-1)}{e^x-1} = \lim_{x \to 0}\frac{4(e^x-1)(e^x+1)}{e^x-1}$

$= \lim_{x \to 0} 4(e^x+1) = 4(2) = 8$

(6) $\lim_{x \to \pi/4}\frac{4x}{\tan x} = \frac{4(\pi/4)}{1} = \pi$

5. (1) $\frac{1}{3}$　(2) 4

(3) $-\infty$　(4) -1

(5) 1　(6) 2

6. (1) $\lim_{x \to -\infty}(x+\sqrt{x^2+3})$

$= \lim_{x \to -\infty}\left[(x+\sqrt{x^2+3}) \cdot \frac{x-\sqrt{x^2+3}}{x-\sqrt{x^2+3}}\right]$

$= \lim_{x \to -\infty}\frac{-3}{x-\sqrt{x^2+3}} = 0$

(2) $\lim_{x \to \infty}(2x-\sqrt{4x^2+1})$

$= \lim_{x \to \infty}\left[(2x-\sqrt{4x^2+1}) \cdot \frac{2x+\sqrt{4x^2+1}}{(2x+\sqrt{4x^2+1}}\right]$

$= \lim_{x \to \infty}\frac{-1}{2x-\sqrt{4x^2+1}} = 0$

(3) $\lim_{x \to \infty}(x-\sqrt{x^2+x})$

$= \lim_{x \to \infty}\left[(x-\sqrt{x^2+x}) \cdot \frac{x+\sqrt{x^2+x}}{x+\sqrt{x^2+x}}\right]$

$= \lim_{x \to \infty}\frac{-x}{x+\sqrt{x^2+x}} = \lim_{x \to \infty}\frac{-1}{1+\sqrt{1+(1/x)}} = -\frac{1}{2}$

(4) $\lim_{x \to -\infty}(3x+\sqrt{9x^2-x})$

$= \lim_{x \to -\infty}\left[(3x+\sqrt{9x^2-x}) \cdot \frac{3x-\sqrt{9x^2-x}}{3x-\sqrt{9x^2-x}}\right]$

$= \lim_{x \to -\infty}\frac{x}{3x-\sqrt{9x^2-x}}$

$= \lim_{x \to -\infty}\frac{1}{3-\frac{\sqrt{9^2-x}}{-\sqrt{x^2}}} = \lim_{x \to -\infty}\frac{1}{3+\sqrt{9-(1/x)}} = \frac{1}{6}$

연습문제 1.4

1. (1) 모든 x에 대하여 연속

(2) $x = \pm 1$

(3) $x = 1,\ -2$

(4) 연속

2. (1) $a = 2$

(2) $a = -1,\ b = 1$

(3) $a = 4$

(4) $a = 4$

3. (1) $(-\infty, 1) \cup (1, \infty)$

(2) $R = (-\infty, \infty)$

(3) $(-\infty, -1) \cup (0, \infty)$

(4) $x = \dfrac{(2n+1)\pi}{4}$ 일 때, 불연속

(5) 연속

4. $b = -3,\quad c = 4$

5. (1) $\displaystyle\lim_{x \to 0} \frac{\ln(1+ax)}{x} = a$, $f(0) = 3$에서 $a = 3$

(2) $\displaystyle\lim_{x \to 0} \frac{\sin x}{e^x - 1} = 1$, $f(0) = a$에서 $a = 1$

6. (1) ∞ (2) $-\dfrac{1}{4}$

(3) ∞ (4) ∞

7. $f(1) = -1 < 0$, $f(2) = 13 > 0$이므로 중간값 정리에 의하여 $(1,2)$에 $2c^3 - 3 = 0$인 해가 적어도 하나 존재한다.

8. (1) $f(x) = x^4 + x^3 - 9x + 1$로 놓으면 $f(x)$는 다항함수이므로 구간 $[1, 3]$에서 연속이다.

또, $f(1) = -6 < 0$, $f(3) = 82 > 0$

따라서 중간값의 정리에 의하여 $f(x) = 0$은 구간 $(1, 3)$에서 적어도 하나의 실근을 가진다.

(2) $f(x) = x - \cos x$로 놓으면 $f(x)$는 구간 $\left[0, \dfrac{\pi}{2}\right]$에서 연속이다.

또, $f(0) = 0 - \cos 0 = -1 < 0$, $f\left(\dfrac{\pi}{2}\right) = \dfrac{\pi}{2} > 0$

따라서 중간값의 정리에 의하여 $f(x) = 0$은 구간 $\left(0, \dfrac{\pi}{2}\right)$에서 적어도 하나의 실근을 가진다.

(3) $f(x) = (x-1)\sin x + \sqrt{2}\cos x - 1$로 놓으면 $f(x)$는 구간 $\left[0, \dfrac{\pi}{2}\right]$에서 연속이다.

또, $f(0) = \sqrt{2} - 1 > 0$, $f\left(\dfrac{\pi}{2}\right) = \dfrac{\pi}{2} - 2 < 0$

따라서 중간값의 정리에 의하여 $(x-1)\sin x + \sqrt{2}\cos x = 1$은 구간 $\left(0, \dfrac{\pi}{2}\right)$에서 적어도 하나의 실근을 가진다.

연습문제 2장

연습문제 2.1

1. $\dfrac{-1}{a(a+h)}$

2. (1) $f'(1)=4,\ y-3=4(x-1)$

(2) $f'(-1)=3,\ y+1=3(x+1)$

3. (1) $f'(x)=\dfrac{-3}{2(3x-2)\sqrt{3x-2}}$

(2) $f'(x)=1+\dfrac{1}{x^2}$

4. (1) $y'=-2x$

(2) $y'=12x-10+10x^{-3}$

(3) $y'=\dfrac{2(3x-2)-(2x-5)\cdot 3}{(3x-2)^2}=-\dfrac{19}{(3x-2)^2}$

(4) $v=x^{-1}+1-4x^{-\frac{1}{2}},\ v'=-x^{-2}+2x^{-\frac{3}{2}}$

(5) $y'=\dfrac{9}{4}x^{\frac{5}{4}}-2e^{-2x}$

(6) $y'=2x^3-3x-1$

(7) $w=\left(\dfrac{1}{3z}+1\right)(3-z)=\dfrac{1}{z}-\dfrac{1}{3}+3-z,\ w'=-z^{-2}-1$

5. (1) 13 (2) -7

(3) $\dfrac{7}{25}$ (4) 20

6. (1) $y'=5(2x+1)^4\cdot 2=10(2x+1)^4$

(2) $y'=3\sin^2 x\cdot\cos x$

(3) $y'=\dfrac{4}{3\pi}\cos 3x\cdot 3-\dfrac{4}{5\pi}\sin 5x\cdot 5$

$=\dfrac{4}{\pi}(\cos 3t-\sin 5t)$

(4) $y'=e^{-x}+xe^{-x}\cdot(-1)+e^{3x}\cdot 3$

$=(1-x)e^{-x}+3e^{3x}$

(5) $y=4\sec x+\cot x,\ y'=4\tan x\sec x-\csc^2 x$

7. (1) $f'(x)=\dfrac{x\sec x\tan x+\sec x}{2\sqrt{7+x\sec x}}$

(2) $y'=2\theta e^{-\theta^2}\sin(e^{-\theta^2})$

(3) $y'=-2\pi\sin(\pi t-1)\cos(\pi t-1)\times e^{\cos^2(\pi t-1)}$

(4) $y'=-2\cos(\cos(2t-5))(\sin(2t-5))$

8. (1) $y'=\dfrac{1}{\theta+1}$

(2) $y'=\dfrac{1-\ln t}{t^2}$

(3) $y'=\dfrac{2}{t(1-\ln t)^2}$

(4) $y'=-2\tan\theta$

(5) $y'=2^x\ln 2$

(6) $y'=\dfrac{3}{x\ln 4}$

(7) $y'=\dfrac{1}{\ln 5}$

(8) $y'=(x+1)^x\left(\dfrac{x}{x+1}+\ln(x+1)\right)$

(9) $y'=x^{\ln x}\left(\dfrac{\ln x^2}{x}\right)$

(10) $y'=\dfrac{1}{|2s+1|\sqrt{s^2+s}}$

(11) $y' = -\dfrac{1}{2\sqrt{t}(1+t)}$

(12) $y' = -\dfrac{1}{\sqrt{e^{2t}-1}}$

(13) $y' = \sin^{-1}x$

9. (1) $\sin\pi = m\pi + b$

$m\pi + b = 0$

(2) $y' = \begin{cases} \cos x, & x < \pi \\ m, & x \geq \pi \end{cases}$

$m = \cos\pi = -1$

$b = \pi$

10. (1) $f'(0) = \lim_{h\to 0}\dfrac{f(0+h)-f(2)}{h}$

$= \lim_{h\to 0}\dfrac{\dfrac{1-\cos h}{h}}{h}$

$= \lim_{h\to 0}\dfrac{\sin^2 h}{h^2(1+\cos h)} = \dfrac{1}{2}$

11. $2a = 4a - 2b + 3 -$ ①

$f'(x) = \begin{cases} a, & x < 2 \\ 2ax - b, & x \geqq 2 \end{cases}$

$4a - b = a$

$a = \dfrac{3}{4},\quad b = \dfrac{9}{4}$

연습문제 2.2

1. (1) $x^2y + xy^2 = 6,\quad 2xy + x^2y' + y^2 + 2xyy' = 0$

$y'(x^2+2xy) = -2xy - y^2,\quad y' = \dfrac{-2xy - y^2}{x^2+2xy}$

(2) $y' = \dfrac{-2x^3+3x^2y-xy^2+x}{x^2y-x^3+y}$

(3) $x = \tan y,\quad 1 = \sec^2 y \cdot y',$

$y' = \dfrac{1}{\sec^2 y} = \cos^2 y$

(4) $y' = \dfrac{-y^2}{y\sin\left(\dfrac{1}{y}\right) - \cos\left(\dfrac{1}{y}\right) + xy}$

(5) $e^{2x} = \sin(x+3y),\ 2e^{2x} = \cos(x+3y)\cdot(1+3y')$

$\cos(x+3y) + 3y'\cdot\cos(x+3y) = 2e^{2x}$

$y' = \dfrac{2e^{2x} - \cos(x+3y)}{3\cos(x+3y)}$

2. (1) $y = (2x-1)^{-1}$

$y' = -(2x-1)^{-2}\cdot 2 = -2(2x-1)^{-2}$

$y'' = 4(2x-1)^{-3}\cdot 2 = \dfrac{8}{(2x-1)^3}$

(2) $y' = 6(x^2-2x)^5(2x-2)$

$y'' = 30(x^2-2x)^4(2x-2)\cdot(2x-2) + 6(x^2-2x)^5\cdot 2$

$= 120(x^2-2x)^4(x-1)^2 + 12(x^2-2x)^5$

$= 12(x^2-2x)^4[10(x-1)^2 + (x^2-2x)]$

$= 12(x^2-2x)^4(11x^2-22x+10)$

(3) $y' = \dfrac{1}{2\sqrt{x^2+2}}\cdot 2x = \dfrac{x}{\sqrt{x^2+2}}$

$y'' = \dfrac{1\cdot\sqrt{x^2+2} - x\cdot\dfrac{1}{2\sqrt{x^2+2}}\cdot 2x}{(x^2+2)}$

$= \dfrac{\left[\sqrt{x^2+2} - \dfrac{x^2}{\sqrt{x^2+2}}\right]\cdot\sqrt{x^2+2}}{(x^2+2)\cdot\sqrt{x^2+2}}$

$= \dfrac{x^2+2-x^2}{(x^2+2)\sqrt{x^2+2}} = \dfrac{2}{(x^2+2)\sqrt{x^2+2}}$

(4) $2x - 2yy' = 0$

$y' = \dfrac{x}{y}$

$y'' = \dfrac{1\cdot y - x\cdot y'}{y^2}$

$$=\frac{y-x\left(\frac{x}{y}\right)}{y^2}=\frac{\left[y-x\left(\frac{x}{y}\right)\right]\cdot y}{y^2\cdot y}$$

$$=\frac{y^2-x^2}{y^3}\left(\text{or }-\frac{4}{y^3}\right)$$

3. (1) $g'(x)=5(3-2x^2)^4(-4x)=-20x(3-2x^2)^4$

$g''(x)=-20(3-2x^2)^4-20x\cdot 4(3-2x^2)^3(-4x)$

$g''(1)=-20(1)-20\cdot 4(1)(-4)=300$

(2) $y=x^n-1$

$y'=nx^{n-1}$

$y''=n(n-1)x^{n-2}$

$y'''=n(n-1)(n-2)x^{n-3}$

$f'''(1)=n(n-1)(n-2)$

4. $2x-(y+xy')+2yy'=0$

$2x-y-xy'+2yy'=0$

$y'(-x+2y)=-2x+y$

$y'=\frac{-2x+y}{-x+2y}=\frac{2x-y}{x-2y},$

$\therefore \left.\frac{dy}{dx}\right|_{(1,-1)}=\frac{2+1}{1+2}=1$

$y''=\frac{(2-y')(x-2y)-(2x-y)(1-2y')}{(x-2y)^2}$

$\therefore \left.\frac{d^2y}{dx^2}\right|_{(1,-1)}=\frac{(2-1)(1+2)-(2+1)(1-2)}{(1+2)^2}=\frac{3+3}{9}=\frac{2}{3}$

5. (1) $x^2+y^2=1,\ \ 2x+2yy'=0,\ \ y'=-\frac{x}{y}$

$$y''=-\left(\frac{1\cdot y-x\cdot y'}{y^2}\right)=-\left(\frac{y-x\cdot\left(\left(-\frac{x}{y}\right)\right)}{y^2}\right)$$

$$=\frac{-y^2-x^2}{y^3}=\frac{1}{y^3}$$

(2) $y'=\frac{\sqrt{y}}{\sqrt{y}+1},\ \ y''=\frac{1}{2(\sqrt{y}+1)^3}$

(3) $x^3+y^3=16,\ 3x^2+3y^2y'=0,\ \ y'=-\frac{x^2}{y^2}$

$y'|_{(2,2)}=-1,\ \ y''=-\left(\frac{2x\cdot y^2-x^2\cdot 2yy'}{y^4}\right)$

$y''|_{(2,2)}=-2$

6. (1) $f(x)=x^3+4x-1,\qquad a=-1$

$f'(x)=3x^2+4$

$f(x)=x^3+4x-1=-1,\qquad x=0$

$f'(0)=3(0)^2+4=4$

$(f^{-1})'(-1)=\frac{1}{f'(0)}=\frac{1}{4}$

(2) $f(x)=x^3+2x+1,\ \ a=1$

$f'(x)=3x^2+2$

$f(x)=x^3+2x+1=1,\quad x=0$

$f'(0)=3(0)^2+2=2$

$(f^{-1})'(1)=\frac{1}{f'(0)}=\frac{1}{2}$

(3) $f(x)=x^5+4x-2,\qquad a=3$

$f(x)=5x^4+4$

$f(x)=x^5+4x-2=3,\quad x=1$

$f'(1)=9$

$(f^{-1})'(3)=\frac{1}{f'(1)}=\frac{1}{9}$

(4) $f(x)=\sqrt{x^3+2x+1},\qquad a=2$

$f'(x)=\frac{3x^2+2}{2\sqrt{x^3+2x+1}}$

$f(x)=\sqrt{x^3+2x+1}=2,\quad x=1$

$f'(1)=\frac{5}{4},\ \ (f^{-1})'(2)=\frac{1}{f'(1)}=\frac{4}{5}$

7. (1) $\lim_{t\to -3}\frac{3t^2-4}{2t-1}=-\frac{23}{7}$

(2) $\lim_{\theta\to\frac{\pi}{2}}\frac{2}{-\sin(2\pi-\theta)\cdot(-1)}=-2$

(3) $\lim_{x\to\left(\frac{\pi}{2}\right)^-}\frac{x-\frac{\pi}{2}}{\cos x}=\lim_{x\to\left(\frac{\pi}{2}\right)^-}\frac{1}{-\sin x}=-1$

(4) $\lim_{x\to 0^+}\frac{2x+2/x^2+2x}{1/x}=\lim_{x\to 0}\frac{2x+2}{x+2}=1$

(5) $\lim_{x\to 1^+}\frac{\ln x-(x-1)}{(x-1)\ln x}=\lim_{x\to 1^+}\frac{\frac{1}{x}-1}{1\cdot\ln x+(x-1)\cdot\frac{1}{x}}$

$=\lim_{x\to 1^+}\frac{1-x}{x\ln x+x-1}=\lim_{x\to 1^+}\frac{-1}{1\cdot\ln x+x\cdot\frac{1}{x}+1}$

$=-\frac{1}{2}$

(6) $\lim_{x\to 0}\frac{1-\cos x}{\tan x+x\cdot\sec^2 x}$

$=\lim_{x\to 0}\frac{\sin x}{\sec^2 x+\sec^2 x+x\cdot 2\sec x\cdot\sec x\tan x}$

$=0$

(7) $y=x^{-\frac{1}{\ln x}}$, $\ln y=\ln x^{-\frac{1}{\ln x}}=-\frac{1}{\ln x}ln x=-1$

$y=e^{-1}$ $\quad\therefore \lim_{x\to\infty}x^{-\frac{1}{\ln x}}=e^{-1}$

(8) 0

연습문제 3장

연습문제 3.1

1. (1) $f'(x)=(4-x)^3+x\cdot 3(4-x)^2\cdot(-1)=0$,

$(4-x)^2(4-x-3x)=0$, $(4-x)^2(4-4x)=0$,

$x=4$ or 1

(2) $x=1$

(3) $y'=2x-32\cdot\frac{1}{2\sqrt{x}}=0$, $\frac{2x\sqrt{x}-16}{\sqrt{x}}=0$

$x\sqrt{x}=8$, $x=2$, $x=0$에서 y'은 존재하지 않는다.

따라서 임계값은 $x=0,\ 2$

2. (1) $f'(x)=\frac{2}{3}(x-2)^{-\frac{1}{3}}$ 이므로 $x=2$에서 정의되지 않는다.

(2) $x=0$에서 감소하다 증가하므로 존재한다.

3. (1) $y'=\frac{1}{2}-\frac{2}{(2x-4)^2}=-\frac{3}{2}$에서 $x=\frac{5}{2}$ or $\frac{3}{2}$

$\left(\frac{5}{2},\ \frac{9}{4}\right), \left(\frac{3}{2},\ -\frac{1}{4}\right)$

(2) $(-1,\ 27)$, $(2,\ 0)$

4. (1) $y'=6x^2-6x-12=24$에서 $(x-3)(x+2)=0$,

$x=3$ or 2, $(-2,\ 16)$, $(3,\ 11)$

(2) $y'=6x^2-6x-12=-12$에서 $6x(x-1)=0$,

$x=0$ or 1, $(0,\ 20)$, $(1,\ 7)$

5. 접선의 방정식 $y-3=-1(x-0)$, $y=-x+3$ 접점의 x의 좌표 t_1에서 접선을 가지므로

$-t_1+3=\dfrac{c}{t_1+1}$ -① $-\dfrac{c}{(t_1+1)^2}=-1$ -②

①, ②에서 $t_1=1$이므로 ②식에서 $c=4$

6. (1) $y'=3x^2-4,\quad y'|_{x=2}=8$이므로

$y-1=-\dfrac{1}{8}(x-2),\quad y=-\dfrac{1}{8}x+\dfrac{5}{4}$

(2) -4

(3) $y'=3x^2-4=8,\quad x=\pm 2\quad (2,\ 1),\ (-2,\ 1)$

점 $(2,\ 1)$에서 $y-1=8(x-2),\quad y=8x-15,$

점 $(-2,\ 1)$에서 $y-1=8(x+2),\quad y=8x+17$

7. $y'=\dfrac{4\cdot(x^2+1)-4x\cdot(2x)}{(x^2+1)^2}=\dfrac{-4x^2+4}{(x^2+1)^2}$

$y'|_{x=0}=4$에서 $y=4x,\ y'|_{x=1}=0$에서 $y=2$

8. (1) $y'=2ax+b,\ y'|_{x=0}=b=1,$ 원점을 지나므로

$c=0,\quad f(1)=2$에서 $a=1$

(2) $a=-3,\quad b=2,\quad c=1$

(3) 연속에서 $-a+b=b-3$ -①

미분계수에서 $a=-2b$ -②

①, ②에서 $a=3,\quad b=-\dfrac{3}{2}$

9. (1) $\dfrac{f(1)-f(0)}{1-0}=f'(c)\ \Rightarrow\ 3=2c+2\ \Rightarrow\ c=\dfrac{1}{2}$

(2) 1

(3) $\dfrac{\sin^{-1}(1)-\sin^{-1}(-1)}{1-(-1)}=f'(c)\ \Rightarrow\ \dfrac{\pi}{2}\ \Rightarrow\ \dfrac{1}{\sqrt{1-c^2}}$

$\Rightarrow\ c=\pm 0.771$

(4) $\dfrac{1}{3}(1+\sqrt{7})$

10. (1) $x^2+xy-y^2=1\ \Rightarrow\ 2x+y+xy'-2yy'=0$

$\Rightarrow\ (x-2y)y'=-2x-y\ \Rightarrow\ y'=\dfrac{2x+y}{2y-x};$

1) 접선의 기울기 $m=y'|_{(2,\ 3)}=\dfrac{7}{4}\ \Rightarrow$

접선은 $y-3=\dfrac{7}{4}(x-2)\ \Rightarrow\ y=\dfrac{7}{4}x-\dfrac{1}{2}$

2) 법선은 $y-3=-\dfrac{4}{7}(x-2)\ \Rightarrow\ y=-\dfrac{4}{7}x+\dfrac{29}{7}$

(2) (a) $y=\dfrac{6}{7}x+\dfrac{6}{7}$, (b) $y=-\dfrac{7}{6}x-\dfrac{7}{6}$

(3) $2xy+\pi\sin y=2\pi\ \Rightarrow\ 2xy'+2y+\pi(\cos y)y'=0$

$\Rightarrow\ (2x+\pi\cos y)y'=-2y\Rightarrow\ y'=\dfrac{-2y}{2x+\pi\cos y};$

1) 접선의 기울기 $m=y'|_{(1,\ \frac{\pi}{2})}=\left.\dfrac{-2y}{2x+\pi\cos y}\right|_{(1,\ \frac{\pi}{2})}$

$=-\dfrac{\pi}{2}\ \Rightarrow$ 접선은 $y-\dfrac{\pi}{2}=-\dfrac{\pi}{2}(x-1)$

$\Rightarrow\ y=-\dfrac{\pi}{2}x+\pi$

2) 법선은 $y-\dfrac{\pi}{2}=\dfrac{2}{\pi}(x-1)\ \Rightarrow\ y=\dfrac{2}{\pi}x-\dfrac{2}{\pi}+\dfrac{\pi}{2}$

(4) (a) $y=2\pi x-2\pi$, (b) $y=-\dfrac{x}{2\pi}+\dfrac{1}{2\pi}$

11. (1) $x^2+2y^2=9\ \Rightarrow\ 2x+4y\dfrac{dy}{dx}=0\Rightarrow\ \dfrac{dy}{dx}=-\dfrac{x}{2y}$

$\Rightarrow\ \left.\dfrac{dy}{dx}\right|_{(1,2)}=-\dfrac{1}{4}\ \Rightarrow$ 접선은 $y=2-\dfrac{1}{4}(x-1)$

$=-\dfrac{1}{4}x+\dfrac{9}{4}$. 법선은 $y=2+4(x-1)=4x-2$

(2) 접선은 $y=2x-4$, 법선은 $y=-\dfrac{1}{2}x+\dfrac{7}{2}$

(3) $x+\sqrt{xy}=6\ \Rightarrow\ 1+\dfrac{1}{2\sqrt{xy}}\left(x\dfrac{dy}{dx}+y\right)=0\ \Rightarrow$

$x\dfrac{dy}{dx}+y=-2\sqrt{xy}\ \Rightarrow\ \dfrac{dy}{dx}=\dfrac{-2\sqrt{xy}-y}{x}$

$\Rightarrow \left.\frac{dy}{dx}\right|_{(4,1)} = \frac{-5}{4} \Rightarrow$ 접선은

$y = 1 - \frac{5}{4}(x-4) = -\frac{5}{4}x + 6$이고, 법선은

$y = 1 + \frac{4}{5}(x-4) = \frac{4}{5}x - \frac{11}{5}$

(4) (1, 1)에서 기울기 $-\frac{1}{2}$이지만, $(1, -1)$은 정의되지 않는다.

연습문제 3.2

1. (1) $y = x^3 + x^2 - 8x + 5$

$\rightarrow y' = 3x^2 + 2x - 8 = (x+2)(3x-4)$

$(-\infty, -2)$와 $(\frac{4}{3}, \infty)$에서 증가, $(-2, \frac{4}{3})$에서 감소

$x = -2$에서 극대값 17, $x = \frac{4}{3}$에서

극소값 $-\frac{41}{27}$

(2) $y = \frac{x}{x^2+1}$

$\rightarrow y' = \frac{1(x^2+1) - x(2x)}{(x^2+1)^2} = \frac{-2(x^2-1)}{(x^2+1)^2}$

$(-\infty, -1)$과 $(1, \infty)$에서 감소, $(-1, 1)$에서 증가

$x = -1$에서 극소값 $-\frac{1}{2}$, $x = 1$에서 극대값 $\frac{1}{2}$

(3) $y = x^{\frac{2}{3}}(x+2)$

$\rightarrow y' = \frac{2}{3}x^{-\frac{1}{3}}(x+2) + x^{\frac{2}{3}} = \frac{5x+4}{3x^{\frac{1}{3}}}$

$(-\infty, -\frac{4}{3})$, $(0, 8)$에서 증가, $(-\frac{4}{5}, 0)$에서 감소,

$x = -\frac{4}{5}$에서 극대값 $\frac{12}{25}\sqrt[3]{10}$ $x = 0$에서 극소값 0

(4) $h(x) = -x^3 + 2x^2 \rightarrow h'(x) = -3x^2 + 4x = x(4-3x)$

$(0, \frac{4}{3})$에서 증가, $(-\infty, 0)$와 $(\frac{4}{3}, \infty)$에서 감소

$x = \frac{4}{3}$에서 극대값 $\frac{32}{27}$, $x = 0$에서 극소값 0

(5) $h(t) = \frac{3}{2}t^4 - t^6 \rightarrow h'(t) = 6t^3 - 6t^5 = 6t^3(1+t)(1-t)$

$(-\infty, 1)$와 $(0, 1)$에서 증가, $(-1, 0)$과 $(1, \infty)$에서 감소 $t = \pm 1$에서 극대값 $\frac{1}{2}$, $t = 0$에서 극소값 0

(6) $f(x) = \frac{x^2-3}{x-2}$

$\rightarrow f'(x) = \frac{2x(x-2) - (x^2-3)(1)}{(x-2)^2} = \frac{(x-3)(x-1)}{(x-2)^2}$

$(-\infty, 1)$와 $(3, \infty)$에서 증가하고 $(1, 2)$와 $(2, 3)$에서 감소 $x = 2$에서 불연속, $x = 1$에서 극소값 2, $x = 3$ 에서 극대값 6

(7) 극대값 : $(2, 16)$, 극소값 : $(-2, -16)$

(8) $f(x) = \sqrt{25 - x^2} \rightarrow f'(x) = \frac{-2x}{2\sqrt{25-x^2}}$

$(-\infty, 0)$에서 증가 $(0, \infty)$에서 감소 $x = 0$에서 극대값 5

(9) $f(x) = \sin 2x \rightarrow f'(x) = 2\cos 2x$

$(0, \frac{\pi}{4})$, $(\frac{3}{4}\pi, \pi)$에서 증가 $(\frac{\pi}{4}, \frac{3}{4}\pi)$에서 감소,

$x = \frac{\pi}{4}$에서 극대값 1, $x = \frac{3}{4}\pi$에서 극소값 -1

(10) $f(x) = \frac{x}{2} - 2\sin\frac{x}{2} \rightarrow f'(x) = \frac{1}{2} - \cos(\frac{x}{2})$

$(0, \frac{2}{3}\pi)$에서 감소, $(\frac{2}{3}\pi, 2\pi)$에서 증가이므로

$x = \frac{2}{3}\pi$에서 극소값 $\frac{\pi}{3} - \sqrt{3}$

2. $a+b=2$ -①, $f'(x)=2ax+b$,

$f'(1)=2a+b=0$ -②

①, ②에서 $a=-2,\ b=4$

3. (1) $y=x^3-3x+3$일 때,

$y'=3x^2-3=3(x-1)(x+1)$이고 $y''=6x$, 그래프는 $(-\infty,\ -1)\cup(1,\ \infty)$에서 올라가고 $(-1,1)$에서 내려간다. $x=-1$에서 극대값 5, $x=1$에서 극소값 1, 이 그래프는 $(-\infty,0)$에서 위로 블록이고 $(0,\ \infty)$에서 아래로 블록이다. $x=0$에서 변곡점 3이다.

(2) 극대값 : $(0,\ 0)$, 극소값 : $(-1,\ -1)$, $(1,\ -1)$

변곡점 : $(-\frac{1}{\sqrt{3}},\ -\frac{5}{9})$, $(\frac{1}{\sqrt{3}},\ -\frac{5}{9})$

(3) $y=\sin x\cos x$

$y'=\cos x\cos x+\sin x(-\sin x)$

$=(\cos x-\sin x)(\cos x+\sin x)$

$y''=2\cos x(-\sin x)-2\sin x\cos x$

$=-4\cos x\sin x$

그래프는$(0,\ \frac{\pi}{4})$, $(\frac{3}{4}\pi,\ 2\pi)$에서 올라가고, $(\frac{\pi}{4},\ \frac{3}{4}\pi)$에서 내려간다. $x=\frac{\pi}{4}$에서 극대값 $\frac{1}{2}$, $x=\frac{3\pi}{4}$에서 극대값 $-\frac{1}{2}$, $(0,\frac{\pi}{2})$에서 위로 블록이고, $(\frac{\pi}{2},\ \pi)$에서 아래로 블록이다. $x=\frac{\pi}{2}$에서 변곡점이 0이다.

(4) 극대값 : $(2,\ 2)$, 극소값 $(-2,\ -2)$

변곡점 : $(-2\sqrt{3},\ -\sqrt{3})$, $(2\sqrt{3},\ \sqrt{3})$

4. (1) $y'=12x^2(x-1)$, $y''=12x(3x-2)$

$y'=0$에서 $x=0,\ 1$

$y''=0$에서 $x=0,\ \frac{2}{3}$

극소점 : $(1,\ 0)$, 변곡점 : $(0,1)$, $\left(\frac{2}{3},\frac{11}{27}\right)$

$x<0$일 때 아래로 볼록

$0<x<\frac{2}{3}$일 때 위로 볼록

$x>\frac{2}{3}$일 때 아래로 볼록

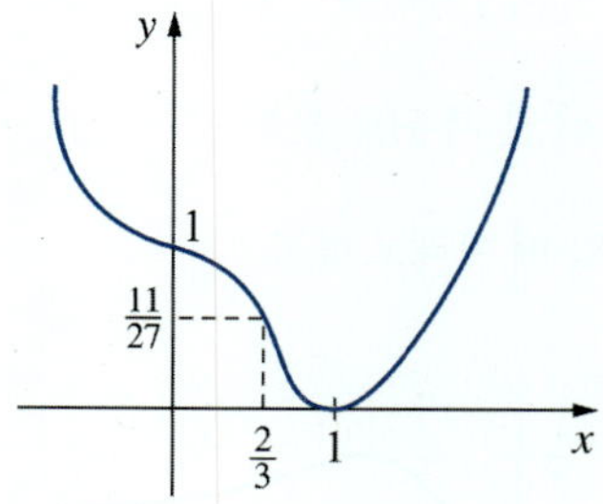

(2) $y'=\frac{1}{\pi}\frac{-2x}{(x^2+1)^2}$, $y''=\frac{1}{\pi}\frac{6x^2-2}{(x^2+1)^3}$

$y'=0$에서 $x=0$

$y''=0$에서 $x=\pm\frac{1}{\sqrt{3}}$

극대점 : $\left(0,\frac{1}{\pi}\right)$

변곡점 : $\left(-\frac{1}{\sqrt{3}},\ \frac{3}{4\pi}\right)$, $\left(\frac{1}{\sqrt{3}},\ \frac{3}{4\pi}\right)$

$x<-\frac{1}{\sqrt{3}}$일 때 아래로 볼록

$-\frac{1}{\sqrt{3}}<x<\frac{1}{\sqrt{3}}$일 때 위로 볼록

$x>\frac{1}{\sqrt{3}}$일 때 아래로 볼록

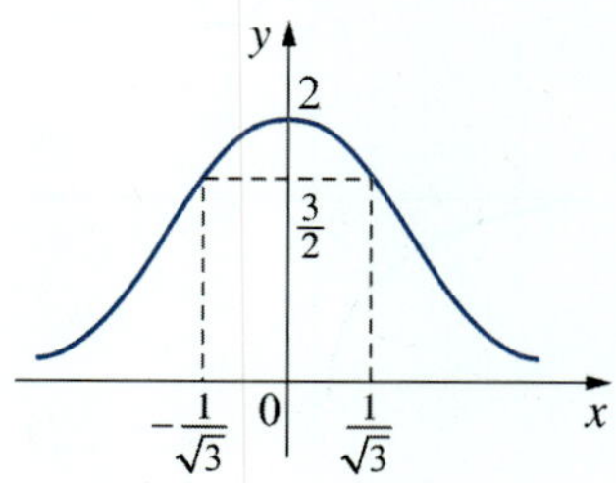

(3) $y' = \dfrac{\frac{1}{x}(x) - \ln x}{x^2} = \dfrac{1-\ln x}{x^2}$

$y'=0$에서 $x=e$

$y''=0$에서 $x=e^{\frac{3}{2}}$

극대점 : $\left(e, \frac{1}{e}\right)$, 변곡점 : $\left(e^{\frac{3}{2}}, \frac{3}{2}e^{-\frac{3}{2}}\right)$

$0<x<e^{\frac{3}{2}}$일 때 위로 볼록

$x>e^{\frac{3}{2}}$일 때 아래로 볼록

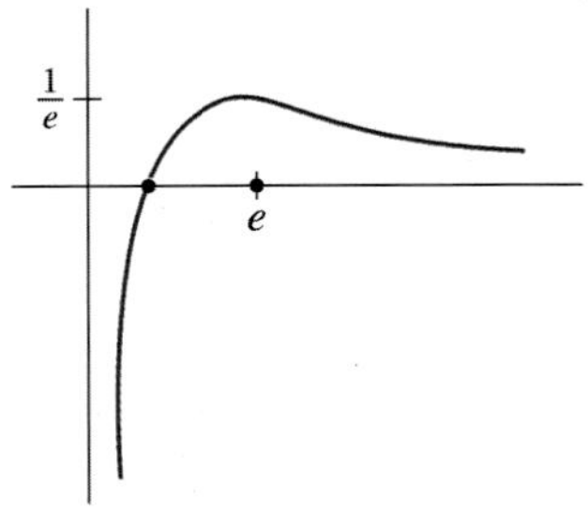

(4) $y' = \dfrac{(x-1)e^x}{x^2}$, $y'' = \dfrac{(x^2-2x+2)e^x}{x^3}$

$y'=0$에서 $x=1$

$x=1$일 때 임계값 $f(1)=e$

$x>0$일 때 $y''>0$이므로 아래로 볼록

$x<0$일 때 $y''<0$이므로 위로 볼록

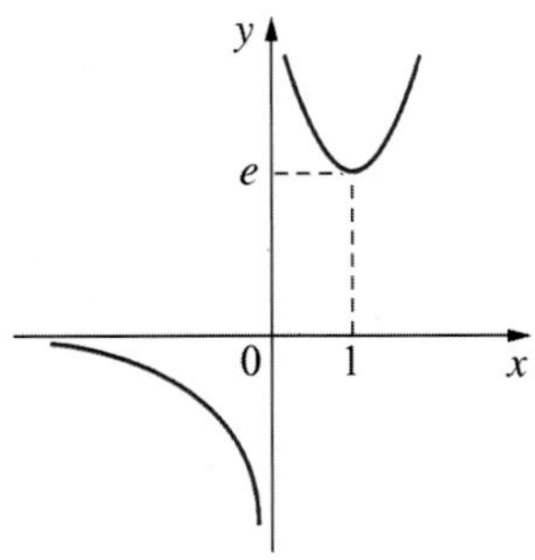

(5) $y' = \dfrac{1}{\sqrt{2\pi}\,\sigma^3} exp\left[-\dfrac{(x-\mu)^2}{2\sigma^2}\right]\times(-x+\mu)$

$y'' = \dfrac{1}{\sqrt{2\pi}\,\sigma^5} exp\left[-\dfrac{(x-\mu)^2}{2\sigma^2}\right]\times(x^2-2\mu x+\mu^2-\sigma^2)$

$y'=0$에서 $x=\mu$

$y''=0$에서 $x=\mu-\sigma,\ \mu+\sigma$

극대값 : $\left(0, \dfrac{1}{\sqrt{2\pi}\,\sigma}\right)$

$x<\mu-\sigma$일 때 $y''>0$이므로 아래로 볼록

$\mu-\sigma<x<\mu+\sigma$일 때 $y''<0$이므로 위로 볼록

$x>\mu+\sigma$일 때 $y''>0$이므로 아래로 볼록

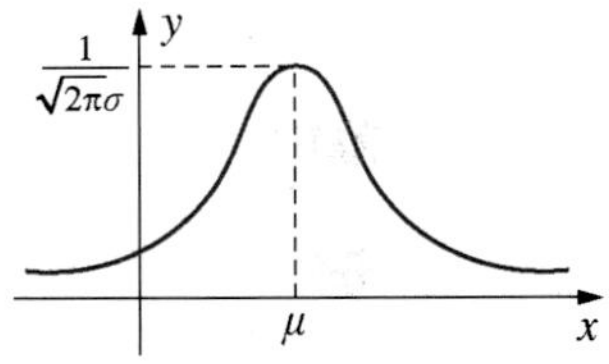

5. $lw=16$, $p=2l+2w=2l+\dfrac{32}{l}$이고

$p'(l)=2-\dfrac{32}{l^2}$

$p'(l)=0$, $l=4$에서 극대이며 최대이므로 $p(4)=16$이며, $w=4$

6. $x=2$, 최대면적 : 32

7. 직원뿔의 반지름 x, 중심에서 직원뿔의 밑면의 중심까지의 거리를 y라 하자. $x^2+y^2=9$이다.

$V=\dfrac{1}{3}\pi x^2(3+y)=\dfrac{1}{3}\pi(9-y^2)(3+y)$

$=\dfrac{1}{3}\pi(-y^3-3y^2+9y+27)$

$V'=\dfrac{1}{3}\pi(-3y^2-6y+9)$, $V'=0$, $y=1$에서 극대이며, 최대 $V(1)=\dfrac{32}{3}\pi$

8. $r=10\sqrt{\frac{2}{3}}$, $h=\frac{20}{\sqrt{3}}$, $V=\frac{4000}{3\sqrt{3}}\pi$

연습문제 3.3

1. (1) $f(x)=x^3-2x+3 \ \rightarrow \ f'(x)=3x^2-2$

$\rightarrow L(x)=f'(2)(x-2)+f(2)=10(x-2)+7$

$\Rightarrow L(x)=10x-13$

(2) $L(x)=2$

(3) $f(x)=\tan x \rightarrow f'(x)=\sec^2 x$

$\rightarrow L(x)=f(\pi)+f'(\pi)(x-\pi)$

$=0+1(x-\pi)=x-\pi$

(4) $L(x)=x$

(5) $f(x)=\cos x \rightarrow f'(x)=-\sin x$

$\rightarrow L(x)=f\left(\frac{\pi}{2}\right)+f'\left(\frac{\pi}{2}\right)\left(x-\frac{\pi}{2}\right)$

$=0-1\left(x-\frac{\pi}{2}\right)=-x+\frac{\pi}{2}$

(6) $L(x)=x+1$

(7) $f(x)=\ln(1+x) \rightarrow f'(x)=\frac{1}{1+x}$

$\rightarrow L(x)=f(0)+f'(0)(x-0)=x$

2. (1) $\frac{dv}{dt}=\pi r^2\frac{dh}{dt}$

(2) $\frac{dv}{dt}=2\pi rh\frac{dr}{dt}$

(3) $\frac{dv}{dt}=\pi r^2\frac{dh}{dt}+2\pi rh\frac{dr}{dt}$

3. $\frac{dx}{dt}=5\,\text{ft/sec}$, 사다리 길이 13 ft, 그 순간에

$x=12,\ y=5$일 때

(a) $x^2+y^2=169$이므로

$\frac{dy}{dt}=-\frac{x}{y}\frac{dx}{dt}=-\left(\frac{12}{5}\right)(5)=-12\,\text{ft/sec}$,

사다리는 벽에서 내려온다.

(b) 사다리 벽에 의해 만들어진 삼각형의 넓이

$A=\frac{1}{2}xy \Rightarrow \frac{dA}{dt}=\left(\frac{1}{2}\right)\left(x\frac{dy}{dt}+y\frac{dx}{dt}\right)$

넓이의 변화율은

$\frac{1}{2}[12(-12)+5(5)]=-\frac{119}{2}ft^2/\text{sec}$.

(c) $\cos\theta=\frac{x}{13} \Rightarrow -\sin\theta\frac{d\theta}{dt}=\frac{1}{13}\cdot\frac{dx}{dt}$

$\Rightarrow \frac{d\theta}{dt}=-\frac{1}{13\sin\theta}\cdot\frac{dx}{dt}=-\left(\frac{1}{5}\right)(5)=-1\,\text{rad/sec}$

4. (1) $\frac{dh}{dt}=-\frac{8}{225\pi}$ (2) $\frac{dr}{dt}=-\frac{4}{15\pi}$

5. $s^2=h^2+x^2$

$2s\frac{ds}{dt}=2h\frac{dh}{dt}+2x\frac{dx}{dt}$

$\frac{ds}{dt}=\frac{1}{s}\left(h\frac{dh}{dt}+x\frac{dx}{dt}\right)$

$\Rightarrow \frac{ds}{dt}=\frac{1}{85}(68(1)+51(17))$

$\frac{ds}{dt}=11\,\text{ft/sec}$

6. $I=s+x \ \rightarrow \ \frac{dI}{dt}=\frac{ds}{dt}+\frac{dx}{dt}$

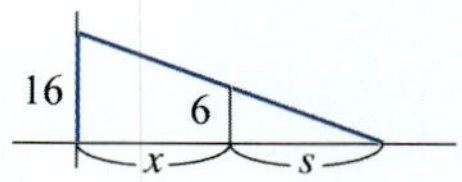

$s : 6 = x + s : 16$

$s = \frac{3}{5}x$

$\frac{ds}{dt} = \frac{3}{5}\frac{dx}{dt} = \frac{3}{5}(-5) = -3$

$\left|\frac{dI}{dt}\right| = \left|\frac{3}{5}\frac{dx}{dt} + \frac{dx}{dt}\right| = \frac{8}{5}|-5| = 8$

7. $\tan\theta = \frac{A}{B}$, $\sec^2\theta\frac{d\theta}{dt} = \frac{A'B - AB'}{B^2}$

$A = 10,\ \ B = 20,\ \ \cos\theta = \frac{2}{\sqrt{5}},\ \ \frac{d\theta}{dt} = -\frac{1}{10}$

8. (1) $\frac{\Delta f}{\Delta t} = \frac{(20 \cdot 2 - 5 \cdot 2^2) - (20 \cdot 0 - 5 \cdot 0^2)}{2 - 0}$

$= 10(\text{m/sec})$

(2) 속도를 v라 하면

$v = f'(t) = 20 - 10t$이므로

$f'(1) = 10(\text{m/sec}),\ f'(2) = 0(\text{m/sec})$

$f'(3) = -10(\text{m/sec})$

(3) 가속도를 a라 하면

$a = v' = (20 - 10t)' = -10(\text{m/sec}^2)$

9. 시각 t에서의 속도 v와 가속도

a는 $v = 3\pi\cos\pi t - 4\pi\sin\pi t$,

$a = -3\pi^2\sin\pi t - 4\pi^2\cos\pi t$

$v_{t=2} = 3\pi,\ \ a_{t=2} = -4\pi^2$

10. (1) t를 소거하면

$y = 2 \cdot \frac{x-1}{2} - \left(\frac{x-1}{2}\right)^2$

$= -\frac{1}{4}(x^2 - 6x + 5)$

$= -\frac{1}{4}(x-3)^2 + 1$

그런데 $t \geq 0$ 이므로 $x \geq 1$,

따라서 점 P의 자취는 포물선의 일부분이다.

(2) $\frac{dy}{dx} = 2,\ \frac{dy}{dt} = 2 - 2t$이므로 $t = 2$일 때

$\vec{v} = (2,\ -2),\ |\vec{v}| = 2\sqrt{2}$

$\frac{d^2x}{dt^2} = 0,\ \frac{d^2y}{dt^2} = -2$이므로 $t = 2$일 때

$\vec{a} = (0,\ -2),\ |\vec{a}| = 2$

(3) $\vec{v} = (2,\ -2)$가 x축의 양의 방향과 이루는 각을 θ라

하면 $\tan\theta = -1\quad \therefore \theta = -45^\circ$

연습문제 4장

연습문제 4.1

1. (1) $t^3+\frac{1}{4}t^2+c$

(2) $\int x^{\frac{1}{2}}+x^{\frac{1}{3}}dx=\frac{2}{3}x^{\frac{3}{2}}+\frac{3}{4}x^{+\frac{4}{3}}+c$

(3) $-7\cos\frac{\theta}{3}\cdot 3+c=-21\cos\frac{\theta}{3}+c$

(4) $-\frac{1}{2}csc\theta+c$

(5) $4\sec x-2\tan x+c$

(6) $\ln x-5\tan^{-1}x+c$

(7) $\int \sin^2\frac{x}{4}dx=\int\frac{1-\cos\frac{x}{2}}{2}dx$

$=\frac{1}{2}\left(x-2\sin\frac{x}{2}\right)+c$

(8) $t=1+x^4$라 하자 $\rightarrow dt=4x^3dx \rightarrow \frac{1}{4}dt=x^3dx$

$\int x^3(1+x^4)^{-\frac{1}{4}}dx=\int\frac{1}{4}t^{-\frac{1}{4}}dt=3t^{\frac{3}{4}}+c$

$=3(1+x^4)^{\frac{3}{4}}+c$

2. (1) $u=1-\theta^2 \rightarrow du=-2\theta d\theta \rightarrow -\frac{1}{2}du=\theta d\theta$

$\int\theta\sqrt[4]{1-\theta^2}\,d\theta=\int\sqrt[4]{u}(-\frac{1}{2})du=(-\frac{1}{2})(\frac{4}{5}u^{5/4})$

$=-\frac{2}{5}(1-\theta^2)^{5/4}+c$

(2) $-\ln|\cos x|+c$

(3) $u=\cos(2t+1)\rightarrow du=-2\sin(2t+1)dt$

$\rightarrow -\frac{1}{2}du=\sin(2t+1)dt$

$\int\frac{\sin(2t+1)}{\cos^2(2t+1)}dt=\int-\frac{1}{2}\frac{1}{u^2}du$

$=\frac{1}{2u}+c=\frac{1}{2\cos(2t+1)}+c$

(4) $\mu=\sin^2\theta \rightarrow d\mu=2\sin\theta\cos\theta d\theta \rightarrow \sin 2\theta\, d\theta=d\mu$

$\int(\sin 2\theta)e^{\sin^2\theta}d\theta=\int e^u du=e^u+c=e^{\sin^2\theta}+c$

(5) $t=\tan\mu \rightarrow dt=\sec^2\mu\,du$

준식$=\int e^t dt=e^t+c=e^{\tan\mu}+c$

(6) $\mu=\frac{2}{3}r \rightarrow d\mu=\frac{2}{3}dr \rightarrow \frac{3}{2}d\mu=dr$

준식$=\frac{5}{9}\int\frac{1}{1+(\frac{2}{3}r)^2}dr=\frac{5}{9}\int\frac{\frac{3}{2}}{1+\mu^2}d\mu$

$=\frac{5}{6}\tan^{-1}\mu+c=\frac{5}{6}\tan^{-1}(\frac{2}{3}r)+c$

(7) 이때 $u=\sin^{-1}x$ 이고,

$du=\frac{dx}{\sqrt{1-x^2}}$, $\int u^2du=\frac{1}{3}u^3+c$

$=\frac{1}{3}(\sin^{-1}x)^3+c$

(8) $u=\cos x \rightarrow du=-\sin x\,dx \rightarrow -du=\sin x\,dx$

준식$=\int 2u^{-\frac{1}{2}}(-du)=-4u^{\frac{1}{2}}+c$

$=-4(\cos x)^{\frac{1}{2}}+c$

(9) $\mu=2t^{\frac{3}{2}} \rightarrow d\mu=3t^{\frac{1}{2}}dt \rightarrow \frac{1}{3}d\mu=\sqrt{t}\,dt$

준식$=\int\sin\mu\frac{1}{3}du=-\frac{1}{3}\cos\mu+c$

$=-\frac{1}{3}cos(2t^{\frac{3}{2}})+c$

(10) $u=\tan x \rightarrow du=\sec^2x\,dx$

준식$=\int e^u du=e^u+c=e^{\tan x}+c$

3. (1) 준식$=\int \frac{1}{\sqrt{-(t-2)^2+1}}dt=\sin^{-1}(t-2)+c$

(2) 준식$=\int \frac{1}{(x+1)\sqrt{(x+1)^2-1}}dx=\sec^{-1}|x+1|+c$

4. (1) 준식$=\int 1-\frac{1}{x+1}dx=x-\ln|x+1|+c$

(2) $2t^2-t+2\tan^{-1}\left(\frac{t}{2}\right)+c$

(3) 준식$=\int \frac{1}{\sqrt{1-x^2}}-\frac{x}{\sqrt{1-x^2}}dx$

$=\sin^{-1}x+\sqrt{1-x^2}+c$

(4) 준식$=\int x^2+x+2+\frac{2}{x-1}dx$

$=\frac{1}{3}x^3+\frac{1}{2}x^2+2x+2\ln|x-1|+c$

5. (1) $\int x\sin\frac{x}{2}dx=x(-\cos\frac{x}{2})\cdot 2-\int(-\cos\frac{x}{2})\cdot 2dx$

$=-2x\cos\frac{x}{2}+4\sin\frac{x}{2}+c$

(2) $\frac{1}{2}x^2\ln x-\frac{1}{4}x^2+c$

(3) $-\frac{1}{2}\theta^2\cos 2\theta+\frac{1}{2}\theta\sin 2\theta+\frac{1}{4}\cos 2\theta+c$

(4) $\int e^{2x}\cos 3x\,dx$를 I라 하자.

$I=e^{2x}\sin 3x\cdot\frac{1}{3}-\int 2e^{2x}\sin 3x\cdot\frac{1}{3}dx$

$=\frac{e^{2x}}{3}\sin 3x-\frac{2}{3}(-e^{2x}\cos 3x\cdot\frac{1}{3}$

$-\int 2e^{2x}(-\sin 3x)\cdot\frac{1}{3}dx)$

$=\frac{e^{2x}}{3}\sin 3x+\frac{2}{9}e^{2x}\cos 3x-\frac{4}{9}I$

$\frac{13}{9}I=\frac{3e^{2x}}{9}\sin 3x+\frac{2}{9}e^{2x}\cos 3x$

$I=\frac{e^{2x}}{13}(3\sin 3x+2\cos 3x)+c$

6. (1) $\int\frac{1}{1-x^2}dx=-\int\frac{1}{(x-1)(x+1)}dx$

$=-\frac{1}{2}\int\frac{1}{x-1}-\frac{1}{x+1}dx$

$=-\frac{1}{2}(\ln|x-1|-\ln|x+1|)+c$

(2) $\frac{1}{2}(\ln|x|-\ln|x+2|)+c$

(3) $\frac{x+4}{x^2+5x-6}=\frac{A}{x+6}+\frac{B}{x-1}$에서

$A=\frac{2}{7},\ B=\frac{5}{7}$이므로

준식$=\frac{2}{7}\int\frac{1}{x+6}dx+\frac{5}{7}\int\frac{1}{x-1}dx$

$=\frac{2}{7}\ln|x+6|+\frac{5}{7}\ln|x-1|+c$

(4) $-\frac{1}{2}\ln|t|+\frac{1}{6}\ln|t+2|+\frac{1}{3}\ln|t-1|+c$

연습문제 4.2

1. (1) $\int_0^2 x^2-3x\,dx=\left[\frac{1}{3}x^3-\frac{3}{2}x^2\right]_0^2=-\frac{10}{3}$

(2) 준식$=2[\tan x]_0^{\pi/3}=2\sqrt{3}$

(3) 준식$=\left[-\frac{1}{2}\cos 2x\right]_0^{\pi/8}=\frac{2-\sqrt{2}}{4}$

(4) 준식$=4[\sin^{-1}x]_0^{\frac{1}{2}}=4\sin^{-1}\frac{1}{2}-4\sin^{-1}0=1$

$=4\cdot\frac{\pi}{6}=\frac{2\pi}{3}$

2. (1) 준식$=\cos\sqrt{x}\cdot\frac{1}{2\sqrt{x}}$

(2) 준식$=\sqrt{1+x^2}$

(3) 준식$=\frac{1}{\sqrt{1-\sin^2 x}}\cdot\cos x=1$

(4) 준식$=\cos(\sin^{-1}x)\cdot\frac{1}{\sqrt{1-x^2}}$

(5) 준식$=\sin 4y \cdot \frac{1}{\sqrt{y}} - \sin y \cdot \frac{1}{2\sqrt{y}}$

(6) 준식$=\sin(e^{\ln x}) \cdot \frac{1}{x} = \frac{\sin x}{x}$

3. (1) $u=\tan x \rightarrow du=\sec^2 x\,dx;\ x=0 \rightarrow u=0,$

$x=\frac{\pi}{4} \rightarrow u=1$

준식$=\int_0^1 u\,du = \frac{1}{2}[u^2]_0^1 = \frac{1}{2}$

(2) $u=x^2+1 \rightarrow du=2x\,dx;\ x=0 \rightarrow u=1,$

$x=\sqrt{3} \rightarrow u=4$

준식$=\int_1^4 \frac{2}{\sqrt{u}}du = \int_1^4 2u^{-\frac{1}{2}}du = 4[u^{\frac{1}{2}}]_1^4 = 4$

(3) $u=3\sin x+4 \rightarrow du=3\cos x\,dx \rightarrow \frac{1}{3}du=\cos x\,dx;$

$x=0 \rightarrow u=4,\ x=2\pi \rightarrow u=4$

준식$=\int_4^4 \frac{1}{\sqrt{u}}\frac{1}{3}du=0$

(4) $u=\tan\theta \rightarrow du \rightarrow \sec^2\theta\,d\theta;$

$x=0 \rightarrow u=0,\ x=\frac{\pi}{4} \rightarrow u=1$

준식$=\int_0^1 1+e^u du = [u+e^u]_0^1 = e$

(5) $u=\ln x \rightarrow du=\frac{1}{x}dx;$

$x=2 \rightarrow u=\ln 2,\ x=4 \rightarrow u=\ln 4$

준식$=\int_{\ln 2}^{\ln 4}\frac{1}{u^2}du = \int_{\ln 2}^{\ln 4}u^{-2}du$

$=[-u^{-1}]_{\ln 2}^{\ln 4} = \frac{1}{\ln 4}$

(6) $u=\frac{s}{2} \rightarrow du=\frac{1}{2}ds;\ s=0 \rightarrow u=0,$

$s=1 \rightarrow u=\frac{1}{2}$

준식$=4\int_0^{\frac{1}{2}}\frac{1}{\sqrt{1-u^2}}du = 4[\sin^{-1}u]_0^{\frac{1}{2}} = \frac{2}{3}\pi$

(7) $u=x^2 \rightarrow du=2x\,dx \rightarrow \frac{1}{2}du=x\,dx;$

$x=1 \rightarrow u=1,\ x=\sqrt{2} \rightarrow u=2$

준식$=\int_1^2 2^u \frac{1}{2}du = \frac{1}{2}[2^u]_1^2 \frac{1}{\ln 2} = \frac{1}{\ln 2}$

(8) 준식$=\int_1^4 \frac{\ln 2 \cdot (\ln x/\ln 2)}{x}dx = \int_1^4 \frac{\ln x}{x}dx$

$[\frac{1}{2}(\ln x)^2]_1^4 = 2(\ln 2)^2$

(9) $u=1+7\ln x \rightarrow du=\frac{7}{x}dx \rightarrow \frac{1}{7}du=\frac{1}{x}dx;$

$x=1 \rightarrow u=1,\ x=e \rightarrow u=8$

준식$=\int_1^8 u^{-\frac{1}{3}}\frac{1}{7}du = \frac{1}{7}\cdot\frac{3}{2}[u^{\frac{2}{3}}]_1^8 = \frac{9}{14}$

(10) $u=\ln x \rightarrow du=\frac{1}{x}dx;$

$x=1 \rightarrow u=0,\ x=4 \rightarrow u=\ln 4$

준식$=\int_0^{\ln 4}\frac{1}{2}u^3 du = \frac{1}{8}[u^4]_0^{\ln 4} = 2(\ln 2)^4$

4. (1) $=\frac{2}{e}$

(2) $=[x(-\cos x)-1(-\sin x)]_{\frac{\pi}{3}}^{\frac{\pi}{2}} = [-x\cos x+\sin x]_{\frac{\pi}{3}}^{\frac{\pi}{2}}$

$=\frac{\pi}{6}-\frac{\sqrt{3}}{2}+1$

(3) $=\frac{\pi^2-4}{8}$

(4) $u=\ln x,\ v'=x$

$u'=\frac{1}{x},\ v=\frac{1}{2}x^2 = \left[\frac{1}{2}x^2\ln x\right]_1^e - \int_1^e \frac{1}{2}x\,dx$

$=\left[\frac{1}{2}x^2\ln x\right]_1^e - \left[\frac{1}{4}x^2\right]_1^e$

$=\frac{1}{4}e^2+\frac{1}{4}$

(5) 1

(6) $=\frac{e^{\pi}+1}{2}$

5. (1) $\ln\frac{27}{4}$

(2) $\frac{1}{x^2+2x}=\frac{A}{x}+\frac{B}{x+2}$

$\Rightarrow 1=A(x+2)+Bx;\ x=0\Rightarrow A=\frac{1}{2};\ x=-2\Rightarrow B=-\frac{1}{2};$

$\int\frac{dx}{x^2+2x}=\frac{1}{2}\int\frac{dx}{x}-\frac{1}{2}\int\frac{dx}{x+2}$

$=\frac{1}{2}[\ln|x|-\ln|x+2|]+C$

(3) $y-2\ln|y+1|+C$

(4) $\frac{x+4}{x^2+5x-6}=\frac{A}{x+6}+\frac{B}{x-1}$

$\Rightarrow x+4=A(x-1)+B(x+6);\ x=1\Rightarrow B=\frac{5}{7};\ x=-6$

$\Rightarrow A=\frac{2}{-7}=\frac{2}{7};$

$\int\frac{x+4}{x^2+5x-6}dx$

$=\frac{2}{7}\int\frac{dx}{x+6}+\frac{5}{7}\int\frac{dx}{x-1}=\frac{2}{7}ln|x+6|+\frac{5}{7}ln|x-1|+C$

$=\frac{1}{7}\ln|(x+6)^2(x-1)^5|+C$

(5) $\frac{1}{t^3+t^2-2t}=\frac{A}{t}+\frac{B}{t+2}+\frac{C}{t-1}$

$\Rightarrow 1=A(t+2)(t-1)+Bt(t-1)+Ct(t+2);\ t=0$

$\Rightarrow A=-\frac{1}{2};\ t=-2$

$\Rightarrow B=\frac{1}{6};\ t=1$

$\Rightarrow C=\frac{1}{3};\ \int\frac{dt}{t^3+t^2-2t}$

$=-\frac{1}{2}\int\frac{dt}{t}+\frac{1}{6}\int\frac{dt}{t+2}+\frac{1}{3}\int\frac{dt}{t-1}$

$=-\frac{1}{2}\ln|t|+\frac{1}{6}\ln|t+2|+\frac{1}{3}ln|t-1|+C$

(6) $\frac{1}{(x+1)(x^2+1)}=\frac{A}{x+1}+\frac{Bx+C}{x^2+1}$

$\Rightarrow 1=A(x^2+1)+(Bx+C)(x+1);\ x=-1\Rightarrow A=\frac{1}{2};$

$A+B=0\Rightarrow B=-\frac{1}{2};$

$\frac{1}{2}\int_0^1\frac{dx}{x+1}+\frac{1}{2}\int_0^1\frac{(-x+1)}{x^2+1}dx$

$=\left[\frac{1}{2}ln|x+1|-\frac{1}{4}ln(x^2+1)+\frac{1}{2}tan^{-1}x\right]_0^1$

$=\left(\frac{1}{2}ln2-\frac{1}{4}\ln2+\frac{1}{2}\tan^{-1}1\right)$

$-\left(\frac{1}{2}\ln1-\frac{1}{4}\ln1+\frac{1}{2}\tan^{-1}0\right)$

$=\frac{1}{4}ln2+\frac{1}{2}\left(\frac{\pi}{4}\right)=\frac{(\pi+2\ln2)}{8}$

연습문제 4.3

1. (1) $av(f)=\left(\frac{1}{\sqrt{3}-0}\right)\int_0^{\sqrt{3}}(x^2-1)=1-1=0$

(2) 1

(3) $av(f)=\frac{1}{8-(-8)}\int_{-8}^{8}\sqrt{64-x^2}\,dx$

$=\frac{1}{16}(8^2\pi/2)=2\pi$

(4) $\frac{3(2-\sqrt{3})}{\pi}$

(5) $av(f)=\frac{1}{\frac{\pi}{4}-\frac{\pi}{6}}\int_{\frac{\pi}{6}}^{\frac{\pi}{4}}\csc^2x\,dx=\frac{12}{\pi}[-\cot x]_{\pi/6}^{\pi/4}$

$=\frac{12}{\pi}(\sqrt{3}-1)$

2. (1) 38 (2) 35

3. (1) 왼쪽합계

$L(6)=0\left(\frac{1}{6}\right)+40\left(\frac{1}{6}\right)+50\left(\frac{1}{6}\right)$

$$+70\left(\frac{1}{6}\right)+70\left(\frac{1}{6}\right)+30\left(\frac{1}{6}\right)=\frac{260}{6}=\frac{130}{3}$$

이것은 시간 동안 이동한 전체 거리

$\frac{130}{3}$마일을 나타낸다.

오른쪽 합계

$$R(6)=40\left(\frac{1}{6}\right)+50\left(\frac{1}{6}\right)+70\left(\frac{1}{6}\right)+70\left(\frac{1}{6}\right)+30\left(\frac{1}{6}\right)$$

$$+30\left(\frac{1}{6}\right)=\frac{290}{6}=48.3$$

전체 거리 48.3마일이다.

(2) $v(t)$의 기울기인 가속도는 곡선이 가장 경사질 때인 $t=5$분에서 가장 크다.

(3) $t=20$에서의 가속도 $v'(t)$를 계산하기 위해, $t=20$에서의 곡선의 기울기의 근사치를 구한다. $t=20$에서의 접선의 기울기는

(10 mph)/(10분)=(10 mph)/($\frac{1}{6}$ 시간)= 60마일/시간^2

(4) 평균 속도는 이동한 거리 나누기 시간과 같다. $t=30$부터 $t=50$까지의 거리의 근사치를 곡선 아래의 넓이 또는 대충 직사각형과 사다리꼴의 넓이들의 합계로 구할 수 있다.

$70\left(\frac{1}{6}\right)+\frac{70+30}{2}\left(\frac{1}{6}\right)=20$마일

따라서 $t=30$부터 $t=50$까지의 평균 속도는

$\frac{20\text{마일}}{20\text{분}}=1mpmin=60mph$

4. (1) $L(4)=\frac{1}{2}\left[f(0)+f\left(\frac{1}{2}\right)+f(1)+f\left(\frac{3}{2}\right)\right]$

$=\frac{1}{2}\left[4+\frac{15}{4}+3+\frac{7}{4}\right]=\frac{25}{4}$ (or 6.25)

(2) $R(4)=\frac{1}{2}\left[f\left(\frac{1}{2}\right)+f(1)+f\left(\frac{3}{2}\right)+f(2)\right]$

$=\frac{1}{2}\left[\frac{15}{4}+3+\frac{7}{4}+0\right]=\frac{17}{4}$ (or 4.25)

(3) $M(4)=\frac{1}{2}\left[f\left(\frac{1}{4}\right)+f\left(\frac{3}{4}\right)+f\left(\frac{5}{4}\right)+f\left(\frac{7}{4}\right)\right]$

$=\frac{1}{2}\left[\frac{63}{16}+\frac{55}{16}+\frac{39}{16}+\frac{15}{16}\right]=\frac{43}{8}$ (or 5.375)

연습문제 5장

연습문제 5.1

1. (1) $A=-\int_{-3}^{-2}-x^2-2xdx+\int_{-2}^{0}-2x^2-2xdx$

$-\int_{0}^{2}-x^2-2xdx=\dfrac{28}{3}$

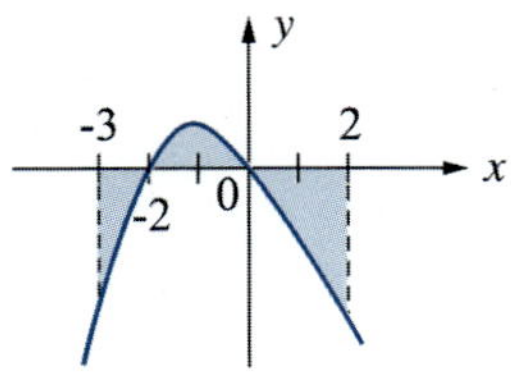

(2) $\dfrac{1}{2}$

(3) $A=-\int_{-1}^{0}x^{\frac{1}{3}}dx+\int_{0}^{8}x^{\frac{1}{3}}dx=\dfrac{51}{4}$

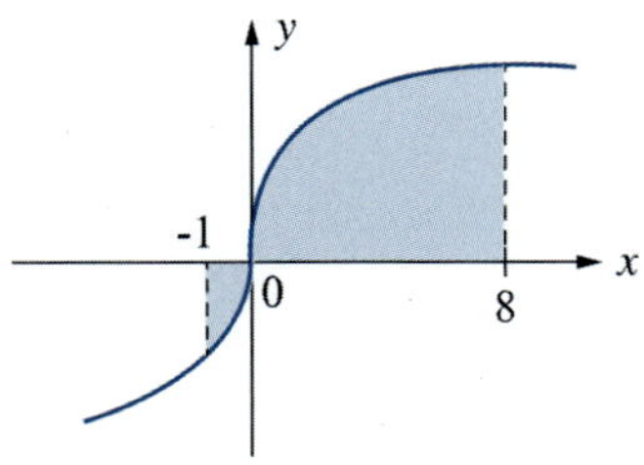

(4) 8

2. (1) $A=\int_{-2}^{2}2-(x^2-2)dx=\dfrac{32}{3}$

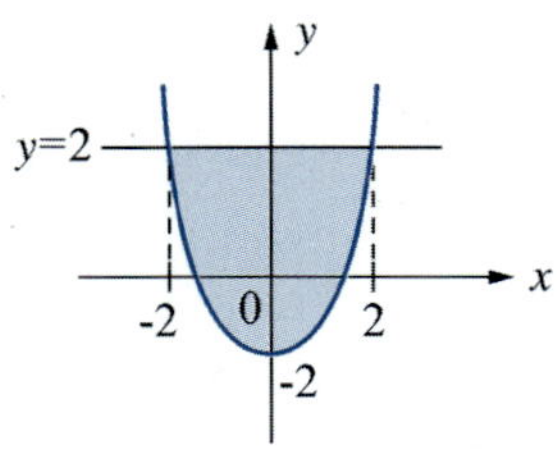

(2) $\dfrac{48}{5}$

(3) $A=\int_{0}^{2}-x^2+4x-x^2dx=\dfrac{8}{3}$

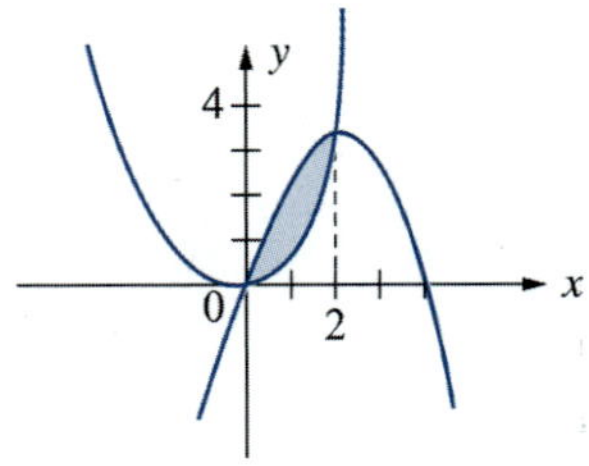

(4) $A=\int_{0}^{3}2y^2dy=18$

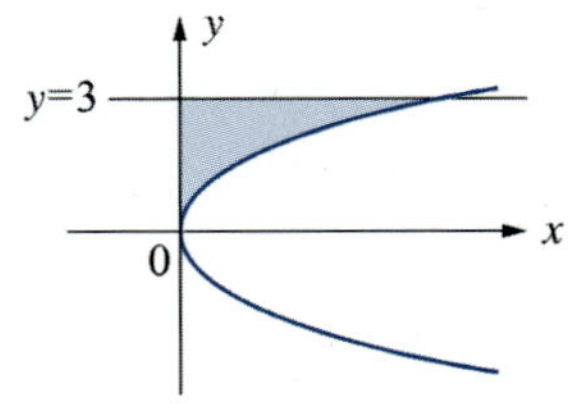

3. (1) $A=\int_{-1}^{1}2-3y^2-(-y^2)dy=\dfrac{8}{3}$

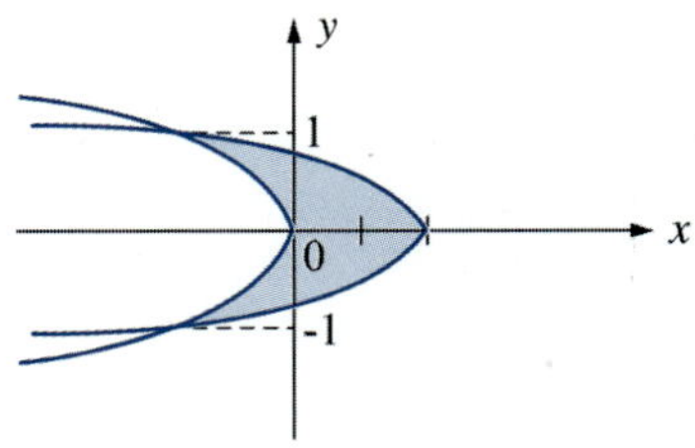

(2) $\dfrac{104}{15}$

(3) $A=\int_{-1}^{1}4-4y^2-(1-y^4)dy=\dfrac{36}{15}$

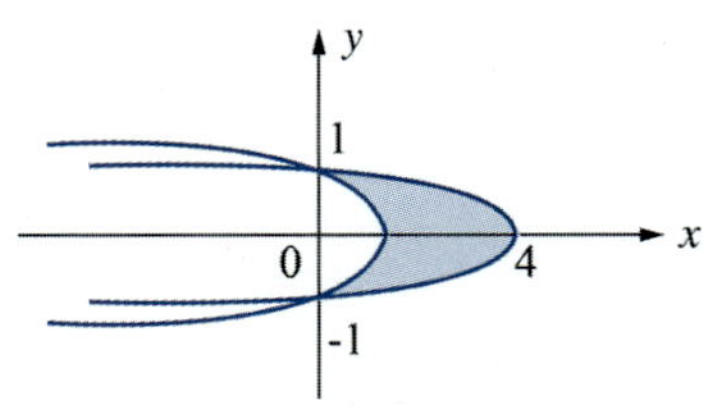

(4) 4

4. (1) $A=2\int_0^1 y-y^3dy=\frac{1}{2}$

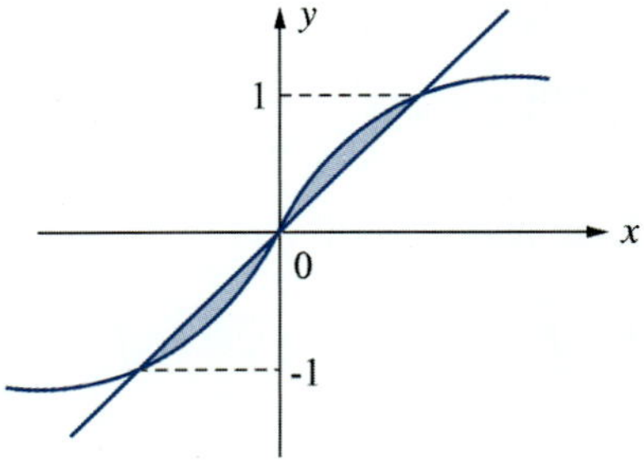

(2) 1

(3) $A=\int_1^5 \ln 2x-\ln x\,dx=\ln 16$

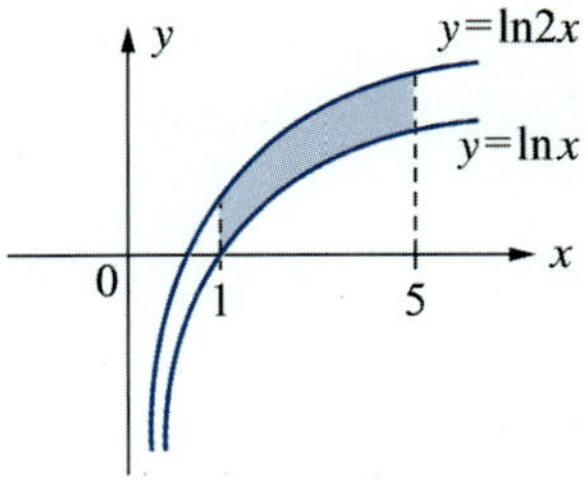

(4) 2

연습문제 5.2

1. (1) $A=\pi(\text{반지름})^2$,

반지름 $=\sqrt{1-x^2}\ \Rightarrow A(x)=\pi(1-x^2)$

(2) $A=$ 너비 $\times$ 높이, 너비 $=$ 높이 $=2\sqrt{1-x^2}$

$\Rightarrow A(x)=4(1-x^2)$

(3) $A=(\text{변})^2$, 대각선 $=\sqrt{2}(\text{변})\ \Rightarrow A=\frac{(\text{대각선})^2}{2}$;

대각선 $=2\sqrt[2]{1-x^2}\ \Rightarrow A(x)=2(1-x^2)$

(4) $A=\frac{\sqrt{3}}{4}(\text{변})^2$, 변 $=2\sqrt[2]{1-x^2}\ \Rightarrow A(x)=\sqrt{3}(1-x^2)$

2. $V=\int_{-1}^1 \pi\left(\frac{2-x^2-x^2}{2}\right)^2dx=\frac{16}{15}\pi$

3. (1) $A(x)=\frac{1}{2}(\text{변})(\text{변})\cdot\sin\frac{\pi}{3}=\frac{1}{2}(2\sqrt{\sin x})^2\cdot\sqrt{3}$

$=\sqrt{3}\sin x$

$V=\int_0^\pi \sqrt{3}\sin x\,dx=2\sqrt{3}$

(2) $A(x)=(\text{변})^2=(2\sqrt{\sin x}\,)^2=4\sin x$

$V=\int_0^\pi 4\sin x\,dx=8$

4. (1) $R(x)=x^2\ \rightarrow\ V=\int_0^2 \pi[R(x)]^2dx$

$=\pi\int_0^2(x^2)^2dx=32\pi/5$

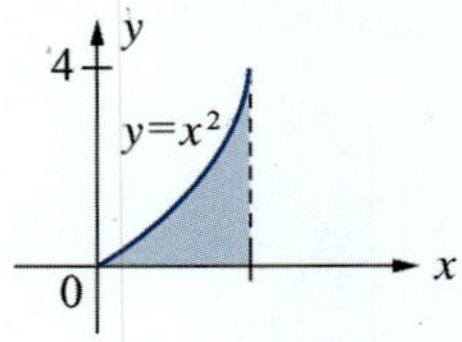

(2) $R(x)=e^{-x}\ \rightarrow\ V=\int_0^1 \pi[R(x)]^2dx$

$=\pi\int_0^1(e^{-x})^2dx=-\frac{\pi}{2}(e^{-2}-1)=\frac{\pi(e^2-1)}{2e^2}$

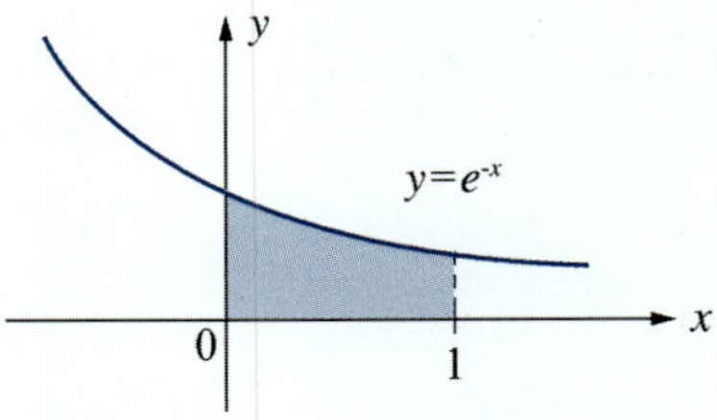

(3) $r(x)=x,\ R(x)=1\ \rightarrow\ V=\int_0^1 \pi([R(x)]^2-[r(x)]^2)dx$

$=\int_0^1 \pi(1-x^2)dx=\frac{2\pi}{3}$

(4) $\frac{117}{5}\pi$

5. (1) $R(y)=\sqrt{5}\,y^2 \;\Rightarrow\; V=\int_{-1}^{1}\pi[R(y)]^2dy$

$$=\pi\int_{-1}^{1}5y^4dy=2\pi$$

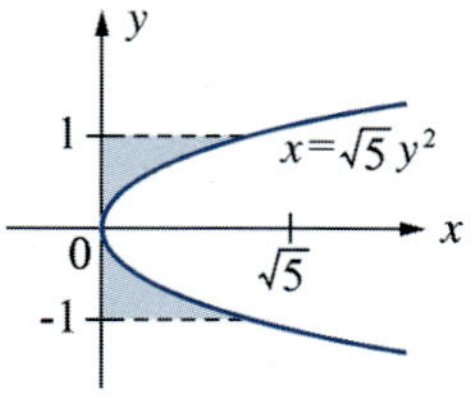

(2) $R(y)=\dfrac{2}{\sqrt{y+1}} \;\to\; V=\int_{0}^{3}\pi[R(y)]^2dy$

$$=\pi\int_{0}^{3}\frac{4}{y+1}dy=8\pi\ln 2$$

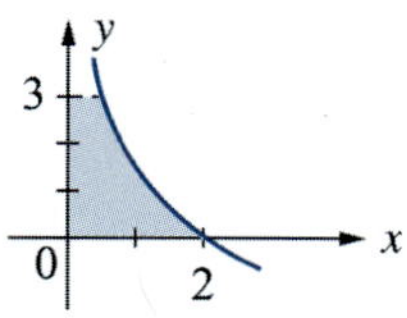

(3) $V(y)=1,\; R(y)=1+y$

$$\to\; v=\int_{0}^{1}\pi([R(y)]^2-[r(y)]^2)dy$$

$$=\int_{0}^{1}\pi((1+y)^2-1)dy=\frac{4}{3}\pi$$

(4) 2π

6. (1) $r(x)=\sqrt{x},\; R(x)=2\Rightarrow V=\int_{0}^{4}\pi([R(x)]^2-[r(x)]^2)dx$

$$=\pi\int_{0}^{4}(4-x)dx=\pi\left[\;4x-\frac{x^2}{2}\right]_0^4=\pi(16-8)=8\pi$$

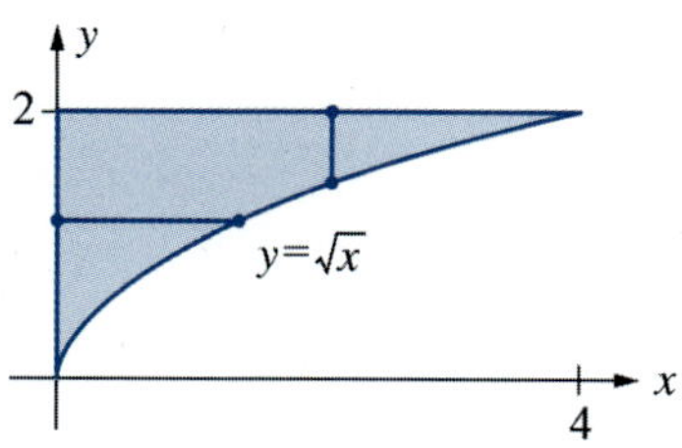

(2) $r(y)=0,\; R(y)=y^2$

$$\Rightarrow V=\int_{0}^{2}\pi([R(y)]^2-[r(y)]^2)dy$$

$$=\pi\int_{0}^{2}y^4dy=\pi\left[\frac{y^4}{5}\right]_0^2=\frac{32\pi}{5}$$

(3) $r(x)=0,\; R(x)=2-\sqrt{x}$

$$\Rightarrow V=\int_{0}^{4}\pi([R(x)]^2-[r(x)]^2dx=\pi\int_{0}^{4}(2-\sqrt{x})^2dx$$

$$=\pi\int_{0}^{4}(4-4\sqrt{x}+x)dx=\pi\left[4x-\frac{8x^{3/2}}{3}+\frac{x^2}{2}\right]_0^4$$

$$=\pi\left(16-\frac{64}{3}+\frac{16}{2}\right)=\frac{8\pi}{3}$$

(4) $r(y)=4-y^2,\; R(y)=4$

$$\Rightarrow V=\int_{0}^{2}\pi([R(y)]^2-[r(y)]^2)dy$$

$$=\pi\int_{0}^{2}[16-(4-y^2)^2]dy=\pi\int_{0}^{2}(16-16+8y^2-y^4)dy$$

$$=\pi\int_{0}^{2}(8y^2-y^4)dy=\pi\left[\frac{8}{3}y^3-\frac{y^5}{5}\right]_0^2=\pi\left(\frac{64}{3}-\frac{32}{5}\right)$$

$$=\frac{224\pi}{15}$$

7. (1) $r(x)=0,\; R(x)=1-x^2$

$$\Rightarrow V=\int_{-1}^{1}\pi([R(x)]^2-[r(x)]^2)dx$$

$$=\pi\int_{-1}^{1}(1-x^2)^2dx=\pi\int_{-1}^{1}(1-2x^2+x^4)dx$$

$$=\pi\left[x-\frac{2x^3}{3}+\frac{x^5}{5}\right]_{-1}^{1}=2\pi(1-\frac{2}{3}+\frac{1}{5})$$

$$=2\pi\left(\frac{15-10+3}{15}\right)=\frac{16\pi}{15}$$

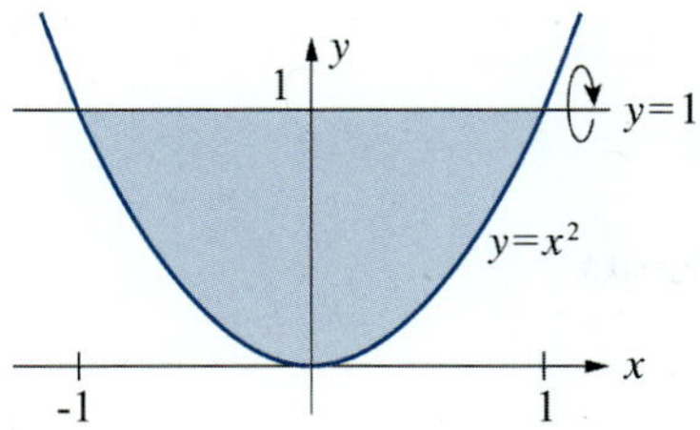

(2) $r(x)=1,\ R(x)=2-x^2$

$$\Rightarrow V=\int_{-1}^{1}\pi([R(x)]^2-[r(x)]^2)dx$$

$$=\pi\int_{-1}^{1}\left[(2-x^2)^2-1\right]dx$$

$$=\int_{-1}^{1}(4-4x^2+x^4-1)dx=\pi\int_{-1}^{1}(3-4x^2+x^4)dx$$

$$=\pi\left[3x-\frac{4}{3}x^3+\frac{x^5}{5}\right]_{-1}^{1}=2\pi\left(3-\frac{4}{3}+\frac{1}{5}\right)$$

$$=\frac{2\pi}{15}(45-20+3)=\frac{56\pi}{15}$$

(3) $r(x)=1+x^2,\ R(x)=2$

$$\Rightarrow V=\int_{-1}^{1}\pi([R(x)]^2-[r(x)]^2)dx$$

$$=\pi\int_{-1}^{1}\left[4-(1+x^2)^2\right]dx$$

$$=\pi\int_{-1}^{1}(4-1-2x^2-x^4)dx=\pi\int_{-1}^{1}(3-2x^2-x^4)dx$$

$$=\pi\left[3x-\frac{2}{5}x^3-\frac{x^5}{5}\right]_{-1}^{1}=2\pi\left(3-\frac{2}{3}-\frac{1}{5}\right)$$

$$=\frac{2\pi}{15}(45-10-3)=\frac{64\pi}{15}$$

8. (1) $V=\int_{c}^{d}2\pi\begin{pmatrix}\text{원주각}\\\text{반지름}\end{pmatrix}\begin{pmatrix}\text{원주각}\\\text{높　이}\end{pmatrix}dy=\int_{1}^{2}2\pi y(y-1)dy$

$$=2\pi\int_{1}^{2}(y^2-y)dy=2\pi\left[\frac{y^3}{3}-\frac{y^2}{2}\right]_{1}^{2}$$

$$=2\pi\left[\left(\frac{8}{3}-\frac{4}{2}\right)-\left(\frac{1}{3}-\frac{1}{2}\right)\right]$$

$$=2\pi\left(\frac{7}{3}-2+\frac{1}{2}\right)=\frac{\pi}{3}(14-12+3)=\frac{5\pi}{3}$$

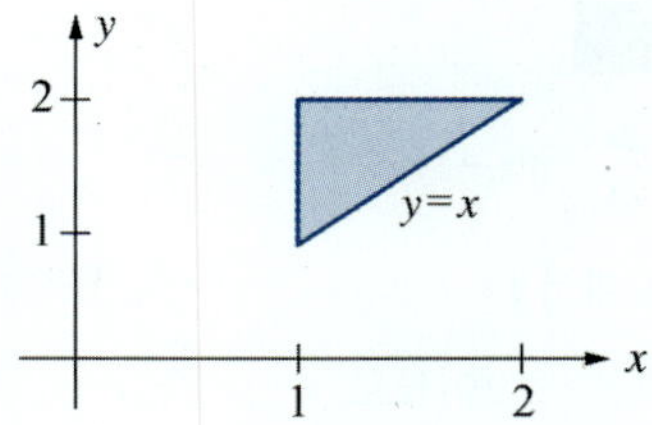

(2) $V=\int_{a}^{b}2\pi\begin{pmatrix}\text{원주각}\\\text{반지름}\end{pmatrix}\begin{pmatrix}\text{원주각}\\\text{높　이}\end{pmatrix}dx=\int_{1}^{2}2\pi x(2-x)dx$

$$=2\pi\int_{1}^{2}(2x-x^2)dx=2\pi\left[x^2-\frac{x^3}{3}\right]_{1}^{2}$$

$$=2\pi\left[\left(\frac{12-8}{3}\right)-\left(\frac{3-1}{3}\right)\right]=2\pi\left(\frac{4}{3}-\frac{2}{3}\right)=\frac{4\pi}{3}$$

(3) $V=\int_{a}^{b}2\pi\begin{pmatrix}\text{원주각}\\\text{반지름}\end{pmatrix}\begin{pmatrix}\text{원주각}\\\text{높　이}\end{pmatrix}dx$

$$=\int_{1}^{2}2\pi\left(\frac{10}{3}-x\right)(2-x)dx=2\pi\int_{1}^{2}\left(\frac{20}{3}-\frac{16}{3}x+x^2\right)dx$$

$$=2\pi\left[\left(\frac{20}{3}x-\frac{8}{3}x^2+\frac{1}{3}x^3\right)\right]_{1}^{2}$$

$$=2\pi\left[\left(\frac{40}{3}-\frac{32}{3}+\frac{8}{3}\right)\right]=2\pi\left(\frac{3}{3}\right)=2\pi$$

(4) $V=\int_{c}^{d}2\pi\begin{pmatrix}\text{원주각}\\\text{반지름}\end{pmatrix}\begin{pmatrix}\text{원주각}\\\text{높　이}\end{pmatrix}dy$

$$=\int_{1}^{2}2\pi(y-1)(y-1)dy$$

$$=2\pi\int_{1}^{2}(y-1)^2dy=2\pi\left[\frac{(y-1)^3}{3}\right]_{1}^{2}$$

$$=\frac{2\pi}{3}$$

9. (1) $r(x)=\sqrt{x},\quad r(x)=\frac{x^2}{8}$

$$v=\int_{0}^{4}\pi([R(x)]^2-[r(x)]^2)dx$$

$$=\int_{0}^{4}\pi\left(x-\frac{x^4}{64}\right)dx=\frac{24}{5}\pi$$

(2) $\frac{48}{5}\pi$

연습문제 5.3

1. (1) $v(t)=\dfrac{ds}{dt}=3(t-1)(t-3)$

$v(t)=0$에서 $t=1, 3$

(2) $v>0,\ 0\le t\le 2$이므로

$$\int_0^2 (4t^3+3t^2+5)dt=34$$

(3) $-\int_0^2 (3t^2-6t)dt+\int_2^3 (3t^2-6t)dt=8$

(4) $\int_0^2 \sin t\,dt=1-\cos 2$

(5) $\dfrac{1}{4-0}\int_0^4 (5t-t^2+100)dt=104\dfrac{2}{3}mph$

2. (1) $\dfrac{dx}{dt}=-1$ and $\dfrac{dy}{dx}=3 \Rightarrow \sqrt{\left(\dfrac{dx}{dt}\right)^2+\left(\dfrac{dy}{dt}\right)^2}$

$=\sqrt{(-1)^2+(3)^2}=\sqrt{10}$

$\Rightarrow$ 길이 $=\int_{-2/3}^{1}\sqrt{10}\,dt=\sqrt{10}\,[t]_{-2/3}^{1}$

$=\sqrt{10}-\left(-\dfrac{2}{3}\sqrt{10}\right)=\dfrac{5\sqrt{10}}{3}$

(2) 7

(3) $\dfrac{dx}{dt}=(2t+3)^{1/2},\ \dfrac{dy}{dx}=1+t$

$\Rightarrow \sqrt{\left(\dfrac{dx}{dt}\right)^2+\left(\dfrac{dy}{dt}\right)^2}=\sqrt{(2t+3)+(1+t)^2}$

$=\sqrt{t^2+4t+4}=|t+2|=t+2$

$0\le t\le 3 \Rightarrow$ 길이 $=\int_0^3 (t+2)dt$

$=\left[\dfrac{t^2}{2}+2t\right]_0^3=\dfrac{21}{2}$

(4) e^3+2

(5) $\dfrac{dx}{dt}=e^t(\cos t-\sin t),\ \dfrac{dy}{dt}=e^t(\sin t+\cos t)$

$\Rightarrow \sqrt{\left(\dfrac{dx}{dt}\right)^2+\left(\dfrac{dy}{dt}\right)^2}$

$=\sqrt{[e^t(\cos t-\sin t)]^2+[e^t(\sin t+\cos t)]^2}$

$=\sqrt{2e^{2t}}=\sqrt{2}\,e^t \Rightarrow \sqrt{2}\,e^t$

$\Rightarrow L=\int_0^{\pi}\sqrt{2}\,e^t dt=[\sqrt{2}\,e^t]_0^{\pi}$

$=\sqrt{2}(e^{\pi}-1)$

(6) $8a$

3. (1) $\int_0^{\infty}\dfrac{dx}{x^2+1}=\lim_{b\to\infty}\int_0^b\dfrac{dx}{x^2+1}=\lim_{b\to\infty}[\tan^{-1}x]_0^b$

$=\lim_{b\to\infty}(\tan^{-1}b-\tan^{-1}0)=\dfrac{\pi}{2}-0=\dfrac{\pi}{2}$

(2) $\int_{-\infty}^{-2}\dfrac{2dx}{x^2-1}=\int_{-\infty}^{-2}\dfrac{dx}{x-1}-\int_{-\infty}^{-2}\dfrac{dx}{x+1}$

$=\lim_{b\to-\infty}[\ln|x-1|]_b^{-2}-\lim_{b\to-\infty}[\ln|x+1|]_b^{-2}$

$=\lim_{b\to-\infty}\left[\ln\left|\dfrac{x-1}{x+1}\right|\right]_b^{-2}=\lim_{b\to-\infty}\left(\ln\left|\dfrac{-3}{-1}\right|-\ln\left|\dfrac{b-1}{b+1}\right|\right)$

$=\ln 3-\ln\left(\lim_{b\to-\infty}\dfrac{b-1}{b+1}\right)=\ln 3-\ln 1=\ln 3$

(3) $\int_0^{\infty}\dfrac{dx}{(1+x)\sqrt{x}};\ \left[\begin{array}{l} u=\sqrt{x} \\ du=\dfrac{dx}{2\sqrt{x}}\end{array}\right]$

$\rightarrow \int_0^{\infty}\dfrac{2du}{u^2+1}=\lim_{b\to\infty}\int_0^b\dfrac{2du}{u^2+1}$

$=\lim_{b\to\infty}[2\tan^{-1}u]_0^b=\lim_{b\to\infty}(2\tan^{-1}b-2\tan^{-1}0)$

$=2\left(\dfrac{\pi}{2}\right)-2(0)=\pi$

(4) $\int_0^1 x\ln x\,dx=\lim_{b\to 0^+}\left[\dfrac{x^2}{2}\ln x-\dfrac{x^2}{4}\right]_b^1$

$=\left(\dfrac{1}{2}\ln 1-\dfrac{1}{4}\right)-\lim_{b\to 0^+}\left(\dfrac{b^2}{2}\ln b-\dfrac{b^2}{4}\right)=-\dfrac{1}{4}-\lim_{b\to 0^+}\dfrac{\ln b}{\left(\dfrac{2}{b^2}\right)}+0$

$=-\dfrac{1}{4}-\lim_{b\to 0^+}\dfrac{\left(\dfrac{1}{b}\right)}{\left(-\dfrac{4}{b^3}\right)}=-\dfrac{1}{4}+\lim_{b\to 0^+}\left(\dfrac{b^2}{4}\right)=-\dfrac{1}{4}+0=-\dfrac{1}{4}$

(5) $\int_{-1}^{\infty} \frac{d\theta}{\theta^2+5\theta+6} = \lim_{b\to\infty}\left[\ln\left|\frac{\theta+2}{\theta+3}\right|\right]_{-1}^{b}$

$= \lim_{b\to\infty}\left[\ln\left|\frac{b+2}{b+3}\right|\right] - \ln\left|\frac{-1+2}{-1+3}\right| = 0 - \ln\left(\frac{1}{2}\right) = \ln 2$

(6) $\int_{0}^{\ln 2} x^{-2}e^{-1/x}dx;\ \left[\frac{1}{x}=y\right] \to \int_{\infty}^{1/\ln 2} \frac{y^2e^{-y}dy}{-y^2}$

$= \int_{1/\ln 2}^{\infty} e^{-y}dy = \lim_{b\to\infty}[-e^{-y}]_{1/\ln 2}^{b}$

$= \lim_{b\to\infty}[-e^{-b}] - [-e^{-1/\ln 2}]$

$= 0 + e^{-1/\ln 2}$, 따라서 적분은 수렴한다.

(7) $\int_{2}^{\infty} \frac{dv}{\sqrt{v-1}};\ \lim_{v\to\infty}\frac{\left(\frac{1}{\sqrt{v-1}}\right)}{\left(\frac{1}{\sqrt{v}}\right)} = \lim_{v\to\infty}\frac{\sqrt{v}}{\sqrt{v-1}}$

$= \lim_{v\to\infty}\frac{1}{\sqrt{1-\frac{1}{v}}} = \frac{1}{\sqrt{1-0}} = 1$ and $\int_{2}^{\infty}\frac{dv}{\sqrt{v}}$

$= \lim_{b\to\infty}[2\sqrt{v}]_2^b = \infty$,

발산 $\Rightarrow \int_{2}^{\infty}\frac{dv}{\sqrt{v-1}}$는 극한 비교판정법에 의해 발산한다.

연습문제 6장

연습문제 6.1

1.

(1)

$\begin{cases} x = 3\cos t \\ y = 3\sin t \end{cases}$

$\begin{cases} x^2 = 9\cos^2 t \\ y^2 = 9\sin^2 t \end{cases}$

$x^2+y^2 = 9(\sin^2 t + \cos^2 t)$

$x^2+y^2 = 9$

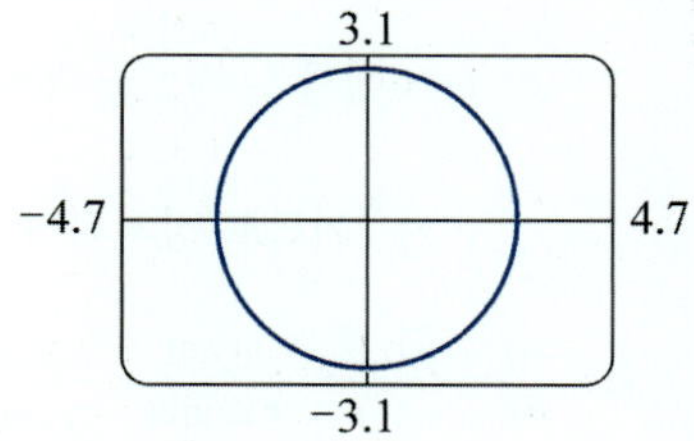

(2)

$\begin{cases} x = -1+2t \\ y = 3t \end{cases}$

$t = \frac{y}{3}$

$x = -1+2(\frac{y}{3})$

$\frac{2}{3}y = x+1$

$y = \frac{3}{2}x + \frac{3}{2}$

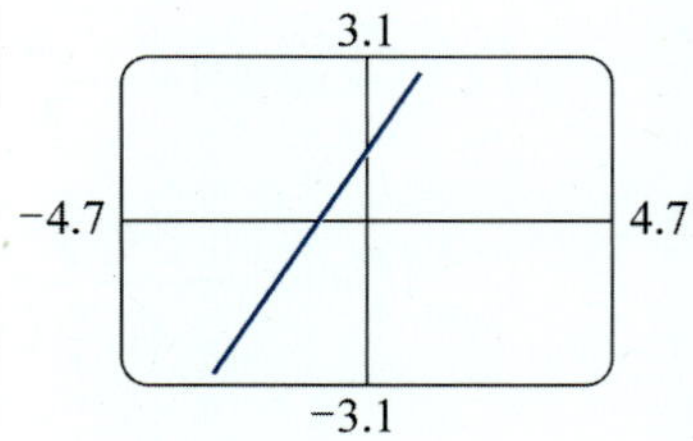

(3)

$\begin{cases} x = t^2-1 \\ y = 2t \end{cases}$

$t = \frac{y}{2}$

$x = (\frac{y}{2})^2 - 1$

$x = \frac{1}{4}y^2 - 1$

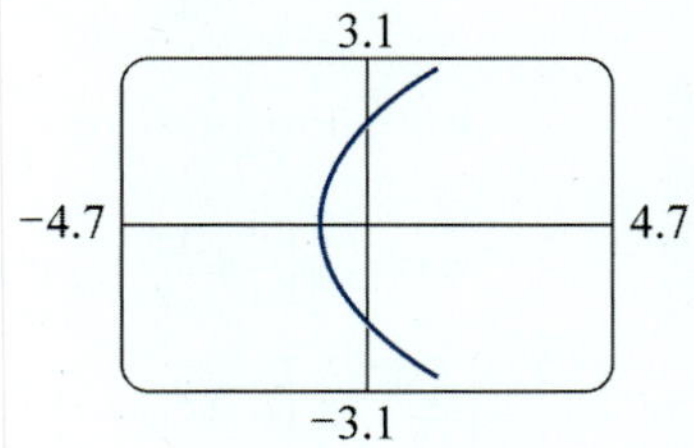

2. (1) $\frac{dy}{dx}=\frac{y'(y)}{x'(t)}=\frac{3t^2-1}{2t}$

(a) $\frac{dy}{dx}(-1)=\frac{3(-1)^2-1}{2(-1)}-\frac{2}{-2}=-1$

(b) $\frac{dy}{dx}(1)=\frac{3(1)^2-1}{2(1)}=\frac{2}{2}=1$

(c) $t=0$에서 $x=-2,\ y=0$이고 $\frac{dy}{dx}(0)=\frac{3(0)^2-1}{2(0)}$

$=\frac{-1}{0}$ 이므로 정의되지 않는다.

(2) $\frac{dy}{dx}=\frac{y'(t)}{x'(t)}=\frac{4\cos 4t}{-2\sin 2t}=-\frac{2\cos 4t}{\sin 2t}$

(a) $\frac{dy}{dx}\left(\frac{\pi}{4}\right)=-2\frac{\cos\pi}{\sin\frac{\pi}{2}}=-\frac{-2}{1}=2$

(b) $\frac{dy}{dx}\left(\frac{\pi}{2}\right)=-\frac{2\cos 2\pi}{\sin\pi}=-\frac{2}{0}$ 이고 정의되지 않는다.

(c) $t=\frac{\pi}{8}+n\pi$에서 $x=\frac{\sqrt{2}}{2}, y=1$이고

$$\frac{dy}{dx}\left(\frac{\pi}{8}+n\pi\right)=-\frac{2\cos\frac{\pi}{2}}{\sin\frac{\pi}{4}}=-\frac{0}{\sqrt{2}/2}=0$$

3. (1) $\frac{dy}{dx}=\frac{y'(t)}{x'(t)}=\frac{4\cos 4t}{-2\sin 2t}=-\frac{2\cos 4t}{\sin 2t}$

(a) 수평점근선 : $\frac{dy}{dx}=-\frac{2\cos 4t}{\sin 2t}=0\Rightarrow\cos 4t=0\Rightarrow$

$4t=\frac{\pi}{2}+n\pi\Rightarrow t=\frac{\pi}{8}+\frac{n\pi}{4}$

$\Rightarrow x=\cos\left(\frac{\pi}{4}+\frac{n\pi}{2}\right),\ y=\sin\left(\frac{\pi}{2}+n\pi\right)\Rightarrow$

$\left(\frac{\sqrt{2}}{2},1\right),\left(-\frac{\sqrt{2}}{2},-1\right),\left(-\frac{\sqrt{2}}{2},1\right),\left(\frac{\sqrt{2}}{2},-1\right)$

(b) 수직점근선 : $\frac{dy}{dx}=-\frac{2\cos 4t}{\sin 2t}$는 정의되지 않음

$\Rightarrow\sin 2t=0\Rightarrow 2t=n\pi\Rightarrow t=\frac{n\pi}{2}\Rightarrow(1,0),(-1,0)$

(2) $\frac{dy}{dx}=\frac{y'(t)}{x'(t)}=\frac{4t^3-4}{2t}=\frac{2(t^3-1)}{t}$

(a) 수평점근선 : $\frac{dy}{dx}=\frac{2(t^3-1)}{t}=0\Rightarrow t^3-1=0$

$\Rightarrow t=1\Rightarrow x=0; y=-3\Rightarrow(0,-3)$

(b) 수직점근선 : $\frac{dy}{dx}=\frac{2(t^3-1)}{t}$는 정의되지 않음

$\Rightarrow t=0\Rightarrow x=-1,\ y=0$

$\Rightarrow(-1,0)$

4. (1) $x'=-2\sin t,\ y'=2\cos t$

(a) $t=0$에서 $x'=-2\sin 0=0,\ y'=2\cos 0=2$

속력$=\sqrt{0^2+2^2}=2$, 운동의 방향은 위쪽이다.

(b) $t=\frac{\pi}{2}$에서 $x'=-2\sin\frac{\pi}{2}=-2,\ y'=2\cos\frac{\pi}{2}=0$

속력$=\sqrt{(-2)^2+0^2}=2$, 운동의 방향은 왼쪽이다.

(2) $x'=20, y'=-2-32t$

(a) $t=0$에서 $x'=20,\ y'=-2$

속력$=\sqrt{20^2+(-2)^2}=\sqrt{404}$,

운동방향은 오른쪽 아래쪽이다.

(b) $t=2$에서 $x'=20,\ y'=-66$

속력$=\sqrt{(20)^2+(-66)^2}=2\sqrt{1189}$,

운동의 방향은 오른쪽 아랫방향이다.

(3) $x'=-4\sin 2t+5\cos 5t,\ y'=4\cos 2t-5\sin 5t$

(a) $t=0$에서 $x'=-4\sin 0+5\cos 0=5$

$y'=4\cos 0-5\sin 0=4.$

속력$=\sqrt{5^2+4^2}=\sqrt{41}$, 운동의 방향은 오른쪽 위방향이다.

(b) $t=\frac{\pi}{2}$에서 $x'=-4\sin\pi+5\cos\frac{5\pi}{2}=0.$

$y'=4\cos\pi-5\sin\frac{5\pi}{2}=-9$

속력$=\sqrt{0^2+(-9)^2}=9$. 운동의 방향은 아랫방향이다.

5. (1) $y(t)=2\sin t,\ x'(t)=-3\sin t$

t값이 증가하면 (x, y) 좌표가 시계 반대방향으로 움직이므로

$$A=-\int_0^{2\pi} y(t)x'(t)dt=-\int_0^{2\pi} 2\sin t(-3\sin t)dt$$

$$=6\int_0^{2\pi}\sin^2 t\,dt=6\int_0^{2\pi}\frac{1-\cos 2t}{2}dt$$

$$=3[t-\frac{1}{2}sin\ 2t]_0^{2\pi}$$

$$=6\pi$$

(2) $y(t)=\sin 2t, x'(t)=-\sin t$

$$A=\int_c^d y(t)x'(t)dt=\int_{\frac{\pi}{2}}^{\frac{3\pi}{2}}(\sin 2t)(-\sin t)dt$$

$$=-\int_{\frac{\pi}{2}}^{\frac{3\pi}{2}}\text{sintsin2tdt}$$

$$=-\left[\frac{1}{2}\text{sint}-\frac{1}{6}\text{sin3t}\right]_{\frac{\pi}{2}}^{\frac{3\pi}{2}}=\frac{4}{3}$$

(3) $y(t)=t^4-1, x'(t)=3t^2-4$

$$A=\int_c^d y(t)x'(t)dt=\int_{-2}^{2}(t^4-1)(3t^2-4)dt$$

$$=\int_{-2}^{2}(3t^6-4t^4-3t^2+4)dt=\left[\frac{3t^7}{7}-\frac{4t^5}{5}-t^3+4t\right]_{-2}^{2}$$

$$=\frac{2048}{35}$$

6. (1) $A=4\int_0^3 y\,dx=4\int_{\frac{\pi}{2}}^{0}3\sin\theta(-2\sin\theta)d\theta=6\pi$

(2) $A=\int_0^{2\pi} y\,dx=\int_0^{2\pi}(1-\cos\theta)(1-\cos\theta)d\theta=3\pi$

연습문제 6.2

1. (1) $r=\sqrt{2^2+(-2)^2}=2\sqrt{2}$

제4사분면에서 $\tan\theta=\frac{-2}{2}=-1$이고,

따라서 $\theta=-\frac{\pi}{4}+2\pi n.$

극좌표 : $(2\sqrt{2},-\frac{\pi}{4}+2\pi n)$ 또는

$\left(-2\sqrt{2},\frac{3\pi}{4}+2\pi n\right)$

(2) $r=\sqrt{0^2+3^2}=3$

θ는 위로 향하는 방향이므로 $\theta=\frac{\pi}{2}+2\pi n.$

극좌표 : $\left(3,\frac{\pi}{2}+2\pi n\right)$ 또는 $\left(-3,\frac{3\pi}{2}+2\pi n\right).$

(3) $r=\sqrt{2^2+(-1)^2}=\sqrt{5}$

제4사분면에서 $\tan\theta=\frac{-1}{2}=-\frac{1}{2}$이고,

따라서 $\theta=-\tan^{-1}\left(\frac{1}{2}\right)+2\pi n.$

극좌표 : $\left(\sqrt{5},-\tan^{-1}\left(\frac{1}{2}\right)+2\pi n\right)$ 또는

$\left(-\sqrt{5},-\tan^{-1}\left(\frac{1}{2}\right)+(2n+1)\pi\right)$

(4) $r=\sqrt{(-\sqrt{3})^2+1^2}=2$

제2사분면에서 $\tan\theta=-\frac{1}{-\sqrt{3}}=-\frac{1}{\sqrt{3}}$이고,

따라서 $\theta=\frac{5\pi}{6}+2\pi n$

극좌표 : $\left(2,\frac{5\pi}{6}+2\pi n\right)$ 또는 $\left(-2,-\frac{\pi}{6}+2\pi n\right)$

2. (1) $r=2;\theta=-\frac{\pi}{3}$

$x=2\cos\left(-\frac{\pi}{3}\right)=1,\ y=2\sin\left(-\frac{\pi}{3}\right)=-\sqrt{3}$

직교좌표 : $(1,-\sqrt{3})$

(2) $r=0;\theta=3$

$x = 0\cos 3 = 0$

$y = 0\sin 3 = 0$

직교좌표 : $(0,0)$

(3) $r = 3;\theta = \frac{\pi}{8}$

$x = 3\cos\left(\frac{\pi}{8}\right),\ y = 3\sin\left(\frac{\pi}{8}\right)$

직교좌표 : $\left(3\cos\left(\frac{\pi}{8}\right), 3\sin\left(\frac{\pi}{8}\right)\right) \approx (2.77, 1.15)$

(4) $r = -3;\theta = 1$

$x = -3\cos 1,\ y = -3\sin 1$

직교좌표 : $(-3\cos 1,\ -3\sin 1) \approx (-1.62, -2.52)$

3. (1)

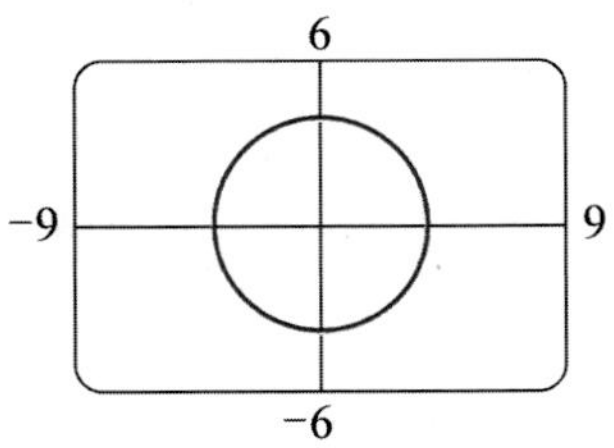

이것은 중심이 원점이고 반지름이 4인 원이다.

$x^2 + y^2 = 4^2, x^2 + y^2 = 16$ 또는 $r = 4,\ r^2 = 16, x^2 + y^2 = 16$

(2)

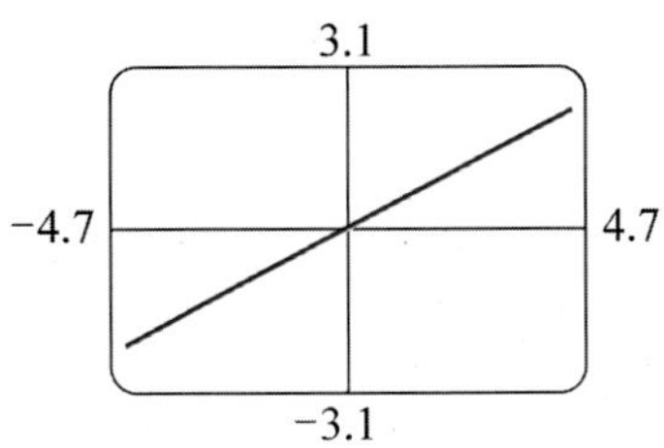

이것은 원점을 통과하며 기울기가 $\tan\frac{\pi}{6} = \frac{1}{\sqrt{3}} = \frac{y}{x}$ 인 직선이다.

$y = \frac{1}{\sqrt{3}}x$

(3)

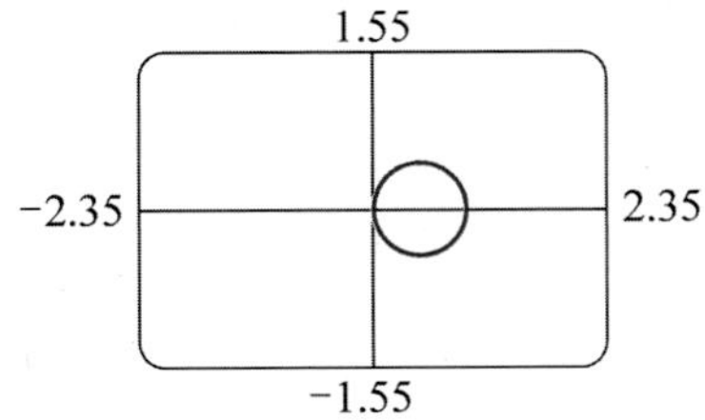

이것은 중심이 (1/2,0)이고 반지름이 1/2인 원이다.

$\left(x - \frac{1}{2}\right)^2 + y^2 = \left(\frac{1}{2}\right)^2$

$\left(x - \frac{1}{2}\right)^2 + y^2 = \frac{1}{4}$

또는 $r = \cos\theta \Rightarrow r^2 = r\cos\theta \Leftrightarrow x^2 + y^2 = x$

두 방정식은 동치이다.

(4)

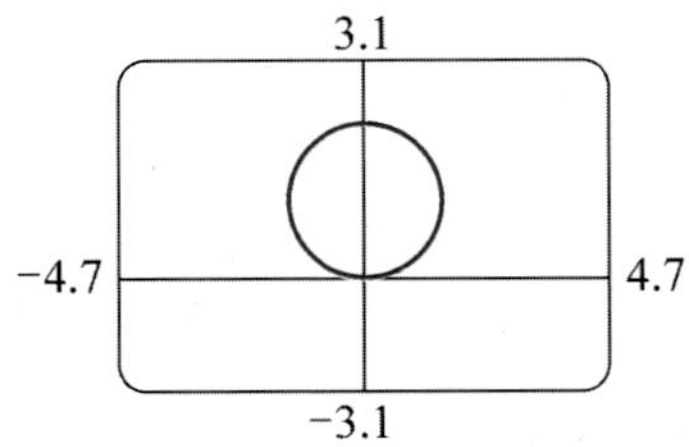

이것은 중심이 (0,3/2)이고 반지름이 3/2인 원이다.

$x^2 + \left(y - \frac{3}{2}\right)^2 = \left(\frac{3}{2}\right)^2$

$x^2 + \left(y - \frac{3}{2}\right)^2 = \frac{9}{4}$

또는 $r = 3\sin\theta \Rightarrow r^2 = 3r\sin\theta \Leftrightarrow x^2 + y^2 = 3y$

두 방정식은 동치이다.

4. (1) $y^2 - x^2 = 4$

$r^2\sin^2\theta - r^2\cos^2\theta = 4$

$r^2(-\cos 2\theta) = 4$

$r = \pm\sqrt{\frac{4}{-\cos 2\theta}} = \pm 2\sqrt{-\sec 2\theta}$

(2) $x^2+y^2=16$

$r^2=16 \quad r=\pm 4 \quad r=4$($r=-4$인 경우에도 같다)

(3) $y=3r\sin\theta=3$

$r=\dfrac{3}{\sin\theta} \quad r=3\cos\theta$

(4) $r=4\sec\theta\tan\theta$

5. (1) $x=r\cos\theta=\sin 3\theta\cos\theta; y=r\sin\theta=\sin 3\theta\sin\theta$

$\dfrac{dx}{d\theta}=3\cos\theta\cos 3\theta-\sin\theta\sin(3\theta); \dfrac{dy}{d\theta}$

$=3\cos 3\theta\sin\theta+\cos\theta\sin 3\theta$

$\theta=\dfrac{\pi}{3}$일 때,

$$\frac{dy}{dx}=\frac{\frac{dy}{d\theta}}{\frac{dx}{d\theta}}=\frac{3\cos\pi\sin\left(\frac{\pi}{3}\right)+\cos\left(\frac{\pi}{3}\right)\sin\pi}{3\cos\left(\frac{\pi}{3}\right)\cos\pi-\sin\left(\frac{\pi}{3}\right)\sin\pi}$$

$$=\frac{-\frac{1}{2}(3\sqrt{3})}{-\frac{3}{2}}=\sqrt{3}$$

(2) $x=r\cos\theta=3\sin\theta\cos\theta; y=r\sin\theta=3\sin\theta\sin\theta$

$\dfrac{dx}{d\theta}=3\cos^2\theta-3\sin^2\theta; \dfrac{dy}{d\theta}=6\cos\theta\sin\theta$

$\theta=0$일 때, $\dfrac{dy}{dx}=\dfrac{\frac{dy}{d\theta}}{\frac{dx}{d\theta}}=\dfrac{6\cos 0\sin 0}{3\cos^2 0-3\sin^2 0}=\dfrac{0}{3}=0$

(3) $x=r\cos\theta=\cos 3\theta\cos\theta; y=r\sin\theta=\cos 3\theta\sin\theta$

$\dfrac{dx}{d\theta}=-\cos 3\theta\sin\theta-3\cos\theta\sin 3\theta; \dfrac{dy}{d\theta}$

$=\cos\theta\cos 3\theta-3\sin\theta\sin 3\theta$

$\theta=\dfrac{\pi}{6}$일 때,

$$\frac{dy}{dx}=\frac{\frac{dy}{d\theta}}{\frac{dx}{d\theta}}=\frac{\cos\left(\frac{\pi}{6}\right)\cos\left(\frac{\pi}{2}\right)-3\sin\left(\frac{\pi}{6}\right)\sin\left(\frac{\pi}{2}\right)}{-\cos\left(\frac{\pi}{2}\right)\sin\left(\frac{\pi}{6}\right)-3\cos\left(\frac{\pi}{6}\right)\sin\left(\frac{\pi}{2}\right)}$$

$$=\frac{-\frac{3}{2}}{-\frac{1}{2}(3\sqrt{3})}=\frac{1}{\sqrt{3}}$$

(4) 생략

6. (1)

1.55

−2.35

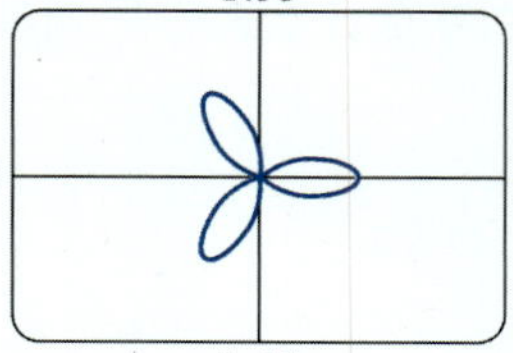

2.35

−1.55

적절한 θ의 범위를 찾기 위해서 $\cos 3\theta=0$이라 놓자.

$-\dfrac{\pi}{6}\le\theta\le\dfrac{\pi}{6}$

$$A=\int_{-\frac{\pi}{6}}^{\frac{\pi}{6}}\frac{1}{2}\cos^2 3\theta d\theta=\frac{1}{4}\int_{-\frac{\pi}{6}}^{\frac{\pi}{6}}(1+\cos 6\theta)d\theta$$

$$=\frac{1}{4}\left[\theta+\frac{1}{6}\sin 6\theta\right]_{-\frac{\pi}{6}}^{\frac{\pi}{6}}=\frac{\pi}{12}$$

(2)

3.1

−4.7

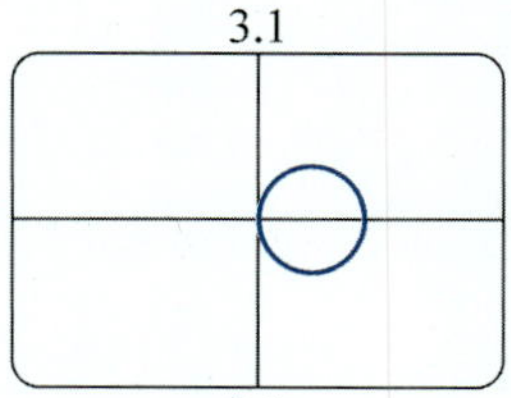

4.7

−3.1

적절한 θ의 범위를 찾기 위해 $2\cos\theta=0$이라 놓자.

: $0\le\theta\le\pi$

$$A=\int_0^\pi 2\cos^2\theta d\theta=\int_0^\pi(1+\cos 2\theta)d\theta$$

$$=\left[\theta+\frac{1}{2}\sin 2\theta\right]_0^\pi=\pi$$

(3)

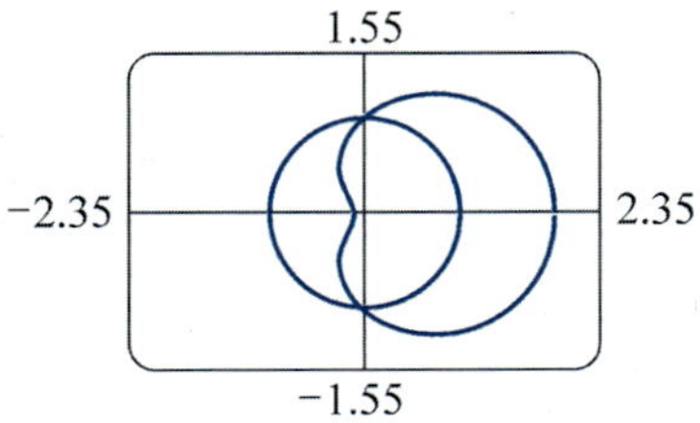

구하는 넓이는 반원의 넓이와 등근 돌출부 두 개의 넓이의 합이다.

$$A=\frac{1}{2}\pi(1)^2+2\int_{\frac{\pi}{2}}^{\pi}\frac{1}{2}(1+\cos\theta)^2d\theta$$

$$=\frac{\pi}{2}+\int_{\frac{\pi}{2}}^{\pi}\left[1+2\cos\theta+\frac{1}{2}(1+\cos 2\theta)\right]d\theta$$

$$=\frac{\pi}{2}+\int_{\frac{\pi}{2}}^{\pi}\left[\frac{3}{2}+2\cos\theta+\frac{1}{2}\cos 2\theta\right]d\theta$$

$$=\frac{\pi}{2}+\left[\frac{3}{2}\theta+2\sin\theta+\frac{1}{4}\sin 2\theta\right]_{\frac{\pi}{2}}^{\pi}$$

$$=\frac{\pi}{2}+\left(\frac{3\pi}{4}-2\right)$$

$$=\frac{5\pi}{4}-2\approx 1.9270$$

연습문제 7장

연습문제 7.1

1. (1) $\lim_{n\to\infty}\frac{1-5n^4}{n^4+8n^3}=\lim_{n\to\infty}\frac{\left(\frac{1}{n^4}\right)-5}{1+\left(\frac{8}{n}\right)}=-5$ 수렴

(2) $\lim_{n\to\infty}\frac{n^2-2n+1}{n-1}=\lim_{n\to\infty}\frac{(n-1)(n-1)}{n-1}$,

$\lim_{n\to\infty}(n-1)=\infty$ 발산

(3) $\lim_{n\to\infty}\frac{(-1)^{n+1}}{2n-1}=0$ 수렴

(4) $\lim_{n\to\infty}\sqrt{\frac{2n}{n+1}}=\sqrt{\lim_{n\to\infty}\frac{2n}{n+1}}$

$\sqrt{\lim_{n\to\infty}\left(\frac{x}{1+\frac{1}{n}}\right)}=\sqrt{2}$ 수렴

(5) $\lim_{n\to\infty}\frac{n}{2^n}=\lim_{n\to\infty}\frac{1}{2^n\ln 2}=0$ 수렴

(6) $\lim_{n\to\infty}\left(1+\frac{7}{n}\right)^n=e^7$ 수렴

2. (1) $\lim_{n\to\infty}\frac{3n^2-1}{2n^2-1}=\lim_{n\to\infty}\frac{3-\frac{1}{n^2}}{2-\frac{1}{n^2}}=\frac{3}{2}$

(2) 발산

(3) $\lim_{n\to\infty}\frac{n+2}{3n-1}=\lim_{n\to\infty}\frac{1+\frac{2}{n}}{3-\frac{1}{n}}=\frac{1}{3}$

(4) 발산

(5) $\lim_{n\to\infty}(-1)^n\frac{n^2+2}{n^2+4}=\pm 1$, 발산

(6) 발산

(7) $\lim_{n\to\infty}\frac{n}{e^n}=0$

(8) 발산

3. (1) $\lim_{n\to\infty}\frac{2^n}{3^n-1}=\lim_{n\to\infty}\frac{\left(\frac{2}{3}\right)^n}{1-\left(\frac{1}{3}\right)^n}=0$

(2) $\lim_{n\to\infty}\frac{(-3)^n}{2^n-1}=\lim_{n\to\infty}\frac{\left(-\frac{3}{2}\right)^n}{1-\left(\frac{1}{2}\right)^n}$

그런데 $\lim_{n\to\infty}\left(\frac{1}{2}\right)^n=0$이고,

$\lim_{n\to\infty}\left(-\frac{3}{2}\right)^n$은 진동한다.

따라서 극한은 없다. (진동)

(3) $\lim_{n\to\infty}\frac{\sqrt{5^n}+1}{2^n}=\lim_{n\to\infty}\left\{\left(\frac{\sqrt{5}}{2}\right)^n+\left(\frac{1}{2}\right)^n\right\}=\infty.$

(4) (i) $|r|<1$일 때 $\lim_{n\to\infty}r^n=0$

$\therefore \lim_{n\to\infty}\frac{1-r^n}{1+r^n}=1$

(ii) $r=1$일 때 $\lim_{n\to\infty}r^n=1$

$\therefore \lim_{n\to\infty}\frac{1-r^n}{1+r^n}=0$

(iii) $|r|>1$일 때 $\lim_{n\to\infty}|r^n|=\infty$

$\therefore \lim_{n\to\infty}\frac{1-r^n}{1+r^n}=\lim_{n\to\infty}\frac{\left(\frac{1}{4}\right)^n-1}{\left(\frac{1}{4}\right)^n+1}=-1$

$\therefore |r|<1$일 때 1, $r=1$일 때 0, $|r|>1$일 때 -1

연습문제 7.2

1. (1) $(1+1)+\left(\frac{1}{2}-\frac{1}{5}\right)+\left(\frac{1}{4}+\frac{1}{25}\right)+\ldots$

$=\frac{1}{1-\left(\frac{1}{2}\right)}+\frac{1}{1+\left(\frac{1}{5}\right)}=2+\frac{5}{6}=\frac{17}{6}$

(2) $\frac{4}{(4n-3)(4n+1)}=\frac{1}{4n-3}-\frac{1}{4n+1}$

$S_n=\left(1-\frac{1}{5}\right)+\left(\frac{1}{5}-\frac{1}{9}\right)+\ldots$

$+\left(\frac{1}{4n-7}-\frac{1}{4n-3}\right)+\left(\frac{1}{4n-3}-\frac{1}{4n+1}\right)$

$=1-\frac{1}{4n+1}$

$\Rightarrow \lim_{n\to\infty}S_n=\lim_{n\to\infty}\left(1-\frac{1}{4n+1}\right)=1$

(3) $S_n=\left(\frac{1}{\ln 3}-\frac{1}{\ln 2}\right)+\left(\frac{1}{\ln 4}-\frac{1}{\ln 5}\right)+\ldots$

$+\left(\frac{1}{\ln(n+2)}-\frac{1}{\ln(n+1)}\right)$

$=-\frac{1}{\ln 2}+\frac{1}{\ln(n+2)}\Rightarrow \lim_{n\to\infty}S_n=-\frac{1}{\ln 2}$

(4) $\frac{-\pi}{4}$

(5) $\frac{\left(\frac{3}{2}\right)}{1-\left(-\frac{1}{2}\right)}=1$

(6) $\frac{1}{1-\left(\frac{1}{e^2}\right)}=\frac{e^2}{e^2-1}$

(7) $\frac{1}{1-\left(\frac{2}{3}\right)}-\frac{1}{1-\left(\frac{1}{3}\right)}$

$=3-\frac{3}{2}=\frac{3}{2}$

(8) $\sum_{n=1}^{\infty}\ln\left(\frac{n}{n+1}\right)=\sum_{n=1}^{\infty}[\ln(n)-\ln(n+1)]$

$\Rightarrow S_n=[\ln(1)-\ln(2)]+\ldots+[\ln(n)-\ln(n+1)]$

$=\ln(1)-\ln(n+1)=-\ln(n+1)\Rightarrow \lim_{n\to\infty}S_n=-\infty$

2. (1) $a=3,\ r=\dfrac{x-1}{2},\ \dfrac{3}{1-\left(\dfrac{x-1}{2}\right)}=\dfrac{6}{3-x}$

$-1<\dfrac{x-1}{2}<1,\ -1<x<3$에서 수렴

(2) $a=1,\ r=-(x+1),$

$\dfrac{1}{1+(x+1)}=\dfrac{1}{x+2}$

$|x+1|<1$or $-2<x<0$에서 수렴

(3) $a=1,\ r=\sin x,\ \dfrac{1}{1-\sin x}$

$x\neq(2k+1)\dfrac{\pi}{2}$, k는 상수에서 수렴

3. (1) $\dfrac{3}{1-\dfrac{1}{5}}=\dfrac{15}{4}$

(2) 발산

(3) $\lim\limits_{n\to\infty}\dfrac{3n}{n+4}=3\neq0$이므로 발산

(4) 1

(5) $r=\dfrac{3}{2}$이므로 발산

(6) 2

연습문제 7.3

1. (1) 발산 $\sum\limits_{n=1}^{\infty}\dfrac{3}{\sqrt{n}}=3\sum\limits_{n=1}^{\infty}\dfrac{1}{\sqrt{n},}\ (p=\dfrac{1}{2}),$

p급수검정

(2) 발산 $\displaystyle\int_2^n\frac{\ln x}{x}dx=\frac{1}{2}(\ln^2 n-\ln 2)\Rightarrow\int_2^{\infty}\frac{\ln x}{x}dx\to\infty$

적분검정

(3) 발산 $\lim\limits_{n\to\infty}\cos n\pi\neq0$ n항 검정

(4) 수렴 $\displaystyle\int_1^{\infty}\frac{e^x}{1+e^{2x}}dx\to\int_e^{\infty}\frac{1}{1+u^2}du$

$=\lim\limits_{b\to\infty}(\tan^{-1}b-\tan^{-1}e)$

$=\dfrac{\pi}{2}-\tan^{-1}e\approx0.35$

적분검정

(5) 수렴 $\left(\dfrac{n}{3n+1}\right)^n<\left(\dfrac{n}{3n}\right)^n=\left(\dfrac{1}{3}\right)^n$

비교검정

(6) 수렴 $\lim\limits_{n\to\infty}\dfrac{\left[\dfrac{(\ln n)^2}{n^3}\right]}{\left(\dfrac{1}{n^2}\right)}=\lim\limits_{n\to\infty}\dfrac{(\ln n)^2}{n}=\lim\limits_{n\to\infty}\dfrac{2(\ln n)\left(\dfrac{1}{n}\right)}{1}$

$=2\lim\limits_{n\to\infty}\dfrac{\ln n}{n}=0$

극한 비교검정

(7) 수렴 $\lim\limits_{n\to\infty}\sum\limits_{k=1}^{n}\dfrac{2}{k(k+1)}=\lim\limits_{n\to\infty}2\sum\limits_{k=1}^{n}\left(\dfrac{1}{k}-\dfrac{1}{k+1}\right)=2$

(8) 수렴 $\lim\limits_{n\to\infty}\dfrac{a_{n+1}}{a_n}=\lim\limits_{n\to\infty}\dfrac{\left[\dfrac{(n+1)^{\sqrt{2}}}{2^{n+1}}\right]}{\left[\dfrac{{}^{n}\!\sqrt{2}}{2^n}\right]}$

$=\lim\limits_{n\to\infty}\dfrac{(n+1)^{\sqrt{2}}}{2^{n+1}}\dfrac{2^n}{n^{\sqrt{2}}}$

$=\lim\limits_{n\to\infty}\left(1+\dfrac{1}{n}\right)^{\sqrt{2}}\left(\dfrac{1}{2}\right)=\dfrac{1}{2}<1$

비검정

(9) 수렴 $\lim\limits_{n\to\infty}\dfrac{a_{n+1}}{a_n}=\lim\limits_{n\to\infty}\dfrac{\left(\dfrac{(n+1)^{10}}{10^{n+1}}\right)}{\left[\dfrac{n^{10}}{10^n}\right]}$

$=\lim\limits_{n\to\infty}\dfrac{(n+1)^{10}}{10^{n+1}}\dfrac{10^n}{n^{10}}$

$=\lim\limits_{n\to\infty}\left(1+\dfrac{1}{n}\right)^{10}\left(\dfrac{1}{10}\right)=\dfrac{1}{10}<1$

비검정

(10) 발산 $\lim_{n\to\infty} a_n = \lim_{n\to\infty}\left(1-\frac{3}{n}\right)^n = \lim_{n\to\infty}\left(1+\frac{-3}{n}\right)^n$

$= e^{-3} \approx 0.05 \neq 0$

n항 검정

(11) 수렴 $\lim_{n\to\infty}\frac{a_{n+1}}{a_n} = \lim_{n\to\infty}\frac{\frac{(n+1)!}{(2n+3)!}}{\frac{(2n+1)!}{n!}}$

$= \lim_{n\to\infty}\frac{n+1}{(2n+3)(2n+2)} = 0 < 1$

비검정

(12) 수렴 $\frac{n!\ln n}{n(n+2)!} = \frac{\ln n}{n(n+1)(n+2)} < \frac{n}{n(n+1)(n+2)}$

$= \frac{1}{(n+1)(n+2)} < \frac{1}{n^2}$

비교검정

연습문제 7.4

1. (1) 이것은 기하급수 $\sum_{k=0}^{\infty}(x+2)^k = \frac{1}{1-(x+2)}$

$= \frac{-1}{1+x} = f(x)$이며, 이 급수는 $|x+2|<1$

$(-3<x<1)$에서 수렴한다.

따라서 수렴구간은 $(-3,-1)$이고 $r=1$이다.

(2) 이것은 기하급수 $\sum_{k=0}^{\infty}(2x-1)^k = \frac{1}{1-2(2x-1)}$

$= \frac{1}{2-2x} = f(x)$이며 이 급수는 $|2x-1|$

$<1(0<x<1)$에서 수렴한다. 따라서

수렴구간은 $(0,1)$이고 $r=\frac{1}{2}$이다.

(3) 이것은 기하급수 $\sum_{k=0}^{\infty}(-1)^k\left(\frac{x}{2}\right)^k = \sum_{k=0}^{\infty}\left(\frac{-x}{2}\right)^k$

$= \frac{1}{1+\frac{x}{2}} = \frac{2}{2+x} = f(x)$이며 이 급수는

$\left|\frac{-x}{2}\right| < 1(-2<x<2)$에서 수렴한다.

따라서 수렴구간은 $(-2,2)$이고 $r=2$이다.

2. (1) 모든 x에 대해서

$\lim_{k\to\infty}\left|\frac{a_k+1}{a_k}\right| = \lim_{k\to\infty}\left|\frac{2^{k+1}k!(x-2)^{k+1}}{2^k(k+1)!(x-2)^k}\right| =$

$2|x-2|\lim_{k\to\infty}\frac{1}{k+1} = 0$이고 $0<1$이므로 비판정법에 의해 절대수렴한다. 따라서 수렴구간은 $(-\infty,\infty)$이고 $r=\infty$이다.

(2) $\lim_{k\to 0}\left|\frac{a_{k+1}}{a_k}\right| = \lim_{k\to\infty}\left|\frac{(-1)^{k+1}k3^k(x-1)^{k+1}}{(-1)^k(k+1)3^{k+1}(x-1)^k}\right|$

$= \frac{|x-1|}{3}\lim_{k\to\infty}\frac{k}{k+1} = \frac{|x-1|}{3}$이고 비판정법에 의해

$\frac{|x-1|}{3}<1$일 때, $(-2,4)$에서 절대수렴한다.

$x=-2$일 때, $\sum_{k=0}^{\infty}\frac{1}{k}$이고 이것은 발산하는 조화급수이다.

$x=4$일 때, $\sum_{k=0}^{\infty}\frac{(-1)^k}{k3^k}(3)^k = \sum_{k=0}^{\infty}\frac{(-1)^k}{k}$이고 이 급수는 교대급수판정법에 의해 수렴한다. 따라서 수렴구간은 $(-2,4]$이고 $r=3$이다.

(3) $\lim_{k\to\infty}\left|\frac{a_{k+1}}{a_k}\right| = \lim_{k\to\infty}\left|\frac{k(x-1)^{k+1}}{(k+1)(x-1)^k}\right|$

$= |x-1|\lim_{k\to\infty}\frac{k}{k+1} = |x-1|$

이고 비판정법에 의해 $|x-1|<1$일 때, 즉 $(0,2)$에서 절대수렴한다.

$x=0$일 때, $\sum_{k=0}^{\infty}\frac{(-1)^k}{k}$이고, 이것은 교대급수 판정법에 의해 수렴한다.

$x=2$일 때, $\sum_{k=0}^{\infty}\frac{1}{k}$이고 이 급수는 발산하는 조화급수이다.

따라서 수렴구간은 $[0,2)$이고 $r=1$이다.

(4) 모든 $x \in (-\infty, \infty)$에 대하여

$$\lim_{k\to\infty}\left|\frac{a_{k+1}}{a_k}\right| = \lim_{k\to\infty}\left|\frac{(k+1)!(2k)!x^{k+1}}{(2k+2)!x^k}\right|$$

$$= |x|\lim_{k\to\infty}\frac{k+1}{(2k+2)(2k+1)} = 0$$

이고 비판정법에 의해 절대수렴한다.

따라서 수렴구간은 $(-\infty, \infty)$이고 $r = \infty$이다.

3. (1) $-1 < -4x-1 < 1$에서 수렴하고

$-\frac{1}{2} < x < 0$

(2) $-3 \leq x \leqq 3$

(3) $\lim_{n\to\infty}\frac{a_{n+1}}{a_n} = \lim_{n\to\infty}\frac{\frac{x^{2n+3}}{(n+1)!}}{\frac{2^{2n+1}}{n!}} = \lim_{n\to\infty}\frac{x^2}{n+1} = 0$

이므로 수렴구간은 모든 x이다.

(4) $-8 < x < 2$

(5) $\lim_{n\to\infty}\left|\frac{a_{n+1}}{a_n}\right| = \lim_{n\to\infty}\left|\frac{(1+\frac{1}{n+1})^{n+1}x^{n+1}}{(1+\frac{1}{n})^n x^n}\right|$

$= \lim_{n\to\infty}|x| < 1$에서 $-1 < x < 1$

(6) $-4 < x \leq 0$

4. (1) $r = \left(\frac{x-1}{2}\right)^2$이므로 $-1 < \left(\frac{x-1}{2}\right)^2 < 1$

$\to -1 < \frac{x-1}{2} < 1 \to -2 < x-1 < 2$

$\to -1 < x < 3$

$S = \frac{1}{1-\frac{(x-1)^2}{4}} = \frac{4}{3+2x-x^2}$

(2) $0 < x < 16$, $S = \frac{2}{4-\sqrt{x}}$

(3) $r = \frac{x^2+1}{3}$이므로 $-1 < \frac{x^2+1}{3} < 1$

$\to -1 < \frac{x^2+1}{3} < 1 \to x^2 - 2 < 0$

$\to -\sqrt{2} < x < \sqrt{2}$

$S = \frac{1}{1-\frac{x^2+1}{3}} = \frac{3}{2-x^2}$

연습문제 7.5

1. (1) $p_3(x) = (x-1) - \frac{1}{2}(x-1)^2 + \frac{1}{3}(x-1)^3$

(2) $p_3(x) = \frac{1}{2} - \frac{1}{4}(x-2) + \frac{1}{8}(x-2)^2 - \frac{1}{16}(x-2)^3$

(3) $p_3(x) = \frac{\sqrt{2}}{2} + \frac{\sqrt{2}}{2}\left(x-\frac{\pi}{4}\right)$

$-\frac{\sqrt{2}}{4}\left(x-\frac{\pi}{4}\right)^2 - \frac{\sqrt{2}}{12}\left(x-\frac{\pi}{4}\right)^3$

2. (1) $1 - x + \frac{1}{2!}x^2 - \frac{1}{3!}x^3 + \frac{1}{4!}x^4 + \cdots$

(2) $1 - x + x^2 - x^3 + x^4 + \cdots$

(3) $3x - \frac{3^2x^2}{3!} + \frac{3^5x^5}{5!} + \cdots$

(4) $7 - \frac{7x^2}{2!} + \frac{7x^4}{4!} - \frac{7x^6}{6!} + \cdots$

3. (1) $8 + 10(x-2) + 6(x-2)^2 + (x-3)^3 + \cdots$

(2) $21 - 36(x+2) + 25(x+2)^2 - \cdots$

(3) $1 - 2(x-1) + 3(x-1)^2 - 4(x-1)^3 + \cdots$

(4) $e^2 + e^2(x-2) + \frac{e^2}{2}(x-2)^2 + \cdots$

4. (1) $1-5x+\dfrac{(-5x)^2}{2!}+\cdots=\sum_{n=0}^{\infty}\dfrac{(-1)^n5^nx^n}{n!}$

(2) $\sum_{n=0}^{\infty}\dfrac{(-1)^n(x+1)^n}{(2n)!}$

$$=1-\frac{x+1}{2!}+\frac{(x+1)^2}{4!}-\frac{(x+1)^3}{6!}+\cdots$$

5. (1) $x(\sum_{n=0}^{\infty}\dfrac{x^n}{n!})=\sum_{n=0}^{\infty}\dfrac{x^{n+1}}{n!}$

$$=x+x^2+\frac{x^3}{2!}+\frac{x^4}{3!}+\cdots$$

(2) $x\sum_{n=0}^{\infty}\dfrac{(-1)^n(\pi x)^{2n}}{(2n)!}=\sum_{n=0}^{\infty}\dfrac{(-1)^n\pi^{2n}x^{2n+1}}{(2n)!}$

$$=x-\frac{\pi^2x^3}{2!}+\frac{\pi^4x^5}{4!}-\cdots$$

(3) $x^2\sum_{n=0}^{\infty}(2x)^n=\sum_{n=0}^{\infty}2^nx^{n+2}$

$$=x^2+2x^2+2^2x^4+\cdots$$

(4) $\dfrac{1}{1-x}=1+x+x^2+x^3+\cdots$

$$\frac{d}{dx}\left(\frac{1}{1-x}\right)\equiv 1+2x+3x^2+\cdots$$

$$\frac{1}{(1-x)^2}=\sum_{n=0}^{\infty}nx^{n-1}=\sum_{n=0}^{\infty}(n+1)x^n$$

6. (1) $\displaystyle\int_0^{0.2}\left(x^2-\frac{x^6}{3!}+\frac{x^{10}}{5!}-\cdots\right)\approx 0.00267$

(2) $\displaystyle\int_0^{0.2}\frac{1}{x}\left(1-x+\frac{x^2}{2!}-\frac{x^3}{3!}-\cdots-1\right)$

≈ -0.19044

(3) $\displaystyle\int_0^{0.1}\left(1-\frac{x^2}{3!}+\frac{x^4}{5!}-\cdots\right)\approx 0.0999444611$

(4) $\displaystyle\int_0^{1}\left(\frac{1}{2}-\frac{x^2}{4!}+\frac{x^4}{6!}-\frac{x^6}{8!}+\cdots\right)dx=0.486385$

7. (1) $\displaystyle\lim_{x\to0}\frac{1}{x^2}\left(1+x+\frac{x^2}{2}+\frac{x^3}{3!}-1-x\right)$

$$=\lim_{x\to0}\left(\frac{1}{2}+\frac{x}{3!}+\frac{x^2}{4!}+\cdots\right)=\frac{1}{2}$$

(2) $\displaystyle\lim_{t\to0}\frac{1}{t^4}\left[1-\frac{t^2}{2}-\left(1-\frac{t^2}{2}+\frac{t^4}{4!}-\frac{t^6}{6!}+\cdots\right)\right]$

$$=\lim_{t\to0}(-\frac{1}{4!}+\frac{t^2}{6!}-\frac{t^4}{8!}+\cdots)=-\frac{1}{24}$$

(3) $\displaystyle\lim_{y\to0}\frac{1}{y^3}\left[y-\left(y-\frac{y^3}{3}+\frac{y^5}{5}-\cdots\right)\right]$

$$=\lim_{y\to0}\left(\frac{1}{3}-\frac{y^2}{5}+\frac{y^4}{7}-\cdots\right)=\frac{1}{3}$$

(4) $\displaystyle\lim_{x\to0}x^2\left(-1+1-\frac{1}{x^2}+\frac{1}{2x^4}-\cdots\right)$

$$=\lim_{x\to0}\left(-1+\frac{1}{2x^2}-\frac{1}{6x^4}+\cdots\right)=-1$$

(5) $\displaystyle\lim_{x\to0}\frac{x^2-\frac{x^4}{2}+\frac{x^6}{3}-\cdots}{1-\left(1-\frac{x^2}{2!}+\frac{x^4}{4!}-\cdots\right)}$

$$=\lim_{x\to0}\frac{\left(1-\frac{x^2}{2}+\frac{x^4}{3}-\cdots\right)}{\left(\frac{1}{2!}-\frac{x^2}{4!}+\cdots\right)}=2!=2$$

(6) $\displaystyle\lim_{x\to2}\frac{x^2-4}{\ln(x-1)}$

$$=\lim_{x\to2}\frac{(x-2)(x+2)}{\left[(x-2)-\frac{(x-2)^2}{2}+\frac{(x-2)^3}{3}-\cdots\right]}$$

$$=\lim_{x\to2}\frac{x+2}{\left[1-\frac{x-2}{2}+\frac{(x-2)^2}{3}-\cdots\right]}$$

$=4$

연습문제 8장

연습문제 8.1

1. (1) 0　　(2) 1

(3) $\{(x, y)|y>1-x\}$　　(4) 모든 실수

2. (1) $4e^0=4$　　(2) 모든 실수

(3) $(0, \infty)$

(3). (1) 정의역: $\{(x, y)|y\geq -x\}$, 치역: $[0, \infty]$

(2) 정의역: $\left\{(x, y)|\frac{1}{9}x^2+y^2<1\right\}$, 치역: $(-\infty, \infty)$

(3) 정의역: 실수 R, 치역: $\{f(x, y)|-1\leq f(x,y)\leq 1\}$

(4) 정의역: $\{(x, y)|y\geq x^2, x\neq\pm 1]$, 치역: $(-\infty, \infty)$

(5) 정의역 : $[(x, y)|x\geq y^2-1]$, 치역 : $[0, \infty)$

연습문제 8.2

1. (1) $\lim\limits_{(x,y)\to(5,-2)}(x^5+4x^3y-5xy^2)$

$=5^5+4(5)^3(-2)-5\cdot 5(-2)^2=2025$

(2) $\frac{2}{7}$

(3) $x=0$, 준식 $=\lim\limits_{(x,y)\to(0,0)}\frac{y^4}{3y^4}=\frac{1}{3}$

$y=0$ 준식 $=\lim\limits_{(x,y)\to(0,0)}\frac{0}{x^4}=0$

따라서 발산

(4) 발산

(5) $x=0$, 준식 $=0$, $y=0$ 준식 $=0$

$y=x$, 준식 $=\lim\limits_{(x,y)\to(0,0)}\frac{x^2}{\sqrt{2x^2}}=\lim\limits_{(x,y)\to(0,0)}\frac{|x|}{\sqrt{2}}=0$

따라서 수렴

(6) 발산

(7) $\lim\limits_{(x,y)\to(0,0)}\frac{x^2+y^2}{\sqrt{x^2+y^2+1}-1}\cdot\frac{\sqrt{x^2+y^2+1}+1}{\sqrt{x^2+y^2+1}+1}$

$=\lim\limits_{(x,y)\to(0,0)}\frac{(x^2+y^2)(\sqrt{x^2+y^2+1}+1}{x^2+y^2}=2$

(8) 1

(9) $y=0, z=0$　준식 $=\lim\limits_{(x,y,z)\to(0,0,0)}\frac{0}{x^2}=0$

$x=0, z=y$　준식 $=\lim\limits_{(x,y,z,)\to(0,0,0)}y^3/(y^2+y^4)=0$

따라서 발산

$y=0, z=0$　준식 $=\lim\limits_{(x,y,z)\to(0,0,0)}\frac{x^2}{2x^2}=\frac{1}{2}$

따라서 발산

(10) 발산

2. (1) $\{(x,y)\,|\,y\neq x^2\}$

(2) $\{(x,y)\,|\,y\geq 0\}$

(3) $\{(x,y)\,|\,x^2+y^2-4>0\}$

(4) $\{(x,y,z)\,|\,y\geq 0,\ y\neq\pm\sqrt{x^2+z^2}\}$

(5) $2x^2+y^2\geq x^2$ 에서 $|x^2y^3/(2x^2+y^2)|\leq|y^3|$,

$(x,y)\to 0$일 때 $|y^3|\to 0$ 이므로

샌드위치정리에 의해

$\lim\limits_{(x,y)\to(0,0)}\frac{x^2y^3}{2x^2+y^2}=0$, $f(0,0)=1$

따라서 $(x,y)=(0,0)$ 에서 불연속이다.

연습문제 8.3

1. (1) $f_x(x,y)=3,\ f_y(x,y)=-8y^3$

(2) $\dfrac{\partial z}{\partial x}=e^{3y},\ \dfrac{\partial z}{\partial y}=3xe^{3y}$

(3) $f_x(x,y)=\dfrac{2y}{(x+y)^2},\ f_y(x,y)=-\dfrac{2x}{(x+y)^2}$

(4) $w=\sin\alpha\cos\beta \Rightarrow \dfrac{\partial w}{\partial \alpha}=\cos\alpha\cos\beta$

$\dfrac{\partial w}{\partial \beta}=\sin\alpha\sin\beta$

(5) $f(r,s)=r\ln(r^2+s^2)$

$\Rightarrow f_r(r,s)=\dfrac{2r^2}{r^2+s^2}+\ln(r^2+s^2)$

$f_s(r,s)=\dfrac{2rs}{r^2+s^2}$

(6) $f(x,y,z)=xz-5x^2y^3z^4$

$\Rightarrow f_x(x,y,z)=z-10xy^3z^4,\ f_y(x,y,z)$

$=-15x^2y^2z^4,\ f_z(x,y,z)=x-20x^2y^3z^3$

(7) $w=\ln(x+2y+3x)$

$\Rightarrow \dfrac{\partial w}{\partial x}=\dfrac{1}{x+2y+3z},\ \dfrac{\partial w}{\partial x}=\dfrac{2}{x+2y+3z},$

$\dfrac{\partial w}{\partial x}=\dfrac{3}{x+2y+3z}$

(8) $u=xy\sin^{-1}(yz) \Rightarrow \dfrac{\partial u}{\partial x}=y\sin^{-1}(yz),$

$\dfrac{\partial u}{\partial y}=\dfrac{xyz}{\sqrt{1-y^2z^2}}+xs\sin^{-1}(yz)$

$\dfrac{\partial u}{\partial z}=\dfrac{xy^2}{\sqrt{1-y^2z^2}}$

2. (1) $f_x=3y^4+3x^2y^2,\ f_{xx}=6xy^2,$

$f_{xxy}=12xy,\ f_y=12xy^3+2x^3y,$

$f_{yy}=36xy^2+2x^3,\ f_{yyy}=72xy$

(2) $f_x=-\sin(4x+3y+2z)(4)$

$f_{xy}=-12\cos(4x+3y+2z),$

$f_{xyz}=24\sin(4x+3y+2z),$

$f_y=-3\sin(4x+3y+2z),$

$f_{yz}=-6\cos(4x+3y+2z),$

$f_{yzz}=12\sin(4x+3y+2z)$

(3) $\dfrac{\partial u}{\partial \theta}=e^{r\theta}(\cos\theta+rsin\theta)$

$\dfrac{\partial^2 u}{\partial r\,\partial\theta}=e^{r\theta}(\theta\cos\theta+r\theta\sin\theta+\sin\theta)$

$\dfrac{\partial^3 u}{\partial r^2\partial\theta}=\theta e^{r\theta}(2\sin\theta+\theta\cos\theta+r\theta\sin\theta)$

(4) $\dfrac{\partial w}{\partial x}=\dfrac{1}{y+2z},$

$\dfrac{\partial^2 w}{\partial y\,\partial x}=-(y+2z)^{-2},$

$\dfrac{\partial^3 w}{\partial z\,\partial y\,\partial x}=4(y+2z)^{-3},$

$\dfrac{\partial w}{\partial y}=-x(y+2z)^{-2},$

$\dfrac{\partial^2 w}{\partial x\,\partial y}=-(y+2z)^{-2},\quad \dfrac{\partial^3 w}{\partial x^2\,\partial y}=0$

3. (1) $4(2xy+y^2)t^3-3(x^2+2xy)t^2$

(2) $e^{y/z}(2t-\dfrac{x}{z}-\dfrac{2xy}{z^2})$

(3) $\dfrac{\partial z}{\partial s}=2xy^3\cos t+3x^2y^2\sin t$

$\dfrac{\partial z}{\partial t}=-2sxy^3\sin t+3sx^2y^2\cos t$

(4) $\dfrac{\partial z}{\partial s}=t^2\cos\theta\cos\varnothing-2st\sin\theta\sin\varnothing$

$\dfrac{\partial z}{\partial t}=2st\cos\theta\cos\varnothing-s^2\sin\theta\sin\varnothing$

4. (1) $\dfrac{\partial w}{\partial r}=\dfrac{\partial w}{\partial x}\dfrac{\partial x}{\partial r}+\dfrac{\partial w}{\partial y}\dfrac{\partial y}{\partial r}+\dfrac{\partial w}{\partial z}\dfrac{\partial z}{\partial r}$

$=2(x+y+z)(1)+2(x+y+z)[-\sin(r+s)]$

$+2(x+y+z)[\cos(r+s)]$

$=2(x+y+z)[1-\sin(r+s)+\cos(r+s)]$

$= 2[r-s+\cos(r+s)+\sin(r+s)][1-\sin(r+s)$

$+\cos(r+s)]$

$\Rightarrow \frac{\partial w}{\partial r}\Big|_{r=1, s=-1} = 2(3)(2) = 12$

(2) $\frac{\partial w}{\partial v} = \frac{\partial w}{\partial x}\frac{\partial x}{\partial v} + \frac{\partial w}{\partial y}\frac{\partial y}{\partial v} + \frac{\partial w}{\partial z}\frac{\partial z}{\partial v}$

$= y\left(\frac{2v}{u}\right) + x(1) + \left(\frac{1}{z}\right)(0)$

$= (u+v)\left(\frac{2v}{u}\right) + \frac{v^2}{u} \Rightarrow \frac{\partial w}{\partial v}\Big|_{u=-1, v=2}$

$= (1)\left(\frac{4}{-1}\right) + \left(\frac{4}{-1}\right) = -8$

(3) $\frac{\partial w}{\partial v} = \frac{\partial w}{\partial x}\frac{\partial x}{\partial v} + \frac{\partial w}{\partial y}\frac{\partial y}{\partial v} = \left(2x - \frac{y}{x^2}\right)(-2) + \left(\frac{1}{x}\right)(1)$

$= \left[2(u-2v+1) - \frac{2u+v-2}{(u-2v+1)^2}\right](-2) + \frac{1}{y-2v+1}$

$\Rightarrow \frac{\partial w}{\partial v}\Big|_{u=0, v=0} = -7$

(4) $\frac{\partial z}{\partial u} = \frac{\partial z}{\partial x}\frac{\partial x}{\partial u} + \frac{\partial z}{\partial y}\frac{\partial y}{\partial u}$

$= (y\cos xy + \sin y)(2u) + (x\cos xy + x\cos y)(v)$

$= [uv\cos(u^3v+uv^3) + \sin uv]$

$(2u) + [(u^2+v^2)\cos(u^3v+uv^3) + (u^2+v^2)\cos uv](v)$

$\Rightarrow \frac{\partial z}{\partial u}\Big|_{u=0, v=1} = 0 + (\cos 0 + \cos 0)(1) = 2$

연습문제 8.4

1. (1) $D(1,1) = f_{xx}(1,1)f_{yy}(1,1) - [f_{xy}(1,1)]^2$

$= (4)(2) - (1)^2 = 7$

$D(1,1) > 0,\ f_{xx}(1,1) > 0,$

따라서 f는 $(1, 1)$에서 극소값이다.

(2) $D(1,1) = f_{xx}(1,1)f_{yy}(1,1) - [f_{xy}(1,1)]^2$

$= (4)(2) - (3)^2 = -1,\ D(1,1) < 0$

따라서 f는 $(1, 1)$에서 안장점이다.

2. (1) $D = g_{xx}(0, 2)g_{yy}(0, 2) - [g_{xy}(0, 2)]^2$

$= (-1)(1) - (6)^2 = -37,\ D < 0$

따라서 g는 $(0, 2)$에서 안장점이다.

(2) $D = g_{xx}(0, 2)g_{yy}(0, 2) - [g_{xy}(0, 2)]^2$

$= (-1)(-8) - (2)^2 = 4$

$D > 0,\ g_{xx}(0, 2) < 0$

따라서 g는 $(0, 2)$에서 극대값이다.

(3) $D = g_{xx}(0, 2)g_{yy}(0, 2) - [g_{xy}(0, 2)]^2$

$= (4)(9) - (6)^2 = 0$

따라서 g는 $(0, 2)$에서 정보가 없다.

3. (1) $f(x, y) = 9 - 2x + 4y - x^2 - 4y^2$

$f_x = -2 - 2x,\ f_y = 4 - 8y,$

$f_{xx} = -2,\ f_{xy} = 0,\ f_{yy} = -8,\ f_x = 0$ 그리고 $f_y = 0$

$x = -1,\ y = \frac{1}{2},$ 임계점 $\left(-1, \frac{1}{2}\right)$

$D\left(-1, \frac{1}{2}\right) = 16 > 0, f_{xx}\left(-1, \frac{1}{2}\right) = -2 < 0,$

$f\left(-1, \frac{1}{2}\right) = 11$은 극대값이다.

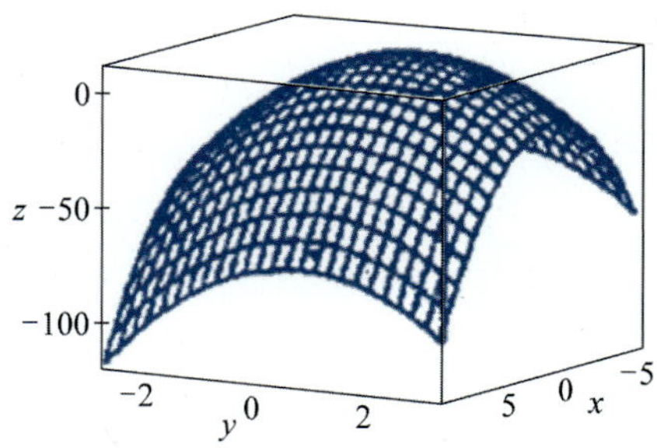

(2) $f(x, y) = x^2 + y^2 + x^2y + 4$

$\rightarrow f_x = 2x + 2xy,\ f_y = 2y + x^2,$

$f_{xx} = 2 + 2y,\ f_{yy} = 2,\ f_{xy} = 2x$

$f_y = 0,\ y = -\frac{1}{2}x^2$

$f_x = 0,\ 2x - x^3 = 0$ 그래서 $x = 0$ 또는 $x = \pm\sqrt{2}$

$(0, 0)$에서 $D>0, f_{xx}(0,0)>0$이므로

극소값 $f(0,0)=4$이다.

$(\sqrt{2}, -1)$그리고 $(-\sqrt{2}, -1)$에서 $D(\pm\sqrt{2}, -1)=$

$-8<0$ 이므로 $(\pm\sqrt{2}, -1)$은 안장점이다.

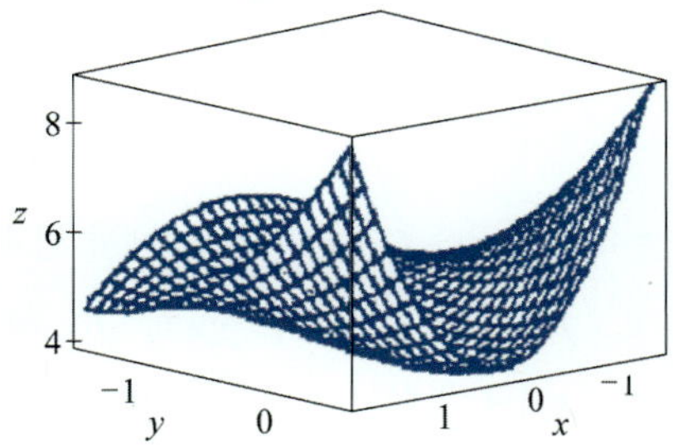

(3) $f(x, y)=xy-2x-y$

$\rightarrow f_x=y-2,\ f_y=x-1,$

$f_{xx}=f_{yy}=0,\ f_{xy}=1$

임계점은 $(1, 2)$, $D(1,2)=-1$ 그래서 $(1, 2)$는 안장점이고 f는 극대, 극소값이 없다.

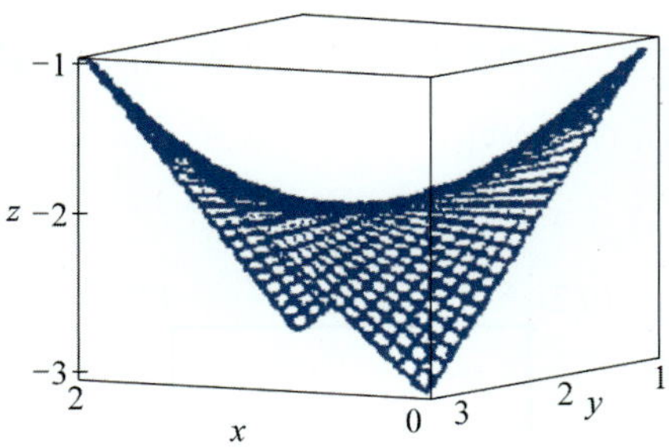

(4) $f(x, y)=x^3-12xy+8y^3 \rightarrow f_x=3x^2-12y$

$f_y=-12x+24y^2, f_{xx}=6x,\ f_{xy}=-12,\ f_{yy}=48y,$

$f_x=0,\ x^2=4y$ 그리고 $f_y=0,\ x=2y^2$

$(2y^2)^2=4y\ \rightarrow\ 4y^4=4y\ \rightarrow$

$4y(y^3-1)=0 \rightarrow y=0$ 또는 $y=1$

만약 $y=0$이면 $x=0$

그리고 만약 $y=1$이면 $x=2$

따라서 임계점은 $(0, 0)$ 그리고 $(2, 1)$이다.

$D(0, 0)=(0)(0)-(-12)^2=-144<0$

그래서 $(0, 0)$에서 극값이 존재하지 않는다.(안장점)

$D(2, 1)=(12)(48)-(-12)^2=432>0,$

$f_{xx}(2,1)=12>0$

그래서 극소값 $f(2,1)=-8$이다.

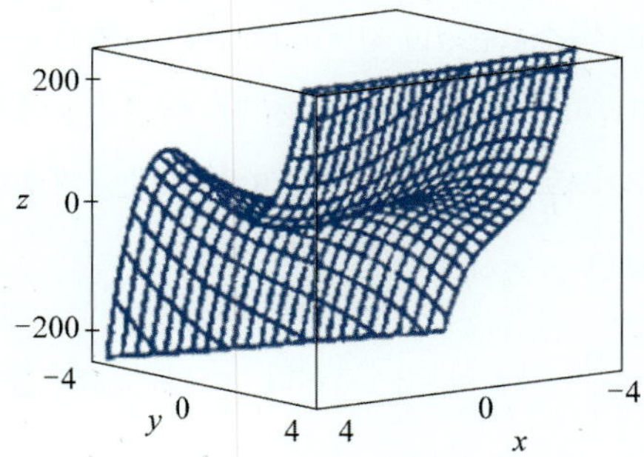

(5) $f(x, y)=e^{4y-x^2-y^2}\ \rightarrow$

$f_x=-2xe^{4y-x^2-y^2},$

$f_y=(4-2y)e^{4y-x^2-y^2},$

$f_{xx}=(4x^2-2)e^{4y-x^2-y^2},$

$f_{yy}=(4y^2-16y+14)e^{4y-x^2-y^2}$

$f_x=0$ 그리고 $f_y=0,$

$x=0$ 그리고 $y=2,$

그래서 임계점은 $(0, 2)$, $D(0, 2)=(-2e^4)(-2e^4)-0^2$

$=4e^8>0$ 그리고 $f_{xx}(0,2)=-2e^4<0$

그래서 극대값은 $f(0, 2)=e^4$이다.

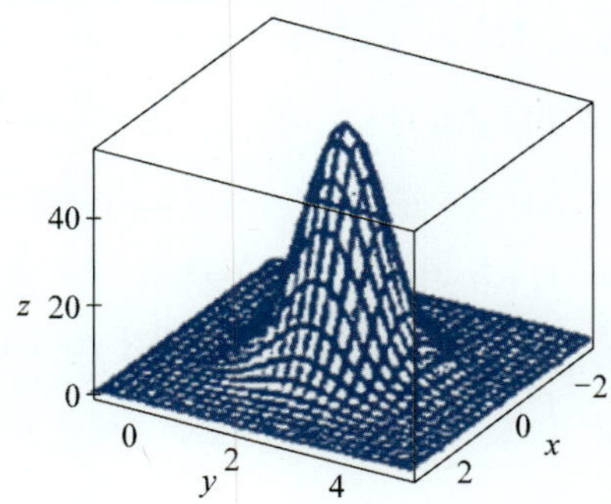

4. (1) f는 다항식이고 D에서 연속이므로 최대값과 최소값이 존재한다. $f_x=4$, $f_y=-5$이므로 D에서 임계점이 없다. 그러므로 경계에서 최대 최소가 있다. L_1에서 $x=0$이고 $f(0,\ y)=1-5y,\ 0\le y\le 3$이다. 이것은 y의 감소함수이므로 최대값은 $f(0,\ 0)=1$이고, 최소값은 $f(0,\ 3)=-14$이다. L_2에서 $y=0$이고 $f(x,\ 0)=1+4x,\ 0\le x\le 2$이다. 이것은 x의 증가함수이므로 최대값은 $f(2,0)=9$이고 최소값은 $f(0,\ 0)=1$이다. L_3에서 $y=-\frac{3}{2}x+3$이고 $f\left(x,\ -\frac{3}{2}x+3\right)=\frac{23}{2}x-14,\ 0\le x\le 2$이다. 이것은 x의 증가함수이므로 최댓값은 $f(2,\ 0)=9$이고 f의 최소값은 $f(0,\ 3)=-14$이다. 그러므로 경계에서 f의 최대값은 $f(2,0)=9$이고 최소값은 $f(0,3)=-14$

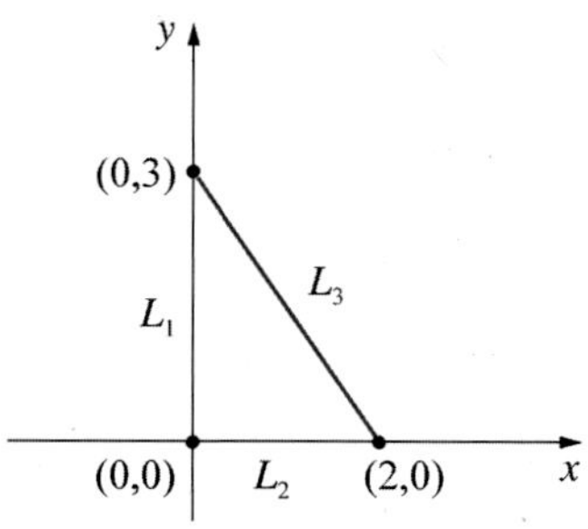

(2) $f_x(x,\ y)=2x+2xy=0$, $f_y(x,\ y)=2y+x^2=0$에서 임계점 $(0,\ 0)$이고 $f(0,\ 0)=4$, L_1에서 $y=-1$, $f(x,-1)=5$, L_2에서 $x=1$, $f(1,y)=y^2+y+5$, $-1\le y\le 1$에서 최댓값 $f(1,\ 1)=7$, 최소값 $f\left(1,\ -\frac{1}{2}\right)=\frac{19}{4}$, L_3에서 $f(x,\ 1)=2x^2+5$, $-1\le x\le 1$에서 최댓값 $f(\pm1,\ 1)=7$, 최소값 $f(0,\ 1)=5$, L_4에서 $f(-1,\ y)==y^2+y+5$, $-1\le y\le 1$에서 최댓값 $f(-1,1)=7$, 최소값 $f\left(-1,\ -\frac{1}{2}\right)=\frac{19}{4}$, 그러므로 D에서 f의 최댓값 $f(\pm1,\ 1)=7$, 최소값 $f(0,\ 0)=4$이다.

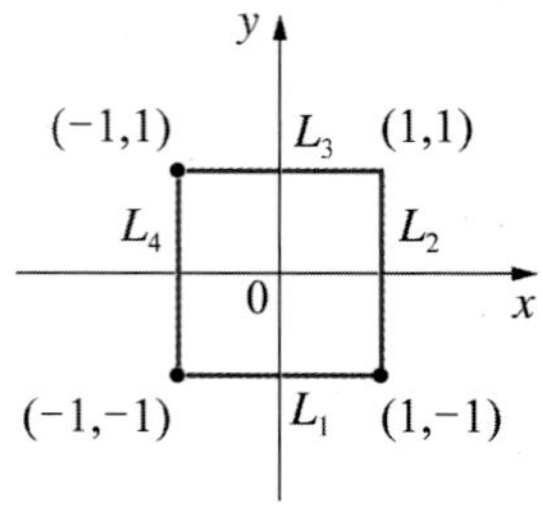

(3) $f_x=4x^3-4y=0$, $f_y=4y^3-4x=0$에서 임계점 $(1,1)$이고 $f(1,1)=0$, L_1에서 $y=0$, $f(x,\ 0)=x^4+2$, $0\le x\le 3$에서 최대값 $f(3,0)=83$, 최소값 $f(0,\ 0)=2$, L_2에서 $x=3$, $f(3,\ y)=y^4-12y+83$, $0\le y\le 2$에서 최대값 $f(3,\ 0)=83$, 최소값 $f(3,\ \sqrt[3]{3})=83-3\sqrt[3]{3}\approx 70.0$ L_3에서 $y=2$, $f(x,\ 2)=x^4-8x+18$, $0\le x\le 3$에서 최대값 $f(3,\ 2)=75$, 최소값 $f(\sqrt[3]{2},\ 2)=18-6\sqrt[3]{2}\approx 10.4$, L_4에서 $x=0$, $f(0,\ y)=y^4+2$, $0\le y\le 2$에서 최대값 $f(0,\ 2)=18$, 최소값 $f(0,\ 0)=2$이다.
그러므로 D에서 f의 최대값 $f(3,0)=83$, 최소값은 $f(1,\ 1)=0$이다.

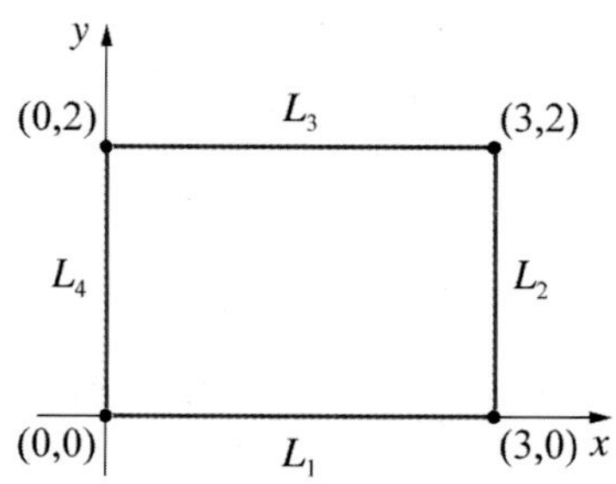

연습문제 9장

연습문제 9.1

1. (1) $\int_1^3\int_0^1(1+4xy)dxdy$

$=\int_1^3(1+2y)dy=(3+9)-(1+1)=10$

(2) $\int_0^{\pi/2}\int_0^{\pi/2}\sin x\cos y\,dydx$

$=\int_0^{\pi/2}\sin x\,dx\int_0^{\pi/2}\cos y\,dy=-(0-1)(1-0)=1$

(3) $\int_1^4\int_1^2\left(\frac{x}{y}+\frac{y}{x}\right)dydx=\int_1^4(x\ln 2+\frac{3}{2x})dx$

$=8\ln 2+\frac{3}{2}\ln 4-\frac{1}{2}\ln 2=\frac{21}{2}\ln 2$

(4) $\int_0^2\int_0^{\pi}r\sin^2\theta\,d\theta=\int_0^2 rdr\int_0^{\pi}\frac{1}{2}(1-\cos 2\theta)d\theta$

$=(2-0)\times\frac{1}{2}\left[\left(\pi-\frac{1}{2}\sin 2\pi\right)-\left(0-\frac{1}{2}\sin 0\right)\right]$

$=2\left(\frac{1}{2}\right)[(\pi-0)-(0-0)]=\pi$

2. (1) $\int_0^1\int_0^{2x}(x+2y)dydx=\int_0^1 6x^2dx=2$

(2) $\int_0^1\int_0^{2y}(4x\sqrt{y}+y)dxdy=\int_0^1(8y^{5/2}+2y^2)dy=\frac{62}{21}$

(3) $\int_0^2\int_0^{2y}e^{y^2}dxdy=\int_0^2 2ye^{y^2}dy=e^4-1$

(4) $\int_1^4\int_0^{1/x}\cos xy\,dydx=\int_1^4\frac{1}{x}sin 1dx=\sin 1(\ln 4)$

3. (1) $\int\int(x^2-2y)dA=\int_0^2\int_{-1}^1(x^2-2y)dydx$

$=\int_0^3[x^2y-y^2]_{y=-1}^{y=1}dx=\int_0^2 2x^2dx=\left[\frac{2}{3}x^3\right]_0^2=\frac{16}{3}$

(2) $\int\int 4xe^{2y}dA=\int_2^4\int_0^1 4xe^{2y}dydx$

$=\int_2^4[2xe^{2y}]_{y=0}^{y=1}dx=\int_2^4 2x(e^2-1)dx$

$=(e^2-1)[x^2]_2^4=12(e^2-1)$

(3) $\int\int(1-ye^{xy})dA=\int_0^3\int_0^2(1-ye^{xy})dxdy$

$=\int_0^3[x-e^{xy}]_{x=0}^{x=2}dy=\frac{19}{2}-\frac{1}{2}e^6$

4. (1) $\int_0^2\int_0^y 2e^{y^2}dxdy=\int_0^2[2xe^{y^2}]_{x=0}^{x=y}dy$

$=\int_0^2 2ye^{y^2}dy=[e^{y^2}]_0^2=e^4-1$

(2) $\int_0^1\int_0^x 3xe^{x^3}dydx=\int_0^1[3xe^{x^3}y]_{y=0}^{y=x}dx$

$=\int_0^1 3x^2e^{x^3}dx=[e^{x^3}]_0^1=e-1$

연습문제 9.2

1. (1) $\int_0^{2\pi}\int_0^3 r^2drd\theta=\int_0^{2\pi}9\,d\theta=18\pi$

(2) $\int_0^{2\pi}\int_0^2 e^{-r^2}rdrd\theta=-\frac{1}{2}\int_0^{2\pi}(e^{-4}-1)\,d\theta=\pi-\pi e^{-4}$

(3) $\int_0^{2\pi}\int_0^{2-\cos\theta}r\sin\theta\,rdr\,d\theta$

$=\int_0^{2\pi}\left[\frac{1}{3}(2-\cos\theta)^3\sin\theta\right]d\theta=0$

(4) $\int_0^{2\pi}\int_0^3 r^2rdrd\theta=\int_0^{2\pi}\frac{81}{4}d\theta=\frac{81}{2}\pi$

2. (1) $\int_0^{2\pi}\int_0^2 r^2 drd\theta = \int_0^{2\pi}\frac{8}{3}d\theta = \frac{16\pi}{3}$

(2) $\int_{-\pi/2}^{\pi/2}\int_0^2 e^{-r^2}rdrd\theta = \int_{-\pi/2}^{\pi/2}\left(\frac{1}{2}-\frac{1}{2}e^{-4}\right)d\theta$

$= (1-e^{-4})\frac{\pi}{2}$

(3) $\int_{\pi/4}^{\pi/2}\int_0^{\sqrt{8}} r^3 rdrd\theta = \int_{\pi/4}^{\pi/2}\frac{64\sqrt{8}}{5}d\theta = \frac{16\pi\sqrt{8}}{5}$

(4) $V = \int_0^{2\pi}\int_0^1 20000e^{-r^2}rdrd\theta$

$= 20000\pi(1-1/3) \approx 39{,}717$

3. (1) $V = \int_0^{2\pi}\int_0^3 r^2 rdrd\theta = \int_0^{2\pi}\left[\frac{1}{4}r^4\right]_{r=0}^{r=3}d\theta$

$= \int_0^{2\pi}\frac{81}{4}d\theta = \left[\frac{81}{4}\theta\right]_0^{2\pi} = \frac{81\pi}{2}$

(2) $V = \int_0^{2\pi}\int_0^2 r \cdot rdrd\theta = \int_0^{2\pi}\left[\frac{1}{3}r^3\right]_{r=0}^{r=2}d\theta$

$= \int_0^{2\pi}\frac{8}{3}d\theta = \left[\frac{8}{3}\theta\right]_0^{2\pi} = \frac{16\pi}{3}$

연습문제 9.3

1. (1) $\int_0^2\int_{-2}^2\int_0^2(2x+y-z)dzdydx$

$= \int_0^2\int_{-2}^2(4x+2y-2)dydx = \int_0^2(16x-8)dx = 16$

(2) $\int_2^3\int_0^1\int_{-1}^1(\sqrt{y}-3z^2)dzdydx$

$= \int_2^3\int_0^1 2(\sqrt{y}-1)dydx = \int_3^2\left(-\frac{2}{3}\right)dx = -\frac{2}{3}$

2. (1) $\int_0^1\int_0^z\int_0^{x+z} 6xzdydxdz = \int_0^1\int_0^z 6xz(x+z)dxdz$

$= \int_0^1(2z^4+3z^4)dz = 1$

(2) $\int_0^3\int_0^1\int_0^{\sqrt{1-z^2}} ze^y dxdzdy = \int_0^3\int_0^1 ze^y\sqrt{1-z^2}\,dzdy$

$= \int_0^3\frac{1}{3}e^y dy = \frac{1}{3}(e^3-1)$

(3) $\int_0^{\pi/2}\int_0^y\int_0^x \cos(x+y+z)dzdxdy$

$= \int_0^{\pi/2}\int_0^y[\sin(2x+y)-\sin(x+y)]dxdy$

$= \int_0^{\pi/2}\left[-\frac{1}{2}\cos 3y+\cos 2y+\frac{1}{2}\cos y-\cos y\right]dy = -\frac{1}{3}$

3. (1) $\iiint_E 2xdzdxdy = \int_0^2\int_0^{\sqrt{4-y^2}}\int_0^y 2xdzdxdy$

$= \int_0^2\int_0^{\sqrt{4-y^2}} 2xydxdy = \int_0^2(4-y^2)ydy = 4$

(2) $E = [(x,y,z)\,|\,0 \le x \le 1,$

$0 \le y \le \sqrt{x},\ 0 \le z \le 1+x+y]$

$\iiint_E 6xydV = \int_0^1\int_0^{\sqrt{x}}\int_0^{1+x+y} 6xydzdydx$

$= \int_0^1\int_0^{\sqrt{x}}[6xyz]_{z=0}^{z=1+x+y}dydx$

$= \int_0^1\int_0^{\sqrt{x}} 6xy(1+x+y)dydx$

$= \int_0^1(3x^2+3x^3+2x^{5/2})dx = \frac{65}{28}$

4. $2x+y+z=4$에서 xy평면위 $y=4-2x$,

$E = [(x,\ y,\ z)\,|\,0 \le x \le 2,$

$0 \le y \le 4-2x,\ 0 \le z \le 4-2x-y]$

$V = \int_0^2\int_0^{4-2x}\int_0^{4-2x-y} dzdydx$

$= \int_0^2\int_0^{4-2x}(4-2x-y)dydx$

$= \int_0^2\left[4y-2xy-\frac{y^2}{2}\right]_0^{4-x}dx = \frac{16}{3}$

5. (1) $\int_0^1\int_0^1\int_0^1 (x^2+y^2+z^2)dzdydx$

$$=\int_0^1\int_0^1\left(x^2+y^2+\frac{1}{3}\right)dydx=\int_0^1\left(x^2+\frac{2}{3}\right)dx=1$$

(2) $\int_1^e\int_1^e\int_1^e \frac{1}{xyz}dxdydz=\int_1^e\int_1^e\left[\frac{\ln x}{yz}\right]_1^e dydz$

$$=\int_1^e\int_1^e\frac{1}{yz}dydz=\int_1^e\left[\frac{\ln y}{z}\right]_1^e dz=\int_1^e\frac{1}{z}dz=1$$

(3) $\int_0^1\int_0^\pi\int_0^\pi y\sin z\,dxdydz=\int_0^1\int_0^\pi \pi y\sin z\,dydz$

$$=\frac{\pi^3}{2}\int_0^1\sin z\,dz=\frac{\pi^3}{2}(1-\cos 1)$$

(4) $\int_0^3\int_0^{\sqrt{9-x^2}}\int_0^{\sqrt{9-x^2}}dzdydx$

$$=\int_0^3\int_0^{\sqrt{9-x^2}}\sqrt{9-x^2}\,dydx=\int_0^3(9-x^2)dx$$

$$=\left[9x-\frac{x^3}{3}\right]_0^3=18$$

(5) $\int_0^1\int_0^{2-x}\int_0^{2-x-y}dzdydx$

$$=\int_0^1\int_0^{2-x}(2-x-y)dydx$$

$$=\int_0^1[(2-x)^2-\frac{1}{2}(2-x)^2]dx=\frac{7}{6}$$

(6) $\int_0^\pi\int_0^\pi\int_0^\pi\cos(u+v+w)dudvdw$

$$=\int_0^\pi\int_0^\pi[\sin(w+v+\pi)-\sin(w+v)]dvdw$$

$$=\int_0^\pi[(-\cos(w+2\pi)+\cos(w+\pi))+(\cos(w+\pi)-\cos w)]dw$$

$$=[-\sin(w+2\pi)+\sin(w+\pi)-\sin w+\sin(w+\pi)]_0^\pi=0$$

(7) $\int_1^e\int_1^e\int_1^e\ln r\ln s\ln t\,dtdrds$

$$=\int_1^e\int_1^e\ln r\ln s\,[t\ln t-t]_1^e\,drds$$

$$=\int_1^e\ln s[r\ln r-r]_1^e ds=[s\ln s-s]_1^e=1$$

연습문제 10장

연습문제 10.1

1. (1)

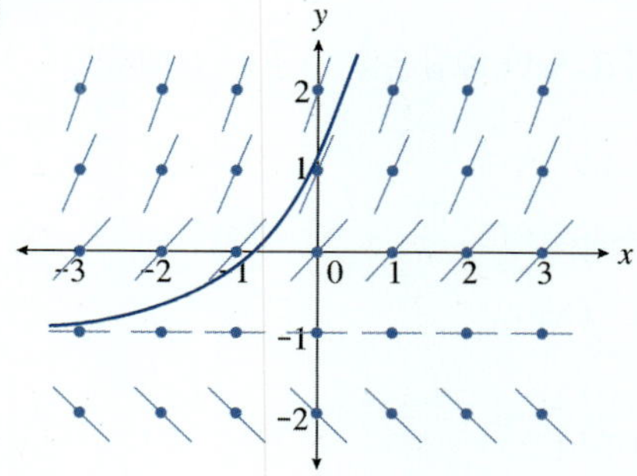

(2)

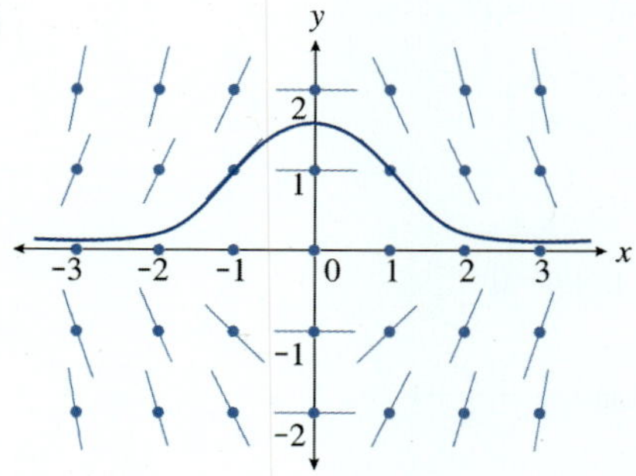

(3)

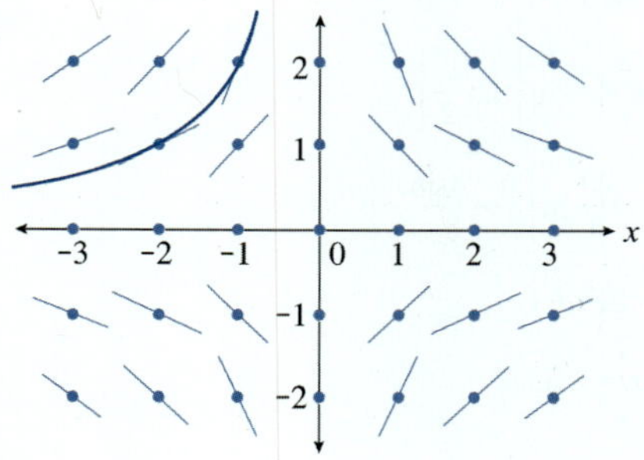

(4)

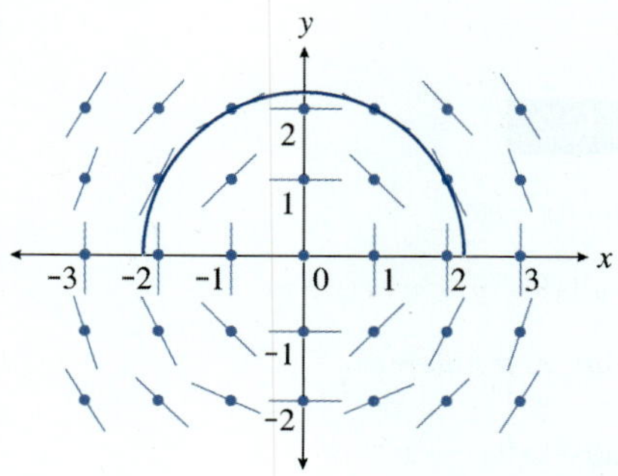

2. (1) 그림 c. $y=\sin x+C$이다.

(2) 그림 a. 일반 해는 $y=x^2+C$ 포물선이다.

(3) 기울기장은 그림 b에 나와 있다. 일반 해는 $y=x^3-3x+C$ 세제곱 다항식이다.

(4) 그림 d. 일반 해답은 $y=-\frac{\pi}{2}x+C$ 이다.

3. (1) $2y=\sin 2x+C$

(2) $\sec y=C\sin x$

(3) $\ln\left|\frac{y-1}{y+1}\right|+4e^{-\frac{1}{2}x}=C$

(4) $2\ln|y|-e^{x^2}=C$

(5) $Cy^2=\frac{x-1}{x+1}$

4. (1) $\frac{1}{y}+4x+6=0$

(2) $y=\tan x-x+\frac{\pi}{4}-1$

(3) $y=4x, x>0$

(4) $1-e^{-y}=\ln\left|\tan\frac{x}{2}\right|$

(5) $y=-\frac{40}{3}\ln\left|\frac{5-3\sin x}{8}\right|$

(6) $y^2=2x^2+1$

(7) $\tan x=2\sin y$

연습문제 10.2

1. (1) $x+y\,l\,nx=cy$

(2) $(x-y)\ln(x-y)=y+c(x-y)$

(3) $e^{y/x}(y-x)=x\ln x+cx$

(4) $4y^2\ln y=2x^2\ln\frac{x}{y}-x^2+cy^2$

(5) $2y+x=cy^2$

(6) $\ln(x^2+y^2)+2\tan^{-1}\frac{y}{x}=c$

2. (1) $y^3+3x^3\ln x=8x^3$

(2) $y^2=4x(x+y)^2$

(3) $\ln x=e^{y/x}-1$

(4) $4x\ln\frac{y}{x}+x\ln x+y-x=0$

(5) $3x^{3/2}\ln x+3x^{1/2}y+2y^{3/2}=5x^{3/2}$

연습문제 10.3

1. (1) $x^2y^2-3x+4y=c$

(2) $xy^3+y^2\cos x-\frac{1}{2}x^2=c$

(3) $xy-2xe^x+2e^x-2x^3=c$

(4) $x+y+xy-3\ln(xy)=c$

(5) $x^3y^3-\tan^{-1}3x=c$

(6) $-\ln(\cos x)+\cos x\sin y=c$

2. (1) $4xy+x^2-5x+3y^2-y=8$

(2) $y^2\sin x-x^3y-x^2+y\ln y-y=-1$

연습문제 10.4

1. (1) $xy=x\sin x+\cos x+C$

(2) $x^2y=x^4+x^3+C$

(3) $\frac{y}{x}=\frac{1}{2}(\ln|x|)^2+C$

(4) $yx^{\frac{1}{2}}=C-\frac{1}{2}x^2$

(5) $y\sin x=\frac{3}{2}\cos^2 x-\cos^4 x+C$

(6) $y\sec^2 x=\sec x+C$

(7) $\frac{y}{1+x}=x-\ln|1+x|+C$

(8) $y\cot^2\frac{x}{2}=2\ln\left|\sin\frac{x}{2}\right|+C$

2. (1) $y=x^3\ln|x|-x^3+3x^2$

(2) $y=\frac{1}{5}(2\sin x-\cos x+e^{-2x})$

(3) $ye^{2x}=\frac{x^4}{4}+\ln|x|+C,\quad y=\frac{1}{4}(x^4-1)e^{-2x}+e^{-2x}\ln x$

(4) $y=[e^x(x^2-2x+2)+1-e]x^{-3}$

(5) $y=\frac{5x}{2}-\frac{1}{2x}$

연습문제 10.5

1. $P(t)$는 시간 t 때의 인구라면, 문제는 P가 방정식 $\frac{dP}{dt}=0.019P$를 충족시킨다.

지수증가 방정식은 $P(t)=P_0e^{0.01pt}$. P_0는 처음 인구이다. 1970에 $t=0$으로 간주한다.

$3.5\times10^9=P(0)=P_0e^0=P_0,\ P(t)=(3.5\times10^9)e^{0.019t},$

$(3.5)(10^9)e^{0.019t}=(5.5)10^{15},\ e^{0.019t}\cong(1.6)10^6$

양 쪽의 로그를 적용하면

$0.019t\cong\ln1.6+6\ln10\cong14.3,\ t\cong750$년

2. N을 시간 t 때의 수이고 N_0가 시작 수라고 여긴다. 그렇다면

$\frac{dN}{dt}=kN,\ \frac{dN}{N}=kdt,\ \ln N=kt+C,$ 그리고 $\ln N_0=0+C$

$C=\ln N_0$이다. 일반 해답은 $N=N_0e^{kt}$이다. k는 상수.

$t=6$일 때 $N=3N_0$이므로, $3N_0=N_0e^{6k}$그리고 $k=\frac{1}{6}ln3$를 본다.

(1) $N=N_0e^{(tln3)/6}t=12$일 때, $N=N_0e^{2\ln3}=N_0e^{\ln9}=9N_0$

(2) $N=4N_0$이다. $4=e^{(tln3)/6}$, $\ln4=\frac{t}{6}ln3$,

그리고 $t=\frac{6\ln4}{\ln3}\approx7.6$시간

3. $\frac{dQ}{Q}=-0.30dt\to\ln Q=-0.30t+C$

$Q(0)=Q_0$라고 두면,

$\ln Q=-0.30t+\ln Q_0\to\ln\frac{Q}{Q_0}=-0.30t\to\frac{Q}{Q_0}=e^{-0.30t}$

$Q=0.1Q_0$일 때,

$0.1=e^{-0.30t},\ t=\frac{\ln0.1}{-0.3}\approx7\frac{2}{3}$

4. 반감기가 5730년이므로

$-\frac{\ln2}{r}=5730$

$r=-\frac{\ln2}{5730}$

20%가 남아있다면

$0.2A=Ae^{\left(-\frac{\ln2}{5730}\right)t}$

$e^{\left(-\frac{\ln2}{5730}\right)t}=0.2$

$-\frac{\ln2}{5730}t=\ln0.2$

$t=\frac{5730\ln0.2}{\ln2}\approx13,304,648$

이다. 따라서 이 화석의 나이는 13,305년이다.

5. $L\frac{dI}{dt}+RI=E(t)$에분 $L=0.1,R=5,$

$E(t)=12$이므로 $0.1\frac{dI}{dt}+5I=12$에서

$\frac{dI}{dt}+50I=120$. 적분인자 e^{50t}를 곱하고

적분하면 $\frac{d}{dt}(e^{50t}I)=120e^{50t}$

$e^{50t}I=\frac{120}{50}e^{50t}+c$

$\therefore I=2.4+ce^{-50t}$

6. $2\frac{dI}{dt}+6I=12$

$\frac{dI}{dt}+3I=6$

적분인자 e^{3t}를 곱하면

$e^{3t}\frac{dI}{dt}+3e^{3t}I=6e^{3t}$

$\frac{d}{dt}[e^{3t}I]=6e^{3t}$

$I=e^{-3t}(2e^{3t}+c)$

$t=0$일 때 $I=0$이므로 $c=-2$

$I=2-2e^{-3t}$

INDEX